浙江省普通本科高校"十四五"重点立项建设教材

植物生物技术概论

开国银　主编

科学出版社

北京

内 容 简 介

本书共 17 章，概括地介绍了植物组织培养（第二至七章）、生命密码解析（第八至十章）、基因工程（第十一至十五章）、植物生物技术育种应用（第十六和十七章）四个模块的内容。本书强调多学科交叉融合，兼顾理论知识与前沿进展的有机结合。同时以二维码形式配备丰富数字资源（包括 3D 模型与 3D 动画、彩图、拓展阅读、思考题答案等），方便加深理解。通过对本书的系统学习，读者可对现今植物生物技术领域的基本知识点、前沿理论、创新性技术有更深刻的理解和认识。

本书可供本科和高职院校生物科学、生物技术、中药学、中草药栽培与鉴定、农学、园艺学等专业学生使用，也可供植物生物技术领域的技术人员、研究人员和经营管理者参考使用。

图书在版编目（CIP）数据

植物生物技术概论 / 开国银主编. -- 北京：科学出版社，2025.3.
ISBN 978-7-03-081359-6

Ⅰ.Q94

中国国家版本馆 CIP 数据核字第 2025RL2820 号

责任编辑：张静秋　马程迪 / 责任校对：严　娜
责任印制：肖　兴 / 封面设计：金舵手

科学出版社 出版
北京东黄城根北街 16 号
邮政编码：100717
http://www.sciencep.com
北京天宇星印刷厂印刷
科学出版社发行　各地新华书店经销

*

2025 年 3 月第 一 版	开本：787×1092　1/16
2025 年 3 月第一次印刷	印张：16 1/4
	字数：437 000

定价：69.80 元
（如有印装质量问题，我社负责调换）

《植物生物技术概论》编写委员会

主　编　开国银（浙江中医药大学）
副主编　张　磊（浙江理工大学）
　　　　王克剑（中国水稻研究所）
　　　　廖志华（西南大学）
　　　　周　伟（浙江中医药大学）
参　编（按姓氏笔画排序）
　　　　刘成洪（上海市农业科学院）
　　　　安玉艳（陕西师范大学）
　　　　李勇鹏（浙江中医药大学）
　　　　李翠玲（山东大学）
　　　　杨东风（浙江理工大学）
　　　　时　敏（浙江中医药大学）
　　　　邹金鹏（中国水稻研究所）
　　　　宋振巧（山东农业大学）
　　　　张芳源（西南大学）
　　　　张学斌（河南大学）
　　　　张亮生（浙江大学）
　　　　陆晨飞（浙江农林大学）
　　　　陈瑞兵（海军军医大学）
　　　　邵清松（浙江农林大学）
　　　　赵　兵（河南大学）
　　　　赵伟春（浙江中医药大学）
　　　　郭美锦（华东理工大学）
　　　　麻鹏达（西北农林科技大学）
　　　　喻娟娟（河南师范大学）
　　　　黎　凌（上海交通大学）
　　　　戴绍军（上海师范大学）

前言
Preface

科学技术在飞速发展，应用技术也在不断革新。植物生物技术已成为各类院校的一门重要的专业基础课，在教学、科研和产业开发等领域形成了具有鲜明专业特色的知识和技术体系。目前国内众多综合性院校、医药院校、农业院校和科研院所，针对本科生和研究生，先后开设了"植物生物技术概论"课程，已形成完善的教学理念和体系。教学实践表明，该课程配套的教材必须不断更新完善，以适应植物生物技术理论与技术发展迅速、研究领域技术革新快、多学科交叉、创新性强的属性，以及信息传播现代化程度高的特点。

为响应教育部办公厅印发的《"十四五"普通高等教育本科国家级规划教材建设实施方案》文件精神，在科学出版社和主编单位浙江中医药大学的有力组织和推动下，我们新编了这本《植物生物技术概论》。本书偏向于本科教学要求、人才培养特点和应用实际需求，以重点培养符合时代特征的植物生物技术领域的教学、科研和应用型高级人才为己任，在章节编排上兼顾对专业背景知识与前沿技术的介绍，倍加重视政治导向要求和价值导向要求。通过对本书的系统学习，读者可对现今植物生物技术领域的基本知识点、前沿理论、创新性技术有更深刻的理解和认识。

本书由浙江中医药大学开国银教授（国家"万人计划"科技创新领军人才）担任主编，浙江理工大学张磊教授（国家"杰青"）、中国水稻研究所王克剑研究员（国家"杰青"）、西南大学廖志华教授（教育部新世纪优秀人才）、浙江中医药大学周伟教授担任副主编。本书的编写工作得到浙江大学、上海交通大学、华东理工大学、河南大学、海军军医大学、山东大学、山东农业大学、西北农林科技大学、陕西师范大学、上海师范大学、河南师范大学、浙江农林大学和上海市农业科学院等单位的大力支持。

本书共17章，章节设置思路细分为四个模块。第一模块：植物组织培养，介绍了基本原理—细胞组织—种苗种子（第二至七章）。第二模块：生命密码解析，介绍了基因组学技术—蛋白质组学技术—代谢组学技术（第八至十章）。第三模块：基因工程，介绍了基本原理—基因改造技术—基因表达模块组装应用—基因表达代谢调控（第十一至十五章）。第四模块：植物生物技术育种应用，介绍了倍性育种技术—分子育种技术（第十六和十七章）。具体分工为：开国银教授和李勇鹏博士编写第一章；周伟教授编写第二章；郭美锦教授编写第三章；李翠玲教授编写第四章；赵伟春教授编写第五章；黎凌副研究员编写第六章；杨东风教授和安玉艳副教授编写第七章；张亮生教授编写第八章；戴绍军教授和喻娟娟博士编写第九章；张学斌教授和赵兵博士编写第十章；麻鹏达副教授和安玉艳副教授编写第十一章；王克剑研究员和邹金鹏博士后编写第十二章；张磊教授和陈瑞兵副教授编写第十三章；廖志华教授和张芳源教授编写第十四章；时敏副研究员编写第十五章；邵清松教授、刘成洪研究员和陆晨飞博士编写第十六章；宋振巧教授编写第十七章。开国银教授和周伟教授负责全书统稿和审定。

本书有以下四方面特色。①定位于个性化教材：强调"理+农""药+农"的有机结合，可同时满足综合性大学及中医药院校的植物科学、生物技术、中药学、中草药栽培与鉴定、农学、园艺等不同专业本科生的教学需求。②兼顾基础理论和前沿进展需求：呈现生物学、农林等学科发展最新成果，吸收了现代多组学、基因组编辑及合成生物学等最新技术及研究成果。③强调交叉融合：本书与时俱进，将"新农科"的教学理论与特色案例有机融合，将最新的研究成果、案例与数字资源引入教材编写体系以满足多样化的教学需求。④集聚植物生物技术研究领域的资深专家参与编写：本书汇聚了国内植物生物技术领域的资深专家学者，是根据新时代发展对植物生物技术领域发展的新要求而编写的新型专业教材。

植物生物技术的内容涉及面广、知识体系复杂，理论知识体系与技术方法的变革日新月异。如何编写一本专业适用性广泛、知识与技术体系完善的教材，具有一定的挑战性。在本书的编写过程中，尽管编委会成员都十分严谨求真、尽职尽责，但难免会存在一些疏漏。我们真诚地期望国内外同行与广大师生对本书提出宝贵的修改建议，以便再版时修订与完善。

《植物生物技术概论》编委会

2025年3月

《植物生物技术概论》教学课件申请单

凡使用本书作为所授课程配套教材的高校主讲教师，填写以下表格后扫描或拍照发送至联系人邮箱，可获赠教学课件一份。

姓名：	职称：	职务：
手机：	邮箱：	学校及院系：
本门课程名称：	本门课程选课人数：	
开课时间： □春季　□秋季　□春秋两季	是否选用本书作为教材： □是　　□否　　□计划选用	
您对本书的评价及修改建议（必填）：		

联系人：张静秋 编辑　　　电话：010-64004576　　　邮箱：zhangjingqiu@mail.sciencep.com

目录
Contents

前言
第一章　绪论 ……………………… 1
　　第一节　植物生物技术的概念 ……… 2
　　第二节　植物生物技术的主要研究
　　　　　　内容 ………………………… 2
　　第三节　植物生物技术的发展与
　　　　　　展望 ………………………… 4
第二章　植物组织培养的基本原理与
　　　　技术 ………………………… 6
　　第一节　植物组织培养基本原理 …… 7
　　第二节　植物组织培养实验室建设 … 9
　　第三节　培养基配制与灭菌 ………… 12
　　第四节　植物组织培养基本操作 …… 19
第三章　植物细胞悬浮培养技术 …… 24
　　第一节　愈伤组织的制备技术 ……… 25
　　第二节　植物悬浮培养细胞的筛选与
　　　　　　驯化 ………………………… 28
　　第三节　植物细胞悬浮培养 ………… 32
　　第四节　利用植物悬浮培养细胞
　　　　　　生产初生代谢物 …………… 37
　　第五节　利用植物悬浮培养细胞
　　　　　　生产次生代谢物 …………… 38
第四章　植物原生质体培养技术 …… 42
　　第一节　原生质体分离与纯化 ……… 43
　　第二节　原生质体培养与植株再生 … 47
　　第三节　体细胞杂交与杂种细胞
　　　　　　筛选 ………………………… 50
　　第四节　植物体细胞杂交技术的
　　　　　　应用 ………………………… 55

第五章　植物变异系创制技术 ……… 60
　　第一节　体细胞无性系变异的特点与
　　　　　　分类 ………………………… 61
　　第二节　体细胞无性系变异的遗传
　　　　　　基础 ………………………… 63
　　第三节　体细胞无性系变异的
　　　　　　创制 ………………………… 67
　　第四节　体细胞无性系变异创制
　　　　　　技术的应用 ………………… 71
第六章　植物离体快速繁殖 ………… 78
　　第一节　植物离体快繁的意义 ……… 79
　　第二节　愈伤途径无性快繁 ………… 80
　　第三节　芽增殖途径无性快繁 ……… 82
　　第四节　脱毒种苗的创制与离体
　　　　　　快繁 ………………………… 84
第七章　植物人工种子技术 ………… 91
　　第一节　人工种子的概念、意义和
　　　　　　应用现状 …………………… 92
　　第二节　人工种子的结构与功能 …… 93
　　第三节　人工种子的制备原理与
　　　　　　技术 ………………………… 95
　　第四节　人工种子的贮藏与萌发 …… 100
　　第五节　不同植物人工种子的
　　　　　　制备 ………………………… 102
第八章　植物基因组学 ……………… 106
　　第一节　高通量测序技术及相关
　　　　　　应用 ………………………… 106
　　第二节　植物全基因组测序研究
　　　　　　进展 ………………………… 111

第三节　植物群体基因组学………114
第四节　植物功能基因挖掘和
　　　　利用……………………115

第九章　植物蛋白质组学……………119
第一节　蛋白质分离与鉴定………120
第二节　定量蛋白质组学技术……125
第三节　磷酸化蛋白质组学………130
第四节　蛋白质组学在植物研究中
　　　　的应用……………………131

第十章　植物代谢组学………………134
第一节　代谢组学概述……………135
第二节　基于质谱的代谢组学平台
　　　　及技术体系………………136
第三节　代谢组学数据处理………143
第四节　植物代谢组学应用………147

第十一章　植物基因工程技术…………151
第一节　植物基因克隆的含义与
　　　　方法………………………152
第二节　植物转基因载体体系……154
第三节　遗传转化技术与方法……156
第四节　基因工程植物的分子检测
　　　　与安全性评价……………160

第十二章　植物基因组编辑……………165
第一节　基因组编辑的概念及
　　　　原理………………………165
第二节　常用的基因组编辑技术…166
第三节　基因组编辑工具在植物上
　　　　的应用进展………………176

第十三章　植物合成生物学……………182
第一节　植物合成生物学的概念及
　　　　原理………………………183
第二节　植物合成生物学的技术及
　　　　方法………………………187
第三节　植物合成生物学的研究
　　　　应用………………………189

第十四章　植物毛状根培养技术………194
第一节　发根农杆菌Ri质粒及作用
　　　　机制………………………194
第二节　毛状根的遗传特性………198
第三节　毛状根的诱导与筛选
　　　　鉴定………………………199
第四节　毛状根的培养与次生代谢物
　　　　生产………………………201

第十五章　植物代谢调控………………207
第一节　植物代谢物生物合成
　　　　途径………………………208
第二节　生物合成途径解析方法…211
第三节　植物代谢调控研究策略…215

第十六章　植物倍性育种技术…………220
第一节　单倍体诱导………………221
第二节　单倍体育种应用…………223
第三节　多倍体类型与诱导………226
第四节　多倍体创制与育种应用…229

第十七章　植物分子标记及育种应用…235
第一节　植物分子标记及类型……236
第二节　植物分子遗传图谱及
　　　　构建………………………240
第三节　植物农艺性状基因定位…244
第四节　分子标记辅助选择策略
　　　　及其育种应用……………248

第一章

绪　论

学习目标

①掌握植物生物技术的含义及研究内容。②了解植物生物技术的发展进程。③了解植物生物技术在农业领域的应用。

引　言

生物技术是指以生物科学原理为基础，结合先进的工程技术，对生物体的性状进行改造，或利用生物体生产人类所需产品的技术。植物生物技术是指对植物性状进行改造或利用植物生产人类所需产品的技术。植物生物技术在植物育种、脱毒与离体快繁、植物次生代谢物生产、种质资源鉴定与评价等方面应用广泛，取得了显著成就。

本章思维导图

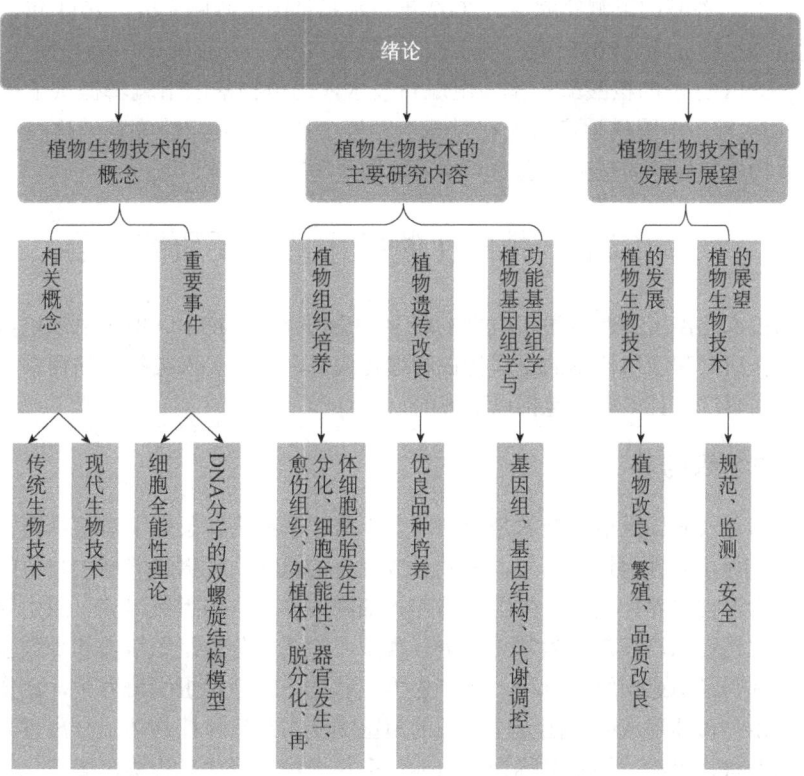

第一节　植物生物技术的概念

生物技术也称为生物工程，是指以生物科学原理为基础，结合先进的工程技术，对生物体的性状进行改造，或利用生物体生产人类所需产品的技术。先进的工程技术包括基因工程、细胞工程、蛋白质工程、酶工程及发酵工程等。生物技术有传统生物技术和现代生物技术之分。传统生物技术是指利用传统的方法，通过微生物发酵来生产产品的技术，如醋、酱、酒、奶酪、面包及其他食品；而现代生物技术是指20世纪70年代发展起来的，以现代分子生物学为基础、以基因工程为核心内容的新技术。

植物生物技术是现代生物科技领域的重要组成部分，是指对植物性状进行改造或利用植物生产人类所需产品的技术，主要包括植物组织培养技术、基因工程、细胞工程、分子标记技术等。植物生物技术的起源可追溯至19世纪30年代，Schleiden提出细胞全能性的理论，但在当时并未引起广泛关注。1902年，德国植物生理学家Haberlandt提出植物细胞全能性理论，并首次成功实施植物组织培养的实验，标志着现代植物生物技术的开始。100多年来，植物生物技术领域取得了许多开创性的进展。例如，Watson和Crick（1953）提出了DNA分子的双螺旋结构模型，为植物生物技术的发展奠定了基础。1962年，Murashige和Skoog设计了用于培养烟草细胞的MS培养基。1983年，世界上第一例转基因作物（烟草）诞生。1992年，我国引种转基因烟草。1994年，美国Calgene公司研发的转基因番茄品种'Flavr-Savr'进入市场。1996年，美国孟山都公司首次推出了抗虫棉花和耐除草剂的大豆。1997年，欧洲联盟（简称欧盟）首次批准种植转基因玉米。2000年，全球转基因作物种植面积达到了4000万公顷。2000年，拟南芥基因组测序完成。2002年，水稻基因组测序完成。2011年，全球转基因种植面积达到1.6亿公顷。2015年，科学家突破CRISPR（成簇规律间隔短回文重复）/Cas9（一种能降解DNA分子的核酸酶）基因组编辑技术，为植物基因组编辑提供了更加精确和高效的工具。2019年，中国科学家首次在月球上种植了植物，并成功收获。这些重要事件及突破，奠定了植物生物技术的基础，也为其今后发展开辟新的领域。

第二节　植物生物技术的主要研究内容

植物生物技术涵盖植物遗传学、植物生理学、植物分子生物学、植物组织培养与细胞工程等多领域，旨在研究和应用植物的生理特性和遗传信息，以满足人类社会的需求。植物生物技术的主要研究内容广泛且多样，包括以下方面。

一、植物组织培养

资源1-1

植物组织培养（简称组培）技术是指利用人工培养基在离体条件下对植物器官、组织、细胞（资源1-1）、原生质体等进行培育，使其长成完整的植株。根据培养植物材料的不同，植物组织培养可分为器官培养、茎尖分生组织培养、细胞培养、愈伤组织培养、原生质体培养等多种类型。其中愈伤组织培养是最为常见的培养类型，除茎尖分生组织培养和少数器官培养外，其他培养类型都需经历愈伤组织阶段才能产生再生植株。在植物组织培养中，愈伤组织是指在人工培养基上由外植体形成的一团无序生长的薄壁细胞。从活体植物体上分离下来，接种在人工培养基上的器官、组织、细胞等称为外植体。愈伤组织的形成过程称为脱分化，是一个成熟或分化细胞转变成分生状态的过程。愈伤组织再形成完整植株的过程称为再分化。

由脱分化的细胞再分化形成完整植株主要有两种途径：一种称为不定器官发生或称器官发生，即在愈伤组织不同部位分别形成不定根和不定芽；另一种称为体细胞胚胎发生，即在愈伤组织表面或内部形成类似于合子胚的结构，称为体细胞胚，或胚状体，或不定胚。

综上，植物组织培养全过程如图 1-1 所示。

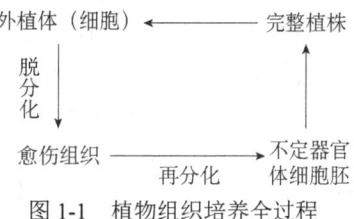

图 1-1　植物组织培养全过程

植物组织培养技术不仅能提供大量植物细胞材料，也是快速繁殖和获得植物新品种的有效途径。例如，利用茎尖分生组织培养手段，可在短时间内高效获得大量无病毒的草莓、马铃薯等植株；也可以通过花粉培养、胚珠培养等诱导获得单倍体植物；通过愈伤组织培养中出现的染色体自然变异以获得植物突变新品种；通过植物细胞融合，尤其是原生质体的融合，可获得自然界中难以得到的远缘杂种。此外，还可以通过植物组织培养技术在短时间内获得花卉、绿化植物、经济作物及药用植物优质种苗，以满足生产实际。植物组织培养是植物基因工程的重要组成部分，是利用转基因技术实现目标的基本技术手段。例如，基于植物组织培养技术，可通过基因工程手段将抗虫基因导入棉花细胞中，使其具有抗虫能力，从而降低农药使用量。

二、植物遗传改良

植物遗传改良旨在通过选择育种、杂交育种和基因工程等方法，提高农作物的产量、抗病虫害性、逆境耐受性和品质等关键农艺性状。1964 年，Guha 和 Maheshwari 利用单倍体育种获得世界上第一株单倍体花粉植株，至今世界上已有数百种植物成功获得花粉植株。通过花药（粉）培养获得单倍体植株后再利用秋水仙素处理使其染色体加倍，可加速获得后代基因型纯合的植株。我国科学家利用花药培养成功育成了烟草品种'单育 1 号'，这是世界上第一个利用花药培养技术获得的作物新品种。之后又育成了一批水稻、小麦、油菜等的优良品种，并进行大面积推广应用。

采用离体培养使自然条件下早夭的幼胚发育成熟，获得杂种后代，已在数十科属中成功应用。体细胞杂交是打破物种间生殖隔离、实现有益基因交流、改良植物品种、创制植物新类型的有效方式。利用体细胞杂交，目前已育成多个植物新品种，如白菜与甘蓝的杂种、马铃薯与番茄的杂种、细胞质雄性不育水稻等。

细胞水平诱变产生的突变频次远高于植物个体或器官水平的诱导，且可在小空间内同时处理大批量材料；通过体细胞胚胎发生途径获得诱变细胞的再生植株，可克服个体或器官水平突变所存在的嵌合体现象，获得同质突变体。目前，利用细胞诱变和体细胞无性系变异已获得一批抗逆境胁迫、具有优良品质的突变体。

通过基因工程技术，可以将外源基因引入植物细胞中，从而赋予植物特定的功能或性状。例如，通过转基因技术，植物可以被赋予耐盐、耐旱、抗病虫害等特性，以适应不良环境条件。当前，抗虫棉、抗虫玉米、抗虫油菜等已实现大规模商业化推广应用。

三、植物基因组学与功能基因组学

随着科技发展和基因科学的应用，植物基因组学与功能基因组学正在成为研究植物生物学和植物生态学的重要工具。植物基因组学与功能基因组学是研究植物基因组结构、功能和多样性的学科，旨在深入了解植物的生物学特性和生态系统功能。植物基因组学是研究植物所有基因的结构、功能和相互关系的学科。通过对植物基因组的测序和分析，可以了解植物在生物学上的特性，如植物的基因组大小、基因数量、基因结构和基因分布。功能基因组学是在基因组水平上研究基因功能的学科。通过分析基因的表达模式、调控网络和相互作用，功能基因组学可以揭示基因之间的相互关系和细胞内转录和代谢调控的机制。在植物学中，功能基因组学被广泛应用于揭示植物的生物学过程和生态系统功能。目前为止，多种作物、蔬菜、药用植物的基因组信息已被报道，如水稻、辣椒、青蒿、喜树等。通过转录组学和蛋白质组学等方法，可研究植物基因的表达调控网络，揭示基因参与的生物学过程和调控机制。例如，通过转录组学方法，可以研究植物在逆境胁迫中的基因表达变化，有助于获得抗逆性强的植物新品系。利用基因沉默和基因组编辑等技术，可研究基因的功能和调控机制，如通过基因组编辑技术靶向编辑植物基因组，研究基因的功能和作用机制。

第三节　植物生物技术的发展与展望

随着科学技术的迅速发展和创新，植物生物技术取得了显著进展，在农业生产、食品安全、环境保护、能源开发等领域发挥着重要的作用。然而，植物生物技术的发展仍面临挑战。

近年来，植物生物技术在农业领域取得了显著的进步。植物组织培养与细胞工程技术发展迅速，实现了植物大规模繁殖和再生，为植物改良和繁殖提供了有效的途径。植物遗传改良技术通过选择育种、杂交育种和基因工程等方法，提高了农作物的产量、抗性和品质。基因组编辑技术的不断发展将为植物生物技术带来新的发展机遇。随着 CRISPR/Cas9 基因组编辑系统的引入，植物基因组的精确编辑将变得更加容易，这加速了植物遗传改良和性状调控的研究开发进程。功能基因组学的发展将帮助揭示植物基因的功能和作用机制，有助于发现和利用植物功能基因组。通过高通量测序技术和其他分子生物学方法，可以快速发现重要功能基因，建立基因表达调控网络，揭示基因参与的生理过程和信号转导机制，促进分子设计育种的发展，为植物生物技术的研究和应用提供更多的策略和思路。植物生物技术将继续在农业可持续发展方面发挥关键作用，通过提高作物的抗病性、抗逆性和品质，可以减少对农药的依赖，提高农作物产量和品质，从而实现农业的可持续发展。通过改良能源作物的遗传特性和利用生物转化技术，实现对生物质的高效利用和生物能源的开发。同时，通过保护珍稀濒危植物的基因资源和植物种质资源，以及利用植物组织培养和细胞工程技术，可以实现生物多样性的恢复和保护。

总体而言，植物生物技术的发展将继续为农业、医药、环境保护和能源等领域带来新的突破和解决方案。同时，应加强对植物生物技术的研究规范和监测，保障其技术的安全性和环境风险评估，确保植物生物技术的应用和发展能够立足于科学和社会的可持续发展目标，为人类社会和生态环境的可持续发展做出更大的贡献。

小　　结

现代生物技术是 20 世纪中后期兴起的高新技术，其以现代分子生物学为基础，基因工程为核心内容。植物生物技术是现代生物科技领域的重要组成部分，旨在利用或改良植物的生理特性和遗传信息，以满足人类社会需求。它是利用生物技术手段研究和应用植物生物学特性的学科，具有广泛应用价值。植物生物技术不仅推动了农作物改良和农业生产的发展，还为生态环境保护、药物生产、能源开发等提供了新的解决方案。通过不断创新和技术进步，植物生物技术将在植物遗传改良、功能基因组学、基因组编辑和植物生理生态研究等方面取得更加显著的成果，为人类社会和生态环境的可持续发展做出更大的贡献。

复习思考题

参考答案

1. 什么是生物技术？
2. 传统生物技术和现代生物技术的区别是什么？
3. 什么是植物生物技术？
4. 简述植物组织培养的定义。
5. 植物组织培养包括哪些类型？
6. 什么是外植体？
7. 什么是愈伤组织？
8. 什么是脱分化与再分化？

主要参考文献

Bekalu ZE，Panting M，Holme IB，et al. 2023. Opportunities and challenges of *in vitro* tissue culture systems in the era of crop genome editing[J]. International Journal of Molecular Sciences，24（15）：11920.

Debnath SC，Ghosh A. 2022. Phenotypic variation and epigenetic insight into tissue culture berry crops[J]. Frontiers in Plant Science，13：1042726.

Ikeuchi M，Ogawa Y，Iwase A，et al. 2016. Plant regeneration：cellular origins and molecular mechanisms[J]. Development，143（9）：1442-1451.

Liebsch D，Palatnik JF. 2020. MicroRNA miR396，GRF-transcription factors and GIF co-regulators：a conserved plant growth regulatory module with potential for breeding and biotechnology[J]. Current Opinion in Plant Biology，53：31-42.

Loyola-Vargas VM，Ochoa-Alejo N. 2018. An introduction to plant tissue culture：advances and perspectives[J]. Methods in Molecular Biology，1815：3-13.

Mehbub H，Akter A，Akter MA，et al. 2022. Tissue culture in ornamentals：cultivation factors，propagation techniques，and its application[J]. Plants-Basel，11（23）：3208.

Ramlal A，Mehta S，Nautiyal A，et al. 2024. Androgenesis in soybean [*Glycine max*（L.）merr.]：a critical revisit[J]. In Vitro Cellular & Developmental Biology-Plant，60（1）：1-15.

Reyna-Llorens I，Ferro-Costa M，Burgess SJ. 2023. Plant protoplasts in the age of synthetic biology[J]. Journal of Experimental Botany，74（13）：3821-3832.

第二章
植物组织培养的基本原理与技术

学习目标

①了解植物组织培养的含义、基本原理及培养过程。②掌握植物组织培养实验室的结构与功能，以及基本设备配置。③熟悉培养基的种类、基本成分、配制过程与灭菌技术。④掌握植物组织培养的生长条件、继代培养和驯化移栽技术。

引 言

植物组织培养是以植物生理学为基础发展起来的生物技术体系，其理论基础是植物细胞全能性及生长调节剂的应用。植物体细胞具有一定的形态和功能，这是由于受器官或组织所在环境的影响。一旦脱离原来所在的器官或组织，并在一定的营养、激素等外界条件下，植物细胞就会脱分化、再分化，进而表现出细胞全能性。植物组织培养对环境条件的要求非常严格。因此，必须按功能对操作区间进行合理划分，同时配备必需的设备。培养的材料也需创造合适的培养条件。本章详细介绍了植物组织培养的基本原理、技术方法及基本操作。

本章思维导图

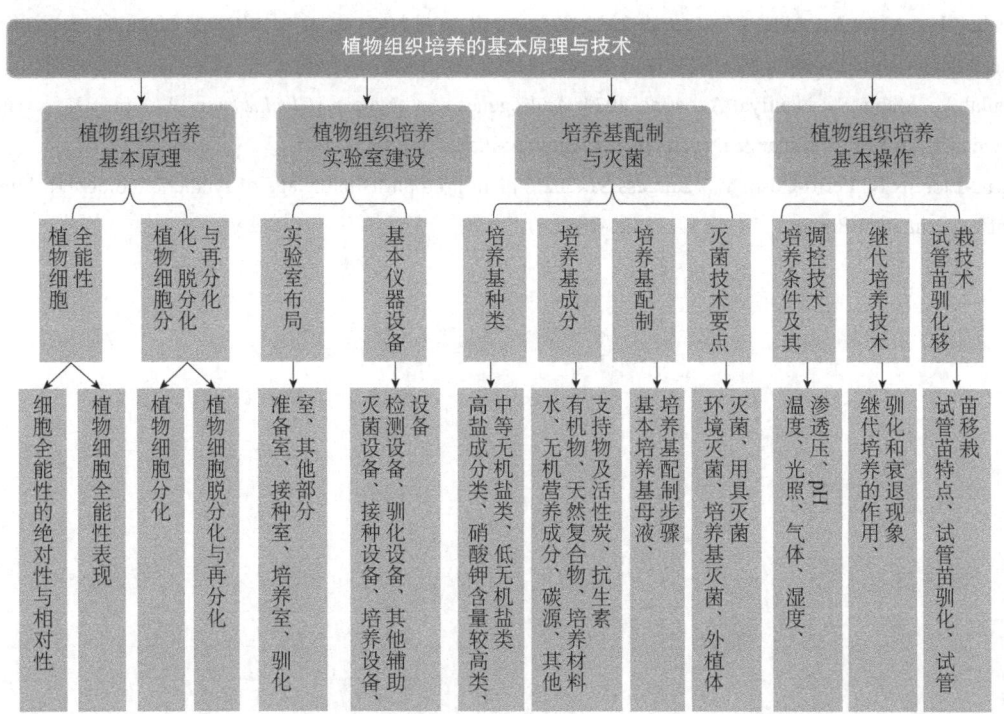

第一节　植物组织培养基本原理

植物组织培养是指将离体器官（如根、茎、叶、花、果实、种子等）、组织（如花药、胚珠、形成层、皮层、胚乳等）、细胞（如体细胞、生殖细胞等）及去除细胞壁的原生质体，甚至幼小的植株，在人工控制的无菌环境下，应用人工培养基创造适宜的培养条件，使其生长、分化并成长为完整植株的过程。植物细胞全能性理论是植物组织培养的基本理论。由于受具体器官或组织所在环境的影响，在完整植株上，各组织的体细胞能表现一定的形态，承担特定的功能。但是在一定营养、激素、外界条件下，离体状态的器官或组织的细胞就会脱分化、再分化，进而表现出细胞全能性。

一、植物细胞全能性

植物细胞全能性是指任何具有完整细胞核（资源2-1）的植物细胞（包括体细胞和生殖细胞），都携带有发育成一个完整植株所包含的全部遗传信息，在特定环境下能进行表达，产生一个独立完整的个体（图2-1）。换句话说，植物细胞只要有一个完整的膜系统和一个有生命力的核，即使是已经高度成熟和分化的细胞，也具有恢复到分生状态的能力。其恢复过程取决于该细胞的器官或组织来源及其生理状态。全能性只是一种可能性，要把这种可能变为现实须满足两个条件：一是要将这些细胞在植物组织或器官中的分化抑制性解脱出来，即必须使这部分细胞处于离体状态；二是给予营养物质的补充，并使它们受到适宜激素的诱导作用。一个已分化的细胞要表现全能性，必须经历脱分化和再分化两个过程。多数情况下，脱分化是细胞全能性的前提、再分化是细胞全能性的最终体现。植物组织和细胞培养的目的就是人们设计培养基，创造培养条件来促使植物组织和细胞完成脱分化和再分化，进而实现全能性表达。

资源2-1

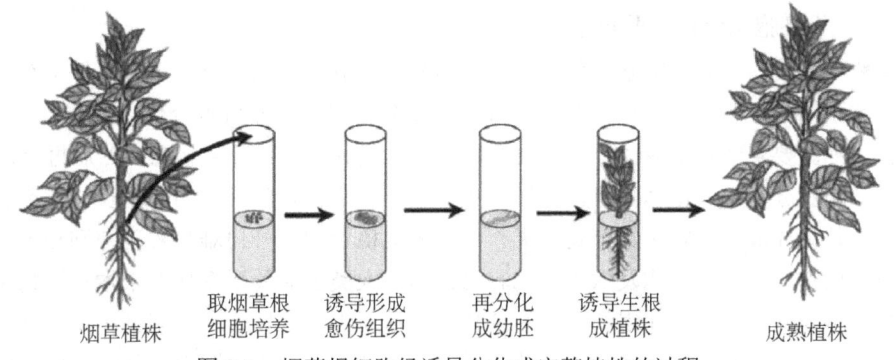

图2-1　烟草根细胞经诱导分化成完整植株的过程

（一）细胞全能性的绝对性与相对性

对于植物细胞而言，细胞全能性也并不意味着任何基因型的细胞均可以直接分化发育成植物个体。不同基因型的植物细胞全能性的表现存在显著性差异。尽管理论上每个植物细胞都具有全能性，但实际表达的难易程度受植物种类、组织和细胞的类型影响较大，通常受精卵或合子、分生组织细胞和雌雄配子体细胞较易表达细胞全能性。

（二）植物细胞全能性表现

根据细胞类型不同，其全能性的表现从强到弱依次为：营养生长中心＞形成层＞薄壁细胞＞厚壁细胞（木质化细胞）＞特化细胞（筛管、导管细胞）。根据细胞所处的组织不同，其全能性的表现从强到弱依次为：顶端分生组织＞居间分生组织＞侧生分生组织＞薄壁组织（基本组织）＞厚角组织＞输导组织＞厚壁组织。

二、植物细胞分化、脱分化与再分化

分化是植物细胞通过分裂产生结构和功能上的变化过程。脱分化被认为是在一定条件下，已有特定结构和功能的植物组织，其细胞被诱导改变原有的发育途径，逐步失去原有的分化状态，转变为具有分生能力的胚性细胞的过程。分化的实质是基因的表达；而脱分化的实质是使已关闭的基因重新启动而发挥功能的过程。细胞全能性的表达是通过细胞脱分化与再分化实现的。植物细胞的脱分化与再分化是大量基因差异表达和协同作用的结果，也是基因与培养条件相互作用的结果。

（一）植物细胞分化

细胞分化分为两类。时间上的分化：一个细胞在不同发育阶段可以有不同的形态和功能。空间上的分化：同一种细胞后代，由于所处环境（如部位）不同而具有不同形态与功能。单细胞生物仅有时间上的分化，如噬菌体的溶菌型特性。多细胞生物的细胞不但有时间上的分化，而且由于在同一个体中各个细胞所处组织或器官位置不同，因而功能分工发生改变，于是又有空间上的分化，如植物个体在其顶端、根、茎、叶等不同部位具有不同的细胞。细胞分化是组织和器官分化的基础，也是离体培养再分化和植株再生得以实现的基础。细胞分化的本质是基因选择性表达的结果。细胞分化是处于不同时空条件下的细胞基因表达与修饰差异的表现形式；也是相同基因型细胞基因选择性表达的表现形式。一个成熟已分化的细胞，通常仅有5%~10%的基因处于活化状态。因此，细胞分化的基本问题就是一个具有全能性的细胞是通过何种方式使大部分遗传信息不再表达，而仅有小部分特定基因活化，最终使细胞表现出所执行的功能。

（二）植物细胞脱分化与再分化

大多数离体培养物的细胞脱分化需经过细胞分裂形成细胞团或愈伤组织，但也有一些离体培养的细胞不需经细胞分裂，而只是本身细胞恢复分生状态，即可再分化（图2-2A）。离体培养的外植体细胞要实现其全能性，首先要经历脱分化使其恢复到分生状态，然后再分化。

植物细胞脱分化与外植体本身及环境有关，主要影响因素包括损伤、生长调节剂、光照、细胞位置、外植体的生理状态、植物种类。不同种类植物的脱分化难易程度差别较大，总体而言，双子叶植物比单子叶植物及裸子植物容易，而与人类生活关系密切的禾本科植物脱分化则较难。离体培养的植物细胞和组织可由脱分化状态重新进行分化，形成多种类型的细胞、组织或器官，甚至形成完整植株，该过程称为再分化（图2-2B）。植物细胞脱分化、再分化和形成完整植株是细胞全能性理论实现的表现形式。理论上各种植物体的活细胞都具有全能性，在离体培养条件下均可经过再分化形成各种类型的细胞、组织、器官及再生植株。但实际上，目前还不能让所有植物的所有活细胞都能再生植株，主要原因是：①不同种类植物再分化的能力差异很大；②某些植物的再生条件还没有完全掌握，影响细胞脱分化和再分化的条件差别较大。

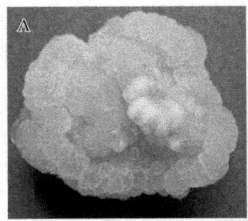
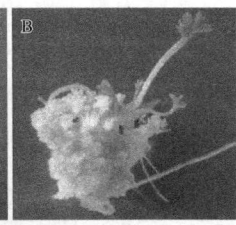

彩图

图2-2　植物细胞脱分化和再分化
A. 由叶片脱分化获得愈伤组织；
B. 由愈伤组织再分化出芽

第二节 植物组织培养实验室建设

植物组织培养是在无菌条件下对植物器官、组织和细胞进行离体培养，要求具备非常严格的环境条件。由于绝大多数实验操作在无菌条件下进行，因此对环境条件的要求首先是无菌。培养材料的生长发育和分化过程要求具备适宜的光照、温度、湿度等微生态环境，这就要求培养条件应能在一定程度上进行调控。为了创造无菌操作环境和适宜的培养条件，必须对操作区进行功能分区，同时配备必需的仪器设备。

一、实验室布局

植物组织培养实验室简称组培室，是植物组织培养操作的场所，即用来进行培养基配制、灭菌、材料接种和培养的场所。以试管苗规模化生产为目的的大型植物组织培养实验室也称为组培车间或组培工厂。完整的植物组织培养实验室由执行不同功能的功能区组成（图2-3），应包括准备室、接种室（图2-4）、培养室等，培养室获得的无菌植株还需要在驯化室内进行驯化培养后才能在自然环境中生长。植物组织培养室布局的总体原则是便于隔离和操作，便于灭菌和观察，这些功能区的设置和排列须遵循植物组织培养的操作程序，避免工作混乱。

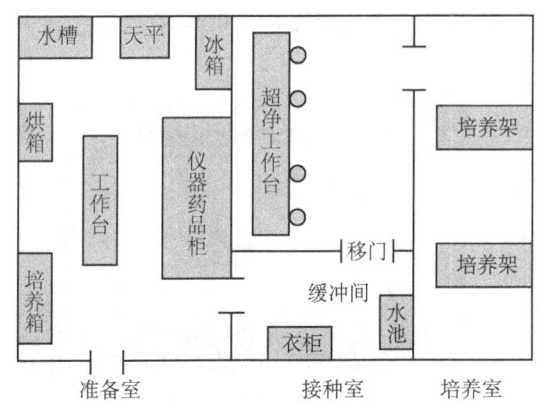

图2-3 植物组织培养实验室布局模式图

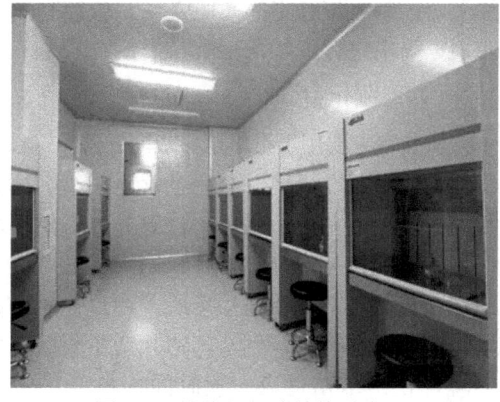

图2-4 植物组织培养接种室

彩图

（一）准备室

植物组织培养操作过程中所用器具的洗涤、干燥和保存，药品的称量、配制，培养基的制备、分装和灭菌，植物材料的预处理，培养材料的观察和分析等操作都在准备室中进行。

（二）接种室

接种室是无菌条件下进行实验操作的场所，也称为无菌操作室，主要用于植物材料表面的消毒、外植体接种、培养材料的继代接种及其他一切需要进行无菌操作的技术程序。接种室无菌级别的高低直接决定着植物组织培养的成功与否。由于平房易吸潮引起污染，所以有条件的接种室应选择楼房，最好在二层或二层以上。为减少工作人员进出时带进杂菌，接种室外应设置缓冲间供操作人员更换工作服和鞋帽，并且接种室与缓冲间的门要错开。缓冲间与接种室最好以玻璃相隔，便于观察。缓冲间也需要配有自来水和紫外灯。洁净、无菌、密闭、空气干燥和光线好是接种室的基本要求。最好安装移动式推拉门，以保证工作人员进出时空气不会剧烈流动，防止外界尘埃及菌物进入。此外，地面、天花板和四周墙壁要求平整和光滑，便于清洁与消毒；在室内上方和门口要求安装1~2支紫外灯用以辐射灭菌；并且需要安装一台小型空调，使室温可控，以紧闭门窗，减少与外界空气对流。接种室应配有超净工作台、移动式载物台、广口瓶、酒精灯、接种工具等，其面积可大可小，小型接种室在5~8 m²即可，大型接种室面积要求超过20 m²，甚至在100 m²以上。此外，接种室内不应存放与接种无关的物品，也不要有紫外灯无法照射到的死角。

彩图

图2-5 植物组织培养培养室

（三）培养室

培养室是人工环境条件下对接种到培养器皿中的植物材料进行培养的场所（图2-5），主要为培养材料的生长提供适宜的温度、湿度、光照和气体等条件。因此，培养室应配备培养架和环境条件自动监测与调控设备。为了充分利用培养室空间，应设置多层培养架，还应准备摇床、转床、光照培养箱等培养设备，以满足不同培养材料与培养策略的需要。培养室温度一般应控制在20~27℃，并要求均匀一致。为防止培养基变得干燥或受到微生物污染，相对湿度以保持在70%~80%为宜。温度和湿度的保持可用空调机或加湿器控制。培养室的光照强度一般控制在1000~5000 lx，光周期为8~20 h，在实际工作中应根据需求进行调整。

（四）驯化室

驯化室主要用于组培苗移栽前的炼苗（图2-6）。组培苗由于是在无菌、有完全营养供给、适宜光照和温度及湿度环境下生长的，对外界自然环境适应性较差，直接从培养容器移入田间，很难成活。因此，在移栽之前应在适宜场所，通过控水、减肥、增光、降温等措施，创造与移栽后生长条件相似的环境，使组培苗适应一段时间，使其在生理、形态、组织发育上发生相应的适应改变，更适合于自然环境，以提高移栽成活率，这个场所称为驯化室。驯化室的环境条件应介于培养室和温室之间，且应有一定的控温、保湿、遮阴条件。一般要求温度在15~25℃，相对空气湿度在70%以上，避免强光。普通温室或塑料大棚经适当改造均可用作驯化室，室内配喷雾装置、遮阳网、防虫网、移植床及栽培基质等。

图2-6 植物组织培养驯化室

彩图

（五）其他部分

1. 细胞学检验室 为了进行细胞学研究，观察和记录培养物的生长发育、分化状态与过程，需要设立细胞学检验室。细胞学检验室由制片室和显微观察室组成，制片室应配备工作台、切片机、磨刀机、恒温箱、通风橱及样品处理和染色设备；显微观察室应配备显微镜、解剖镜、显微照相机等设备。

2. 生化分析实验室 以培养细胞产物为主要目的，应建立相应的生化分析实验室，随时对培养物成分进行取样检测。生化分析实验室需配备高速或超高速离心机、高压液相色谱仪、生化分析仪、毛细管电泳仪、PCR（聚合酶链反应）仪等分析设备。

3. 物品贮存室 为了防止破损及查找方便，暂时不用的器皿和用具等物品，最好设置物品贮存室专门存放。物品贮存室应设计在背阴、通风的房间，并按物品种类设置专门货架。室内应保持干燥、清洁，温度不宜太高，物品应方便搬运。

4. 温室（大棚）　　组培苗移栽应在温室（大棚）内进行，以保证其对外界环境有一个过渡性的适应期。温室（大棚）在冬季应有加温条件，夏季应能遮光和降温。温室（大棚）除应配备一定的供水设施外，还要有弥雾装置、移植床、栽培容器和栽培基质及其他一些环境调控设备。温室（大棚）也可用作组培苗光培养或瓶内炼苗使用。

二、基本仪器设备

（一）灭菌设备

植物组织培养成功的关键是无菌，因此灭菌设备对于组织培养至关重要。主要的灭菌设备为高压蒸汽灭菌锅。此外，还有烘箱、紫外灯、微孔滤膜过滤器、酒精灯和电热灭菌器等。

（二）接种设备

在植物组织培养中，需要在专业的场所将外植体或培养物接种到无菌培养基上，同时还应该配备超净工作台、接种工具和封口材料。

1. 超净工作台　　超净工作台是最常见的无菌操作设备，一般由鼓风机、过滤器、工作台、紫外灯和照明灯等组成，可以除去直径大于 0.3 μm 的尘埃、真菌孢子和细菌等。超净工作台按操作结构分为单面操作及双面操作两种；按操作人数分为单人和双人超净台；按气流方向，可分为水平流和垂直流两种类型。

2. 接种工具　　外植体接种或培养物转接时常用的接种工具有解剖显微镜、镊子、剪刀、解剖刀、接种针或接种环、酒精灯和灭菌器。

3. 封口材料　　培养器皿可用多种方法封口，以达到防止培养基干燥和杂菌污染的目的。传统的封口方法是用棉塞，有时在棉塞外层包被一层纱布或牛皮纸，用皮筋或线绳捆绑，可反复多次使用。利用耐高温高压的透明聚丙烯塑料膜封口，也是一种经济有效的办法。目前广泛使用的封口材料还有铝箔、双层硫酸纸、耐高温的塑料纸、塑料盖等。

（三）培养设备

植物组织培养中狭义的培养设备是指摆放培养容器的培养装置（如培养架和摇床），广义的培养设备还包括培养器皿、培养装置等。

1. 培养器皿　　在组织培养中，培养基和培养物均需装在一个无菌、透明、相对密闭、结实耐用、耐高温高压的容器中，这就是培养器皿。最常用的培养器皿由碱性、溶解度小的硬质玻璃制成。根据培养目的和要求不同，可选用不同类型的培养器皿，包括试管、锥形瓶、培养皿和其他培养器皿替代用品，如罐头瓶、果酱瓶与太空玻璃杯等。

2. 培养装置　　培养器皿需要合理摆放才能合理利用光照，使组培苗生长良好。因此，需要有专门的培养装置，如固定式培养架、光照培养箱和摇床等，以满足不同器官、愈伤组织、细胞和原生质体的固体和液体培养需要。

（四）检测设备

在植物组织和细胞培养过程中，常需随时检测培养材料的细胞学和形态解剖学的变化，故需配置组织切片设备、细胞染色设备、显微观察设备。

1. 组织切片设备　　用于植物培养材料待检测组织的切片，主要包括切片机、磨刀机和烤片机。

2. 细胞染色设备　　包括染缸等。

3. 显微观察设备　　主要包括各种显微镜（如双目显微镜、倒置显微镜、相差显微镜、干涉显微镜、电子显微镜）及血细胞计数器。

（五）驯化设备

驯化室需配备的基本设备应包括驯化容器、移植床、移栽基质、喷雾装置和遮阳网。

（六）其他辅助设备

1. 盛装容器　　在培养基配制中，需要一些盛装容器用以盛装母液，溶解、盛装和分装培养基等，包括烧杯、试剂瓶、分装器和离心管。

2. 称量容器　　在培养基配制中，母液的配制及药液的分装、吸取常需要进行液体称量而使用适当的称量容器，包括容量瓶、移液管、移液器、量筒和量杯。

3. 天平　　天平用于药品及琼脂等物品的称量，在组织培养实验室中，一般需配备以下三种天平：分析天平、电子天平和普通天平。

4. 细胞器分离设备　　包括研钵、过滤网和低速离心机。

5. 其他　　包括冰箱、冰柜、酸度计、恒温水浴锅、电磁炉和微波炉等。

◆ 第三节　培养基配制与灭菌

一、培养基种类

培养基是组织培养中最重要的基质。选择合适的培养基是组织培养的首要环节。不同的培养对象、阶段和目的，需要选择不同的培养基。

习惯以发明人的名字并辅以年代来命名培养基，如 White（1943）培养基、Murashige 和 Skoog（1962）培养基（简称 MS 培养基）。也有对培养基的某些成分进行改良后命名的，称为改良培养基，如 White 改良培养基。培养基中各种成分的计量单位在文献中有两种表示方法：一种是用 mol/L 或 mmol/L 来表示；另一种以 mg/L 来表示，国内学者发表的文献习惯以 mg/L 为单位。目前国际上流行的培养基有几十种。国际上5种常用的培养基是 MS 培养基、ER 培养基、B5 培养基、SH 培养基、HE 培养基。

（一）高盐成分类

高盐成分培养基包括 MS 培养基、LS 培养基、BL 培养基、BM 培养基、ER 培养基等，LS 培养基、BM 培养基、ER 培养基由 MS 培养基演变而来。

1. MS 培养基　　MS 培养基应用广泛，其钾盐、铵盐及硝酸盐含量均较高，微量元素种类齐全，其养分数量及比例均比较合适，常用于植物的器官、花药、细胞及原生质体的培养。

2. LS 培养基　　成分和 MS 培养基类似，去掉了甘氨酸、烟酸和盐酸吡哆醇。

3. BL 培养基　　成分和 MS 培养基类似，去掉了甘氨酸、盐酸硫胺素、盐酸吡哆醇，增加了天冬氨酸。有学者报道曾用 BL 培养基培养花旗松外植体，获得较好效果。

4. BM 培养基　　成分与 MS 培养基类似，仅将盐酸硫胺素去除。

5. ER 培养基　　成分与 MS 培养基类似，但磷酸盐的量比 MS 培养基高1倍，微量元素的量却比 MS 培养基低得多。此种培养基适合豆科植物组织的离体培养。

（二）硝酸钾含量较高类

硝酸钾含量较高的培养基包括 B5 培养基、N6 培养基、SH 培养基等。

1. B5 培养基　　这种培养基最初为大豆的组织培养而设计，其成分中硝酸钾含量较高，氨态氮含量较低，较适合南洋杉、葡萄及豆科与十字花科植物等的培养。

2. N6 培养基　　采用 N6 培养基进行禾谷类作物花药培养，取得了较好效果。在枸杞等木本植物花药培养中也曾采用，还用 N6 改良培养基进行针叶树的组织培养，均有较好效果。

3. SH 培养基　　与 B5 培养基成分类似，矿物盐浓度较高，其中铵盐与磷酸盐是 $NH_4H_2PO_4$ 提供的，适合多种单子叶和双子叶植物的组织培养。

（三）中等无机盐类

中等无机盐培养基包括 H 培养基、Nitsch 培养基和 Miller 培养基。

1. H 培养基　　H 培养基中大量元素约为 MS 培养基的一半，但磷酸二氢钾及氯化钙稍低，微量元素种类减少但含量较 MS 培养基高，维生素种类较 MS 培养基多。

2. Nitsch 培养基　　与 H 培养基成分类似，但生物素较 H 培养基高 10 倍。

3. Miller 培养基　　此培养基适合大豆愈伤组织培养和花药等培养用。

（四）低无机盐类

多数情况下，低无机盐培养基用作生根培养，主要包括 White（WH）培养基、WS 培养基、HE 培养基、改良 Nitsch（1951）培养基和 HB 培养基。

1. White（WH）培养基　　WH 培养基在早期用得较多，它含有植物细胞所需要的营养，但是要使愈伤组织或悬浮培养物在这种培养基中快速生长，其中氮和钾的含量不足，应补充酵母提取物、蛋白质水解物、氨基酸、椰乳或其他有机添加物。

2. WS 培养基　　适用于生根培养，使愈伤组织生根，从愈伤组织获得生根的完整植株。

3. HE 培养基　　在欧洲得到广泛应用，它的盐含量比较低。

4. 改良 Nitsch（1951）培养基　　曾用于烟草花药培养。

5. HB 培养基　　用这种培养基曾进行一些花卉植物（如康乃馨）的脱毒培养，效果较好。

讨论不同培养基的相似性，主要是比较它们无机盐的成分，因为培养基中维生素、激素和其他有机添加物会随着植物和研究目的不同而产生巨大差异。

二、培养基成分

（一）水

水是维持植物生长所必需的物质，在培养基所占比例也最大，一般用蒸馏水。

（二）无机营养成分

无机营养成分指矿物质、无机盐或无机元素。根据培养基中添加元素的量，可分为大量元素和微量元素。大量元素一般指在培养基中浓度大于 0.5 mmol/L 的元素，微量元素指浓度小于 0.5 mmol/L 的元素。组织培养需要的无机营养成分与植物营养的必需元素基本相同，包括氮、磷、钾、钙、镁、硫 6 种大量元素，以及铁、锰、铜、锌、氯、硼、钼 7 种微量元素。

1. 大量元素　　主要包括氮、磷、钾、钙、镁和硫 6 种。它们在植物生长中具有非常重要的作用，如氮、硫、磷是蛋白质、氨基酸、核酸和许多生物催化剂即酶的主要组分。它们与蛋白质、氨基酸、核酸和酶的结构、功能、活性有直接的关系，不可或缺。氮在蛋白质中的含量为 16%～18%，是生命骨架基础物质，故又称为生命元素。磷是三磷酸腺苷（ATP）的主要成分之一，与全部生命活动紧密相关，在糖代谢、氮代谢、脂肪转变等过程中不可缺少。钾对活体内生物酶发挥活化剂的作用，钾供应充分时糖类合成效率增强，纤维素和木质素含量提高，茎秆坚韧，植株健壮。钙是细胞壁的组分之一，果胶酸钙是植物细胞胞间层的主要成分，缺钙时细胞分裂受到影响，细胞壁形成受阻，严重时幼芽、幼根会溃烂坏死。钙离子与钙调蛋白（CaM）结合形成的 Ca^{2+}-CaM 复合体能活化多种生物酶，调节植物对外界环境的应答反应。镁参与叶绿素的合成，缺镁会导致叶绿素合成终止，叶片就会失绿，而不能进行光合作用。镁也是染色体的组成成分，在细胞分裂过程中发挥作用。胱氨酸、半胱氨酸、甲硫氨酸等氨基酸中都含有硫，这些氨基酸是蛋白质的重要组成分子。

2. 微量元素　　培养基中的微量元素主要包括铁、锰、铜、锌、氯、硼和钼等。这些元素广泛参与植物生命活动过程，调节蛋白质或酶的生物活性。铁元素参与合成叶绿素，缺铁时细胞分裂停止。锰对糖酵解中的某些酶有活化作用，是三羧酸循环中某些酶和硝酸还原酶的活化剂。铜是细胞色素氧化酶、多酚氧化酶等氧化酶的组成成分，可影响氧化还原过程。锌是吲哚乙酸生物合成必需的，也是谷氨酸脱氢酶、乙醇脱氢酶的活化剂。氯在植物光合作用中起活化剂的作用，促进氧的释放和 NADP（辅酶Ⅱ）的生成。硼能促进糖的过膜运输，影响植物的有性生殖，如花器官的发育和受精作用，增强根瘤固氮能力，促进根系发育；同时还具有抑制有毒的酚类化合物的合成的作用；缺硼时细胞分裂停滞，愈伤组织表现出老化现象。钼是硝酸还原酶和钼铁蛋白的金属成分，能促使植物体内硝态氮还原为氨态氮。对于某些特殊需要，科研工作者还把钠、镍、钴、碘等也加入微量元素的行列。钠是某些盐生植物、C_4 植物和景天酸代谢植物生长发育的必需元素。镍元素影响尿酸氧化酶的结构和功能。

（三）碳源

在组织和细胞培养中，碳源是培养基的必需成分之一。组织培养中碳水化合物的作用主要是作为碳源和渗透压的稳定剂。蔗糖是植物组织或细胞培养应用最广泛的碳源，用量在2%~3%。研究证实，植物生长离不开碳源的供给。常用的碳源除蔗糖外，还有葡萄糖。葡萄糖比蔗糖更适合原生质体培养。可溶性淀粉适合作为含糖量较高的植物碳源。

（四）其他有机物

1. 植物生长调节物质　　植物生长调节物质是一些调节植物生长发育的物质。植物生长调节物质可分为两类：一类是植物激素，另一类是植物生长调节剂。植物激素是指自然状态下在植物体内合成，并从产生处运送到别处，对生长发育产生显著作用的微量（1 μmol/L 以下）有机物。植物生长调节剂是指一些具有植物激素活性的人工合成的物质。在植物组织培养中使用的生长调节物质主要有生长素和细胞分裂素两大类，少数培养基中还添加赤霉素（GA）、乙烯等。

（1）生长素：生长素在植物中的合成部位是叶原基、嫩叶和发育中的种子。成熟叶片和根尖也产生微量的生长素。在植物组织培养中，生长素主要用于诱导刺激细胞分裂和根的分化。在植物组织培养中常用的生长素有萘乙酸（NAA）、吲哚乙酸（IAA）、吲哚丁酸（IBA）、萘氧乙酸、对氯苯氧乙酸、2,4-二氯苯氧乙酸（2,4-D）、2,4,5-三氯苯氧乙酸、毒莠定（4-氨基-3,5,6-二氯吡啶甲酸）等。萘乙酸有 α 和 β 两种形式，由人工合成，在配制培养基时总是加入α-萘乙酸。与吲哚丁酸相比，萘乙酸诱发根的能力较弱，诱发的根少而粗；但对某些木本科植物却具有很好的效果。吲哚丁酸诱导根的生长作用强且时间长，诱发的根多而长。吲哚丁酸是天然合成的生长素，可在光下迅速溶解或被酶氧化，使用浓度相对较高（1~30 mg/L）。

（2）细胞分裂素：细胞分裂素属于腺嘌呤衍生物。研究证实，细胞分裂素可以结合到高等植物的核糖核蛋白上，促进核糖体与 mRNA 的结合，加快翻译速度，从而促进蛋白质的生物合成。细胞分裂素还可与细胞膜和细胞核结合，影响细胞分裂、生长与分化。人工合成的细胞分裂素主要有激动素、6-苄基腺嘌呤（6-BA）、异戊烯基腺嘌呤（iP）和吲哚丙酸等。细胞分裂素常与生长素相配合，用于调节细胞分裂、伸长、分化和器官形成。

（3）赤霉素：主要是 GA$_3$，能诱导顶端分生组织和维管束组织的分化，但在培养基中很少添加，因为它还有很多副作用不容被忽视。使用过量的赤霉素可能会对植物造成伤害，导致叶片变黄、枯萎等问题。赤霉素对葡萄的生长发育有多种副作用，低浓度可诱导无籽果粒的形成，高浓度会产生药害。

（4）乙烯：乙烯在芽的诱导和管胞分化上具有一定作用。管胞分化往往是器官发生的基础。一般而言，乙烯抑制体细胞胚胎发生，非胚性愈伤组织比胚性愈伤组织产生更多的乙烯。乙烯是一种不饱和碳氢化合物，通常以气体形式存在，比空气轻，实验中很难掌握用量，所以一般不使用乙烯，常用液态的乙烯利替代。

2. 维生素 维生素在植物生长中非常重要，它直接参加有机体生命活动，如参与酶、蛋白质和脂肪的代谢等。维生素种类很多，从组织培养的生长强度来看，B 族维生素起着最主要的作用。经常使用的有维生素 B$_1$、维生素 B$_6$ 等，一般使用浓度为 0.1～0.5 mg/L。

3. 氨基酸 氨基酸是重要的有机氮源。天然复合物中的大量成分是氨基酸，氨基酸有利于培养体的生长和分化。

（五）天然复合物

天然复合物的成分比较复杂，大多含有氨基酸、激素、酶等一些复杂的化合物，它能促进细胞和组织的增殖和分化，但对器官的分化影响不大。对天然复合物的应用有不同观点，因为其营养成分和作用仍不确定，但在用已知化学物质无法达到目的时，适当使用一些天然复合物可使常规培养方法无法获得愈伤组织或不能诱导再生的植物产生愈伤组织和分化形成植株，如 10%～20% 椰乳、150～200 g/L 香蕉、150～200 g/L 马铃薯、100～200 mg/L 水解酪蛋白、0.01%～0.05% 酵母提取液、0.01%～0.05% 麦芽提取液。

（六）培养材料支持物及活性炭

1. 培养材料支持物 琼脂是极为理想的支持物，它是海藻中提取的多糖类物质，但并不是培养基的必需成分，只是作为一种凝固胶黏剂使培养基变成固体或半固体状态，以支撑培养物。虽然琼脂只是一种胶黏物，但由于其生产方式和厂家不同而可能含有数量和种类不等的杂质，如 Ga、Mg、Fe、硫酸盐等，从而影响培养效果或实验结果。琼脂的使用浓度取决于培养目的、使用的琼脂性能等因素，一般浓度为 0.4%～1%，质量越差的琼脂用量越大。培养基中添加琼脂使培养基呈固体或半固体状态。培养物在培养基表面生长，既能吸收必需的养分和水分，又不至于因缺氧而死亡。琼脂作为支持物或凝固剂对绝大部分植物都是有利的或是无害的，但也有一些报道表明琼脂对某些培养物不利。在马铃薯、胡萝卜、烟草、小麦等作物组培中，均发现以淀粉替代琼脂更有利于培养物的生长和分化。

2. 活性炭 活性炭能从培养基中吸附许多有机物和无机物分子，它可以清除培养物在代谢过程中产生的不良或毒副作用物质，也可以调节激素的供应。

（七）抗生素

培养的植物组织很容易被细菌或真菌污染。为了预防污染，可在培养基中添加抗生素，如添加 200～300 U 的庆大霉素可使细菌污染受到很好的控制，浓度超过 600 U 时可在一定程度上抑制分化，但这种抑制作用可在除去庆大霉素后一段时间内得到恢复。

三、培养基配制

1. 基本培养基母液 在植物组织培养过程中，配制培养基是日常必备的工作。为减少工作量，经常使用的培养基，可先将各种药品配成浓缩一定倍数的母液，放入冰箱内保存，用时再按比例稀释，这样比较方便，且精确度高。母液要根据药剂的化学性质分别配制，一般配成大量元素、微量元素、铁盐、有机物等母液。在配制大量元素母液时，要防止在混合各种盐类时产生沉淀，为此各种药品必须在充分溶解后才能混合。在混合时要注意加入的先后次序，把 Ca^{2+}、Mn^{2+}、Ba^{2+}、SO_4^{2-}、PO_4^{3-} 错开，以免 KH_2PO_4 和 $MgSO_4$ 与 $CaCl_2$ 等发生化学反应，相互结合生成 $Ca_3(PO_4)_2$、$CaSO_4$ 沉淀。另外在混合各种无机盐时，其稀释度要大，慢慢混合，同时边混合边搅拌。在配制微量元素母液时也要注意药品的添加顺序，以免产生沉淀。铁盐容易发生沉淀，需要单独配制。一般用 $FeSO_4 \cdot 7H_2O$ 和 Na_2-EDTA 配成铁盐螯合剂，比较稳定，不易沉淀，铁盐放在棕色瓶中保存比较稳定。母液要用蒸馏水配制，药品应选用纯度较高的化学纯（CP）或分析纯（AR），以免有杂质对培养物造成不利影响。配制好的母液应分别贴上标签，注明母液种类、倍数、配制时间，并在记录本上详细记载配制及称取量，以便工作的准确及日后检查。母液最好在 2～4℃冰箱中保存，特别是有机物要求更严，储存时间不宜过长，如发现母液有霉菌污染或沉淀变质时，应重新配制。

多数植物生长调节剂不溶于水或难溶于水，吲哚乙酸（IAA）、萘乙酸（NAA）、吲哚丁酸（IBA）、2,4-二氯苯氧乙酸（2,4-D）等生长素类和 GA_3，可先用少量 0.1 mol NaOH 或 95%乙醇溶解，然后再用蒸馏水定容到所需要的体积。激动素（KT）、6-苄基腺嘌呤（6-BA）等细胞分裂素类则可用少量 1 mol/L HCl 加热溶解，然后加水定容。植物生长调节剂母液可以在 2～4℃冰箱中保存。配制好的植物生长调节剂母液，也应在瓶上贴上标签，注明名称、浓度、配制日期，以便配制培养基时计算，准确量取。

2. 培养基配制步骤　　将配制好的各种母液按顺序排列，并逐一检查是否有沉淀或变色，避免使用已失效的母液。先取适量的蒸馏水放入容器内，然后依次用移液管按培养基配方要求量吸取预先配制好的各种母液及生长调节剂等，并混合在一起。再将琼脂粉和糖加入其中，溶解混匀后加蒸馏水定容至所需体积。用 0.1 mol/L NaOH 或 HCl 将培养基的 pH 调至所需的数值，然后分装到培养容器中。根据材料的不同，装入培养基的量稍有差别，一般装入 0.7～1.2 cm 厚，让培养材料能保持原有的状态即可。最后包扎好瓶口或盖上瓶盖，对不同配方的培养基要做好标记，以免混淆。

四、灭菌技术要点

资源 2-2

灭菌操作是植物组织培养中的关键技术，培养基含有丰富的营养物质，不但能为培养物供给营养，也有利于细菌（资源 2-2）和真菌等微生物的生长。这些微生物一旦接触培养基，其生长速度一般都比培养物快。污染的微生物不但消耗大量营养物质，而且在其生长代谢过程中也会产生很多有毒物质，直接影响培养物的生长发育，有些微生物甚至直接以植物组织为原料，使培养物组织坏死直至丧失培养价值。培养基、外植体、培养容器、接种器械、接种室和培养室环境，都会导致培养基污染。因此，无菌培养环境及无菌操作，对植物组织培养至关重要。

（一）环境灭菌

为确保植物组织培养环境的无菌，应对环境进行定期或不定期灭菌，无菌操作室（接种室）主要用于外植体的消毒、接种及继代培养物的转移等，是植物组织培养关注的重点。无菌操作室的清洁度会直接影响培养物的污染率及接种工作的效率，因此应经常进行灭菌。培养室提供适宜的温度、光照、湿度、气体等条件来满足培养物的生长繁殖，要保持干净，并定期进行灭菌。准备室主要用于一些常规的实验操作，准备室不清洁会导致植物组织培养物的污染，故也要定期灭菌。

环境灭菌的目的是消灭或明显减少环境中的微生物基数,防止污染发生。常用的灭菌方法有物理灭菌法和化学灭菌法。物理灭菌法主要采用空气过滤和紫外线照射。对要求严格的工厂化组织培养育苗可采用空气过滤系统对整个车间进行空气过滤灭菌,操作要求严格而且资金投入高,一般较少采用。对无菌操作的微环境进行过滤灭菌是现代组织培养中常常采用的一种方法,其中最常用、最普及的操作装置是超净工作台。最简单的灭菌方法是利用紫外灯照射杀死微生物,从而消灭污染源。准备室、无菌操作室、培养室等均可用紫外灯进行灭菌。超净工作台除采用空气过滤灭菌的方法外,也可配合使用紫外灯照射灭菌,一般照射 20～30 min 即可。但紫外线对生物细胞有较强的杀伤作用,也是物理致癌因子之一,使用时应注意防护。紫外线的穿透能力差,一般普通玻璃便可阻挡。

利用化学杀菌剂进行环境灭菌,主要是喷洒 70%～75%乙醇或 0.1%新洁尔灭,其中 70%～75%乙醇具有较强的杀菌力、穿透力和湿润作用,可直接杀死环境中的微生物,也可使空中尘埃下落,防止尘埃上面附着的微生物污染培养基和培养材料。对于超净工作台,在紫外灯灭菌后,还需用 70%乙醇对操作台表面进行擦拭。如果污染严重,可对环境进行彻底熏蒸灭菌,方法是用福尔马林或福尔马林配合高锰酸钾进行熏蒸。一般每立方米空间用 2 mL 福尔马林和 0.2 g 高锰酸钾混合,密闭熏蒸 24 h,然后开窗通风排除甲醛气体。

(二) 培养基灭菌

因培养基原料和盛装容器均带菌,而且在分装和封口过程中也会引起污染,故分装封口后的培养基一定要立即进行灭菌,否则会造成培养基的污染。培养基灭菌一般采用湿热灭菌法,特殊情况下也可采用过滤灭菌法。

1. 湿热灭菌法　　湿热灭菌法是指用饱和水蒸气、沸水或流通蒸汽进行灭菌的方法,其原理是在密闭高压锅内产生蒸汽,由于蒸汽热大、穿透力强,容易使蛋白质变性或凝固。在 0.105 MPa 压力下,锅内温度可达 121℃,在此温度下,各种真菌、细菌及耐高温的孢子可以被快速杀死,所以湿热灭菌法的灭菌效率比干热灭菌法高。为了使培养基灭菌更加安全和可靠,可使用操作方便的智能型蒸汽灭菌锅,只要按要求设定所需灭菌时间和温度(表 2-1),就能自动完成整个灭菌过程。除培养基外,外植体消毒处理用的无菌水、玻璃器皿和接种器械也可采用湿热灭菌,但灭菌时间要比培养基长。

表 2-1　不同体积培养基湿热灭菌所需最短时间

实际体积/mL	121℃所需最短时间/min	实际体积/mL	121℃所需最短时间/min
20～50	15	1000	30
75	20	1500	35
250～500	25	2000	40

2. 过滤灭菌法　　有些物质在高温条件下不稳定或容易分解,如植物生长调节物质、抗生素等的溶液,应采用过滤灭菌法。然后把经过灭菌的药液加入经高压灭菌后的培养基中,混合均匀后分装。对于不耐热的溶液(如生长素、赤霉素等)常用过滤灭菌法,此法也可用于液体培养基和蒸馏水的灭菌。过滤灭菌法使用的滤膜孔径通常为 0.2 μm 或 0.45 μm。

(三) 外植体灭菌

除无菌操作流程技术之外,外植体灭菌会有效减少污染的发生。外植体种类、取材季节、取材部位、预处理及消毒方法等都与外植体染菌有关。在对材料进行表面消毒之前,应依照材料种类选择不同的消毒剂。不同材料对消毒剂的耐受力(如消毒剂种类、浓度、消毒时间)不同，选择合适的消毒剂才能达到预期效果。由于植物材料本身具有生命力，而消毒剂使用不当会在一定程度上对其造成破坏。因此，对外植体进行灭菌的原则是以不损害或轻微影响植物材料生命力且完全杀死植物材料表面的全部微生物为宜。消毒剂有化学药剂和抗生素两种。常用的化学药剂主要是对外植体进行表面灭菌，特殊情况下，采用抗生素灭菌。消毒剂要求本身灭菌效果好，容易被蒸馏水冲洗掉或本身具有分解能力，对人体无害，对环境无污染。常用消毒剂的使用如表 2-2 所示。

表 2-2　常用消毒剂的使用

消毒剂	使用浓度	消除难易程度	消毒时间/min	灭菌效果
次氯酸钠	2%	易	5～30	很好
次氯酸钙	9%～10%	易	5～30	很好
漂白粉	饱和溶液	易	5～30	很好
氯化汞	0.1%～1%	较难	2～10	最好
乙醇	70%～75%	易	0.2～2	好
过氧化氢	10%～12%	最易	5～15	好
溴水	1%～2%	易	2～10	很好
硝酸银	1%	较难	5～30	好
抗生素	4～50 mg/L	中	30～60	较好

植物的基因型、栽培条件、外植体的来源、取材季节、取材大小和操作者的技术水平等均会影响外植体染菌。因此，在植物组织培养中选择合适的消毒剂和灭菌方法对获取无菌外植体极为重要。在灭菌时，一般应首先设计灭菌实验，以选择最适消毒剂、使用浓度和消毒时间。有时为使植物材料充分浸润，达到更好的灭菌效果，还需在消毒剂中加入一定量的黏着剂或润湿剂，如吐温（Tween）-20 或吐温-80。有时还可配合使用磁力搅拌、超声振动、抽气减压等方法加强消毒剂的消毒效果。

消毒前，材料先要用自来水冲洗 10 min 左右，有的材料较脏，要用洗衣粉等洗涤，把泥土等清洗干净。有的带须根多的地下组织，还要用小刀削光滑，以利于彻底灭菌。有的材料表面有较多茸毛，若不经处理易造成消毒不彻底从而造成污染，对此类材料应采用流水冲洗 1～2 h，并用洗衣粉或洗洁精溶液洗涤，必要时用毛刷充分刷洗，可提升消毒效果。

洗涤后的材料用滤纸吸干水分，然后浸入消毒剂中，消毒时间、使用浓度要依材料而定。一般选择两种消毒剂配合使用，如先用 70% 乙醇浸 10～20 s，再浸入 10% NaClO 溶液 5～15 min，随后用无菌水冲洗 3～5 次。

（四）用具灭菌

1. 常用器皿及用具灭菌　　常用的灭菌方法有紫外辐射、表面消毒剂灭菌、干热灭菌、高压蒸汽灭菌等。金属器械也可用干热灭菌法灭菌，即将拭净或烘干的金属器械用锡箔纸包好，盛在金属盒内，再放于烘箱于 120℃ 下灭菌 2 h，取出后冷却并置于无菌处备用。高压蒸汽灭菌比干热灭菌耗能少、节约时间，灭菌效果也比干热灭菌好。

2. 玻璃器皿、塑料器皿灭菌　　玻璃器皿常常与培养基一起灭菌。单独进行容器灭菌时，玻璃器皿可采用湿热灭菌法，即将玻璃器皿包扎好后，置入蒸汽灭菌器中进行高温高压灭菌，温度为 121℃，维持 20～30 min。也可采用干热灭菌法，即在烘箱内对器皿进行灭菌处理，是一种彻底杀死微生物的方法，灭菌温度和时间为 150℃ 40 min 或 120℃ 120 min。若发现有芽孢杆菌，则应为 160℃ 90～120 min。干热灭菌法的缺点是热空气循环不良和穿透很慢。有些塑料器皿也可以采用高温灭菌的方法，如聚丙烯、聚甲基戊烯、同质异晶聚合物等可在 121℃ 下反复进行高压蒸汽灭菌。而以聚碳酸酯为原料的塑料器皿经过反复高压灭菌之后机械强度会有所下降，因此每一次灭菌时间不应超过 20 min。

3. *实验服、帽子、口罩、手套的灭菌*　实验服、口罩、帽子等布制品均用湿热灭菌法，即将洗净晾干的布制品用牛皮纸包好，置于高压灭菌锅中进行高温湿热灭菌。也可用紫外线照射灭菌。

4. *污染的类型及克服方法*　污染是组织培养中经常会遇到的问题，连同褐变、玻璃化被称为植物组织培养的三大难题。在培养初期，外植体污染的问题解决不好，后续工作就无法开展。在培养过程中出现污染，特别是出现大规模的污染会导致组织培养的失败。

污染原因主要来自两个方面：一是由于外植体材料带入的病菌；二是组织培养过程中各技术环节操作不规范，如培养基、培养容器和接种器具灭菌不彻底，接种室和培养室不符合要求，操作时不遵守操作规程等原因都可导致污染。污染带来的危害有很多，如导致初代培养失败、继代培养增殖系数低、试管苗死亡或是生长速度慢、玻璃化加剧、移栽困难、成活率低。按污染的病原菌类型主要可分为两大类，即细菌污染和真菌污染。

5. *污染控制方法*　植物组织培养中防止污染要注意以下环节。

（1）植物材料选择：植物组织培养时，通常应选择生长健壮、无杂菌感染、无病虫害的植株。杂菌感染与外植体大小、植物种类、植物栽培状况、分离的季节及操作者的技术有关。一般田间生长的材料比室内的材料带菌多；带泥土的材料比干净的材料带菌多；多年生木本材料比 1～2 年生草本植物带菌多；雨季植物带菌多，阳光强时材料带菌少。

（2）彻底灭菌：培养基灭菌时，要检查高压蒸汽灭菌锅的温度、压力、时间正确与否，以保证彻底灭菌。过滤灭菌要检查过滤膜的膜孔径、过滤灭菌器的灭菌处理及过滤灭菌器的操作是否正确。采用微波灭菌要检查微波频率是否稳定。对于灭菌较困难的材料，在不伤害外植体活性的前提下可以进行多次灭菌，将切好的外植体先后两次放入不同消毒液中一段时间。一般采用这种方法既可达到彻底灭菌的目的，又可减轻对外植体表面的伤害。对于经过两次灭菌效果还不理想的材料可进行多次灭菌以达到灭菌效果。一般的化学药剂只能杀灭外植体表面的微生物，对外植体内部所带菌的杀灭通常较难。为了达到内部灭菌目的，可在培养基中添加抗生素，参考浓度为链霉素 10～15 mg/L、青霉素 20 mg/L、盐酸土霉素 5 mg/L、竹桃霉素 20 mg/L、杆菌肽 50 mg/L、新霉素 1～2 mg/L。

（3）控制培养环境和规范操作：培养室和接种室应保持清洁、干燥和密闭，要定期进行灭菌。可采用紫外灯照射、甲醛熏蒸、75%乙醇或 5% NaClO 喷雾等方法灭菌，操作人员要注意手部消毒和操作规范。进行大规模的组织培养时最好安装能过滤空气的装置。

第四节　植物组织培养基本操作

一、培养条件及其调控技术

外植体接种后，需在适宜的条件下对其进行培养。对外植体进行培养的条件也称为微环境，它一般包括温度、光照、气体、湿度、渗透压及 pH 等。

（一）温度

温度对植物组织培养影响较大。一个培养室内要培养多种植物，不同植物最适温度不同，通常在 25℃左右恒温培养，最高温度不超过 35℃，最低温度不低于 15℃。植物种类繁多，其起源与生态环境不同，培养温度也应按培养材料种类进行调整。例如，马铃薯在 20℃、菠萝在 28～30℃较适宜。如果利用智能型光照培养箱，还可依照植物生态习性采用变温培养。

（二）光照

光照包括光照强度、光质、光周期等，对植物细胞、组织、器官的生长和分化极其重要。一般情况下，培养室光照强度要求在 1000～6000 lx，常用的光照强度在 3000～4000 lx。不同植物或同一植物的不同生长时期对光照强度的要求也不同，但大多数植物在有光照的情况下均生长分化良好。天竺葵愈伤组织诱导不定芽时需要每天 15～16 h 光照效果较好；而在一些植物的组织培养中，已表明其器官的形成并不需要光，如烟草、荷兰芹等。

光质会影响细胞分裂与器官分化，对愈伤组织的诱导、增殖及器官分化也有显著影响。不同的光质对植物器官分化影响不同，例如，红光明显促进杨树愈伤组织的分化，而蓝光抑制其分化。研究表明，蓝光促进绿豆下胚轴愈伤组织的生长，远优于白光和黑暗条件。蓝光对烟草愈伤组织的分化也有明显促进作用，红光对烟草芽苗分化起促进作用。

光周期也是影响外植体分化的重要环境因子。长日照和短日照植物对不同光周期的反应差异较大，大多数植物对光周期敏感。在葡萄茎段组织培养中，对短日照敏感的品种，仅在短日照培养条件下形成根，而对日照不敏感的品种则在不同光周期下均可形成根。光周期在一定程度上影响培养物的形态建成，例如，在天竺葵组织培养中，诱导芽以 15～16 h 光照最佳，连续光照会使愈伤组织变绿，不能形成芽。光周期显著地促进大蒜鳞茎、马铃薯块茎等变态器官的形成。植物组织培养中常使用的光周期是光照 16 h、黑暗 8 h。

（三）气体

无论采用固体培养还是液体培养，培养物均不宜完全陷入培养基，否则会导致培养物缺氧致死。继代培养中塑料培养容器在高温条件下时间过长、培养基中的激素含量过高等均会诱导乙烯合成。高浓度的乙烯会抑制培养物的生长和分化，培养细胞呈现无组织的增殖状态，导致培养物不能进行正常形态发生。除此之外，植物生长代谢过程中产生的二氧化碳、乙醇、乙醛等物质浓度过高也会对培养物的生长发育造成抑制和毒害作用。

（四）湿度

湿度包括培养容器内湿度和培养环境湿度两个方面。在组织培养初期，培养容器内的湿度达 100%，而培养环境湿度却变化很大，会影响培养基水分蒸发，从而影响培养容器内的湿度。因此，环境湿度一般要求 70%～80%。湿度过低会导致培养基失水干枯致使其组分浓度发生变化，不能满足植物生长；湿度过高培养基容易滋生霉菌，造成污染。

（五）渗透压

培养基的渗透压主要影响植物细胞对养分的吸收，只有当培养基中组分浓度低于植物细胞内浓度时，根据渗透作用，植物细胞才能从培养基中吸取养分和水分。糖有调节培养基渗透压的作用。蔗糖较常见，有时也可用葡萄糖和果糖替代。培养基中糖的浓度应按培养要求确定，多数植物对糖浓度的要求在 2%～6%，根分化只需 2%～3% 即可满足要求。体细胞胚胎发生需要大量的糖，一般最高可达 15%。高浓度蔗糖对百合、大蒜等试管鳞茎诱导有一定促进作用。

（六）pH

培养基的 pH 对植物组织培养意义重大，pH 不但影响培养基的硬度，还影响植物对培养基组分的吸收。因此，配制培养基时有必要调节其 pH。大多数植物对微酸性环境适应性较好，配制培养基的 pH 在 5.6～5.8 较好。生长在酸性土壤上的植物可适当降低培养基 pH，但不可过低。随着植物对培养基中营养物质尤其是金属离子的吸收，pH 会随之降低。

二、继代培养技术

(一)继代培养的作用

植物材料长期培养中,若不及时更换培养基则会出现以下情况:培养基营养丧失,对植物生长发育产生不利影响,造成生长衰退;培养容器体积充满,不利于植物呼吸,导致植物生长受限;培养过程中积累大量代谢物,对植物组织产生毒害作用,阻止其进一步生长。所以培养基使用一段时间后有必要对培养物进行转接,即进行继代培养。对培养材料进行继代培养的主要目的是使培养物增殖,快速扩大群体。

(二)驯化和衰退现象

在植物组织培养的早期研究中,发现一些植物的组织经长期继代培养会发生变化,在开始的继代培养中需要生长调节物质的植物材料,之后加入少量或不加入生长调节物质就可以生长,这就是组织培养中的驯化现象。例如,在胡萝卜薄壁组织培养过程中,在初代培养中加入6～10 mg/L 生长素,才能达到最大生长量,但经多次继代培养后,在不加生长素的培养基上也可达到同样生长量,一般要求继代培养 1 年以上,或继代培养 10 代以上出现驯化现象。在蝴蝶兰和蕙兰继代培养中也有类似现象。这种驯化现象的产生可能是由于在继代培养中细胞积累了较多的生长物质以供自身的生长发育,时间越长,对外源激素的依赖越小。因此,在继代培养中应注意继代培养代数,并据继代培养代数的增加适当减少外源生长调节物质的加入。

植物培养材料经多次继代培养,而发生形态能力丧失、生长发育不良、再生能力降低和增殖下降等现象,称为衰退现象。目前,衰退现象的发生原因并不明确,可能是由于长期的愈伤组织分化使得"拟分生组织"丧失;也可能是形态发生能力的减弱和丧失,与内源生长调节物质的减少或产生调节物质的能力丧失有关。此外,也可能是细胞染色体出现畸变,数目增加或丢失,导致分化能力的变异。

三、试管苗驯化移栽技术

在试管苗的组织培养生产和实验中容易出现组培苗移栽不成功的情况,为了提高移栽试管苗的成活率,在移栽前对其进行驯化是很有必要且很奏效的措施。

(一)试管苗特点

由于试管苗生长培养的环境条件与外界的自然环境不同,试管苗与田间苗的形态和生理状态存在很大的差异。试管苗生长在高湿、低透气性、弱光照、恒温、充足养分的条件下,形成了根、茎、叶特有的形态结构与生物学特性。脱离这样的环境,如果直接移栽到田间或与田间相近的环境,极容易因失水发生萎蔫,或因染病而导致死亡。

(二)试管苗驯化

植物组织培养中获得的小植株,长期生长在试管或锥形瓶内,体表几乎没有足够的保护组织,生长势弱、适应性差,要露地移栽成活,完成由"异养"到"自养"的转变,需要一个逐渐适应的驯化过程,在移栽前要对试管苗进行适当锻炼,使植株生长健壮、叶片浓绿、抗性和对外界环境的适应能力增强,以提高移栽成活率。试管苗驯化过程分为三个阶段:首先,在试管苗出瓶之前,逐渐增强光照,打开封口增加通气性,逐步适应外界的环境条件,这个驯化过程在驯化室或是组织培养室进行,注意试管苗不能离开培养瓶,在此期间驯化室或组织培养室需每 5～7 d 灭菌 1 次,这个过程称为"瓶内驯化",一般需要 10～20 d;其次,从培养室移出后,用 25℃左右的清水洗去培养基,再用低浓度生根液浸泡根部 5 min 左右;最后,将试管苗移栽至营养钵或苗床,经过一段保湿和遮光阶段,称为"瓶外驯化"。

健壮的组培苗要求根与茎的维管束相连通,不仅要求植株根系粗壮,还要求有较多的不定根,以扩大根系的吸收面积,增强根系的吸收功能,提高移栽成活率。试管苗驯化的时间、时机和方式因植物而异,通常经过继代培养的芽或茎段接种至生根培养基或MS培养基以后,就可以将长出根的试管苗从培养室移出,置于较强光照下进行光照驯化。

(三) 试管苗移栽

组培试管苗经过一段时间驯化后,对自然环境已有一定的适应能力,即可进行移栽。移栽的方式有容器移栽和大田移栽。驯化后的试管苗先移栽到带蛭石的穴盘、营养钵等育苗器中,称为容器移栽。根据幼苗大小选择不同的穴盘,如72穴、128穴等。穴盘移栽的优点在于每株幼苗处于一个相对独立的空间,如果发生病害,不会快速蔓延到邻近植株,引起其他植株的死亡。在育苗器中当苗长到商品苗的要求时,就可以进行出售或定植。对有些试管苗,如树木试管苗容器移栽后经过一段时间的培育,幼苗长大后还要移到大田中,称为大田移栽。移栽基质的选择要有利于疏松透气,同时有适宜的保水性,容易灭菌处理,不利于杂菌滋生等。常用的基质有粗粒状的蛭石、珍珠岩、粗沙、炉灰渣、谷壳、锯末、腐殖土或营养土等,根据植物种类的特性,将它们以一定比例混合应用。而兰科植物试管苗最好用苔藓包裹根部。

小　结

植物组织培养是指在无菌和人工控制的环境中,利用培养基对植物胚胎、器官、组织、细胞、原生质体等进行精细操作与培养,使其按照人们的意愿生长、增殖或再生发育成完整植株的一门生物技术学科。植物组织培养的理论基础是植物细胞全能性。植物组织培养对环境条件要求苛刻,必须按功能对实验室的操作区进行合理划分。实验室包括准备室、接种室、培养室和驯化室等,其总体布局原则是便于隔离、操作、灭菌和观察。实验室常用的仪器设备按功能可分为灭菌设备、接种设备、培养设备、检测设备、驯化设备及其他辅助设备。

培养基是培养物生长分化的基质,是植物组织培养成功的关键。培养基依据其组成成分分为基本培养基和完全培养基。基本培养基仅含有无机营养、有机营养和水分;而完全培养基是在基本培养基的基础上,添加各种植物生长调节剂及其他添加物。生长调节物质是培养基中的关键物质,在植物组织培养中起着决定性作用。培养基包括固体培养基和液体培养基,其区别在于是否加入凝固剂。培养基种类很多,常用的有MS培养基、B5培养基、White培养基和N6培养基。培养基种类与激素配比直接影响培养材料的生长发育与分化。因此,在植物组织培养中,要根据培养材料特点和培养目的来科学选择合适的培养基。植物组织培养的特点是无菌,要保证培养环境的无菌和培养过程的无菌操作,可利用物理和化学方法对培养的环境和使用的培养基及用具等进行灭菌。培养基常采用湿热灭菌法,外植体常采用化学药剂法进行灭菌。外植体是指用于植物组织培养的植物材料。进行组织培养时要尽量选择本身带菌少、容易灭菌、遗传稳定的材料。植物组织培养和栽培植物一样,也受温度、光照、培养基pH和渗透压等各种环境因素的影响,因此需要严格控制培养条件。在培养基中养分被消耗殆尽时,需要对植物材料进行继代培养,继代培养可保障营养供给以增加繁殖率,培养多代后,可能出现植物驯化现象,即不使用初代培养所用激素就可满足植物生长发育的要求;但若使用不当则会产生衰退现象,使得培养物形态发生生长和发育能力丧失、生长不良,不能进行正常生理活动。当培养材料增殖到一定数量后,就要使部分培养物分流到生根培养阶段,并进行进一步的驯化移栽,使其适应外界的栽培环境,以获得高质量的商品苗。

复习思考题

参考答案

1. 简述植物组织培养的概念。
2. 植物组织培养实验室的基本构成和基本要求有哪些？
3. 植物组织培养需要的主要仪器设备有哪些？
4. 植物组织培养中常用的培养器皿有哪些？
5. 培养基的主要成分有哪些？
6. 常用的植物生长调节物质有哪几种？它们的主要作用是什么？
7. 常用培养基的类型有哪些？
8. 植物组织培养中的污染原因主要有哪些？
9. 如何控制植物组织培养中的污染问题？
10. 什么叫作继代培养中的驯化和衰退现象？哪些因素会引起衰退现象的发生？

主要参考文献

陈铭秋，刘果，林彦，等. 2023. 木本植物组织培养及器官从头再生的研究进展[J]. 桉树科技，40（4）：85-96.

柳玉晶. 2023. 百合植物组织培养脱毒技术研究进展[J]. 现代园艺，46（13）：12-14.

吕中一，关长飞，李家艳，等. 2023. 柿属植物组织培养技术研究进展[J]. 北方园艺，12：129-137.

闫海霞，何荆洲，黄昌艳，等. 2016. 蝴蝶兰组培苗瓶外生根的研究[J]. 西南农业学报，29（11）：2709-2713.

翟彩娇，程玉静，仇亮，等. 2023. 基于组织培养技术的姜科植物快繁体系的研究进展[J]. 农学学报，13（4）：71-78.

Akhtar R，Shahzad A. 2019. Morphology and ontogeny of directly differentiating shoot buds and somatic embryos in *Santalum album* L[J]. J. For. Res.，30：1179-1189.

Balkunde R，Kitagawa M，Xu XM，et al. 2017. Shoot meristemless trafficking controls axillary meristem formation，meristem size and organ boundaries in *Arabidopsis*[J]. Plant J，90：435-446.

Bidabadi SS，Jain SM. 2020. Cellular，molecular，and physiological aspects of *in vitro* plant regeneration [J]. Plants，9：702.

Chokheli VA，Dmitriev PA，Rajput VD，et al. 2020. Recent development in micropropagation techniques for rare plant species[J]. Plants，9：1733.

Ikeuchi M，Favero DS，Sakamoto Y，et al. 2019. Molecular mechanisms of plant regeneration[J]. Annu Rev Plant Biol，70：377-406.

Ikeuchi M，Ogawa Y，Iwase A，et al. 2016. Plant regeneration：cellular origins and molecular mechanisms[J]. Development，143：1442-1451.

Li H，Yao L，Sun L，et al. 2021. Correction：ethylene insensitive 3 suppresses plant *de novo* root regeneration from leaf explants and mediates age-regulated regeneration decline[J]. Development，148：dev199635.

Long Y，Yang Y，Pan G，et al. 2022. New insights into tissue culture plant-regeneration mechanisms[J]. Frontiers in Plant Science，13：926752.

Shin J，Seo PJ. 2018. Varying auxin levels induce distinct pluripotent states in callus cells[J]. Front Plant Sci，9：1653.

Zhang M，Wang A，Qin M，et al. 2021. Direct and indirect somatic embryogenesis induction in *Camellia Oleifera* Abel[J]. Front Plant Sci，12：451.

第三章
植物细胞悬浮培养技术

学习目标

①了解愈伤组织的定义、诱导过程及其影响因素。②了解植物悬浮培养细胞的筛选、驯化及保藏过程及影响因素。③了解植物细胞悬浮培养技术的定义、培养过程、所需设备类型及影响悬浮培养细胞活性代谢物的因素。④了解植物悬浮培养细胞生产活性代谢物的实例。

引 言

植物细胞悬浮培养技术已广泛应用于中草药活性代谢物生产、植物基因工程产物表达和植物细胞生物学研究等。其中,植物来源的活性代谢物的生产是植物细胞悬浮培养技术的重要应用方向之一。为了建立良好的植物细胞悬浮培养体系,首先需对植物细胞主要建系材料——愈伤组织进行诱导和制备;然后对愈伤组织进行悬浮化培养,经驯化及筛选获得适用于悬浮培养的胚性愈伤组织;最后,通过摇瓶和生物反应器等培养模式,建立规模化悬浮培养体系。同时,开发相应的细胞培养过程调控技术来提高植物悬浮培养细胞中活性代谢物的合成水平。

本章思维导图

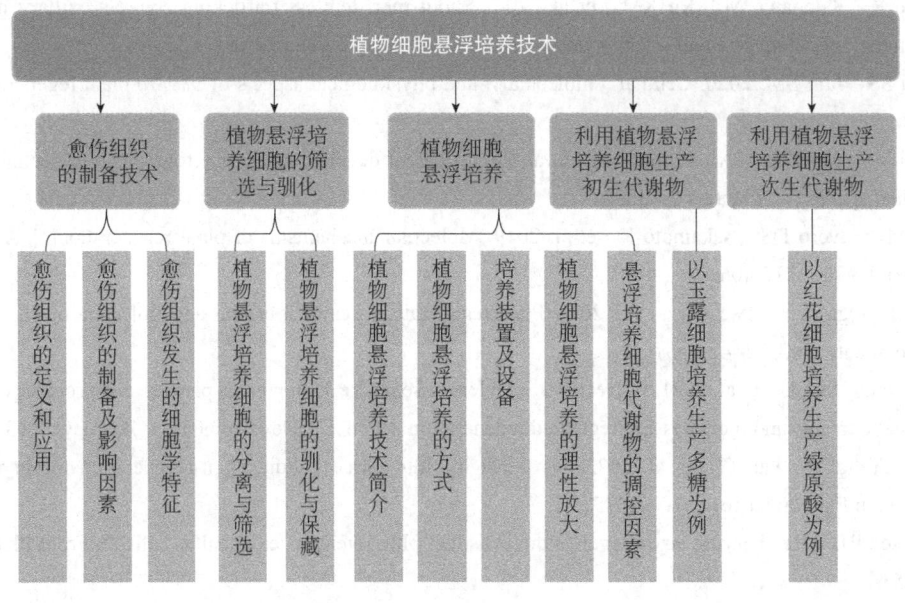

第一节 愈伤组织的制备技术

一、愈伤组织的定义和应用

(一) 愈伤组织的定义及分类

愈伤组织（callus）是植物外植体（如根、茎、花、叶片、花药、子叶、胚轴等）在离体培养条件下经脱分化后形成的一种能迅速增殖的无特定结构和功能的细胞团。自然条件下，由于机械损伤，植物某些部位内源激素信号转导及合成通路发生变化，促成愈伤组织的形成。离体培养条件下，通过适宜的外源激素诱导，离体组织和器官理论上都能脱分化形成愈伤组织。

根据形态学特征，愈伤组织可分为结构致密型和结构松散型愈伤组织。前者外观呈淡黄色、白色或嫩绿色等，是由小而致密的细胞组成的结实组织，不易被外力破坏，继代培养时常需借助手术刀片将其剪碎和分离；后者通常呈现淡黄色或象牙白色，含有大量的分生组织中心或瘤状结构，因其松散的组织结构，容易产生游离的单细胞或细胞团，因此常被用于植物细胞悬浮培养（图 3-1）。此外，根据愈伤组织的分化特性，愈伤组织可分为胚性愈伤组织及非胚性愈伤组织。胚性愈伤组织是一类分裂能力旺盛、具有分化形成完整植株能力的细胞团，其细胞表面具有球形颗粒，细胞较小，原生质浓厚，分裂活性强。在实验中，利用不同的植物激素比例和培养基成分，通过体外诱导，可以使植物外植体内的某些非胚性细胞转化为胚性细胞，进而形成胚性愈伤组织，最终使其保持旺盛的分裂能力或进一步分化成植株的能力。

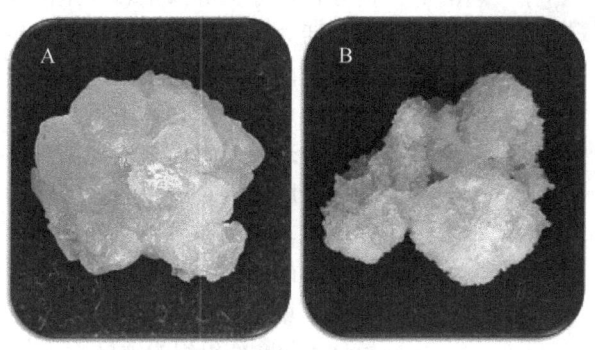

图 3-1 植物愈伤组织
A. 结构致密型愈伤组织；B. 结构松散型愈伤组织

彩图

(二) 愈伤组织的应用及意义

愈伤组织培养技术可提高植物（或其组织培养物）的增殖速率、改良植物品种及保藏珍稀濒危植物。①生物应用技术：愈伤组织可以用于植物生产和药用植物的繁殖，通过愈伤组织的培养和再生，可以大量繁殖植物，并提高生产效率，如愈伤组织培养的橡胶苗等。此外，愈伤组织本身或以其为基础建立的植物细胞悬浮培养系还可以用于植物来源活性代谢物的生产，如采用红豆杉来源的愈伤组织细胞生产抗癌药物紫杉醇。②植物育种研究：愈伤组织可用于植物育种中的杂交育种、基因重组和基因组编辑等。通过诱导和培养愈伤组织，可以获得具有优良性状的植株，并进行基因组编辑或基因转化，从而获得优良的品种。③植物生理和分子生物学研究：愈伤组织可用于植物生理学和分子生物学研究，通过对愈伤组织的分化和生长过程进行研究，可深入了解植物发育和分化机制，为育种和生产提供理论基础。

二、愈伤组织的制备及影响因素

愈伤组织的制备过程主要包括两个阶段。①诱导：植物外植体选择与消毒处理、愈伤组织诱导培养基选择及外植体的接种。②筛选：外植体在愈伤诱导培养基上长出愈伤组织后，对愈伤组织进行继代筛选。愈伤组织诱导和生长主要受外植体本身、培养基组分和培养条件影响。

（一）外植体影响

理论上，由于植物细胞具有全能性，任何植物细胞、组织及器官在适宜诱导条件下都能脱分化成愈伤组织。但实际上，各种外植体形成愈伤组织的难易程度和所需条件大有不同，这与外植体的类型、遗传背景及其生理生化状态有密切关系。诱导愈伤组织时，一般选择含有薄壁细胞或分生细胞较多的组织，如根、茎的髓部和皮层、块茎、芽尖，以及种胚等，因为这些部位含有较多的薄壁细胞、分化水平较低、分裂能力较强，从而更易被诱导形成愈伤组织。在不同植物中，不同外植体诱导愈伤组织的能力不尽相同。例如，在红花（Carthamus tinctorius）中，外植体诱导率从高到低分别为花序、花萼、叶片、茎段。虽然红花的茎段、叶片、花序及花萼等外植体均可用于愈伤组织的诱导，但只有花序诱导的愈伤组织具备长期增殖的能力。在进行金银花（Lonicera japonica）愈伤组织诱导时发现，幼嫩的芽尖在诱导培养基上愈伤化的时间最短，是诱导金银花愈伤组织最适宜的外植体，其次为幼嫩的叶片，诱导效率最低的为幼嫩的茎段。在油茶（Camellia oleifera）胚性愈伤诱导的过程中，在相同的培养条件下，胚轴相较于子叶更容易诱导形成胚性愈伤组织。

在同一植物中，尽量选择幼嫩部位进行愈伤组织诱导，如芽尖等部位。一是因为芽尖分裂活动旺盛和细胞活力高，易于诱导愈伤组织；二是由于其维管束等组织尚未发育完全，芽尖的内生菌含量较低，在体外消毒后的培养过程中不易发生污染。此外，由种子消毒处理后发育而来的无菌外植体，如子叶、幼芽、幼根、胚轴、真叶、茎段等（图 3-2），是比较理想的外植体，因为其不用二次体外消毒，避免了消毒剂对外植体的损伤。而野外植物的根生长于含有各种微生物的土壤中，其污染可控性较低，应尽量避免作为外植体进行愈伤组织的诱导。

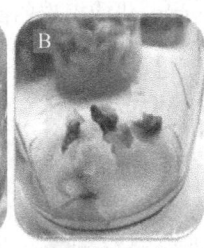

彩图

图 3-2　植物愈伤组织诱导过程
A. 无菌苗叶片外植体诱导愈伤组织；
B. 无菌苗子叶外植体诱导愈伤组织

（二）培养基组分影响

1. 培养基类型　　MS 培养基是目前使用最普遍的愈伤组织培养基，其具有较高的无机盐浓度、营养物质种类且比例合适，从而能够为植物组织生长提供所需的营养并能加速愈伤组织的生长。因此，MS 培养基适用于绝大多数双子叶植物的愈伤组织诱导。而单子叶植物如水稻，则常用 N6 培养基进行愈伤组织的诱导。此外，也可采用 1/2 MS、B5、WPM 及 White 等培养基对植物愈伤组织进行诱导。

2. 生长调节剂　　植物激素是一类能够调节植物生长发育及生理生化过程的小分子生长调节剂。外植体仅依靠内源激素有时无法形成愈伤组织，当施加外源植物激素时，外植体在内源、外源激素的共同作用下，能够快速形成愈伤组织。

常用于植物愈伤组织诱导的生长素有 2,4-二氯苯氧乙酸（2,4-D）、萘乙酸（NAA）、吲哚乙酸（IAA）及吲哚丁酸（IBA）等，所需浓度通常在 0.01~10 mg/L；常用的细胞分裂素有激动素（KT）、玉米素（zeatin）及 6-苄基腺嘌呤（6-BA），所需浓度通常在 0.1~10 mg/L。对于有些植物（如烟草、胡萝卜和水稻等），仅使用 2,4-D 就能启动外植体的愈伤化。但绝大部分植物需要生长素和细胞分裂素同时处理，才能有效诱导愈伤组织的形成。诱导和保持愈伤组织持续生长所需植物激素种类和浓度，与外植体供体植物种类、外植体生理状态或对植物激素敏感性密切相关。例如，红花愈伤组织的诱导，采用花序为外植体时，培养基与激素组合为 B5+0.2 mg/L 6-BA+4.0 mg/L NAA；以栀子（Gardenia jasminoides）无菌苗叶片为外植体时，愈伤组织诱导的培养基与激素组合为 MS+0.3 mg/L KT+0.5 mg/L NAA。通常情况下，愈伤组织诱导培养基可作为愈伤组织继代培养的培养基，但为了获得更高的增殖倍数及更短的继代周期，有时会调整愈伤组织培养所用的培养基。例如，金银花愈伤组织诱导时采用的培养基与激素组合为 MS+1.5 mg/L NAA+1.0 mg/L 2,4-D+0.75 mg/L KT+0.15 mg/L 6-BA，而其继代培养时，培养基与激素组合则调整为 MS+1.5 mg/L 6-BA+0.2 mg/L NAA+0.1 mg/L 2,4-D。

3. 其他培养基组分　　培养基中的碳源、防褐变剂及外源添加剂等均能显著影响植物愈伤组织的诱导。在碳源方面，植物愈伤组织诱导一般使用蔗糖类作为碳源（浓度为 1%～5%），而其他糖类（如葡萄糖、麦芽糖或果糖）作为唯一碳源时，其诱导愈伤组织的效果一般不及蔗糖。例如，以 5.0%蔗糖作为唯一碳源时，栀子愈伤组织的增殖倍数达到最大，高于其余单糖（葡萄糖、果糖）及二糖（麦芽糖）处理组；愈伤组织诱导过程中，由于机械损伤及消毒剂的损害，外植体会发生褐变现象，甚至死亡，最终降低愈伤组织的诱导率。通过向培养基中添加防褐变剂［如维生素 C、活性炭或聚乙烯吡咯烷酮（PVP）等］，可还原褐变物质或吸收褐变物质，从而提高愈伤组织的诱导率；此外，适宜浓度的外源添加剂如酸水解酪蛋白、酵母提取物或天然植物提取物等，可促进愈伤组织的生长，如在栀子愈伤组织继代培养基中，加入 300 mg/L 酸水解酪蛋白可显著增加愈伤组织的生物量。

（三）培养条件影响

培养条件的影响主要是温度和光照条件。一般用于愈伤组织诱导及其增殖的温度在 (25.0±3.0) ℃，但各种愈伤组织增殖的最适温度却有差异，为 18～30 ℃。例如，在不同温度培养条件下，红皮云杉（Picea koraiensis）愈伤组织的诱导率及增殖量随温度增加呈先上升后下降的趋势，在 22 ℃时达到最大值。此外，通过不同光照条件处理栀子愈伤组织发现，栀子愈伤组织的增殖速率从高到低依次是全光照（每天光照 24 h）、半光照（每天光照 12 h）和全暗处理（每天无光照）。因此，对于栀子愈伤组织，增加光照时间有利于愈伤组织的增殖。值得注意的是，大多数愈伤组织诱导和培养时不需要光照，对于部分植物来源的愈伤组织，过度的光照会造成愈伤组织的分化现象，反而降低愈伤组织的增殖速率。

三、愈伤组织发生的细胞学特征

解剖学研究表明，愈伤组织是一类由分化程度各异的细胞聚合而成的组织。虽然愈伤组织可能最初是由一个细胞分裂产生的，但随着分裂的进行，每个细胞所处的微环境各有不同，从而导致不同基因的表达和形态上出现差异。因此，绝大部分的植物愈伤组织并不完全由薄壁细胞组成，在薄壁细胞的间隙还产生了管胞、筛管、栓化细胞、分泌细胞和腺毛等。管胞是愈伤组织通过器官发生途径形成再生植株必不可少的组成部分。

愈伤组织经过长期的培养，会出现遗传上的不稳定性和变异性，从愈伤组织分化而来的再生植株也相应地在遗传组成上存在不一致性。因此，可利用这一特性筛选优良的愈伤组织或改良作物性状。愈伤组织表型上的变化，可由遗传变异引起，包括染色体畸变、细胞核破碎、多倍性变异，以及环境因素影响的基因选择性表达等，如突变或表观遗传调控等。

愈伤组织的继代培养会不断累积变异。例如，对于以天然产物生产为目的的愈伤组织培养，需要获得生长迅速的结构松散型愈伤组织，但在愈伤组织诱导初期，往往不能直接得到结构松散型愈伤组织。随着继代培养次数的增加和适当的驯化筛选，遗传不稳定性及变异的累积，可使愈伤组织的状态及生理特征发生转变，从而得到结构松散型胚性愈伤组织。

第二节 植物悬浮培养细胞的筛选与驯化

一、植物悬浮培养细胞的分离与筛选

（一）植物悬浮培养细胞的来源和分离方法

植物悬浮培养细胞（单细胞）的分离主要有两种途径：一是从完整的植物器官中分离；二是从组织培养物中分离，特别是从结构松散型愈伤组织中分离。

1. 采用机械法或酶解法从完整的植物器官中分离游离细胞

（1）机械法：叶片组织是分离细胞最好的外植体之一。首先，使用手术刀片将植物幼嫩叶片切成长 0.5～1.0 mm 的薄片。将叶片立即放入含有 50 mL 预冷的 BS 细胞提取缓冲液（0.6 mol/L 山梨醇、50 mmol/L Tris-HCl pH 8.5、5.0 mmol/L EDTA、0.5%聚乙烯吡咯烷酮-10 及 0.01 mmol/L 二硫苏糖醇）的匀浆机中，匀浆三次，每次匀浆 10 s。匀浆后混合物通过尼龙网过滤，然后使用 10 mL 缓冲液将截留在筛网上的细胞转移到 50 mL 离心管。通过重复离心和重悬浮操作，利用缓冲液洗涤细胞 3～4 次，可得到游离细胞，即叶片束鞘细胞。

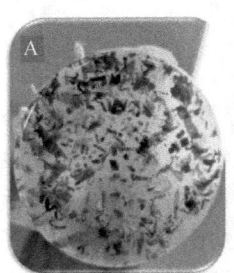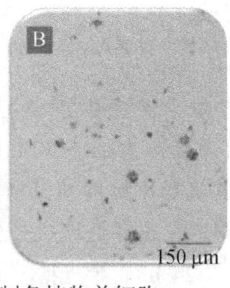

彩图

图 3-3 酶解法制备植物单细胞
A. 植物叶片外植体在酶解液中酶解；
B. 显微镜下观察植物单细胞的形态

（2）酶解法：首先，将叶片切片放入培养皿中（图 3-3），加入一定量的酶解液（0.6%甘露醇、1.5%纤维素酶、0.75%离析酶、0.1%牛血清白蛋白、20 mmol/L KCl、10 mmol/L CaCl$_2$ 及 10 mmol/L 2-吗啉乙磺酸，pH 5.8），抽真空处理 30～60 min。随后，培养皿置于摇床上继续酶解 4 h，再添加适量缓冲液，使用 35 μm 尼龙网过滤，离心滤液得到细胞沉淀。最后，使用缓冲液洗涤沉淀 3～4 次，即可得到游离的细胞。离析酶具有很高的果胶酶及半纤维素酶活性，通常情况下，利用离析酶分离叶肉细胞时还会搭配纤维素酶，高效酶解叶片的胶质结构，从而获得更多游离的叶肉细胞。但离析酶及纤维素酶也会软化叶肉细胞的细胞壁，因此在酶解过程中，需要加入一定量的渗透压保护剂（如甘露醇），防止细胞破裂死亡。

与酶解法相比，机械法有两个显著优点：一是获得的细胞活性较高。离析酶及纤维素酶在酶解叶片组织时，会对分离出的细胞造成损伤，特别是纯度不高的离析酶及纤维素酶中常常含有一定量的蛋白酶，会加剧细胞的损伤；二是机械法分离叶肉细胞不需质壁分离，有利于对细胞的生理及生化状态进行研究。目前，机械法已广泛应用于双子叶植物和单子叶植物叶肉细胞的分离。由机械法或酶解法分离的游离细胞可使用液体培养基在摇床上进行悬浮培养，但是所用培养基组分、植物激素水平需要优化。此外，获得的游离细胞在悬浮培养时，其细胞增殖倍数有限。因此，机械法或酶解法分离的游离细胞主要适用于制备少量细胞。

2. 从植物组织培养物中分离游离细胞　　愈伤组织是最常见的用于分离游离细胞的植物

组织培养物，其结构状态对于游离细胞的分离至关重要。结构松散型愈伤组织由于其组织间结构疏松，容易形成分散的单细胞或小细胞团，是一种理想的分离游离细胞的材料。由结构松散型愈伤组织分离游离细胞的方法如下：首先，挑取生长对数期的愈伤组织，利用无菌镊子等器具将其充分夹碎，将夹碎后的愈伤组织按一定接种量转移到液体培养基中，置于摇床上振荡培养，这个过程即悬浮培养。当液体培养基中细胞密度增加到一定程度时，将培养物分别过10目、40目及100目的无菌不锈钢筛网以除去大的细胞团。在40目及100目的筛网上可得到一定数量的游离细胞（团），这些游离细胞（团）可在液体培养基中进行迅速增殖。目前，由结构松散型愈伤组织分离游离细胞是建立植物细胞悬浮培养体系最简单易行且高效的方法。

（二）单细胞克隆培养方法

植物悬浮培养细胞与植物愈伤组织相比，其分散性好，单细胞（团）个体差异易表现出来。因此，悬浮培养常常与平板培养相结合，通过单细胞克隆筛选高性能的细胞系（cell line）。在筛选过程中，由于筛选到的细胞系常常是单细胞（团）起源，其细胞组成与愈伤组织相比更为均一，因此筛选得到的细胞系在遗传上也具有更高的稳定性。植物单细胞克隆可采取平板培养、条件培养、看护培养等方法进行培养。

（1）平板培养：是指取一定密度的细胞，然后均匀涂布于含有固体培养基的平板上进行培养，其培养效率常以植板率表示，即后续生长出的细胞团总数与接种细胞总数的比值。

（2）条件培养：是指把植物细胞生长到一定阶段的培养基按一定比例加入到新鲜培养基中组成条件培养基，随后在条件培养基上进行单细胞克隆培养。由于培养过细胞的培养基中含有细胞分泌的各种细胞因子，可对单细胞克隆的生长起促进作用，从而提高细胞植板率。

（3）看护培养：是指将单细胞接种于用培养基湿润后的无菌滤纸上，然后将滤纸置于愈伤组织之上，由愈伤组织间接向单细胞克隆传递营养物质，担任哺育单细胞克隆的职责。这种方法可解决部分单细胞克隆不能正常分裂及增殖的问题。

研究人员采用平板培养、条件培养、看护培养等方式筛选高产紫杉醇的东北红豆杉（*Taxus cuspidata*）细胞系，并比较了不同接种密度下三种培养方式的植板率。结果表明，在初始接种密度较低时（$0.5×10^3$ 个/mL），三种培养方式的植板率由高到低分别为看护培养、条件培养、平板培养；随着接种量的增加（$2×10^3$~$3×10^3$ 个/mL），条件培养的植板率超过看护培养，但平板培养的植板率仍然最低，因此看护培养更适合低接种密度的单细胞克隆培养；在更高接种量时（$4×10^3$~$5×10^3$ 个/mL），看护培养的植板率最高，条件培养次之，平板培养较差，这是因为看护培养不仅可像条件培养一样向单细胞克隆提供各种细胞因子，在高细胞接种密度时，看护培养还可更好地向单细胞克隆的细胞团传递营养物质。除上述三种单细胞克隆培养方式外，还有饲喂层培养、微滴培养及液体浅层培养等。所有单细胞克隆培养方法的目的是尽可能降低细胞接种密度，提高植板率，建立真单细胞克隆体系，最终应用于高产细胞系的筛选。

（三）高产细胞系的诱导方法

药用植物细胞的活性组分含量通常不高且不稳定，所以有必要对相关细胞系进行诱变和筛选。选育高产细胞系可大幅度提高活性物质的含量，是药用植物细胞大量培养中降低成本和提高生产率的重要途径之一。植物高产细胞系的诱导方法可分为物理方法和化学方法。

（1）物理方法：应用较多的是辐射诱变，即用α射线、β射线、γ射线、X射线、中子和其他粒子、紫外辐射及微波辐射等物理因素辐照植物细胞，当这些高能射线进入植物细胞时，会诱使细胞内多种分子电离，产生多种自由基，破坏核酸及蛋白质等生物大分子，造成染色体损伤，最终积累变异。近年来，有一种新型高效的物理诱变方法——氦气常压室温等离子体诱变育种技术，该技术利用氦气在高频电场中产生高能等离子体，可对细胞 DNA 结构造成多样的损伤，细胞经自身修复后可获得大量突变株。该方法因其用途广泛、操作快捷方便、与其他方法兼容等优点，正成为当前一种热门的物理诱变手段。

（2）化学方法：主要是使用一些能够引起基因突变的化学试剂处理植物，主要包括三类化学诱变剂。①烷化剂：这类物质常含有多个活跃的烷基，可替换其他分子中氢原子从而引起 DNA 碱基突变，常用的有硫酸二乙酯（DES）及甲基磺酸乙酯（EMS）等。②核酸碱基类似物：这类物质可渗入 DNA 引起 DNA 复制时碱基配对错误，常用的有 5-溴尿嘧啶（BU）。③其余化学诱变剂：如丝裂毒素 C 可引起染色体的断裂，秋水仙素则可引起染色体的加倍。

（四）高产细胞系的筛选方法

高产细胞系的筛选不仅要选择合适的诱导方法，同时还要结合高效的筛选方法，这样才能把高产细胞系的筛选工作效率最大化。常用的方法有目视筛选法及小细胞团筛选法。

目视筛选法是从愈伤组织的形状、颜色、大小等外部形态来初步判断其有用代谢物含量高低的一种快速但比较粗放的筛选方式。小细胞团筛选法则是在细胞单克隆生长成小细胞团后，利用其他检测手段，如液相色谱、分光光度法等手段检测其中有效活性成分的含量，从而筛选高产的细胞系。在具有显著颜色特征的单细胞克隆的筛选过程中，目视筛选法常常与小细胞团筛选法相结合。例如，含有花青素的小细胞团常呈现淡红色或深紫红色，依靠这一颜色特征，可快速筛选出高产花青素的细胞系。研究人员在继代培养青钱柳愈伤组织时，发现了 16 种外观及生长特性不同的愈伤组织，其中，外观为白色的愈伤组织在继代培养过程中形成了少量粉红色的愈伤组织。将该部分粉红色愈伤组织进行单细胞克隆培养，随着不断继代培养及筛选具有颜色的小细胞团，愈伤组织颜色逐渐由不稳定的粉红色转变为稳定的深红色，获得了稳定高产花青素的青钱柳愈伤组织。研究人员采用小细胞团筛选法筛选高产喜树碱的蛇根草（*Ophiorrhiza mungos*）愈伤组织，通过平板培养法对蛇根草愈伤组织进行单细胞克隆培养，获得 10 个单细胞克隆愈伤系，其中三个单克隆细胞系生长状态良好（OMC3、OMC7 及 OMC9）。利用液相色谱检测各细胞系中喜树碱的含量，检测结果表明 OMC3 的喜树碱含量最高，可用于建立蛇根草悬浮培养体系生产喜树碱。

二、植物悬浮培养细胞的驯化与保藏

（一）植物悬浮培养细胞的驯化

植物悬浮培养细胞要求在液体环境中具有一定的分散性及较高的增殖系数。但通常情况下，筛选而来的单克隆细胞系还需进行一段时间的驯化，增加其分散性及增殖系数。植物细胞的驯化通常采用液体悬浮培养和固体平板培养两种方法相结合的手段。

为了获得分散性好的悬浮细胞，首先可将结构松散的愈伤组织用镊子夹碎，置于液体环境中振荡培养，使其充分悬浮，当游离单细胞（团）增殖到一定数量时，可用筛网过滤掉大的细胞团，并将分散的细胞重新接入新鲜的液体培养基当中进行继代培养，重复多次继代培养操作，可显著增加植物悬浮培养细胞的分散性（图 3-4）。为了获得更高增殖系数的悬浮细胞，可将悬浮培养的细胞再次接种于固体培养基上进行筛选，挑取松散生长迅速的细胞团，随后进行悬浮培养，也可反复进行多次筛选，即可获得增殖能力高的悬浮培养细胞系。

（二）植物悬浮培养细胞的保藏

优良细胞系保藏是所有细胞培养工作的基础，目前植物细胞的保藏方式主要有以下两种。

图 3-4 植物悬浮培养细胞驯化过程

A~C. 水稻愈伤组织（A）、继代培养 1 次后的水稻悬浮培养细胞（B）、继代培养 5 次后的水稻悬浮培养细胞（C）；
D~F. 罗汉果愈伤组织（D）、继代培养 1 次后的罗汉果悬浮培养细胞（E）、继代培养 5 次后的罗汉果悬浮培养细胞（F）

彩图

（1）继代保藏法：就是通过继代培养的方式，让植物细胞不断保持生长状态的一种保藏方式。植物悬浮培养细胞可通过液体培养或者重新接种到固体培养基上进行继代保藏。目前，大多数植物悬浮培养细胞都采用继代培养的方式进行细胞的保藏。但是，长期的继代保藏需要投入大量人力、物力，成本较高，且在继代培养过程中植物细胞的某些特性可能会逐渐丧失。因此，需要寻求一种稳定高效的细胞保藏方式。

（2）超低温保藏法：是指将植物细胞浸没在冷冻保护剂中，随后以一定速率冷却到一定温度（一般为-80℃）的一种保藏方法。植物细胞在超低温保藏时，细胞内的一系列生命活动将大大减缓，停止分裂，这可最大限度地保持细胞本身的特性，防止细胞系发生退化。由于植物细胞的特性，其超低温保藏的报道相对较少，目前在罗汉果（*Siraitia grosvenorii*）、软紫草（*Arnebia euchroma*）、玫瑰茄（*Hibiscus sabdariffa*）等植物细胞中得到应用。超低温保藏植物细胞的流程如下。①预处理：取一定量处于对数生长期的植物悬浮培养细胞，细胞沉降后弃上层培养基，加入等量预处理剂，预处理剂一般为一定浓度的糖（醇）溶液，如蔗糖、甘露醇、海藻糖、山梨醇等。随后在黑暗条件下振荡培养 1~2 d，让细胞在预处理剂的作用下发生保护性脱水，减少胞内的自由水含量，防止后续冷冻过程中形成冰晶从而损害细胞。②冷冻保存：沉降细胞除去预处理剂，加入等量冷冻保护剂（一般为一定浓度的二甲基亚砜、山梨醇、聚乙二醇、蔗糖等溶液），在摇床上孵育 45 min，随后于-20℃冰箱放置 40 min，最后转移至-80℃超低温冰箱保存。③解冻复苏：将保藏的细胞在 37℃条件下孵育直至解冻，随后去除冷冻保护剂，用相应预处理剂洗涤细胞 2~3 次，最后将细胞接种于固体培养基上进行增殖培养。

近年来，先进传感器的发展为植物细胞的超低温保藏方法的建立提供了极大便利。低场核磁共振技术可快速测定细胞中自由水和结合水的含量。原位活细胞传感仪可利用电容法，即在一定频率的交变电场作用下，溶液中的离子发生迁移，而具有完整细胞结构的活细胞受到电场极化后，就相当于一个个小电容，测量得到的电容值与溶液中的活细胞量存在良好的线性关系。因此，可快速测定溶液中活细胞的含量。研究人员利用低场核磁共振技术及原位活细胞传感仪，定量测定了预处理剂对罗汉果细胞的脱水作用及细胞活力，为罗汉果细胞低温保藏方法的优化提供了指导，与传统测定方法相比，大大提高了低温保藏方法的效率。

第三节 植物细胞悬浮培养

一、植物细胞悬浮培养技术简介

植物细胞悬浮培养是一种在液体培养基中培养单细胞或者小细胞团的培养系统，是植物细胞培养的微生物化。其可应用于多个领域的研究，是研究植物生理功能、遗传育种、人工种子及生产活性代谢物的理想材料之一。植物细胞培养生产活性天然产物具有周期短、可控性强、受自然影响小、操作方便、重复性好和易于工业化生产等优点，已成为天然产物的研究热点。

二、植物细胞悬浮培养的方式

（一）分批培养

分批培养（batch culture）是指将细胞置于摇瓶中进行振荡培养，培养液体积不超过容器容积的 1/2，整个过程中只有摇瓶内的空气和产生的挥发性物质能与外界进行气体交换，直至原有营养物质耗尽，此时培养结束。

为了让分批培养的植物细胞持续分裂，需要对其进行继代培养，具体的操作是将处于对数生长期末期的细胞培养物接种到 1~3 倍体积的新鲜液体培养基中，然后均匀分装至提前灭菌的摇瓶中进行培养。此时，细胞仍能够保持较高的增殖速率而获得大量的细胞培养物。但随着继代次数的增加，培养基中的有害物质会不断积累，因此每隔一段时间，需要利用无菌筛网过滤掉原有培养基，将细胞按一定接种量（1%~15%）接种至全新的液体培养基中，以保持细胞良好的生长状态。由于在分批培养中细胞生长和代谢模式及培养基的组分不断改变，细胞未能处于一个稳定的生长状态，所以当需要研究细胞生长及代谢时，应尽可能选择同一批次继代的悬浮培养细胞，并在更大的摇瓶中进行混匀操作，随后弃去原有培养基，然后按相同的接种量接种至新鲜培养基中，以便考察细胞生长代谢的各项参数。

（二）半连续培养

半连续培养（semi-continuous culture）是指每隔一段时间收获部分细胞培养物，随后加入新鲜培养基，通过调整收获的细胞培养物的数量及次数来保持细胞的恒定。由于不断有新鲜培养基的加入，植物细胞培养物可在较长时间内保持对数生长，但是不能达到平衡生长。

（三）连续培养

连续培养（continuous culture）是一种利用生物反应器进行大规模细胞培养的培养方式。连续培养过程中，旧培养基不断排出，新鲜培养基按相同速率不断注入，维持反应器内培养基的总体积恒定。连续培养主要可分为封闭型培养及开放型培养等方式。在封闭型培养中，排出的旧培养基由新鲜培养基补充，培养基中的细胞经过收集后又被重新放回培养体系中；在开放型培养中，加入的新鲜培养液与排出的细胞培养物总体积一致，通过调整流入与流出的速率，使培养体系内细胞的生长速率始终维持在一个接近最大值的恒定水平。开放型培养的恒定方式有两种：化学恒定和浊度恒定。化学恒定是指在培养体系内非生长限制性营养源充足的情况下，注入某些生长限制性营养源，通过调节生长限制性营养源的注入速率，保持细胞高生长速率的恒定；浊度恒定是指预先设定一个细胞密度的阈值，当培养体系内的细胞密度接近这个阈值时就排出培养物并注入新鲜培养基，这样可使细胞培养物的密度保持在一个恒定水平。

三、培养装置及设备

（一）摇床

可以控制转速、培养温度及光照的封闭式或开放式摇床是植物细胞培养必不可少的设备（图3-5）。在植物细胞悬浮培养小试阶段，几乎都是使用摇床来进行植物细胞的悬浮培养。此外，悬浮培养植物细胞的继代培养也是在摇床上进行的。

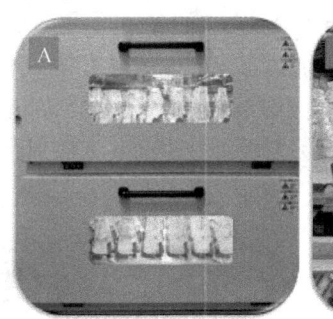

彩图

图3-5 植物细胞悬浮培养摇床
A. 摇床外观；B. 摇床内部结构

（二）生物反应器

生物反应器（bioreactor）可提供无菌生长环境，使细胞充分混合、氧气传质均匀和剪切力可控，从而实现细胞快速生长。与微生物发酵和动物细胞培养相比，植物细胞不易进行扩大培养，主要原因：①植物细胞的体积大；②植物细胞在生长过程中常分泌较多胞外多糖而易结团，培养液易起泡；③植物细胞中液泡占据细胞90%以上体积，植物细胞本身为刚性结构（细胞壁），对流体剪切较为敏感，容易因剪切而死亡；④植物细胞氧气代谢速率低。以上原因导致植物细胞在生物反应器设计上与常见的微生物及动物细胞悬浮培养所用的生物反应器有差异。因此，在设计和选择生物反应器时，应考虑良好的氧传质性能、较低的细胞剪切应力、营养物质充分混合能力等因素。常见的植物细胞生物反应器有搅拌式、鼓泡式、气升式、轨道振动袋式、波浪混合袋式等。搅拌式生物反应器（图3-6）具有良好的氧气传动及传质、易于扩大培养、良好的流体混合等特性，是植物细胞悬浮培养常见的生物反应器。在搅拌式生物反应器中，由于植物细胞对剪切力较为敏感，一般采用低转速搅拌桨来进行培养。例如，在3 L 生物反应器培养印楝（*Azadirachta indica*）悬浮培养细胞时，发现与Setric impeller搅拌桨相比，离心式搅拌桨混合效果更好，氧传质系数更高，更有利于印楝细胞的生长及其印楝素的积累。

彩图

图3-6 植物细胞悬浮培养搅拌式生物反应器
A. 四联500 mL搅拌式生物反应器；B. 5 L搅拌式生物反应器；C. 50 L搅拌式生物反应器

鼓泡式（图 3-7A）与气升式生物反应器主要依靠通气输入动力，以保证反应器内良好的传热及传质，常用于植物细胞悬浮培养。最成功的例子当属以色列 Protalix 生物公司在一次性袋式鼓泡式生物反应器中利用植物细胞生产葡糖脑苷脂酶，并成功实现了商业化生产。轨道振动袋式生物反应器是依靠摇床等振荡设备提供动力，混合培养袋中培养物的一种培养方式，其具有低剪切力、良好曝气率和混合均匀等特点，在植物细胞扩大培养上有良好前景。例如，研究人员利用烟草 BY-2 细胞系生产单克隆抗体 M12，并在 200 L 轨道振动袋式生物反应器上实现了烟草细胞的扩大培养，单克隆抗体 M12 的产量达到 20 mg/L。波浪混合袋式生物反应器（图 3-7B）的氧气传质由反应器来回摇摆时的波浪提供，反应器多为一次性使用，不易交叉污染，易于建立良好生产规范（GMP）标准。例如，Ritala 等（2008）在 4 L 工作体积的波浪混合袋式生物反应器利用大麦（*Hordeum vulgare*）悬浮细胞生产 α-人胶原蛋白Ⅰ蛋白，在培养第 25 天时，产量可达 5.1 μg/L。

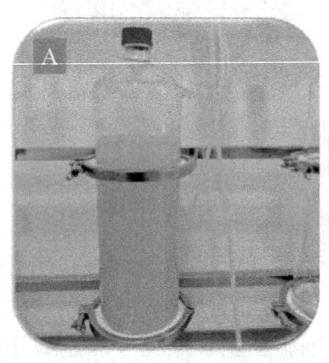
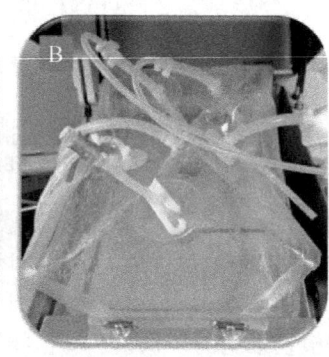

彩图

图 3-7 植物细胞培养鼓泡式（A）和波浪混合袋式（B）生物反应器

（三）培养过程监控传感器

植物细胞悬浮培养过程中相关细胞代谢生理参数的测定是培养过程优化和控制的关键。此前，一些关键参数的采集主要是离线测定。例如，细胞的生长状态、底物的消耗情况等。离线测定具有操作复杂、滞后时间长、测定结果不准确及频繁取样过程中培养物易污染等缺点，大大降低了植物细胞大规模悬浮培养的优化效率。培养过程中关键参数的采集，已成为植物细胞大规模悬浮培养的瓶颈。近年来，随着生物制药工业过程分析技术（process analytical technology）的迅猛发展，在线监测（on-line monitoring）技术使得一些培养过程中关键参数在线准确监测成为可能。例如，监测活细胞量的原位在线活细胞传感器（*in-situ* viable cell monitor）、监测底物碳源（葡萄糖）浓度的非接触在线近红外仪（in-line near infrared monitor）和检测诱导剂的连续在线测定电子鼻（electronic nose）、溶解氧检测电极、监测细胞呼吸生理状态的在线尾气质谱仪（on-line exhausted gas mass spectrometer）等，使得在线生物量（biomass）、pH、摄氧速率（oxygen uptake rate）、二氧化碳释放速率（CO_2 elution rate）、基质比消耗速率（specific substrate consumption rate）、比生长速率（specific growth rate）等培养过程关键参数可在线关联分析，显著提高植物细胞悬浮培养的优化效率。

（四）代谢物监测设备

气质联用色谱和液质联用色谱是利用物质在流动相及固定相中的分配系数差异从而将混合物进行分离，随后利用质谱的质量分析器将离子碎片按质量数分开，经检测器得到质谱图。气（液）质联用色谱可将色谱对复杂样品的高分离能力，与质谱的高选择性、高灵敏度及能够提供分子量与结构信息的优点结合起来，在药物分析、食品分析和环境分析等许多领域得到了广泛的应用。在植物细胞培养过程中，除目标产物及宏观的培养基质消耗测定外，还需对细胞内重要的代谢途径相关代谢物进行测定，包括中心碳代谢、氨基酸谱、辅酶、有机酸、磷酸糖等物质，通过同位素标记法可精准定量微观代谢物。掌握细胞内微观代谢物的变化规律，结合宏观在线监测代谢参数、微观基因表达模式，可从宏观到微观不同尺度了解细胞的生理生化代谢模式，对优化细胞的培养模式起重要指导作用。

四、植物细胞悬浮培养的理性放大

生物过程是一个复杂的反应过程，外界环境的细微变化影响细胞的代谢，因此在生物过程中准确调控细胞培养环境至关重要。传统的生物反应器放大过程是基于经验法和化学工程相似原理进行放大，主要有以下弊端：①只能基于几个生物过程限制性因素进行放大，很难综合考虑生物过程的全部控制因素；②相似性放大只考虑了反应器的限制性因素的平均水平，无法反映反应器的局部不匀现象，放大后出现明显的富氧和贫氧区或局部混合不均匀等不利情况。因此，在放大时需要逐级放大。计算流体力学（computational fluid dynamics，CFD）是将数学、计算机科学和流体力学结合，通过数值计算对流体控制方程进行求解，进行流体动力学问题模拟和分析。计算流体力学指导下的反应器放大可以通过数值计算模拟出反应器的流场及局部特征，从而克服化学工程相似性放大的缺点。计算流体力学在生物过程领域的重要应用之一是对生物反应器的流场进行模拟计算，使生物反应器内的流场分布数字化和可视化，准确定量描述反应器内的传质、剪切、混合等流场信息，从而指导生物过程工艺和生物反应器的放大。

计算流体力学的计算流程如下：①使用 Soildworks 或 ProE 软件进行反应器三维建模；②使用 Fluent mesh 或 Ansys ICEM 软件进行网格划分；③使用 Fluent、CFX 或 Openfoam 等软件进行数值求解；④使用 CFD POST 等软件进行后处理，使流场信息数字化和可视化。

流体动力学模拟可从以下方面对细胞培养过程进行理性放大优化。①流场分析：流场分析可通过模拟生物反应器内部的流动情况，了解培养基和气体在反应器内的分布和流速，从而优化反应器的设计和搅拌条件，以提高细胞的生长和代谢活性。②质量传递分析：质量传递分析可通过模拟培养基中氧气、二氧化碳、营养物质等物质的传递过程，了解细胞与培养基之间的质量传递，从而优化培养基的配方和供氧条件，以提高细胞的生长和代谢活性。③细胞行为分析：细胞行为分析可以通过模拟细胞在培养基中的运动和分布情况，了解细胞与培养基之间的相互作用，从而优化培养条件和细胞密度控制策略，以提高细胞的生长和代谢活性。

此外，计算流体力学还可与细胞的生理代谢特性结合分析，在生物学约束的范围内对模拟结果进行寻优，实现"理性放大"（图 3-8）。例如，研究人员在红花细胞培养过程中，以计算流体力学结果为指导，定量研究了不同剪切力对红花细胞代谢特征的影响，确定了红花细胞耐受剪切力的阈值，随后通过特征时间的多尺度相关分析整合不同时间尺度的动力学模型，搭建了计算流体力学与生理代谢动力学模型整合的计算平台，并在 100 L 生物反应器中验证了平台计算的准确性，探索了计算流体力学与植物细胞结构化动力模型的"理性放大"的可行性。

综上所述，流体动力学模拟可以为细胞培养理性放大提供重要的优化手段，从而实现更高效的细胞培养和活性代谢物的生产。

五、悬浮培养细胞代谢物的调控因素

（一）培养基组分

培养基的种类、碳源、氮源、磷源及其他无机盐离子等物质的含量均会影响悬浮培养细胞的代谢产量。例如，在栀子细胞培养过程中，MS 培养基最有利于细胞内绿原酸的积累

(25.4 mg/g，干重），其次为 White 培养基和 B5 培养基，而使用 WPM 培养基时，栀子细胞中则未检测到绿原酸；此外，在不同碳源中，只有蔗糖才能有效促使栀子细胞积累绿原酸，并且在培养基蔗糖含量达到 5%时，栀子细胞内绿原酸积累量达到最大（35.55 mg/g，干重）；研究人员探究了培养基铵态氮及硝态氮比例对青钱柳细胞三萜酸含量的影响，结果表明，铵态氮及硝态氮比例为 1∶2 时青钱柳细胞内的总三萜酸含量最高；在匙羹藤（*Gymnema sylvestre*）细胞培养过程中，增加培养基的磷酸盐及钙离子的浓度，有利于其活性代谢物的积累。

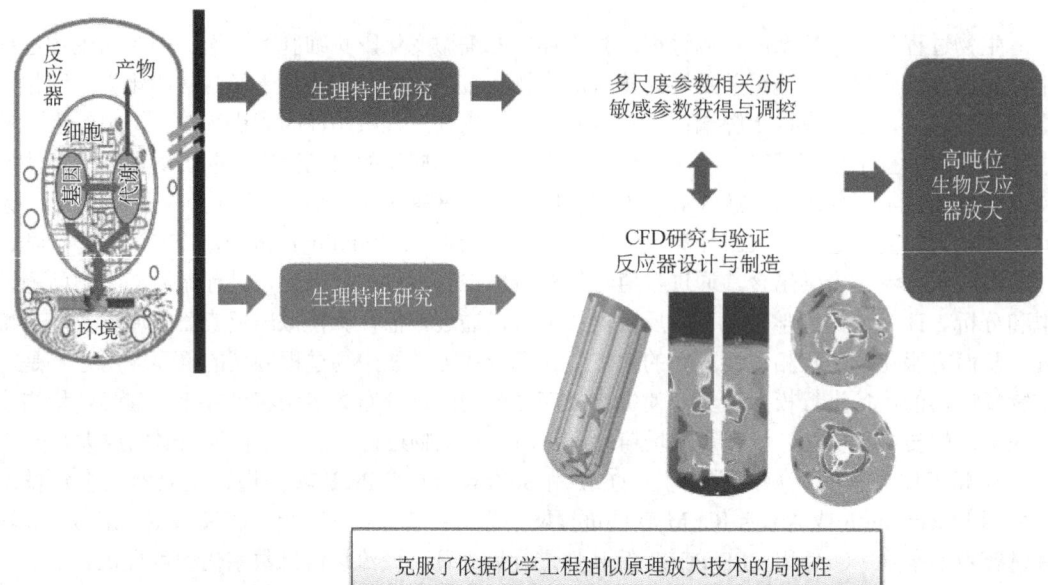

图 3-8 植物细胞悬浮培养的理性放大

（二）外源激素水平

生长素和细胞分裂素维持一定种类及水平有利于细胞的生长及活性代谢物的积累。科研工作者研究了不同植物激素对楝（*Melia azedarach*）细胞中黄酮类物质的影响，结果表明在生长素中，2,4-D 会显著降低黄酮类物质的积累量，而 NAA 则有助于黄酮类物质的积累；在细胞分裂素中，KT 与 6-BA 相比，能够提高细胞内黄酮类物质的含量；当 3.0 mg/L NAA 及 1.0 mg/L KT 一同处理楝细胞时，黄酮类物质的含量达到最大值。

（三）培养基初始 pH

培养基的 pH 不仅会影响细胞膜的通透性及一些酶的活性，还可能使部分培养基中的无机盐离子发生沉淀现象。一般而言，植物细胞培养的初始 pH 在 5.0~6.2。科研工作者研究了培养基不同初始 pH 对睡茄（*Withania somnifera*）细胞中醉茄内酯 A 含量的影响，结果表明当培养基初始 pH 在 4.0~6.5 时，细胞内醉茄内酯 A 的含量随着 pH 的增加呈现先升高后下降的趋势，在 pH 为 6.0 时，醉茄内酯 A 的含量达到最大值。

（四）温度

植物细胞培养温度一般在 20~30℃，温度显著影响细胞生长及代谢，因此也需优化。例如，红豆杉细胞的培养温度由 24℃提高至 29℃时，其胞内紫杉醇含量得到显著提升。

（五）溶解氧浓度

溶解氧浓度是植物细胞生长及代谢物合成过程中的一个重要限制性因素，溶解氧浓度过低会限制细胞的生长及代谢过程；当氧分压过高时，会出现氧迸发现象，造成细胞氧化应激，同样也不利于细胞生长及代谢过程。在生物反应器中培养人参细胞时，培养基中溶解氧浓度过低及过高均不利于人参细胞的生长及人参皂苷的积累。当培养基溶解氧浓度达到40%时，人参细胞的生物量及皂苷含量分别达到最大值。

（六）光照

不同波长的光对细胞生长及代谢产生显著影响。例如，红色可见光有利于植物的生长；混合光（白光）则可促进栀子细胞中绿原酸类物质的合成，随着光照时间的延长，栀子胞内绿原酸的含量显著增加；短波长的紫外线（UV）也有利于部分活性代谢物的合成，如UVB处理可显著提高喜树（*Camptotheca acuminata*）中喜树碱及金银花中绿原酸两类物质的含量。

（七）诱导子

诱导子是能诱导植物产生防御反应，合成防御性次生代谢物的一类触发因子。诱导子促进次生代谢合成的机制如下：诱导子被细胞膜上受体所感知，促成内源信号分子的合成与转导，激活次生代谢物合成相关的转录因子和相关合成基因的表达，最终促进次生代谢物的合成。

根据诱导子的来源，可将其分为生物诱导子与非生物诱导子。生物诱导子包括细菌类诱导子、真菌类诱导子等（如酵母提取物及其余微生物来源的提取物）；非生物诱导子又可分为化学因子及物理因子两种，化学因子包括茉莉酸（JA）、茉莉酸甲酯（MeJA）、硝普钠（一氧化氮供体）、稀土元素及重金属盐等，物理因子则包括高温高压电击损伤、电磁波等能够诱导产生抗病性的环境因素。添加诱导子是提高细胞培养中次生代谢物产量的重要手段，在降低生产成本、缩短工艺时间、提高容器最大利用率方面的作用显著。例如，研究人员优化了促进葡萄（*Vitis vinifera*）细胞中白藜芦醇生物合成的诱导子的组合方式，研究结果表明添加终浓度为900 mg/L 酵母提取物及 84 μmol/L 茉莉酸甲酯诱导子组合时，细胞中白藜芦醇的含量达到最大，为对照组的 51.13 倍。通常情况下，诱导还可结合目标产物前体饲喂的方法，进一步提高目标产物的积累量。例如，研究人员通过优化试验设计，确定了诱导结合前体饲喂促进红花细胞绿原酸积累的最佳策略，当向培养基中添加终浓度为 283.05 μmol/L 肉桂酸、80.98 μmol/L 茉莉酸甲酯及 666.66 μmol/L 酵母提取物时，红花胞内绿原酸的含量可达对照组的 2.25 倍。

第四节　利用植物悬浮培养细胞生产初生代谢物

初生代谢物是指微生物通过代谢活动所产生的、自身生长和繁殖所必需的物质，如氨基酸、蛋白质、核苷酸、多糖、脂类、维生素、辅酶等。目前，利用植物悬浮培养细胞，主要生产蛋白质、多糖及辅酶等。研究人员利用水稻悬浮培养细胞生产重组人 α1-抗胰蛋白酶，其产量最高达 247 mg/L；利用鼓泡式生物反应器培养甘草（*Glycyrrhiza uralensis*）细胞，采取分批补料及添加诱导子等手段，多糖产量是分批培养的 2.12 倍；通过筛选高产辅酶 Q_{10} 烟草 BY-2 细胞系，细胞中的辅酶 Q_{10} 含量较原始细胞系提高了 4.3 倍。

下面以玉露细胞培养生产多糖为例介绍利用植物悬浮培养细胞生产初生代谢物。玉露（*Haworthia cooperi*）是阿福花科十二卷属多年生肉质草本植物，其富含多糖、氨基酸、维生素、矿物质等多种活性成分。多糖是玉露的主要功能性组分，拥有多种生物活性功能。①保湿：多糖具有很强的保湿作用，能够吸附并锁住水分，保持肌肤水润。②抗氧化：多糖具有很强的抗氧化作用，可以减少自由基的产生，保护肌肤免受紫外线、污染等环境因素的损伤。③抗炎：多糖具有很强的抗炎作用，可以减轻肌肤炎症反应，缓解肌肤敏感。④修复：多糖能够促进肌肤细胞的再生和修复，加速肌肤的愈合过程，减少肌肤受损后的疤痕和色素沉着。⑤抗衰老：多糖能够促进胶原蛋白的合成和增生，保持肌肤弹性和紧致度，减缓皮肤老化的进程。近年来，植物来源的天然多糖因其多种生物活性功能，市场需求量逐年增加，而传统种植方法生产玉露周期长、大规模种植人力成本高。利用玉露细胞培养生产多糖，周期短、可控性高，可拓展玉露多糖的来源并将其应用于食品及日化领域。

玉露细胞培养生产多糖流程如图3-9所示。①玉露愈伤组织诱导：将玉露的肉质叶片切下，依次在70%乙醇（30 s）及4%次氯酸钠溶液（15 min）中进行体外消毒，随后将肉质叶片切成 0.5 cm³ 的小块，接种于愈伤组织诱导培养基上进行培养。②玉露愈伤组织筛选：经过一段时间培养，玉露叶片外植体逐渐愈伤化，将愈伤组织切下，接种至愈伤组织诱导培养基中进行继代培养。随着继代次数增加，获得三种不同类型愈伤组织，即黄白色颗粒状愈伤组织、紫红色颗粒状愈伤组织、绿色颗粒状愈伤组织。③玉露细胞悬浮培养体系建立：挑选黄白色颗粒状愈伤组织于摇瓶中进行初步悬浮培养，进行多次的继代培养及过筛操作后，玉露悬浮细胞粒径开始趋于均一。将细胞接种于5 L搅拌式生物反应器中进行小试培养，培养结束后获得大量玉露细胞。④玉露细胞多糖提取及纯化：将玉露细胞烘干后，进行多糖类物质的提取、分离及纯化。

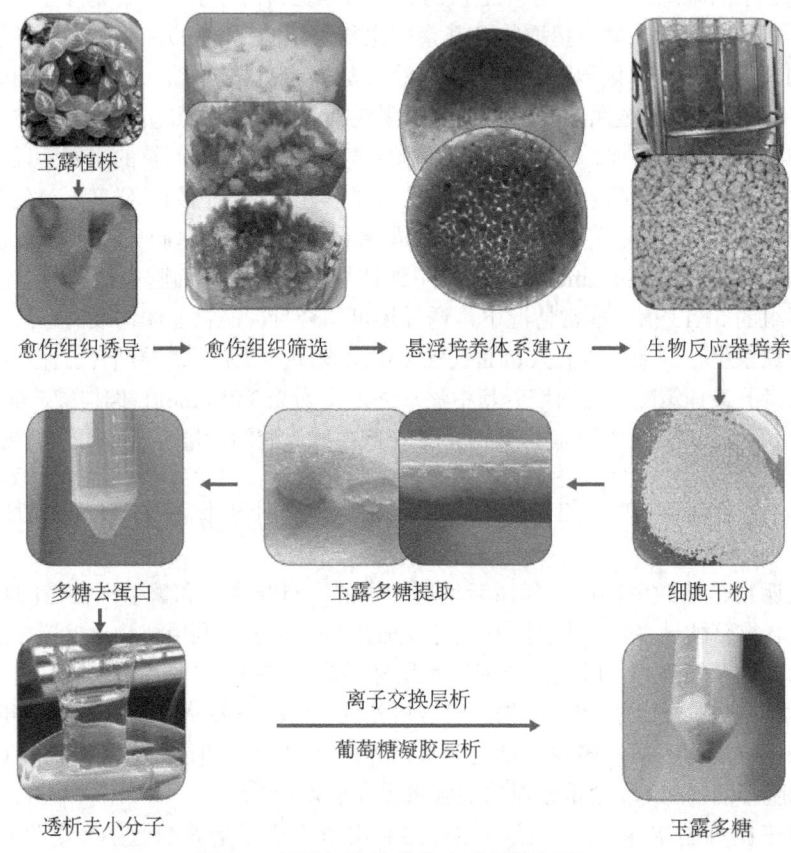

图3-9　玉露细胞培养生产多糖流程图

第五节　利用植物悬浮培养细胞生产次生代谢物

次生代谢物是生物在生长、发育和代谢过程中除生命活动必需的基础物质外，产生的一些具有特定生物学活性的代谢物，主要有苯丙素类、醌类、黄酮类、单宁类、类萜、甾体及其苷类、生物碱等。迄今研究人员已对 1000 多种植物的细胞进行细胞悬浮培养,分离出 600 多种次生代谢物,其中 60 多种的含量接近或超过原有植物,20 多种的含量超过培养细胞干重的 1.0%。来自紫草、红豆杉和人参等植物的细胞培养很成功,分别用于生产紫草宁、紫杉醇及人参皂苷等活性成分,已应用于工业化生产。比较有名的案例有日本三井公司利用紫草(*Lithospermum erythrorhizon*)悬浮培养细胞生产紫草宁,产量可达 2.0 g/L;Phyton 公司通过悬浮培养红豆杉(*Taxus chinensis*)细胞生产紫杉醇,生产规模已达 75 m^3,紫杉醇产量为 200 mg/L;研究人员针对人参(*Panax ginseng*)悬浮培养细胞的特点,优化其培养参数,在 500 L 规模的气升式生物反应器中成功建立了人参细胞的关键产物——人参皂苷培养体系,其可获得 7.75 mg/g 干重含量的总皂苷,表明利用植物细胞商业化生产次生代谢物具有巨大应用前景。

下面以红花细胞培养生产绿原酸为例,介绍利用植物悬浮培养细胞生产次生代谢物。红花(*Carthamus tinctorius*)富含黄酮类、绿原酸类、不饱和脂肪酸等活性组分,其中绿原酸(chlorogenic acid)是一类植物苯丙素合成途径中的有机酸类物质,具有抗氧化、抗炎、保湿、抑制黑色素生成和促进胶原蛋白生成等多种功能活性,是一类具有较高开发利用价值的食品及日化功能因子。因此,可利用红花细胞培养生产其绿原酸类活性组分。红花细胞培养生产绿原酸的流程大致如图 3-10 所示。①红花愈伤组织诱导及筛选:将红花的花序切下,依次在 70% 乙醇(30 s)及 4% 次氯酸钠溶液(15 min)中进行体外消毒,接种于愈伤组织诱导培养基上进行培养。将愈伤组织切下,接种至愈伤组织诱导培养基中进行继代培养。随着继代次数增加,可获得质地松脆、淡黄白色的愈伤组织。②红花细胞悬浮培养体系建立及 5 L 生物反应器培养:挑选质地松脆的愈伤组织于摇瓶中进行初步悬浮培养,进行多次继代培养及过筛操作后,

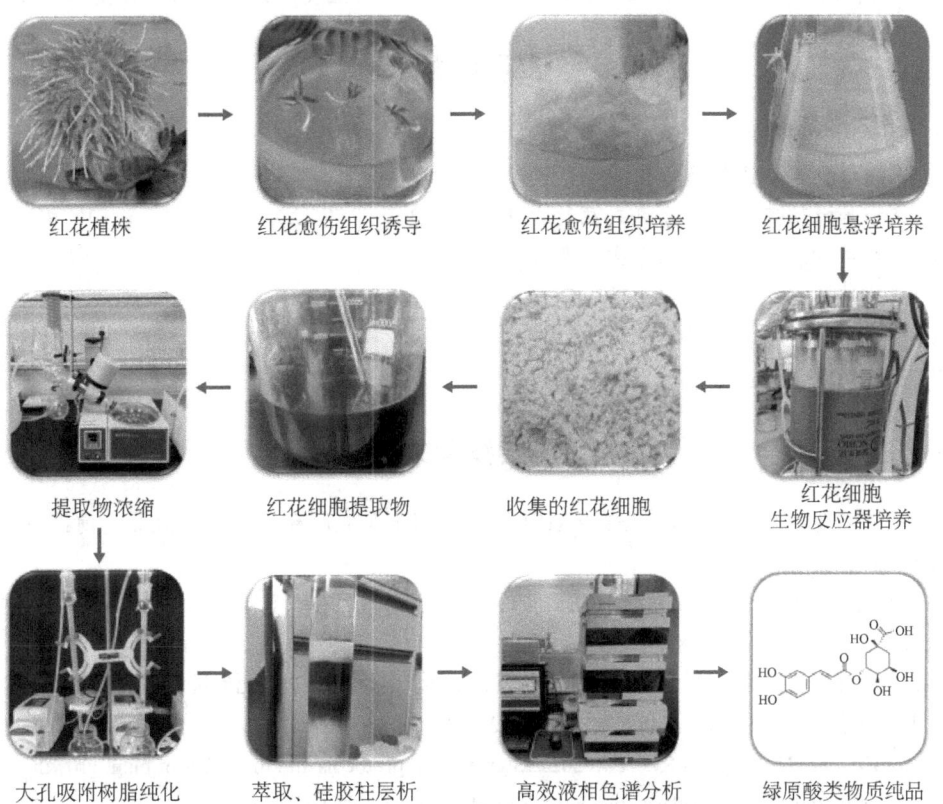

图 3-10 红花细胞培养生产绿原酸流程图

红花悬浮细胞变得浓稠、均一，并可观察到细胞贴壁生长的现象。将细胞接种于5 L 搅拌式生物反应器中进行小试培养，培养结束后获得大量红花细胞。③红花细胞绿原酸提取及纯化：将红花细胞烘干后，进行绿原酸类物质的提取、分离及纯化。

小　　结

　　植物细胞悬浮培养技术是植物活性代谢物工业化、规模化和自动化生产的核心技术。与传统种植生产方式相比，植物细胞悬浮培养技术具有周期短、可控性强、重复性高、易于放大培养等优点，是一种替代植物种植生产活性产物的高效方法。植物细胞悬浮培养生产活性产物的流程主要包括愈伤组织的制备、植物悬浮培养细胞的筛选与驯化、植物细胞悬浮培养体系的建立及理性放大培养等阶段。在愈伤组织制备阶段，可通过优化外植体类型、培养基组分、激素浓度配比及外界培养条件等手段提高愈伤组织的诱导率；在植物悬浮培养细胞的筛选与驯化阶段，主要通过从结构松散型愈伤组织中获得游离的悬浮培养细胞，通过平板培养、条件培养、看护培养等单细胞克隆培养方法可对植物悬浮培养细胞进行筛选与驯化，随后通过梯度降温可对特定悬浮培养细胞系进行超低温保藏，防止细胞特性退化；植物细胞悬浮培养体系的建立主要在植物悬浮细胞的摇瓶培养阶段进行，结合先进的在线监控传感器、生物反应器培养及多种代谢物合成调控策略，可对植物悬浮培养细胞生产活性产物的过程进行精准调控；通过整合植物细胞培养过程生理生化状态及计算流体力学，可实现植物细胞悬浮培养的理性放大。综上所述，植物细胞悬浮培养技术可拓展植物活性代谢物的来源、缩短活性产物的生产周期，降低珍稀活性代谢物的生产成本，从而为医药、食品、日化等行业提供独特的原料和技术支撑。

参考答案

复习思考题

1. 简述愈伤组织的定义及其分类。
2. 影响愈伤组织诱导及生长的主要因素有哪些？
3. 植物悬浮培养细胞的分离来源及方法有哪些？
4. 植物单细胞克隆的培养方式有哪些？
5. 简述植物细胞保藏的方法及大致流程。
6. 简述植物生物反应器的分类。
7. 简述影响植物细胞活性代谢物的因素。

主要参考文献

李佳瑞. 2017. 罗汉果细胞液体悬浮培养体系的建立及细胞超低温保藏方法的建立[D]. 上海：华东理工大学硕士学位论文.

林萍，陈继光，尹忠平，等. 2017. 不同培养条件对黄栀子愈伤的生长和绿原酸类物质积累的影响[J]. 现代食品科技，33（4）：181-188.

王晓惠，王泽建，肖慈英，等. 2022. 醉金香葡萄愈伤细胞悬浮培养基优化促进白藜芦醇的合成[J]. 华东理工大学学报（自然科学版），48（2）：203-212.

Ahmadpoor F，Zare N，Asghari R，et al. 2022. Sterilization protocols and the effect of plant growth regulators on callus induction and secondary metabolites production in *in vitro* cultures *Melia azedarach* L[J]. AMB Express，12（1）：3.

Du LD, Li DM, Zhang JJ, et al. 2020. Elicitation of *Lonicera japonica* Thunb suspension cell for enhancement of secondary metabolites and antioxidant activity[J]. Industrial Crops and Products, 156: 112877.

Hidalgo D, Sánchez R, Lalaleo L, et al. 2018. Biotechnological production of pharmaceuticals and biopharmaceuticals in plant cell and organ cultures[J]. Current Medicinal Chemistry, 25 (30): 3577-3596.

Liu Z, Du L, Liu N, et al. 2023. Insights into chlorogenic acids' efficient biosynthesis through *Carthamus tinctorius* cell suspension cultures and their potential mechanism as α-glucosidase inhibitors[J]. Industrial Crops and Products, 194: 116337.

Parmar SS, Jaiwal A, Dhankher OP, et al. 2015. Coenzyme Q10 production in plants: current status and future prospects[J]. Critical Reviews in Biotechnology, 35 (2): 152-164.

Salih AM, Al-Qurainy F, Khan S, et al. 2021. Mass propagation of *Juniperus procera* Hoechst. ex Endl. from seedling and screening of bioactive compounds in shoot and callus extract[J]. BMC Plant Biology, 21 (1): 192.

Tao ST, Liu P, Shi YN, et al. 2022. Single-cell transcriptome and network analyses unveil key transcription factors regulating mesophyll cell development in maize[J]. Genes, 13 (2): 374.

Thanh NT, Murthy HN, Paek KY. 2014. Optimization of ginseng cell culture in airlift bioreactors and developing the large-scale production system[J]. Industrial Crops & Products, 60: 343-348.

Wang SJ, Wang HJ, Li T, et al. 2018. The selection and stability analysis of stable and high taxol-producing cell lines from *Taxus cuspidate*[J]. Journal of Forestry Research, 29 (1): 65-71.

Zhang M, Wang AB, Qin M, et al. 2021. Direct and indirect somatic embryogenesis induction in *Camellia oleifera* Abel[J]. Frontiers in Plant Science, 12: 644389.

Zhao WJ, Tang DB, Yuan E, et al. 2020. Inducement and cultivation of novel red *Cyclocarya paliurus* callus and its unique morphological and metabolic characteristics[J]. Industrial Crops and Products, 147: 112266.

第四章
植物原生质体培养技术

学习目标

①了解植物原生质体的定义及培养条件。②了解植物原生质体培养和植株再生的方法。③熟悉原生质体培养的培养基基本成分和培养条件。④掌握植物原生质体融合、杂种细胞筛选和培养的方法。

引　言

植物原生质体培养和体细胞杂交是植物细胞工程的重要分支,至今已有50多年的发展历史。这是一门以原生质体的分离和培养为基础而发展和完善起来的技术。原生质体培养在基础研究和应用研究上具有重要意义。首先,由于没有细胞壁,其有利于进行体细胞诱导融合和单细胞培养。其次,与完整植物细胞相比,原生质体易于摄取外来的物质,因此可作为理想的受体系统进行各种遗传操作。再者,可用于细胞表面结构与功能的研究、细胞器结构与功能的研究及细胞核与细胞质相互关系的研究。本章全面介绍原生质体分离、纯化、培养和诱导植株再生的过程和影响因素,并以小麦体细胞杂交为例介绍原生质体融合在植物中的应用。

本章思维导图

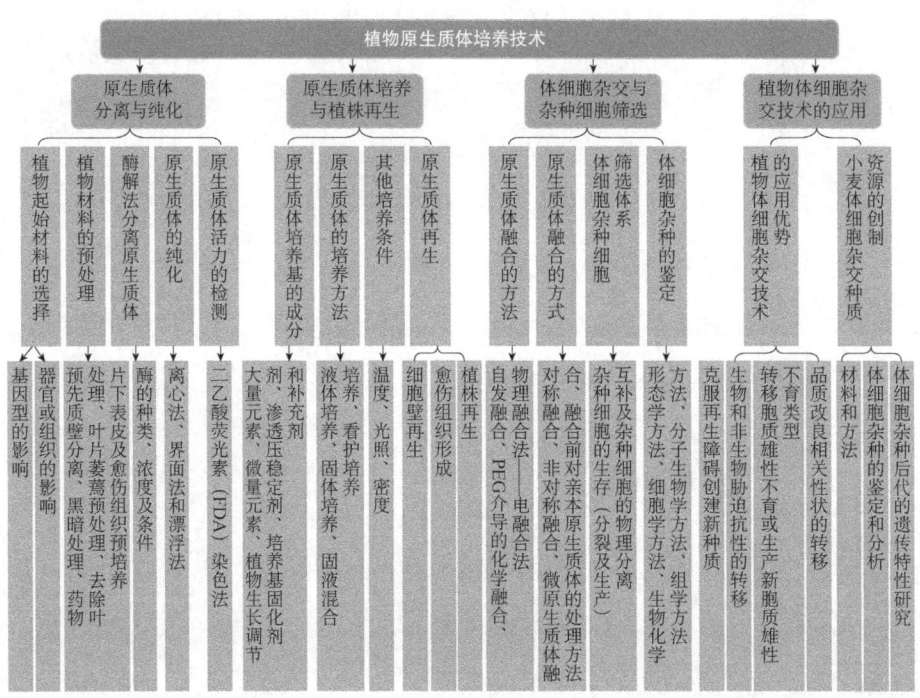

第一节　原生质体分离与纯化

植物原生质体（protoplast）是指将植物细胞细胞壁去除后的那部分细胞物质，也就是去除细胞壁后由质膜所包被的裸露植物细胞。从理论上讲，原生质体是全能的，这意味着它们具有脱分化、重新进入细胞周期进行有丝分裂然后增殖或再生成各种器官的能力。原生质体没有细胞壁屏障，更容易吸收外界遗传物质，这一特性使得原生质体具有广泛的应用价值。目前据统计有 40 多科 100 多属 400 多种植物成功分离了原生质体并经原生质体培养得到了再生植株。原生质体培养目前已成为体细胞遗传学、细胞工程和作物品种改良等方面的新途径。

一、植物起始材料的选择

为了获得高质量的原生质体，起始材料的选择是关键。所用植物的基因型、器官或组织及生长条件都将明显影响原生质体的质量和再生效率。

（一）基因型的影响

不同种类植物原生质体的分离方法存在很大差异，并且其中也不存在绝对固定的规律，不同基因型或生态型来源的原生质体在组织培养和再生能力方面也存在差异，对不同植物的原生质体的分离及培养需要根据具体情况在实验中进行摸索。在拟南芥原生质体分离时，比较 4 种不同的拟南芥生态型，诱导初始原生质体的效率相当，但使用的最佳继代、诱导培养基都不同。在不同的小麦、玉米、水稻、仙客来等物种的胚诱导愈伤组织游离的原生质体培养实验中，均发现不同基因型来源的原生质体培养和再生效率存在显著差异。至今为止仍有很多植物未获得稳定分离原生质体的体系。

（二）器官或组织的影响

用于原生质体分离的不同起始材料会影响原生质体的数量、大小、活力和再生能力。实验中应选择生长旺盛的植物幼嫩组织。用于原生质体分离的植物外植体有叶片、叶柄、茎尖、根、子叶、茎段、胚、愈伤组织、悬浮培养物、原球茎、花瓣和叶表皮等。因为易于取材，叶肉细胞是常用的起始材料。取材时，一般用刚展开的幼嫩叶片。但不同组织来源的原生质体表现出不同的再生能力，如卷心菜下胚轴游离的原生质体比叶肉细胞游离的原生质体能够产生更多的再生芽。通常，生长旺盛的幼嫩组织更易于游离原生质体，并影响原生质体的细胞壁再生、分裂、愈伤组织形成乃至植株再生。起始材料的生长条件对原生质体的再生能力也有显著影响。一个重要的考虑因素是材料需要无菌（在无菌条件下生长或在取材时灭菌），以便进一步培养获得无污染的原生质体。有研究显示在 MS 培养基上生长的拟南芥叶片数量只有 B5 培养基上的一半，但是 MS 培养基上拟南芥来源原生质体的转化率要比 B5 培养基上的高 2~3 倍。同样，短日照条件下（10 h）培养的植物来源的原生质体转化率是长日照条件下（16 h）的 4 倍。

某些物种中，利用外植体直接游离原生质体非常困难，如禾本科作物小麦、玉米等，常采用愈伤组织或悬浮细胞作为分离原生质体的材料。处于对数生长早期的细胞最适宜。采用其作材料可以避免植株生长环境的不良影响，可以常年供应，易于控制新生细胞生长状态，处理时操作方便，便于无菌培养。选用悬浮细胞作材料时，需每隔 5~7 d 继代一次，培养一段时间使细胞处于旺盛生长状态。一般在继代第 3 天用于游离原生质体。在分离原生质体时，使用植物体的哪个部位还要视情况而定，选材时首先选择叶片；当叶片不易被酶解或操作不便时则选

资源4-1

择愈伤组织、茎、根等作为起始材料；当使用叶片作为起始材料获得的原生质体质量活性不高时，可以改用叶龄更小的幼嫩叶片或幼嫩子叶作为起始材料；当后续要进行瞬时转化试验时，利用几乎没有叶绿体（资源4-1）的胚根、愈伤组织分离得到的原生质体更加有利于对结果的观察。无论使用哪一种材料，保持原料培养条件的相对稳定是非常重要的。

二、植物材料的预处理

酶解过程对于原生质体来说是有害的，所以需要针对植物本身特点进行预处理，通过对分离原生质体的起始原料生理状态进行调节，提高植物细胞的渗透压，使原生质体能够更快适应分离和培养条件，进而减少对原生质体的损伤。预处理方法一般有预先质壁分离、黑暗处理、药物处理、叶片萎蔫预处理、去除叶片下表皮及愈伤组织预培养等方法。

预先质壁分离是目前在分离原生质体中最普遍采用的预处理手法，通常利用甘露醇和洗液预先浸泡外植体使其发生质壁分离，便于提高后续实验中的酶解效率，提高原生质体的活性。分离新疆杨、菜豆原生质体时均采用这种预处理方式。黑暗处理是指将用于分离原生质体的植株置于黑暗条件下培养若干小时以提高原生质体的活力，如在豌豆中，将用于分离原生质体的枝条进行暗培养30 d获得的原生质体活性更高，并且具有继续分裂的能力。药物处理是指利用盐溶液浸泡用于分离原生质体的外植体以提高原生质体的产量。叶片萎蔫预处理是指将叶片风干或光照处理使其处于萎蔫状态以便于撕去下表皮，更有利于酶解处理，在分离苹果原生质体时将苹果叶片置于超净工作台中风干20 min后除去叶片下表皮进行酶解。但目前对于难以除去下表皮的叶片普遍利用医用胶带粘贴于叶片两侧撕去下表皮，这种方法更简便有效，且不会影响叶片原生质体活力。愈伤组织预培养是指将用于分离原生质体的外植体转移到诱导愈伤组织分化的培养基上培养一段时间，这样获得的原生质体分裂频率较高，适用于后续需要进行原生质体培养的情况。在羽衣甘蓝中，将撕去下表皮的叶片置于诱导愈伤分化的培养基上培养7 d后再进行酶解。目前进行原生质体分离时对叶片的预处理最普遍采用的是预先质壁分离和去除叶片下表皮（图4-1）。当后续试验中出现原生质体活性低、原生质体不易分裂等情况时可以采用黑暗处理或愈伤组织预培养等方法。

彩图

图4-1 去除叶片下表皮的预处理方法
A. 将叶片剪成细丝；B. 撕去叶片下表皮；C. 撕去叶片下表皮后，将其剪成细丝

三、酶解法分离原生质体

酶解法游离原生质体时，酶的种类、浓度及酶解条件是获得高质量原生质体的关键。植物细胞细胞壁主要成分是纤维素和果胶，因此在分离植物原生质体时，一般使用的是纤维素酶类和果胶酶类。由于不同植物或不同组织的细胞壁中纤维素和果胶含量存在差异，所以分离原生

质体时选用的酶种类和含量也有很大差异，并且也会根据试验材料的不同性质添加离析酶、半纤维素酶、崩溃酶等。纤维素酶的作用主要是除去植物细胞壁的主要成分即纤维素。果胶酶的主要作用是促进细胞间隙的果胶质分解，使细胞相互分开。在小麦、柑橘、苹果、菜心和结球甘蓝等植物中均采用纤维素酶和果胶酶分离原生质体。但果胶酶对于植物原生质体的伤害比较大，在游离卷心菜原生质体时，不同浓度的果胶酶 Y-23 分离原生质体的产量没有差异，但当果胶酶 Y-23 的浓度从 0.05%增加到 0.1%时，分离的原生质体的活力急剧下降。所以有时使用离析酶代替果胶酶进行原生质体分离。目前绝大多数植物分离原生质体时采用的是纤维素酶加果胶酶或纤维素酶加离析酶的组合，当使用两种酶的组合无法得到状态最好的原生质体时，可以根据具体情况考虑添加半纤维素酶或崩溃酶作为辅助。具体应依据试验材料的性质及初步分离原生质体后的状态筛选得出最合适的酶和酶的浓度。酶解液的 pH 及酶解时间等条件对于原生质体的质量和活力至关重要。pH 对于确保酶的活性及维持质膜的稳定性具有重要作用，过高和过低的 pH 都会使细胞结构发生改变，破坏原生质体形态。一般情况下，用于分离植物原生质体的酶解液 pH 应该与植物最适生长 pH 相符，即 5.4~5.8。为了维持酶解期间 pH 的稳定，还需向酶解液中添加适量 2-吗啉乙磺酸（MES）。

由于原生质体不具有细胞壁，外界较低的渗透压会导致原生质体的破裂甚至死亡，为保证分离出原生质体的活性及质膜的稳定，需要向酶解液中加入一定量的渗透压稳定剂。常用的渗透压稳定剂有甘露醇、葡萄糖及山梨糖醇等，浓度一般在 0.3~1.0 mol/L，其特点是不会被细胞吸收和利用。分离玉米、东方百合、茶树、菊花、花椒和甘蓝型油菜原生质体时均采用甘露醇作为渗透压稳定剂。由于蔷薇科植物光合作用代谢物主要以山梨醇形式存在，因此分离枇杷、山杏原生质体时均采用山梨醇作为渗透压稳定剂，其效果远比使用甘露醇好。同种植物不同组织部位的渗透压各不相同，其中胚性悬浮细胞的渗透压最低，愈伤组织略高，而叶片和下胚轴中的渗透压最高，所以在筛选渗透压稳定剂浓度时除了要考虑物种之间的差异外，还需参考所使用的植物材料来源的组织部位。禾本科植物原生质分离过程中，常在酶解液中添加 10 mmol/L $CaCl_2$ 作为质膜的稳定剂。另外，在酶解液中加入 MES 和牛血清蛋白也有助于增强原生质体膜的稳定性。

酶解时间在很大程度上也影响着原生质体的分离效率：时间过短，产生的原生质体量过少，无法进行下一步实验；时间过长又会使原生质体破碎。一般分离原生质体的酶解时间在 3~24 h。酶解时间在不同品种之间差别很大，在分离百合原生质体时，最适的分离时间为 24 h；分离烟草原生质体时，则只需要 3.5 h。并且，对于不同植物组织材料，酶解时间也存在差异：酶解悬浮细胞比酶解叶片材料所用时间要少。所以，在分离原生质体时需密切注意观察酶解液的颜色，判断是否分离出原生质体，并且及时镜检，观察原生质体状态，如果长时间没有分离出原生质体，可以考虑在低转速下振荡酶解，增加叶片与酶解液接触面积，但是要控制好时间，防止原生质体破碎。拟南芥叶片原生质体的游离见图 4-2。

四、原生质体的纯化

酶解后的原生质体粗提液是一种混合物，除了原生质体之外，还存在没有完全酶解的植物组织、大细胞团和一些碎片杂质等，除去植物组织的方法主要是用 40~400 目的细胞筛过滤原生质体粗提液，将得到的滤液进行进一步纯化。原生质体的纯化方法主要为离心法、漂浮法和界面法。最常用的为离心法，即将过筛得到的滤液进行离心，速率过高会导致原生质体破碎。去掉上清液后，加入事先配制好的洗液（含有一定量的渗透压稳定剂）继续离心，反复用洗液洗涤 2~3 次后，可以得到纯净的原生质体悬浮液（图 4-3）。在离心法富集原生质体效率

图 4-2 拟南芥叶片原生质体的游离

A. 以拟南芥植株的叶片为材料；B. 叶片贴在无纺布胶带上后撕下表皮细胞；C. 放到酶解液中进行酶解；
D. 酶解 3h 后的叶片；E, F. 酶解液中游离出的原生质体

不高时，需采用其他原生质体纯化方法，避免在增加离心速率的过程中造成过多原生质体破碎，或者在离心法基础上进一步采用漂浮法和界面法进行纯化。漂浮法一般是利用高浓度的蔗糖溶液（20%以上）来进行原生质体纯化，离心后，原生质体层漂浮于蔗糖溶液之上。利用草地早熟禾愈伤组织分离原生质体时，经过离心法对分离的原生质体初步纯化后，再用 25%蔗糖溶液通过漂浮法进一步进行纯化。界面法是指选用两种不同渗透浓度的溶液，使原生质体密度介于两种溶液之间，这样原生质体层就位于两层的中间。分离菜豆叶片原生质体时，在离心法初步纯化后，再利用界面法进一步进行纯化。

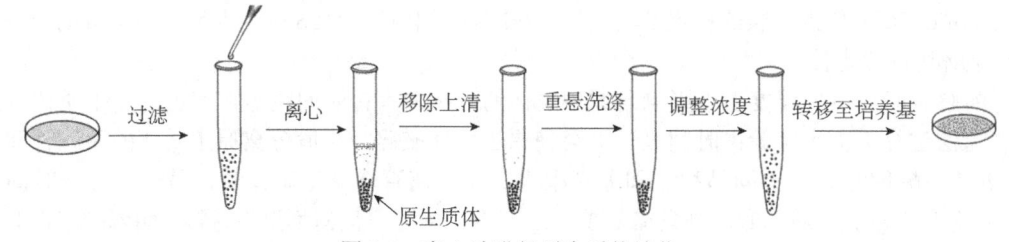

图 4-3 离心法进行原生质体纯化

五、原生质体活力的检测

检测原生质体活性最常用的方法是二乙酸荧光素（FDA）染色法，其原理如下：FDA 本身无荧光，能自由出入完整细胞，进入细胞后，被细胞内脂酶分解，产生荧光素，一般每 100 μL 悬浮原生质体需加入 1 μL FDA 染色液，染色后用荧光显微镜观察，有活性的原生质体发出黄绿色荧光，而没有活性的原生质体则没有荧光。原生质体活性=绿色荧光原生质体数/同一视野中的原生质体×100%。在山丹、茉莉、新疆杨、东方百合等植物中均采用 FDA 染色法检测原生质体活性。除此之外也有其他利用细胞膜的通透性进行原生质体活性检测的方法：在紫罗兰中采用的是伊文思蓝（Evans Blue）染色法，失去活性的原生质体被染成蓝色；在百合和芦荟中采用了酚藏花红染色法，失去活性的原生质体被染成红色；目前，对原生质体活性检测最普遍采用 FAD 染色法，该方法使用时受到的干扰较少，获得的实验结果可信度最高。

至今仍有很多植物没有获得稳定分离原生质体的体系，所以在大多数实验中需要利用原生质体作为瞬时转化的载体时，普遍使用拟南芥或烟草的原生质体。然而由于基因在拟南芥或烟草中异源表达，其表达水平与该基因在本底植株中的表达水平会存在一定差异，所以能够获得稳定的原生质体分离体系十分重要；对于目前已经成功进行植物原生质体分离或培养的实验方法进行了综述（资源4-2），为建立更多植株原生质体分离及培养体系提供参考。

资源4-2

◆ 第二节 原生质体培养与植株再生

原生质体在适宜条件下进行培养，能够重新形成完整的细胞壁，然后原生质体进行有丝分裂形成小细胞团并扩繁培养形成愈伤组织，愈伤组织经过增殖和分化培养后再生完整的植株。原生质体培养获得的植株都是由单细胞发育而来的。实验室常用的原生质体培养和再生流程如图4-4所示，原生质体培养的效率和再生能力受很多因素的影响。

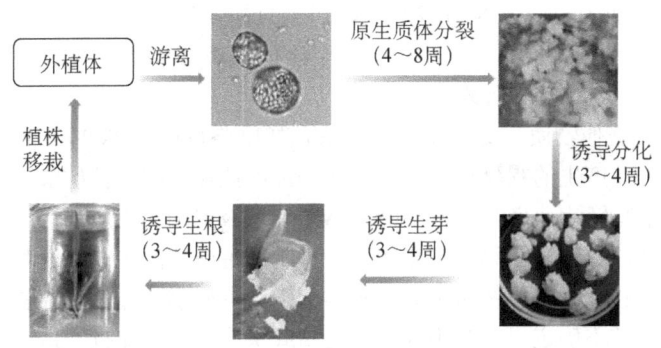

图4-4 原生质体的培养和再生

彩图

一、原生质体培养基的成分

原生质体培养基是影响原生质体分裂、分化及植株再生的核心因素。适当的大量元素、微量元素和各种添加剂，如渗透压稳定剂、植物生长调节剂、培养基固化剂和补充剂，在原生质体培养中是必不可少的。培养基的成分构成在原生质体培养过程中是至关重要的，不同的培养基在培养原生质体过程中会有不同的效果，目前比较常用的培养基有 MS 培养基、KM8P 培养基和 B5 培养基等。MS 培养基是植物组织培养中最常见的培养基，在黄柏、六出花等植物中均采用 MS 培养基对原生质体进行培养。由于高浓度的 NH_4^+ 不利于原生质体的分裂，在使用 MS 培养基培养原生质体时，需要降低 NH_4^+ 的含量，在培养野菊原生质体时，就将 MS 培养基中的 NH_4^+ 除去进行培养。KM8P 培养基由于含有丰富的营养成分也被广泛应用于原生质体的培养，在红掌、白鹤芋、草莓和棉花中均采用 KM8P 培养基培养原生质体。但有时过度丰富的营养物质也会导致原生质体发育被抑制，在培养猕猴桃原生质体时 KM8P 培养基的效果不如 MS 培养基的效果好。所以不同基因型和来源组织分离的原生质体，所用的培养基是不同的。在建立和优化新材料的原生质体培养程序时，最好先做预实验测定一系列培养基，从中选择最合适的培养基使用。

酶解后得到的原生质体，由于没有细胞壁的保护，在初期培养时，为了维持原生质体质膜的完整，通常需要在培养基中加入渗透压稳定剂。常用的培养基渗透压稳定剂有甘露醇、山梨糖醇、蔗糖、葡萄糖及肌醇等，它们也是培养基中碳源的主要提供者。葡萄糖也可以作为碳源添加到培养基中以促进原生质体的生长发育，有时也会与蔗糖混合使用。其中蔗糖对一些原生质体的分化是有害的，所以有时会用葡萄糖代替蔗糖加入培养基中维持渗透压。同时，在分离卷心菜原生质体的实验中，使用肌醇作为渗透压稳定剂比甘露醇的效果更好。适当的渗透压稳定剂的浓度对于防止原生质体细胞膜的破裂至关重要。通常，原生质体培养基中使用的主要渗透压稳定剂的浓度为 0.1～0.8 mol/L。在原生质体开始重新形成细胞壁并开始分裂之后，渗透压稳定剂的浓度要逐渐减少。在菊花和龙胆原生质体培养中，在继代培养基中降低甘露醇和肌醇等渗透压稳定剂的浓度，能够提高愈伤组织的数量。

植物生长调节剂，特别是生长素和细胞分裂素等激素的存在对原生质体分化是必不可少的。最常见的细胞分裂素是 6-苄基腺嘌呤（6-BA）、玉米素、激动素和异戊烯基腺嘌呤（iP）。最常见的生长素是吲哚乙酸（IAA）、吲哚丁酸（IBA）、2,4-D 和萘乙酸（NAA）。此外，GA_3 也用于原生质体培养基添加物。不同植物的原生质体在培养时，需要加入的激素种类、量都不同，具体加入种类可以参照植物自身分化所需激素种类进行添加筛选。在原生质体早期分裂时，可以只加入对细胞分裂有促进作用的生长素类，如 2,4-D、NAA 等，培养野菊原生质体时培养基中添加的激素为 NAA 和 2,4-D。当只加入生长素类没有分裂迹象时，需要同时加入生长素类和细胞分裂素类，如矮牵牛原生质体培养基中添加 NAA 和 6-BA、胡萝卜原生质体培养基中添加 2,4-D 和玉米素。

在培养基中加入其他物质，如抗氧化剂、聚乙烯吡咯烷酮（PVP）、活性炭和有机物等可以减轻原生质体培养时产生的褐化现象。抗氧化剂，如抗坏血酸、柠檬酸、还原型谷胱甘肽和 L-半胱氨酸，可用于减轻活性氧的抑制作用。PVP 能够吸附酚类物质，而原生质体培养过程中的酚类物质的积累能够导致培养物的氧化褐变，抑制原生质体的生长和分裂。活性炭也是一种常用的添加剂，它能够吸附酚类物质和活性氧等分子。有机物（如水解酪蛋白、椰乳和酵母提取物）的确切成分通常不确定，并且不同的制造商或供应商及产品批次成分可能不同。然而，它们提供的氨基酸、激素、维生素、碳水化合物和其他生长补充剂会促进植物的生长和再生。水解酪蛋白目前是原生质体培养基的常规添加物；椰乳中含有对细胞生长、分裂有促进作用的营养物质及生理活性物质；肌醇的添加也有利于细胞分裂。原生质体培养基中抗生素的添加可避免内源性或外源性细菌污染，但有研究发现，它们也可以抑制或刺激外植体生长和发育。在胡萝卜幼苗原生质体的培养基中添加不同浓度的 β-内酰胺类抗生素（头孢噻肟），发现虽然高浓度抗生素能够抑制原生质体的分裂速率，但是提高了愈伤组织的再生效率。

二、原生质体的培养方法

（一）液体培养

液体培养是最简单的培养方法，培养基中不需加凝固剂，利用相应的液体培养基在一定的培养密度条件下将原生质体重悬，直接在平皿中培养，这种方法操作方便，对原生质体伤害小，但不利于代谢废物排出，且原生质体容易产生粘连现象，影响分化效果，一般分裂能力较强的原生质体采用液体培养。在野菊、棉花、印度桑、伽蓝菜属和矮牵牛属中对原生质体的培养均采用液体培养，每 3～7 d 添加一次培养基，培养 7～9 周可以获得 1～2 mm 的愈伤组织。

（二）固体培养

固体培养是将纯化好的原生质体悬浮液置于事先配制好的固体培养基上进行培养，因不利于观察且容易干燥，所以目前基本不用固体培养法进行原生质体培养。传统固体培养法衍生出琼脂糖包埋培养法和海藻酸钠包埋培养法，这两种原生质体培养方法对于较难进行分裂的原生质体比较适用。琼脂糖包埋培养法的具体操作方法是将纯化后的原生质体用2×培养基重悬，然后与等体积的低熔点琼脂糖混合，注意琼脂糖不要过热，以免损坏原生质体，然后再加入1×液体培养基，保持湿润。这种方法有利于定点观察原生质体变化，追踪各个发育过程，但是加入琼脂糖温度不容易控制，温度过低琼脂糖会先凝固，温度过高又会影响原生质体活性，这种方法一般只适用于生命力较强的原生质体。在花椰菜、菊苣中采用了琼脂糖包埋培养法培养原生质体。海藻酸钠包埋培养法的原理是应用藻酸盐来固定原生质体，该方法在常温下操作即可，由固定剂$CaCl_2$中的钙离子与海藻酸根离子螯合形成不溶于水的海藻酸钙凝胶，从而将细胞固定。在仙客来、紫松果菊和贯叶连翘中采用了海藻酸钠包埋法培养原生质体。

（三）固液混合培养

固液混合培养是先配制一层含有一定浓度琼脂的固体培养基，在其上加入一层薄的原生质体悬浮液。此方法是目前培养原生质体最常用的方法，液体层很薄，有利于通气，且下层固体培养基可以为原生质体持续提供营养，同时，培养时产生的一些代谢废物对原生质体的生长是有害的，固体培养基还可以吸收这些代谢废物。水稻、莴苣、木槿、棉花和苹果等植物中均采用该方法培养原生质体。

（四）看护培养

看护培养是指利用一些经过γ射线、X射线或紫外线灭活后细胞壁完整但失去分裂能力的原生质体作为看护层，将看护层包埋在下层的琼脂糖中，位于上层培养的正常原生质体即可从看护层灭活原生质体中获得营养物质。一般在使用固液混合培养效果不佳时可以采用看护培养。在柑橘、百合及紫甘蓝中均利用看护培养法大幅提高了原生质体成活率。

三、其他培养条件

原生质体的分化受到多种外界条件的影响，外界环境的调节一般没有统一的规律，不同的物种甚至不同的品种之间都会有很大的不同。在培养温度方面，原生质体的最适培养温度在19~30℃，一般与植物生长的最适温度大致持平。光照强度一直以来都是一个有争议的参数，有些报道指出原生质体的培养需要在一定的光照强度下进行，但是又有人认为光照对原生质体的生长是有害的，刚分离出来的原生质体处于一个相对脆弱的状态，需要在弱光甚至黑暗条件中培养，当原生质体再生出细胞壁之后才可以给予一定光照强度。培养时还需要注意原生质体的密度，一般情况下，原生质体培养的最适密度在$5×10^4$~$1×10^6$个/mL。在原生质体转化和融合实验中，为了方便追踪单个细胞的发育过程，可能会使用更低的原生质体培养密度。但是培养密度过低，会影响原生质体的分裂速率，这可能是由于原生质体能够释放一些生长因子，刺激有丝分裂；培养密度过高，又会导致有害物质如酚类物质的过度累积，或者营养物质缺乏，影响原生质体的活性。所以原生质体培养前需要注意开始的铺板细胞密度。

四、原生质体再生

虽然原生质体含有细胞所有遗传物质，但需要重新形成细胞壁，恢复完整细胞形态后才能进行正常细胞分裂和增殖，随后形成愈伤组织，愈伤组织分化再生完整植株。通过追踪观察拟南芥叶肉细胞游离原生质体的生长分化状况，发现其再生效率只有0.5%。

（一）细胞壁再生

原生质体培养过程中，在合适条件下原生质体短时间内开始膨胀，叶绿体重排，并开始合成新的细胞壁，细胞由球形变成椭圆形，开始进行分裂。细胞壁的形成与原生质体来源材料的基因型、供体细胞的分化状态及培养条件相关。供体细胞处于未分化状态，游离的原生质体重新形成细胞壁的能力较强。细胞壁再生的状态可以用荧光染色体法检测，常用的荧光素是非特异性荧光增亮染料钙荧光白（calcofluor white，CFW），其能够与细胞壁中的纤维素和壳多糖等结合，产生荧光。原生质体细胞在与染色液混合 5 min 后，即可在荧光显微镜下观察染色情况，细胞壁成分会显示强烈蓝色荧光，所以可以用于观察高等植物中细胞壁生物合成过程中细胞壁的生成变化。蚕豆的原生质体在培养 20 min 后开始细胞壁的合成，72 h 后形成完整的细胞壁。而陆地棉的原生质体在培养 6 h 后开始观察到细胞壁的合成，48 h 形成完整细胞壁。培养基的成分也影响细胞壁再生，蔗糖或山梨醇浓度过高能够抑制原生质体细胞壁的形成。植物原生质体为研究细胞壁从头再生提供了独特的材料，在原生质体细胞壁再生的过程中检测到 300 多个胞外蛋白的参与，为进一步探索细胞壁蛋白和细胞壁动力学提供基础。

（二）愈伤组织形成

再生出完整细胞壁后的原生质体很快会发生细胞的第一次分裂，通常在培养的第 2~7 天（如烟草原生质体的第一次分裂发生在 3~4 d，小麦细胞发生在 4~7 d）。为减轻培养基中添加物的影响，需及时降低培养基中的渗透压，可以通过在培养皿中添加低渗透压调节剂。持续培养 2~3 周后，可以形成细胞团，当细胞团持续生长到直径 1~2 mm 时，转移到固体培养基上继续增殖，几天后可见小愈伤组织明显增大。之后可以按照一般组织培养的方法进行培养。原生质体的分裂率受基因型、原生质体活性和培养条件的影响。通常禾本科作物分裂率较低，小麦的原生质体分裂率在 10% 以下。水稻的原生质体分裂率要高得多，第 8 天的分裂率达 40% 以上。

（三）植株再生

多数原生质体形成的愈伤组织经过增殖扩繁后，可以转移到分化培养基上，诱导形成不定芽，再转移到生根培养基上诱导形成不定根，这是体细胞发生途径；另外原生质体再生细胞也可直接形成胚状体，进而发育成完整植株。影响植株再生效率的因素除了基因型与供体材料外，培养基中激素的种类、配比及浓度都至关重要。多数情况下转移到添加生长素和细胞分裂素的培养基上生芽后再生根。茄科、十字花科等来源的原生质体再生植株较为容易，但是豆科和禾本科再生植株较为困难。从叶肉细胞、分生组织、胚性组织细胞来源的再生植株的效率也相对较高。而长期继代的愈伤组织和原生质体因为容易丢失遗传物质造成基因组不稳定，细胞分化和植株再生的效率会下降。在诱导分化过程中，愈伤组织容易产生次生代谢物，可通过在培养基中添加活性炭等添加剂来防止愈伤组织褐化。抗坏血酸具有减少变色和促进胚胎发生的作用。在油棕原生质体培养中发现抗坏血酸增加了胚性愈伤组织的数量，提高了再生效率。

第三节　体细胞杂交与杂种细胞筛选

植物体细胞杂交（somatic hybridization）又称原生质体融合（protoplast fusion），是指在物理或者化学方法的介导下，使两个原生质体细胞的细胞膜连接融合形成一个细胞，培养后获得杂种细胞或者植株的技术。植物体细胞杂交技术可以使两种植物的基因组组合，避开了有性杂交中种特异的配子识别反应，有可能打破有性不亲和的界限，提供了克服远缘不亲和障碍的途径。随着原生质体培养和体细胞杂交技术的发展并日趋成熟，其研究重点也从模式植物转向禾谷类作物和经济作物，越来越受到人们的关注，并在实践中不断地改进和发展。

一、原生质体融合的方法

（一）自发融合

有些相邻的原生质体能够彼此融合形成同核体的偶发现象，这就是自发融合。电子显微镜观察发现酶解分离获得的原生质体在细胞壁被破坏后，由于压力的消除胞间连丝区域扩大，造成细胞间细胞器的运输，以及相邻细胞发生细胞膜的融合，形成同种来源原生质体融合的多核原生质体，如来自百合科某些植物的小孢子母细胞的原生质体能够发生自发融合。在体细胞杂交实验中，需要尽量避免自发融合。在进行原生质体游离之前可以先用试剂处理进行细胞的质壁分离，打断胞间连丝，减少原生质体培养过程中自发融合发生的概率。体细胞杂交中自发融合的概率相对较低，为了提高融合效率，人们发现可以使用得当的诱导剂，使不同的原生质体聚集到一起，然后发生细胞膜粘连及原生质体融合，这种融合方式叫作诱导融合。为了提高不同来源原生质体的融合效率，研究者们尝试了各种融合方法，最终发现使用高钙高 pH-聚乙二醇（PEG）处理后的化学融合方法和电刺激诱导细胞粘连穿孔的物理融合方法，获得融合细胞的频率较高。它们的作用原理都是使用外界处理暂时使原生质体质膜脂类分子的有序排列发生改变，在去掉处理之后，质膜结构在恢复过程中诱导相接触的细胞发生融合。

（二）PEG 介导的化学融合

PEG 介导原生质体融合的实验原理到目前为止还没有完全定论。研究表明 PEG 能够改变原生质体的膜结构，使细胞相互接触部位的膜脂双层磷脂分子结构发生重排，致使相邻细胞的质膜在修复时合并在一起，从而造成接触细胞之间发生融合。进一步的研究发现，在 PEG 介导的融合之后，用含有高浓度钙（0.05 mmol/L CaCl$_2$）的高 pH（pH 9～10）的洗液进行后续原生质体处理，能够提高原生质体融合的频率，从而建立了高钙高 pH-聚乙二醇（PEG）融合的方法。具体的实验步骤为：将两种不同的原生质体以适当的比例混合，用玻璃吸管移至小培养皿中央，形成一个圆形液滴；在原生质体液滴的周围均匀地滴加 4～6 滴 PEG 溶液，处理 20 min 左右；随后分三次缓慢加入高钙高 pH 洗液，用吸管小心去掉洗液；用培养基小心清洗去掉洗液，加入培养基进行培养。对于 PEG 介导植物原生质体融合来说，其融合效果受以下几种因素的影响。①PEG 的分子量与浓度：原生质体发生高频率融合的效率与 PEG 的分子量及其浓度成正比；但 PEG 的分子量越大、浓度越高，对细胞的毒性也就越大。为了二者兼顾，在实验时常常采用的 PEG 分子量一般为 3000～6000，浓度一般为 20%～40%。②PEG 的处理时间：处理时间越长，融合效果越好，但对细胞的毒害也就越大，故一般将处理时间限制在 1 min 之内。③原生质体密度：原生质体密度过低，紧密接触的原生质体减少，融合率也低；但是原生质体密度过高，也会产生大量多核融合现象，所以要控制原生质体密度在 10^6 个/mL 左右为宜。④融合时的温度：由于生物膜的流动性与温度成正比，故细胞的融合效果也与温度成正比。适当提高处理的温度能够提高融合效率，一般采用的温度为 35～37℃。

（三）物理融合法——电融合法

电融合法的基本原理是将制备的原生质体细胞置于电融合小室中，在高频交流电场的作用下，细胞被极化，细胞之间相互连接成串珠状，然后施加方波脉冲刺激，在电脉冲的瞬间作用下两细胞接触点部位的质膜被击穿，导致质膜的磷脂双分子层发生重组，使接触细胞发生融合。电融合具有一些优点，操作比较简单快捷，相对于 PEG 介导的方法，减少了后续的洗涤步骤，也就减少了原生质体的损失，电击后可以直接进行培养。而且原生质体的状态和实验过程可以在显微镜下观察，比较直观，对于调整各种实验室条件、随时监控原生质体的状态非常便利。但也存在很多不足，如细胞融合的通量较低，电流的强弱、脉冲期的宽度和间隔时间等参数调试难度较大。而且电融合仪的价格昂贵，其对应的电融合池和电极等易损配件维修成本也较高，所以使用上普及程度不如化学融合法。

二、原生质体融合的方式

（一）对称融合

对称融合（symmetric fusion）是指在原生质体融合时，双亲原生质体均带有核基因组和细胞质基因组的全部遗传信息。在早期的体细胞杂交中，常采用对称融合的方式。这种方式中融合双亲均以整套的基因组参与融合，多形成对称杂种，在导入有用基因（或良性性状）的同时，也带入了亲本的全部不利基因（或性状）。一个杂种中同时存在两套基因，常导致部分或完全不育，难以获得用于育种的材料，也因为带有大量的不良性状，需经多次回交才能应用。而且在培养过程中，对称杂种存在着一方或双方基因组的随机丢失、无法控制的不稳定性。

（二）非对称融合

在体细胞杂交研究中发现亲缘关系较远的融合组合由于亲本染色体随机消减而高度不稳定，杂种往往不能再生植株或再生植株不育。因此试图通过人为干预使供体染色体定向消减，以克服远缘杂种的再生与可育问题及解决目标性状转移的问题，从而提出使供体染色体消减的非对称融合方法。非对称融合（asymmetric fusion）指在融合前对一方亲本原生质体（供体）进行处理，消减其遗传物质，再使之与另一方亲本（受体）的原生质体融合，产生非对称杂种细胞。非对称杂种中至少有一方亲本的部分染色体被消除。由于这一融合方式只允许供体部分遗传物质进入受体，可广泛地应用于细胞质基因转移及微量核物质转移。据统计，1985年后非对称融合在体细胞杂交中所占比率逐年升高，现在90%以上的体细胞杂交为非对称融合。

（三）微原生质体融合

用密度梯度离心法制备微原生质体用于融合，逐渐发展成获得不对称杂种和胞质杂种的主要方法。将马铃薯的微原生质体与番茄原生质体融合后，获得的单体附加系只含有马铃薯的1条染色体。但由于其制备过程复杂，难以获得大量微原生质体，应用受到限制。

（四）融合前对亲本原生质体的处理方法

在体细胞杂交中，为了便于筛选和检测，一般在融合前先对亲本原生质体进行适当处理，以减少发生同源融合或亲本原生质体单独生长的概率。

1. 对供体的处理　　作为供体的原生质体经过处理，其染色体发生断裂，进入受体后部分或全部丢失，从而只转移部分物质或胞质基因组。而且供体原生质体受到的辐射剂量达到一定值时不能分裂，也就不能再生细胞团，从而减少再生后代的筛选工作。处理供体的方法包括射线辐射、限制性核酸内切酶（简称限制性内切酶）处理、纺锤体毒素和染色体浓缩剂处理。射线处理是目前应用最广泛的方法。

2. 对受体的处理　　可以利用一些代谢抑制剂处理受体原生质体以抑制其分裂，常用的抑制剂有碘乙酸（IA）、碘乙酰胺（IOA）和罗丹明6-G（R-6-G）。IA和IOA都可以与磷酸甘油醛脱氢酶上的—SH发生不可逆结合，抑制酶的活性，阻止甘油醛-3-磷酸氧化成磷酸甘油酸，使糖酵解不能进行。

三、体细胞杂种细胞筛选体系

经过原生质体融合后的培养细胞中，只有少量是人们所期待的融合杂种，大量的未经融合的亲本原生质体和同核融合体并不是人们所需要的，能否选择出异核融合的后代对获得体细胞杂种非常重要。可利用的杂种细胞筛选方法有两种：杂种细胞的生存（分裂及生长）互补及杂种细胞的物理分离。前者常根据双亲原生质体的隐性突变，通过生理互补及营养缺陷或代谢互补等方法达到筛选的目的；后者则利用杂种与双亲原生质体的物理区别，如浮力密度、可见的荧光特征、色素深浅和再生能力等方法。而大多数亲本的原生质体中往往缺乏上述可利用于筛选的特征，因而应用具有局限性。

通过基因工程获得带有遗传标记基因或抗性基因的细胞系一般都带有便于检测的遗传标记，使杂种组织的筛选和鉴定更为有效。用带标记基因或抗性基因的细胞系作为受体与γ射线或X射线或紫外线照射的供体亲本进行融合，将筛选物质加入培养基中，这样的培养系统只适合杂种愈伤组织及杂种植株生长。用紫花苜蓿根癌农杆菌转化系与红豆草抗羟脯氨酸变异体为亲本，通过原生质体融合，选择得到属间体细胞杂种植株。以带有新霉素磷酸转移酶Ⅱ基因的转化细胞为受体，与经辐射处理的供体融合，用卡那霉素作筛选标记也成为一种成功的筛选方法。一些融合组合中一方亲本有分化能力而不能分裂，另一方亲本有分裂能力而不能分化，形成杂种通过互补能够分裂及再生植株，从而筛选出杂种。在小麦与不同属植物的体细胞杂交中，两个均丧失植株再生能力的亲本融合后的产物通过再生互补而再生杂种植株。小麦与属间植物长穗偃麦草的对称融合中发现再生植株能力很低的双亲原生质体融合后又可分化出完整植株，随后发现在小麦与新麦草、簇毛麦和中间偃麦草等的原生质体非对称融合时，已经失去再生能力的双亲原生质体融合后也能再生植株（图4-5）。

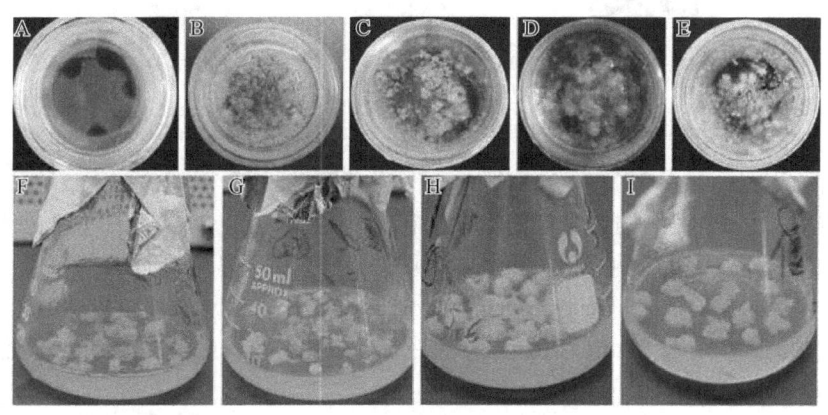

彩图

图4-5　小麦和中间偃麦草融合细胞系的培养

A～E为培养30 d的细胞团；F～I为培养60 d的愈伤组织。A. 培养细胞对照；B，C，F，G. 对称融合；
D，H. 供体原生质体紫外线处理30 s的非对称融合；E，I. 供体原生质体紫外线处理60 s的非对称融合

四、体细胞杂种的鉴定

杂种细胞的选择方法并不能作为再生愈伤组织及再生植株具有杂种性质的最终证据。必须进一步进行鉴定，确定所获得的再生融合产物的杂种性质。除了传统的形态学、细胞学及生物化学水平的鉴定之外，分子水平的鉴定得到快速发展和广泛应用，已成为杂种性质鉴定中必不可少的一环，其鉴定结果也更加直观、确凿。

（一）形态学方法

形态学方法是鉴定体细胞杂合体最便利的方法，主要用于融合双亲在叶、花及果实等器官具不同形态学特征物种的融合中。愈伤组织颜色的差异也可用作鉴定标记。因为原生质体细胞

或者来源的愈伤组织在长期的培养过程中会出现体细胞无性系变异，造成表型的差异。所以形态学鉴定的方法不稳定，只能作为初筛的方法。

（二）细胞学方法

经典细胞学方法是通过对杂种体细胞的染色体数目、形态等的细胞学观察进行杂种个体的鉴定。一般来说，当融合亲本在染色体形态大小上存在巨大差异时，这种基于染色体核型和带型的方法鉴定体细胞杂种十分简单有效。对称融合获得的杂种后代含有双亲体细胞的染色体，其数目应为双亲染色体数目之和。非对称体细胞杂交获得的杂种后代，体内含有受体的整套染色体组和供体的部分染色体（图4-6）。

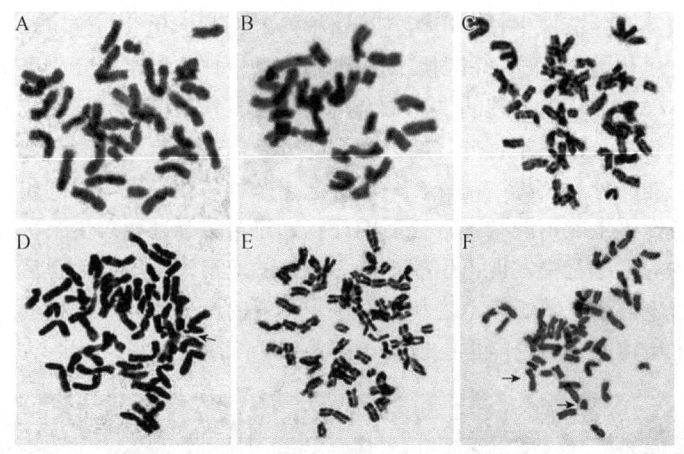

图4-6 小麦体细胞杂种后代的细胞学分析

A. 小麦受体亲本176，$2n=34$；B. 小麦受体亲本Cha9，$2n=24$；C. 供体亲本Th. Intermedium，$2n=42$；D～F. 不同杂种后代的体细胞染色体分析，D. $2n=48$，E. $2n=52$，F. $2n=50$，箭头指示染色体片段

目前常用的分子细胞学方法是染色体原位杂交。利用标记的DNA探针与染色体上的DNA进行杂交，在分子水平上检测外源染色质，可以直接确定某一基因或DNA序列在染色体上的位置。现在基因组原位杂交（genome in situ hybridization，GISH）技术已成功地运用于检测属间体细胞杂种的亲本基因组，成为鉴定外源染色体和染色体片段最为直接有效的方法。

（三）生物化学方法

同工酶为共显性标记，父本和母本的基因产物可以同时在后代中表达，不受环境因素影响，相对稳定，分析操作简便，所需材料较少。其中酯酶和过氧化物同工酶分析是最主要的生物化学标记。禾本科作物籽粒中的贮藏蛋白也是常用的生化标记。小麦籽粒蛋白质由清蛋白、球蛋白、醇溶蛋白和谷蛋白组成。其中醇溶蛋白占蛋白质总量的40%～50%，富有黏性、延伸性和膨胀性；谷蛋白占蛋白质总量的35%～45%，决定面筋的弹性等。可以通过比较面粉中蛋白质分子的差异来鉴定杂种。

（四）分子生物学方法

体细胞杂种性质鉴定的分子生物学方法主要有限制性片段长度多态性（RFLP）、随机扩增多态性DNA（RAPD）、简单重复序列（SSR）、核糖体DNA间隔序列（5S rDNA）分析等。

（五）组学方法

随着高通量测序的发展，目前基因组、转录组和蛋白质组等组学研究技术也广泛应用于体细胞杂种材料的鉴定。体细胞杂交中双亲原生质体融合过程中会发生复杂的双亲遗传物质重新组合和重编程的过程，包括细胞核和细胞质及细胞器。这个过程非常复杂，所以体细胞杂交获得的后代杂种的鉴定中会发现有大量位点的变异重组发生。高通量的组学检测方法在这方面有很大的便利。通过对原生质体细胞融合获得的柑橘异源四倍体体细胞杂种的转录组和定量乙酰化修饰组学的研究发现，后代中初生代谢物和次生代谢物含量均发生大幅改变，而其中类胡萝卜素含量显著低于双亲，而脱落酸（ABA）含量显著高于双亲，这些表型与体细胞杂种中 *CsNCED2* 基因的超亲上调表达密切相关。对小麦与偃麦草原生质体不对称体细胞杂交后代所选育抗盐品种'山融3号'的基因组稳定性和变异情况的研究表明，体细胞杂交过程中外源片段的渗入导致全基因组冲击和局部染色体冲击，前者诱导全基因水平的遗传变异，后者促进Indel侧翼序列的核苷酸替换，非对称体细胞杂交诱导的遗传变异是一种预先确定的非随机事件。对于体细胞杂交中遗传和调控规律的研究，蛋白质组学也是有效的方法，在小麦体细胞杂种的蛋白质组分析中，检测到大量的差异表达蛋白与光合作用过程、逆境响应等过程相关，这也与其提高抗逆性的表型是相一致的。而柑橘体细胞杂种的蛋白质组学分析中也检测到大量与代谢、光合作用相关的差异蛋白。

由于体细胞杂交会造成大量遗传物质的变异，所以在组学水平上的研究能够更好地体现其变异的遗传基础。但是为了转移有益性状，多数体细胞杂交都是用远缘野生种作为一方亲本，但其一方面受限于参考基因组、代谢组及蛋白质组参考数据库的数据量，另一方面会产生大量新变异，除此之外新蛋白、新代谢物鉴定成本较高，因此功能研究进展较慢。

◆ 第四节 植物体细胞杂交技术的应用

一、植物体细胞杂交技术的应用优势

体细胞杂交技术可以克服传统有性杂交遇到的远缘种属间杂交障碍、雌雄性不育等问题，创制的新种质为作物育种提供了丰富的材料。相较于传统杂交和转基因方法，体细胞杂交技术还具有以下优点：①融合产生的体细胞杂种拥有双亲的优良性状；②不同材料的细胞核和细胞质基因组重组；③体细胞杂交是非转基因技术，无潜在的生物安全性争议。近几十年来，体细胞杂交技术在水稻、小米、小麦、茄属、芸薹、柑橘属及杨属等作物改良和种质创新方面得到了成功的应用。

（一）克服再生障碍创建新种质

体细胞杂交可以克服有性杂交中的不亲和性，现在通过原生质体融合已经获得许多由传统育种方法无法获得的属间、族间或科间体细胞杂种。可育杂种有许多已用于建立实用材料的育种。可以通过非对称融合或微原生质体融合而不需要经过回交获得单染色体附加系。番茄和马铃薯的杂种后代与四倍体马铃薯杂交得到了含有7条不同马铃薯染色体的27个附加系，这可用于进一步的基因组渗入，为染色体物理和遗传作图提供很好的实验材料。

（二）生物和非生物胁迫抗性的转移

通过体细胞杂交可以转移对由细菌、真菌或线虫类引起的疾病的抗性。萝卜和花椰菜的体细胞杂种显示出了对根瘤病（一种花椰菜的严重疾病）的抗性。油菜籽和拟南芥杂种的回交后代表现出对黑胫病或茎癌肿病的抗性，比亲本油菜籽显著增强，揭示了杂种对后代疾病抗性的稳定遗传。另外，对除草剂、盐渍、干旱、高温、寒冷的耐性在遗传上是由多基因而非单个基因控制的，也已经通过体细胞杂交从供体转进栽培种中。

（三）转移胞质雄性不育或生产新胞质雄性不育类型

胞质雄性不育（cytoplasmic male sterility，CMS）是植物中与线粒体基因组有关的一种母性遗传特性。通过传统杂交转移 CMS 必须进行几次回交以纯化核基因。通过原生质体融合进行的体细胞杂交促进了 CMS 的转移。利用已知的鉴别胞质雄性不育与可育多态性的特异探针杂交，发现水稻体细胞杂种及其回交后代中转入了供体的 CMS，并稳定遗传用于育种工作。温州蜜柑不育系与可育栽培柚品种的体细胞杂交获得了雄性不育柚，杂种及亲本的线粒体基因组组装结果显示其来源于不育亲本的胞质雄性不育基因能够稳定遗传，并进行性状转移。油菜中 NsaCMS 不育系是利用甘蓝型油菜和新疆野油菜通过体细胞杂交获得的新胞质雄性不育类型，且育性彻底，不受环境因素的影响，在油菜杂种优势利用中具有广阔的应用前景。

（四）品质改良相关性状的转移

远缘种含有许多普通栽培种中没有的品质相关性状。很多研究工作尝试通过原生质体融合转移这些性状，用以生产优良品种。紫外线照射甘蓝和油菜的非对称杂交，产生的杂种中芥子酸的含量明显比油菜高。普通小麦的高分子量麦谷蛋白亚基对其品质优劣有重要影响。通过小麦体细胞杂交引起的等位变异更丰富了小麦的品质基因库。同时通过分子标记辅助育种技术已将杂种中新的优质谷蛋白基因成功转移到目前推广的栽培品种中，获得了多个新品系。

二、小麦体细胞杂交种质资源的创制

随着小麦原生质体培养技术的突破，小麦与其远缘种属间的体细胞杂交技术获得成功。自此，已经在小麦与长穗偃麦草、中间偃麦草、簇毛麦、玉米和拟南芥等不同的材料间获得了体细胞杂种。其中部分品系在小麦改良方面表现出优良的抗逆高产的性状，特别是来自普通小麦与长穗偃麦草的体细胞杂种已经用于小麦的改良，审定了多个小麦新品种。下面以小麦和长穗偃麦草体细胞杂交的过程为例介绍详细的实验方法和步骤（图4-7）。

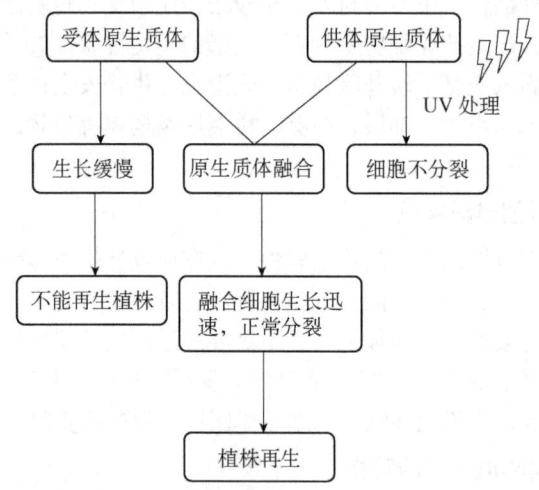

图 4-7 小麦与长穗偃麦草非对称体细胞杂交流程

（一）材料和方法

实验中的融合材料分别来自普通小麦品种'济南177'和长穗偃麦草。以'济南177'为材料，取幼胚接种在愈伤诱导固体培养基上，25℃培养诱导胚性愈伤组织，进一步用逐级筛选的方法获得颗粒型易于分散的愈伤组织进行悬浮培养,用于分离原生质体。

(二) 体细胞杂种的鉴定和分析

形态学鉴定:所有再生植株总体外形看上去与小麦接近,但显示出细微的长穗偃麦草特征。同工酶分析:通过酯酶、苹果酸脱氢酶和过氧化物酶谱对所有获得的杂种材料进行了分析,结果显示,大部分生长旺盛的愈伤组织都具有来自小麦和长穗偃麦草亲本的特异性条带,是杂种细胞,这些克隆也具有较强的再生能力。RAPD 分析:分别使用不同的小麦特异 RAPD 引物对同工酶分析获得的杂种克隆进行了 PCR 扩增,结果证实,杂种植株中携带来自融合双亲的 DNA。体细胞杂交植株的 GISH 分析:对获得的不同杂种株系进行了 GISH 核型分析,体细胞杂种后代植株的染色体数的变异在 38~44,这包括来自长穗偃麦草的 0~2 条染色体或染色体片段。

综上所述,通过小麦和长穗偃麦草体细胞杂交获得了高度非对称的体细胞杂交。经形态学、同工酶、染色体、RAPD、GISH 证实,小麦与种间禾本科植物之间的非对称原生质体融合能够高效地创制小麦渐渗系。

(三) 体细胞杂种后代的遗传特性研究

1. **细胞遗传学分析** 通过基因组原位杂交技术特异性标记供体和受体的基因组,能够方便检测杂种细胞中存在的供体染色体或染色体片段。用细胞遗传学的方法对小麦或长穗偃麦草杂种的分析结果显示杂种细胞中不存在整条长穗偃麦草的染色体,杂种株系的多条染色体上有明显的长穗偃麦草的染色体小片段存在,表明在不同的杂种株系中,长穗偃麦草的遗传物质渐渗到了染色体不同区域。

2. **体细胞杂种后代的育种价值** 小麦与长穗偃麦草形成的非对称体细胞杂种后代具有广泛的表型变异,包括株高、分蘖数、产量、抗病性和面粉品质等。其中'山融1号'具有大穗的表型;'山融2号'具有耐旱耐盐碱的表型;耐盐品系'山融3号'在0.4%盐碱地中,其产量比对照品种'德抗961'高出12%。还选育了对黄锈病和白粉病免疫的株系和具有优质谷蛋白含量的品系,作为新的育种材料。

3. **体细胞杂种后代中新等位基因的产生** 对体细胞杂种高分子量麦谷蛋白的序列分析表明杂种细胞中存在大量非亲本的等位基因,可能来源于基因的点突变、片段的缺失/重复、基因重组和转座事件。对于杂种后代中 *TaWRKY* 基因家族的序列分析表明其中多个序列与亲本不同,这些变异可能来源于体细胞杂交的过程,说明体细胞杂交过程能够促进新等位基因的产生。总之,与传统的有性杂交相比,不对称体细胞杂交技术具有一些特定的优势:①能够打破种属不相容的限制;②导致小的染色体片段渐渗;③比有性杂交更快;④能诱导一系列遗传变异。因此,植物体细胞杂交技术在品种改良中具有潜在的应用价值。

小　　结

植物原生质体是去掉细胞壁的具有生命力的裸细胞,具有全能性,在适宜的条件下,可经过离体培养再生植株。至今已从小麦、玉米、水稻、烟草、胡萝卜、番茄等多种植物的原生质体再生成完整的植株。原生质体培养在应用研究和基础研究上具有重要意义,已被广泛应用于基因表达分析、启动子活性检测、蛋白质-蛋白质互作、蛋白质亚细胞定位、基因组编辑等方面。原生质体也是进行植物遗传改良的理想材料。在育种方面,可以通过原生质体融合,降低远缘杂交的难度,有可能培育出高产的新品种。

复习思考题

1. 简述原生质体的概念及其特点。
2. 简述原生质体培养的主要应用方面。
3. 植物原生质体游离在选材上有哪些注意事项？
4. 植物细胞原生质体游离所用酶的种类有哪些？
5. 植物原生质体纯化的方法有哪些？
6. 如何判断检测原生质体的活力？
7. 原生质体培养基的主要成分有哪些？各有什么作用？
8. 原生质体培养的方法有哪些？各有何优缺点？
9. 简述原生质体再生的过程。
10. 简述植物体细胞杂交的概念。
11. 原生质体融合的方法有哪些？各有何优缺点？
12. 简述原生质体融合的方式。
13. 鉴定体细胞杂种筛选的方法有哪些？
14. 植物体细胞杂交有哪些应用？

主要参考文献

李悦，宋慧云，王志，等. 2023. 植物原生质体分离与瞬时表达体系研究进展[J]. 植物生理学报，1：21-32.

马超越，彭世清，郭冬，等. 2024. 植物原生质体分离及其瞬时转化的应用[J]. 热带生物学报，15（2）：2241-2249.

杨东旭，刘玉梅，韩风庆，等. 2024. 体细胞杂交在蔬菜作物上的研究与前景[J]. 中国蔬菜，2：19-31.

周蝶，王慧，蔺孟卓，等. 2023. 牧草原生质体的分离培养及应用[J]. 草学，4：53-59.

Adedeji OS，Naing AH，Kim CK. 2020. Protoplast isolation and shoot regeneration from protoplast-derived calli of *Chrysanthemum* cv. White ND[J]. Plant Cell Tiss Organ Cult，141：571-581.

Azizi-Dargahlou S，Pouresmaeil M. 2024. Agrobacterium tumefaciens-mediated plant transformation：a review[J]. Mol Biotechnol，66（7）：1563-1580.

Chen K，Chen J，Pi X，et al. 2023. Isolation，purification，and application of protoplasts and transient expression systems in plants[J]. Int J Mol Sci，24（23）：16892.

Jeong YY，Lee HY，Kim SW，et al. 2021. Optimization of protoplast regeneration in the model plant *Arabidopsis thaliana*[J]. Plant Methods，17：21.

Kästner U，Klocke E，Abel S. 2017. Regeneration of protoplasts after somatic hybridisation of *Hydrangea*[J]. Plant Cell Tiss Organ Cult，129：359-373.

Li C，Cheng A，Wang M，et al. 2014. Fertile introgression products generated via somatic hybridization between wheat and *Thinopyrum intermedium*[J]. Plant Cell Rep，33（4）：633-641.

Liu S，Xia G. 2014. The place of asymmetric somatic hybridization in wheat breeding[J]. Plant Cell Rep，33（4）：595-603.

Liu Y，Xiong Y. 2022. Protoplast for gene functional analysis in *Arabidopsis*[J]. Methods Mol Biol，2464：29-47.

Luo G，Li B，Gao C. 2022. Protoplast isolation and transfection in wheat[J]. Methods Mol Biol，2464：131-141.

Masani MYA，Noll G，Parveez GKA，et al. 2013. Regeneration of viable oil palm plants from protoplasts by optimizing media components，growth regulators and cultivation procedures[J]. Plant Sci，210：118-127.

Reed KM，Bargmann BOR. 2021. Protoplast regeneration and its use in new plant breeding technologies[J]. Front Genome Ed，3：734951.

Sahab S，Hayden MJ，Mason J，et al. 2019. Mesophyll protoplasts and PEG-mediated transfections：transient assays and generation of stable transgenic canola plants[J]. Methods Mol Biol，1864：131-152.

Stajič E. 2023. Improvements in protoplast isolation protocol and regeneration of different cabbage (*Brassica oleracea* var. *capitata* L.) cultivars[J]. Plants (Basel)，12 (17)：3074.

Woo JW，Kim J，Kwon SI，et al. 2015. DNA-free genome editing in plants with preassembled CRISPR-Cas9 ribonucleoproteins[J]. Nat Biotechnol，33：1162-1164.

Wu FH，Shen SC，Lee LY，et al. 2009. Tape-*Arabidopsis* sandwich-a simpler *Arabidopsis* protoplast isolation method[J]. Plant Methods，5：16.

第五章
植物变异系创制技术

学习目标

①能叙述体细胞无性系变异的概念、特点及类型。②能根据体细胞无性系变异的遗传基础设计制造体细胞无性系变异的方案。③能独立完成体细胞无性系变异诱发、筛选与检测的实验操作。④能举例说明体细胞无性系变异创制技术的应用现状。

引 言

体细胞无性系（somaclone）是指植物细胞、组织、器官等任何形式的细胞在无菌条件下进行离体人工培养，经过脱分化和再分化，重新形成的愈伤组织和完整植株。在体细胞培养的任何阶段（细胞、原生质体、愈伤组织、再生植株等）发生变异，进而导致再生植株发生遗传改变的现象称为体细胞无性系变异（somaclonal variation）。它是微繁殖和遗传转化实践中需要克服的难题之一，也是在细胞和组织水平上研究遗传变异机制的良好试验体系，更为遗传育种、突变体筛选提供了新的遗传变异来源，具有重要的理论和实践意义。

本章思维导图

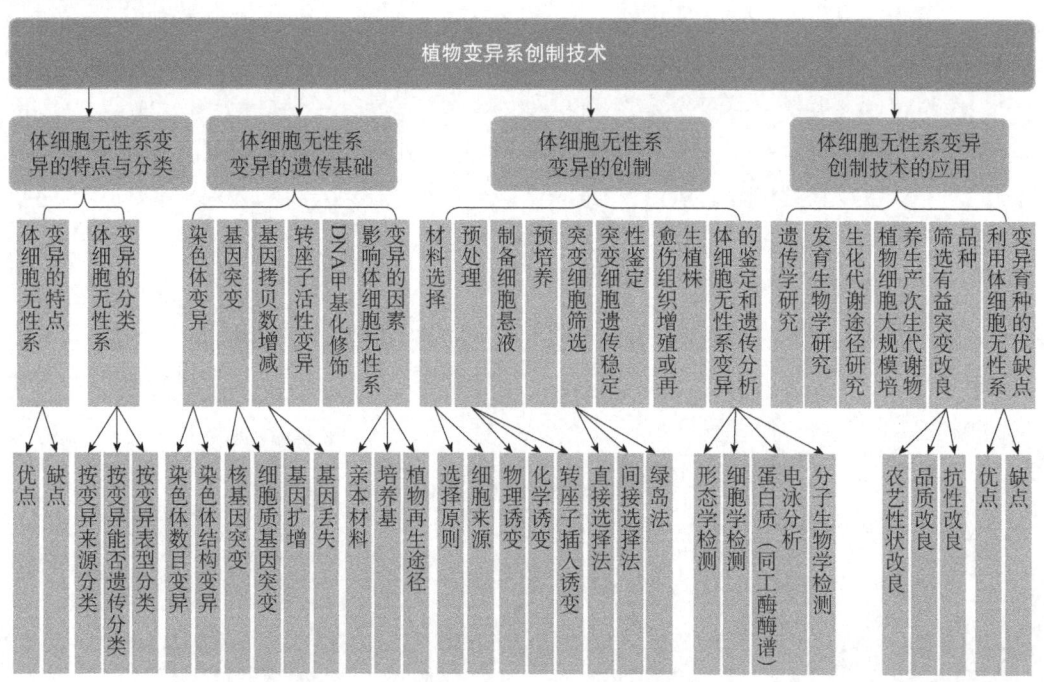

第一节 体细胞无性系变异的特点与分类

一、体细胞无性系变异的特点

(一) 优点

1. **适用范围广、变异现象普遍** 可以进行组织培养的植物都可以产生体细胞无性系变异。这种变异既不限于某物种，也不局限于某些器官。已经观察到体细胞无性系变异的植物有甘蔗、马铃薯、兰花等近百种。

2. **变异性状多、致死突变率低** 植物体细胞无性系变异涉及的性状广泛，包括数量和质量性状的变化、染色体数目和结构的变化、DNA 扩增或减少、生化特性等的变化。

3. **变异频率高、快速提供变异源** 组织培养的变异频率可达 30%～40%，甚至 100%，某一具体性状的变异频率在 0.2%～3%，显著高于常规繁殖方法。例如，菠萝幼果、裔芽和腋芽的愈伤组织表型变异频率分别为 100%、98%、34%；烟草、玉米体细胞分别为 10% 和 14%；水稻种胚为 71.9%；甘蔗幼叶大于 18%。

4. **单基因突变多、变异性状快速稳定遗传** 大部分性状变异是非遗传变异，少数可以遗传并通常在再生植株第二代成为稳定株系。这些变异大多为单一性状变异，能消除优良品种的一个或几个缺陷，又能基本保持原物种的优良特性。小麦稳定株系率为 30%～50%，水稻为 90% 左右。

5. **容易产生隐性突变、提供新型变异株系** 在体细胞无性系后代中，常见一些原供体植株所没有的隐性突变，如雄性不育性、矮秆、叶绿体突变等。

(二) 缺点

(1) 继代多次后，植株再生能力减弱。
(2) 变异不稳定，经杂交或自交后发生变化。
(3) 突变随机发生，具偶然性，缺可预见性，常产生不适变异。

二、体细胞无性系变异的分类

(一) 按变异来源分类

1. **外植体预先存在的自发性变异** 正常生长的植物体内不同程度地存在自发产生的变异细胞。如果离体的茎、叶或芽等外植体的体内存在变异细胞，由变异细胞再生的植株可能出现某些形态、性状等的变异，为变异植株。长期营养繁殖、培养时间较长或继代次数多的植物均容易出现较高的变异频率。另外，原生质体、细胞、愈伤组织等培养类型所出现的变异频率要高于组织或器官培养的变异。

2. **外植体离体培养诱导的变异** 首先，组织培养本身会对植物细胞产生胁迫作用，从而诱发植物细胞发生变异。其次，可以通过物理、化学和转座子插入等人工诱变加速变异和定向变异，具体见本章第三节。

(二) 按变异能否遗传分类

1. **可遗传变异（heritable variation）** 是指由遗传物质的改变引起且能通过有性或无性繁殖遗传给后代的变异。它是获得新种质资源的有效途径，在提及体细胞无性系变异时，通常指的是可遗传变异。

2. 非遗传变异（non-genetic variation） 是指由环境因素导致的遗传物质没有改变、不能遗传给后代的变异，分为生理适应（physiological adaptation）和后生遗传变异。

（1）生理适应：由某种环境条件引起的性状变异，这种变化会随着外界因素的消失而消失。例如，硝酸盐的存在能够引起培养细胞中的硝酸盐还原酶活性增强，但当硝酸盐不存在时，细胞中硝酸盐还原酶活性又恢复到之前的水平。

（2）后生遗传变异：也称为外遗传变异或表观遗传变异（epigenetic variation），是指在细胞发育和分化过程中，基因表达调控发生变化，从而引起形态特征、生长习性、抗性等表型变异，并不涉及基因序列和结构的变化，它是细胞内原有的遗传潜力在离体培养中诱导表达的结果。后生遗传变异在细胞水平上是可遗传的，在诱发条件消除后，也能通过细胞分裂在一定时间内继续存在，但不能通过再生植株的有性生殖传递给后代，也不能继续表现在再生植株的二次培养物中。后生遗传变异主要包括DNA甲基化、RNA干扰、基因组印记、组蛋白密码等。常见的后生遗传变异为组织培养中的复幼现象。在离体培养环境下，取自成龄源植株的外植体会由于适应这种环境而一步步向幼龄方向变化，因而组织培养物可以是从成龄向幼龄状态过渡的任何一种发育状态，再生植株也会因培养物所到达的发育阶段不同而表现出不同的发育状态。这种状态经过一段时间后可能保持，也可能消失。例如，桉属（*Eucalyptus*）再生植株着生无柄叶片，这种典型的幼龄习性会随着时间的推移而停止表达。又如，组织或细胞的驯化作用，即失去对生长素、细胞分裂素或维生素的异养（或需求）而变为自养。短暂矮化也属于后生遗传变异，这可能与体内残存有组织培养中的生长调节物质有关，在大田或温室生长一两个季节后会恢复正常的生长习性。

（三）按变异表型分类

1. 形态变异　　包括株高、叶形叶色、茎形茎色、果（穗、粒）型和果色等。
2. 育性变异　　变异表现为全不育或半不育，如水稻、番茄等。
3. 生长势变异　　包括抽穗期、花期、成熟期等早于或迟于原供体植株，如早熟辣椒和玉米；还包括生长势强于原供体植株，如高产小麦、高产印度芥菜、高可溶性固形物番茄等。
4. 抗性变异

（1）抗病性：如抗枯萎病香蕉、芹菜、番茄、苜蓿，抗小斑病玉米，抗眼斑病甘蔗，抗白叶枯病、叶鞘枯萎病水稻，抗晚疫病、枯萎病、霜霉病马铃薯，抗花叶病烟草等。

（2）抗虫性：如抗甜菜叶蛾芹菜。

（3）抗非生物逆境：包括抗除草剂、抗有毒金属、耐盐性、抗冷冻和耐热、耐旱和耐涝、抗紫外线抑制作用、抗烯丙醇、抗落粒等。

（4）抗代谢物：①抗抗生素，如抗链霉素、卡那霉素和氯霉素等突变体，多为细胞质遗传；②抗氨基酸及类似物；③抗嘌呤和嘧啶类似物。

5. 营养缺陷型　　包括碳源利用、激素自养型、需要含氮碱基、氨基酸营养缺陷型及需要维生素和其他生长因子等。例如，甲基磺酸乙酯（EMS）处理烟草悬浮细胞诱导突变；加入5-溴脱氧尿嘧啶核苷（5-bromo-2-deoxyuridine，BrdU）筛选出需要生物素、次黄嘌呤、对氨基苯甲酸、赖氨酸、精氨酸及脯氨酸的6种营养缺陷型烟草。

6. 酶学特性变异　　包括酶活性提高、降低或失活，酶调节性质的改变，如小麦的 α-淀粉酶等。

7. 次生代谢物变异　　例如，马铃薯削皮后，颜色变棕色的情况减少。

第二节　体细胞无性系变异的遗传基础

植物体细胞无性系变异的发生具有其遗传学基础，具体表现在显微水平的染色体变异与分子水平的基因突变、基因拷贝数增减、转座子活性变异及 DNA 甲基化修饰而影响细胞核或细胞质基因的表达等。

一、染色体变异

包括染色体数目和结构变异，是植物组织培养的一个基本特点。不同的化学成分会诱导染色体变异。例如，培养初期高浓度 2,4-D 增加变异频率，而硝酸银则降低变异频率；长期用高浓度 6-BA 培养加大超倍体细胞频率；蔗糖浓度对最初 9 代愈伤组织无明显影响，但在 9 代之后，低浓度蔗糖使亚倍体细胞频率明显减少。

（一）染色体数目变异

植物体细胞离体培养的环境不同于正常的生长环境，容易引起外植体脱分化的第一次细胞有丝分裂过程中纺锤体的异常。不同程度的纺锤体缺陷会导致染色体不分离、移向多极、滞后或不聚集，成为染色体数目变异的重要原因。染色体数目变异是无性系变异的重要原因之一，可分为整倍性变异和非整倍性变异，其中以整倍性变异较为常见。

1. **整倍性变异**　在多数情况下，二倍体植物体细胞再生植株具有正常的 $2n$ 染色体，但有时会出现倍性嵌合体，出现 $4n$、$8n$ 甚至 $16n$ 的多倍体细胞。这种染色体自然加倍的现象称为体细胞多倍体化（somatic polyploidization）。体细胞多倍体化在组织培养中，特别是在无性繁殖植物中表现突出。形成的原因可能是在细胞有丝分裂过程中纺锤体的形成受阻，染色体不分离，也可能是细胞质不分裂而形成多核细胞，随后核融合或核在同步分裂期间纺锤体融合。例如，染色体畸变中出现的双着丝粒染色体在细胞分裂后期如不能被拉断，就会在两核之间形成染色体桥（图 5-1），最终出现四倍体，如胡萝卜、单冠毛菊、烟草。

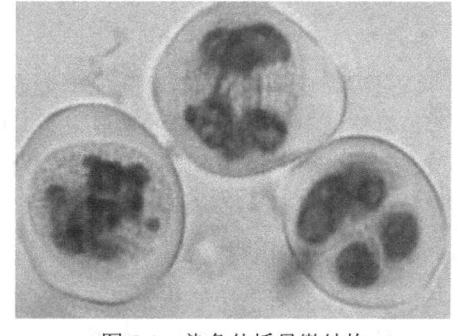

图 5-1　染色体桥显微结构

2. **非整倍性变异**　在植物体细胞离体培养过程中，染色体倍性常出现奇数（$1n$、$3n$、$5n$、$7n$ 等）变异，甚至还存在混倍体。这种变异多数由多极纺锤体出现、染色体不分离或落后染色体（图 5-2）及核碎裂等所致。例如，粉蓝烟草维管组织接种在含 2,4-D 培养基中 2~6 d，细胞中出现大量的核碎裂，产生大小不一的数个细胞核。这些细胞经正常的有丝分裂就会产生染色体数目变化很大的细胞。另外，染色体非整倍性变异也可能是核融合或多倍体细胞有丝分裂期间染色体发生错配造成。已有非整倍性变异的植物有柳杉、常春藤、龙葵、小麦等。

（二）染色体结构变异

染色体结构变异主要发生在植物离体培养细胞的分裂和分化时，染色体部分片段断裂，在修复和重新连接时形成染色体缺失、倒位、易位和重复（图 5-3）。这些变异可使断裂或重组位点处的基因及其功能丢失，还可使邻近能够转录的基因的功能发生变化，或使静止基因得以表达，从而导致体细胞无性系变异。此外，线粒体和叶绿体基因的重排也会引起体细胞无性系变异。

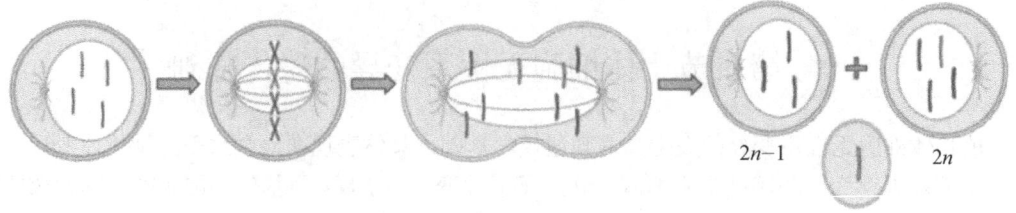

图 5-2 落后染色体导致非整倍性变异示意图

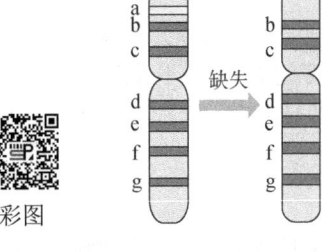
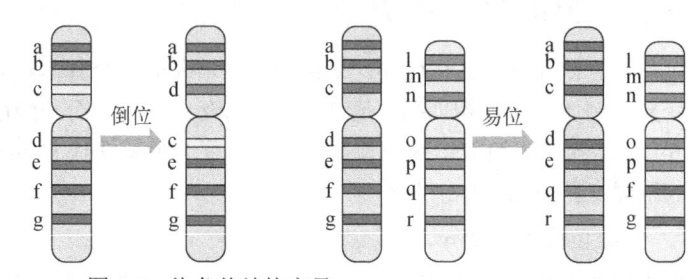

图 5-3 染色体结构变异

除了上述提到的染色体结构和数目变异现象之外，还经常能看到染色体断裂、染色体桥、环状染色体、落后染色体和微核等染色体数目和结构变异的中间过程。在同一种植物离体培养过程中，染色体数目和结构变异的现象经常共同存在，但发生性状改变的大多数物种并没有发生染色体水平的变异，更多的是 DNA 水平的变异。

二、基因突变

基因突变是指 DNA 序列中单个或多个碱基发生了改变，包括碱基的替换、插入、缺失等，是体细胞无性系变异的重要来源。根据表型可分为隐性单基因或多基因突变、显性单基因或多基因突变；根据基因所在位置分为核基因突变和细胞质基因突变。由于基因突变产生的变异较小，一般不会影响植物的生长发育，所以在植物育种中具有重要的利用价值。

（一）核基因突变

核基因突变包括单基因突变和多基因突变。例如，番茄无性系的 230 个再生植株中有 13 个变异是由单基因的点突变造成的。玉米杂种胚培养的 645 株再生植株中有一个分泌稳定酶活性的乙醇脱氢酶单基因突变体，在第 7 个外显子中，编码谷氨酸的密码子 GAG 中的 A 转换为 T，使肽链中谷氨酸突变为缬氨酸。

（二）细胞质基因突变

线粒体和叶绿体是半自主复制的细胞器，具有自身的遗传信息，其基因突变也会引起体细胞无性系变异的发生。

1. 线粒体基因突变　　细胞离体培养可使线粒体 DNA 环状构象和分子结构发生变化，因而成为高度纯合核基因型下产生线粒体突变体的独特有效的方法。例如，小麦再生植株的线粒体 DNA 变化极大，其变化程度受组织培养时间长短的影响。野生烟草原生质体培养两次之后可分离出细胞质雄性不育植株，其中一种由分子量为 40 kb 的线粒体 DNA 编码的多肽消失。

2. 叶绿体基因突变　　叶绿体基因组相对比较保守。常见的变化是花药特别是单子叶植物花药愈伤组织再生植株，白化苗发生的频率较高。水稻花药培养来源的白化苗丢失 70% 的叶绿体基因组，16S RNA 或 23S RNA 很少或缺乏，核酮糖-1,5-双磷酸羧化酶/加氧酶（Rubisco）显著减少。rRNA 由叶绿体 DNA 负责转录，可见叶绿体 rRNA 减少应为叶绿体 DNA 分子碱基突变的结果。

三、基因拷贝数增减

（一）基因扩增

基因扩增是细胞内某些特定的基因拷贝数专一性地大量增加的现象，是细胞在短期内为满足某种需要而产生足够的基因产物的一种调控手段。从草丁膦除草剂存在的紫花苜蓿悬浮培养细胞中，可以得到比野生型抗性高 20～100 倍的无性系，其谷氨酰胺合成酶基因扩增了 4～11 倍，引起谷氨酰胺合成酶增加了 3～7 倍。

（二）基因丢失

基因丢失是指离体培养的植物细胞基因中某些碱基序列丢失而导致基因失活。核糖体 DNA 及其间隔序列和一些重复序列容易发生序列丢失。例如，小黑麦再生植株 1R 染色体上间隔区序列减少了 80%。小麦品种'ND7532'的再生植株中观察到 rNDA 间隔数目减少。

四、转座子活性变异

转座子（transposon）指能在基因组中移动从而修饰基因表达的一段 DNA 序列。转座子激活是体细胞无性系变异的主要原因之一。由于外源激素等环境因子诱导，激活转座子插入新基因位点引起邻近基因失活或基因重排，造成染色体断裂、缺失、重复、倒位和易位，从而引起性状变异。转座子激活导致基因突变频率远高于物理化学因子诱发的变异频率。

五、DNA 甲基化修饰

DNA 甲基化修饰与植物体细胞无性系变异的相关性逐渐成为分子遗传学的研究热点。DNA 甲基化是指在 DNA 复制以后，在 DNA 甲基化酶的催化作用下，将 S-腺苷甲硫氨酸上的甲基转移到胞嘧啶（C）碱基上，使之变成 5-甲基胞嘧啶的 DNA 化学修饰过程。DNA 甲基化通过两种方式影响基因的表达：一是直接影响，即 DNA 甲基化直接干扰转录激活因子与 DNA 的结合，从而使转录无法正常进行，这种方式不是抑制基因表达的主要方式；二是间接影响，在甲基化 DNA 上结合有特异的蛋白质，这些蛋白质能与转录因子竞争甲基化 DNA 结合位点，结合蛋白质将在甲基化 DNA 上形成一个多蛋白质复合体而引起染色体组蛋白乙酰化的改变，从而导致转录的抑制。植物 DNA 甲基化修饰可通过自己特有的方式传递给后代，但转基因、组织培养、种间杂交、渐渗杂交、植物多倍体形成和不良的环境条件等多种方式或因素也可导致这种相对稳定的表观遗传状态发生变化，从而改变原来的甲基化水平和模式，进而导致植物产生大量的表型变异，如花期、育性、形态、颜色、数量等。不同植物在组织培养过程中 DNA 甲基化变异的趋势和模式存在明显的差异，如玉米、香蕉、玫瑰和草莓等多数植物 DNA 甲基化总体水平降低；油棕体细胞胚珠由于甲基化的减少而导致雄蕊雌性化变异；番茄则发生了 DNA 甲基化程度增加的变异。

植物组织培养过程中 DNA 甲基化变异往往伴随着高频率的质量表型变异、转座子的激活、异染色质诱发的染色体断裂及高频率的序列变异。在断裂部位的 DNA 修复过程中，属于异染色质部分的转座子发生去甲基化而被激活,转座子活化后发生转座,引起一系列的结构基因活化、失活和位置变化,造成无性系变异。在水稻组织培养过程中,发现逆转座子 transposon from *Oryza sativa* 17(Tos17)的激活伴随着 DNA 去甲基化变异。而在培养基中添加 5-氮杂-2-脱氧胞苷等去甲基化试剂处理材料,在发生 DNA 甲基化变异的再生植株中没有检测到具有活性的 Tos17。

六、影响体细胞无性系变异的因素

(一)亲本材料

1. 物种及基因型　　不同物种、同一物种不同品种再生植株变异频率均存在差异,一般认为长期营养繁殖的植物变异频率较高,同一物种多倍体和染色体数目较多的植物的变异频率比二倍体和单倍体高,这可能是由于外植体的体细胞中已积累着遗传差异。例如,自然条件下一些果树的芽变。

2. 外植体类型和生理状态　　同一种植物不同来源部位的外植体变异频率不同。以分生组织为外植体的再生植株通常可以维持供体植物的典型性,体细胞变异频率很低;以分化组织为外植体的再生植株容易发生体细胞变异,其频率与分化程度有关,特异化程度高或衰老的组织变异频率高,如菠萝,来源于顶芽组织(冠芽)的变异频率较低,而其他来源的较高。

(二)培养基

1. 植物生长调节剂　　植物生长调节剂是诱导体细胞无性系变异的重要原因之一,培养基中含有多种激素时,其诱变率大于单一激素。生长素与细胞分裂素的不同组合可以改变不同倍性的细胞比例。高浓度植物生长调节剂促进细胞分裂和生长,但不正常分裂频率增高,再生植株的变异也增多。激素引起的变异大多为倍性增加,少数情况下引起类似于减数分裂的细胞分裂而使倍性减少。生长素既能促进多倍体细胞分裂,又能诱导多倍体产生,尤其是 2,4-D 具有较强的诱变作用。

2. 物理状态　　细胞悬浮培养较半固体培养易产生变异。高温、低温等培养条件也能促进染色体变异。

(三)植物再生途径

1. 细胞来源　　细胞来源主要有原生质体、悬浮细胞、愈伤组织、组织和器官等。不同细胞来源的变异频率排序如下:原生质体＞性细胞＞体细胞＞愈伤组织＞胚状体、茎尖或分生组织培养等组织器官。

2. 继代培养次数和培养时间　　随着继代培养次数和培养时间的增加,愈伤组织的变异频率不断增高。年龄幼小的培养物再生植株的变异频率低于年龄偏老的。例如,烟草继代培养 2 年的愈伤组织,其再生植株中几乎没有形态正常的植株,染色体大多为非整倍体和多倍体。野生型五唇兰(*Doritis pulcherrima*)的叶片长,呈紫色和绿色,组织培养再生植株经传代培养 2 年后,叶片缩短,紫色多汁,叶的横切面加宽加厚,气孔也明显加宽;保卫细胞中叶绿体的长度和宽度变小;叶绿素含量显著降低(图 5-4)。香蕉茎尖经过 7 次、9 次、11 次继代培养后,体细胞无性系变异频率分别为 1.3%、2.9%、3.8%。

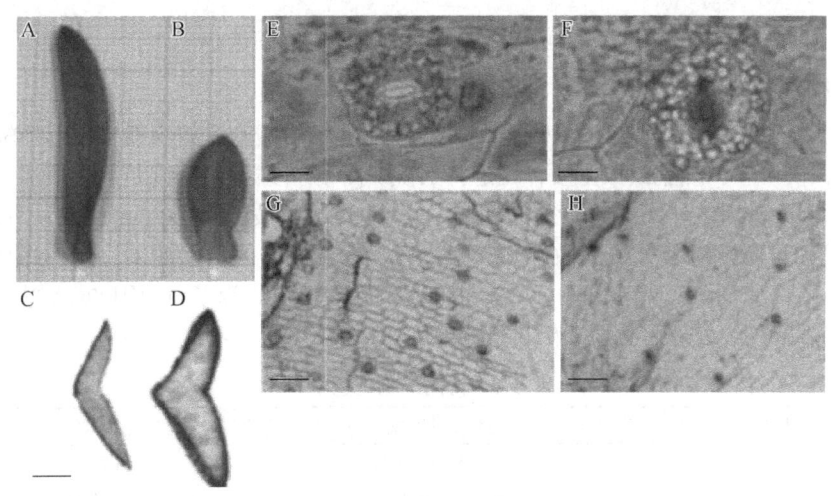

彩图

图 5-4　野生型和无性系五唇兰小植株的形态和生理比较（Thipwong et al., 2022）

A，B. 叶片，A 为野生型，B 为无性系；C，D. 叶片横截面（比例尺=0.5 cm），C 为野生型，D 为无性系；E，F. 气孔（比例尺=1 μm），E 为野生型，F 为无性系；G，H. 气孔密度（比例尺=1 μm），G 为野生型，H 为无性系

◆ 第三节　体细胞无性系变异的创制

体细胞无性系变异的创制是指用生物化学和分子生物学的知识、微生物学的研究方法，将培养在附加一定化学物质的培养基上的植物细胞作为实验体系，从细胞水平上大量筛选拟定目标的突变体，来改变植物遗传性状的一种方法。该研究工作始于 1964 年，首先从银杏花粉培养物中分离出需要精氨酸的细胞突变体。至 20 世纪 80 年代，体细胞无性系变异的研究获得几百个抗性变异株，分别属于从 14 科 44 种植物中选择出来的 211 种表型，其中总共 90 个变异系表型能再生植株。植物体细胞无性系变异创制的技术流程主要包括以下步骤。

一、材料选择

1. 选择原则　　选择容易再生的材料；选择染色体稳定的细胞系进行起始诱导；选择生长速度快的细胞。

2. 细胞来源　　单细胞、原生质体、植物组织和愈伤组织均可作为变异体筛选的起始材料。单细胞或原生质体的优点：为单细胞或小细胞团；在培养基中均匀分布；有空气交流。但单细胞存在细胞聚集的现象影响诱变效果，原生质体再生成植株的植物种类仅限于少数，限制了两者的广泛使用。茎尖、腋芽等植物组织则容易诱发嵌合体。愈伤组织是用得最多的材料，其优势如下：愈伤组织为介于单细胞和具有一定结构的组织之间的组织；分生细胞，容易诱发突变；分散性好，借助酶处理分散性更好。其不足如下：生长较悬浮细胞慢；接触选择剂不均匀；聚集体较大，抗性细胞不易正常生长；物理或化学诱变作用不均一。

二、预处理

为了提高体细胞无性系变异的频率，可采用物理、化学或分子生物学等方法诱变处理。诱变处理时，诱变时期、诱变剂量、诱变频率等均影响诱变效果。可选择采用较低剂量的诱变剂处理、不同剂量的诱变剂处理、两种诱变剂同时使用的复合诱变、一种诱变剂多次使用或两种诱变剂交替使用等不同的方法。诱变处理的另一种方法是，先在植株水平上进行诱变处理，再在组织培养中筛选，如抗除草剂突变体的获得。但诱变剂并非必需，许多突变体的获得不需添加诱变剂,如抗生素突变体的获得可以直接利用选择剂进行筛选。

(一)物理诱变

常用的物理诱变剂见表 5-1。应根据培养类型选择辐射类型。组织器官常选择辐射强度较大的γ射线、快中子。细胞或原生质体则选择 X 射线、紫外线等。特别是原生质体可以使用紫外线照射,因为常用紫外线的波长为 270 nm,与 DNA 吸收波长(260 nm)相近,而原生质体没有细胞壁的屏障,对紫外线的敏感性较强,可以达到较好的诱变效果。紫外线是使用最广泛、最有效的诱变剂,在无菌条件下用紫外灯照射处理即可。为了避免因 DNA 的光修复而降低诱变频率,紫外线处理后必须在黑暗条件下培养。

表 5-1 常用的物理诱变剂

种类	发生源	透入组织能力
X 射线	X 光发生机	几毫米至几厘米
γ射线	放射性同位素 ^{60}Co,^{137}Cs	很多厘米
中子	加速器或核反应堆	几厘米
α 粒子	放射性同位素或加速器	十分之几毫米
β 粒子	同上	几毫米
紫外线	紫外灯	小于几毫米

(二)化学诱变

进行化学诱变处理时,可在培养基中加入诱变剂。诱变处理后用大量稀释法或用解毒剂终止诱变剂的作用。依据对 DNA 作用方式不同,常用化学诱变剂可分为五大类。

(1)烷化剂:这是一类含有一个或多个活化烷基的化合物,如 N-甲基-N'-硝基-N-亚硝基胍、EMS、乙烯亚胺、硫酸二乙酯、亚硝基甲基脲烷等。它们能与 DNA 分子中的碱基或磷酸基结合,使之烷化,引起像天然碱类似物一样的碱基错误配对,从而导致变异。

(2)天然碱基结构类似物:如 5-溴尿嘧啶(5-BU)、8-氨基鸟嘌呤、2-氨基嘌呤、马来酰肼等,此类物质能掺入 DNA 分子中,使 DNA 在复制过程中发生碱基交换(GC→AT→GC)。

(3)叠氮化合物:例如,叠氮化钠(NaN_3,对植物诱变效果最好)诱发的大部分是基因突变,极少数为染色体异常。它诱变力强,突变体频率高达 40%~70%,且较安全,无持续性,处理方便。

(4)吖啶类染料:例如,原黄素、吖啶橙、5-氨基吖啶和溴化乙锭等均为有效的移码诱变剂,能嵌入 DNA 分子中间,使一对(或少数几对)核苷酸增加或缺失,从而造成移码突变。

(5)其他:例如,羟胺(作用于 DNA 分子中的 C)、亚硝酸(使 DNA 碱基脱除氨基)等。

采用诱变剂进行化学诱变时,需要根据植物种类选用最适浓度、最适处理时间方可收到良好的效果。例如,烟草高甲硫氨酸突变体筛选,以 EMS 为诱变剂,浓度为 0.25%,预处理时间为 1 h;水稻高赖氨酸突变体筛选以 EMS 为诱变剂,浓度为 1%,预处理时间为 1 h。

(三)转座子插入诱变

转座子插入诱变是近年来利用分子生物学技术发展起来的新的体细胞诱变方法。转座子既可直接将外源基因带入细胞内获得新性状,又可独立插入通过其转座功能诱导变异。目前,使用较多的转座子体系是玉米的 Ac-Ds 系统。首先采用基因转化的方法将 Ac-Ds 导入受体细胞,再通过体细胞培养或再生植株的自交或测交切除 Ac 因子,由于转座子插入的随机性,即可在切除 Ac 的植株中筛选不同变异。利用这一途径已在苜蓿、马铃薯、番茄、甘蓝等多种植物中获得可利用的体细胞变异植株。

三、制备细胞悬液

经诱发突变处理的材料用糖液洗净备用。如果材料是愈伤组织,需借助酶处理。同样经过过滤、离心沉降,最后获得纯净的细胞悬浮液。

四、预培养

单细胞或愈伤组织经诱变剂处理和酶处理后活力下降,为恢复细胞活力必须进行预培养。预培养可采用平板培养法或悬浮培养法,无论哪种方法均需根据植物种类考虑细胞起始密度和预培养时间。例如,烟草平板培养法的预培养时间为 2 周,水稻悬浮培养法则为 10 d。

五、突变细胞筛选

突变细胞筛选一般采用平板培养法,并在培养基中加入某种选择因子长时间饲喂培养的植物细胞,使其发生拟定目标的突变,反复饲喂需数月时间。

(一)直接选择法

1. 正选择法　向培养基中直接加入选择剂(真菌毒素、除草剂、抗生素、盐类、重金属等),或采用干旱、冷、热和冰冻等人工制造的环境处理,在此培养基上或特殊环境下只有突变细胞能够生长,非突变细胞不能生长,通过多次继代培养从而直接筛选出突变体,如抗性突变体、激素自养型突变体等。一步筛选法使用最低致死剂量;多步筛选法采用半致死剂量。筛选的材料可以是原生质体、愈伤块、悬浮培养物和花粉/小孢子培养物。确定选择剂使用剂量的实验步骤如下:每瓶接种一定重量的愈伤组织,不同浓度抑制剂处理和对照均培养一定时期,然后收集细胞称重,并计算相对鲜重增长率:

$$鲜重增长率(\%) = (X_n - X_0) / (X_c - X_0) \times 100$$

式中,X_n 为浓度为 n 的均重;X_c 为对照均重;X_0 为接种量。根据上述计算结果作图,找出半致死剂量及全致死的最低剂量,一般选择近于杀死全部细胞的剂量进行突变体筛选。贾敬芬等以小麦幼胚愈伤组织为材料,在含有 1.4% NaCl 的 N6 培养基上直接筛选出小麦耐盐系。

2. 负选择法　负选择法又称为富集选择法、浓缩法,是在特定培养基中,让正常细胞生长繁殖,突变体细胞受抑制不分裂呈休眠状态,然后用一种能毒害正常生长细胞,而对休眠细胞无害的药物淘汰正常细胞,再用正常培养基恢复突变体生长。该方法主要应用于营养缺陷型或温度敏感型突变体筛选。

(二)间接选择法

间接选择法是一种借助于与突变表现型有关的性状作为选择指标的筛选方法。当缺乏直接选择表型指标或直接选择条件对细胞生长不利时,可考虑采用间接选择法。向培养基中不直接加入选择剂,而是加入选择剂的替代物质进行变异体选择。例如,在培养细胞中无法直接选择抗旱的材料,可以通过选择抗羟脯氨酸(hydroxyproline,Hyp)类似物的变异体,从而间接筛选出抗旱变异体。因为抗 Hyp 类似物的变异体可以合成脯氨酸,脯氨酸在植物体内的累积是植物适应干旱的一种反应。在继代中可以采用逐步提高筛选压力法,也可以采用同样筛选压力下多次继代法。例如,锦橙珠心细胞愈伤组织的悬浮细胞经 γ 射线照射,再用高浓度脯氨酸培养基进行筛选,细胞内脯氨酸含量提高一倍,其再生植株抗寒性比供体植株提高 2.4℃。抗病突变体的筛选也常常用间接筛选的策略。

(三)绿岛法

绿岛法是利用已分化组织进行筛选和鉴定的方法,这种方法最早用于抗除草剂烟草的品种制备。首先准备单倍体烟草植株,再用γ射线进行诱变,然后用除草剂进行筛选,致使烟草叶片大面积枯黄,仅有少量抗除草剂突变细胞组织仍保持绿色,取绿色部分材料作为外植体培养出愈伤组织,其再生植株中筛选出耐除草剂的单倍体植株,进而制备二倍体植株。此筛选方法中绿色叶片部分成为很小的绿岛,因而形象地称之为绿岛法。抗病毒突变体、抗除草剂突变体的筛选,可采用绿岛法。

六、突变细胞遗传稳定性鉴定

由于在选择培养基上存活的细胞并非都是突变细胞,突变细胞也并非都可以稳定遗传,因此要对突变体进行遗传稳定性鉴定,即将在具有选择因子的培养基中培养数月的细胞团,转入不加选择因子的培养基中平板培养,脱除选择因子。细胞团经快速生长数周后再转入具有选择因子的培养基上,培养数周后选择能旺盛分裂的细胞团(细胞株),说明该细胞团具有抗某种选择因子的突变细胞株。将细胞团转移到植株分化培养基上(非选择性培养基),可在植株水平上进行形态、生理生化、DNA 水平、RNA 水平和蛋白质水平检测突变的表达。

七、愈伤组织增殖或再生植株

当采用单倍体细胞(花粉)作为材料时,可在分化培养基中加入 0.2%~0.4%秋水仙素,诱发染色体加倍得到正常可育的二倍体。如果采用原生质体,则需先诱导细胞壁再生,然后器官分化,植株再生。如果是体细胞愈伤组织,则按正常方法诱导愈伤组织分化,植株再生。

八、体细胞无性系变异的鉴定和遗传分析

筛选得到的突变体要进行形态学、细胞学、生物化学和遗传学的分析和鉴定,研究机制和原因,确定变异是可遗传变异,抑或是性状不稳定的后生遗传变异,为后续育种奠定基础。

1. 形态学检测　　形态学检测是最传统、最直观的检测方法。某些植物在试管苗时外观形态就表现得不正常,如根、茎、叶等。但有些形态要在大田中才能检测,如株高、花序、穗型及营养成分等。从田间栽培的大量再生植株中筛选优良变异单株的体细胞无性系变异检测方法称为田间表型选择法。该方法虽然工作量大,但较为简单,得到的结果能直观表现性状变化,有利于对改良的性状做出直接判断。例如,研究发现,体细胞无性系变异甘蔗新品种茎的颜色和芽的形状发生显著的变异。香蕉出现株高、异常叶、假茎颜色、宿存花序及果实开裂等体细胞无性系变异。田间表型选择法是迄今为止筛选上述农艺性状的最有效和最主要的方法,但利用形态观察很难立即区分变异是否为遗传变异或后生遗传变异,即使是可遗传变异,单基因或寡基因性状也可能并非纯合;有时属生化特征或形态特征难以区分(如色素与颜色);多基因性状又会因低遗传力、基因型与环境互作影响而增加其复杂性。

2. 细胞学检测　　一般采用染色体压片法、去壁低渗法等通过电子显微镜观察有丝分裂、无丝分裂、减数分裂时染色体的结构(染色体长度、着丝粒位置、长短臂比、随体的有无等)和数目变化,并应用显带技术进行。例如,小麦花粉脱分化的前几次分裂主要是无丝分裂,有丝分裂很少。细胞学检测也是一种常用的检测手段,但染色体数目与结构变异具有随机性,而且不能用基因座和等位基因模型来解释。染色体数目虽然高度遗传,但不同特化组织存在核内多倍性使检测到的染色体数目存在差异,而且体外培养中产生的染色体数目和结构变异又常受培养类型的影响。近年来,流式细胞仪被广泛应用于快速测量细胞的物理或化学性质(如大小、内部结构、DNA、RNA、蛋白质、抗原等)及核 DNA 相对含量和倍性。

3. 蛋白质(同工酶酶谱)电泳分析　　蛋白质电泳分析主要通过同工酶酶谱分析揭示一

部分变异。由于酶受环境和个体发育的影响，其变异不够稳定，而且只有可溶性蛋白才能进行分析，所以能检测的范围相当有限。

4. 分子生物学检测　　分子标记技术是目前多数研究者用于分析体细胞无性系变异的最有效工具。主要通过无性系的限制性片段长度多态性（RFLP）、简单重复序列间扩增（ISSR）、表达序列标签（EST）、序列相关扩增多态性（SRAP）、简单重复序列（SSR）、随机扩增多态性 DNA（RAPD）标记、修饰甲基化敏感 AFLP（metAFLP）和转座子甲基化展示（TMD）等方法来检测变异的存在。例如，研究人员采用 ISSR 和 SRAP 分子标记检测到中国石蒜离体培养再生苗时体细胞变异频率极低（0.97%）；经 EST、SSR 和单链构象多态性（SSCP）技术分析发现，甘蔗新品种和野生型品种间存在显著的 DNA 多态性（图 5-5）；研究发现，用 metAFLP 和 TMD 检测出拟南芥体细胞无性系变异中甲基化水平高于正常植株；此外，在水稻原生质体再生植株中，发现了管家基因（ATP/ADP 转换酶基因）和结构基因（蔗糖合成酶基因等）丰富的 RFLP 多态性变化。

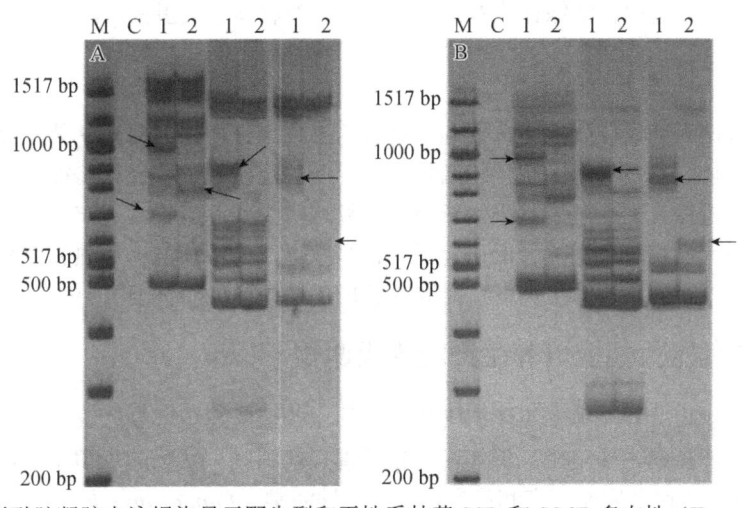

彩图

图 5-5　聚丙烯酰胺凝胶电泳银染显示野生型和无性系甘蔗 SSR 和 SSCP 多态性（Tawar et al., 2016）
A. EST-SSR-SSCP；B. EST-SSR。
M. DNA 分子量标准；C. 阴性对照；泳道 1. 野生型；泳道 2. 无性系克隆；箭头所示为野生型与无性系的多态性条带

分子标记技术可发现表型正常的无性再生系在 DNA 水平上发生了变异，揭示表型分析无法达到的内在变化。但此类方法也存在许多问题，如某些表型明显变异的变异体无法用分子标记检测出来，而某些表型正常的再生植株却表现出了分子标记多态性，这可能与现行分子标记体系只能检测基因组的有限部分及高等植物基因组存在大量非编码序列有关。

第四节　体细胞无性系变异创制技术的应用

植物体细胞无性系变异因其具有诱变和筛选群体大、定向筛选和效率高等显著的优势，在理论研究和品种改良方面得到广泛应用。

一、遗传学研究

突变体用于基因功能鉴定和标记筛选具有独特的优势。因为突变一旦发生，即可在表现型上与供体显著不同，通过差异显示或分子杂交筛选，可快速获得突变位点的 DNA 序列，经过测序与功能鉴定,就可能获得与突变性状相关的基因,如玉米醇脱氢酶基因、赤霉素合成相关基因、生长素敏感性基因等。即使通过分析不能获得功能基因,这些 DNA 序列也可作为与突变性状相关的分子标记,用于相关遗传研究。例如,硝酸还原酶细胞突变体在体细胞杂交中作为选择标记而被利用。突变体还可应用于基因突变位点的分析,如将两种突变位点不同的无酶活性的硝酸还原酶突变体细胞融合后,恢复酶活性,表明二者突变位点不同。

二、发育生物学研究

利用体细胞突变策略对植物发育的基因调控研究已在模式植物拟南芥和金鱼草等植物中广泛开展,并取得了突破性进展。已分离出一大批不同发育阶段和组织类型的突变体。以突变体为工具,还从组织学和细胞学角度分析鉴定了一些基因的表达与植物发育的关系。在烟草、玉米中均通过质体突变体分离鉴定了与植物叶绿体发育有关的核基因。玉米黄化突变体 *pun* 是一个在光照下不可逆转的突变体。突变体为核单基因隐性突变,该基因的突变扰乱了叶绿体基因编码的蛋白质积累,进而使叶绿体膜系统发育不足,类囊体相关蛋白不能积累。

三、生化代谢途径研究

突变体是代谢活动调控研究十分便利和高效的工具。可根据需要建立某一代谢途径中每一个调节点的突变体,也可与基因工程相结合,对一些关键调控过程进行修饰和改造,使代谢过程按照人类需要进行。因此发展起来的新兴学科领域称为代谢工程。近年来,通过体细胞突变研究激素、次生代谢物等代谢途径的研究已有许多报道,如番茄推迟成熟的突变体与乙烯应答基因突变有关,玉米胚乳皱缩型突变可能涉及蔗糖代谢的相关酶基因的突变。

四、植物细胞大规模培养生产次生代谢物

植物细胞大规模培养是植物生产次生代谢物的一条重要途径。高产细胞株的筛选和应用是提高次生代谢物产量的主要措施。例如,根据花青素使细胞呈红色的表型特征,经反复筛选近 30 代,获得在第 23 代之后能高产和稳产花青素的铁海棠（*Euphorbia milii*）细胞株,并比原细胞株含量高 7 倍。对于目标次生代谢物与表型特征无直接关联的培养细胞,则需要借助测定单细胞克隆次生代谢物的含量进行筛选,如莨菪的高产细胞株。

五、筛选有益突变改良品种

体细胞无性系变异为植物品种改良和新品种的选育提供了新的选择材料。对远缘杂交的体细胞杂种、单体异附加系和异代换系等材料进行组织培养,能使它们发生非同源染色体的联会和交换,实现野生种的染色体片段向栽培种的导入,加强外源基因向栽培种的渐渗,通过定向筛选有益突变,实现植物品种的改良。至今,在全世界 50 多个国家中已发放 1000 多个由直接突变获得的或由这些突变相互杂交而衍生的品种（图 5-6）。孢子体和配子体用于育种的主要程序如图 5-7 和图 5-8 所示。

（一）农艺性状改良

农艺性状主要包括株高、生育期、颜色、育性（不育性、优良恢复系）等。例如,通过粳稻体细胞无性系变异选育出高亲和性的水稻隐性高秆细胞突变体,先后从幼穗、花粉、成熟胚、种子诱导愈伤组织及原生质体出现大量的多倍体和非整倍体的染色体变异。有矮化、粒重、白化、无分蘖、抽穗期提前、育性高、小穗、细胞质雄性不育、籽粒产量等表型和性状上变异。

（二）品质改良

在提高作物营养物质（如蛋白质、氨基酸、糖、淀粉等）改变作物品质方面取得了一定进展。利用氨基酸代谢受末端产物反馈抑制调控的原理，筛选出的抗甲硫氨酸类似物的烟草突变体，其甲硫氨酸含量比对照高 5 倍。体细胞无性系变异甘蔗新品种比野生型品系产量高 14.5%～30.7%，蔗糖含量高 22.9%～30.1%。研究发现，体细胞无性系变异草莓在红果期的果皮和果肉颜色分别从深红色和红色变为红色和白色，天竺葵素-3-O-葡萄糖苷（Pg3G）和矢车菊素-3-O-葡萄糖苷（Cy3G）的含量分别是其原生型的 19% 和 76%；110 种挥发性成分中有 15 种显著增加（如橙花醇、苯甲醛、己酸乙酯、异戊酸乙酯等），导致香气增强。此外，还有高糖量甘蔗、无花青素原大麦、品质得到不同程度改良的水稻等谷类作物品种。

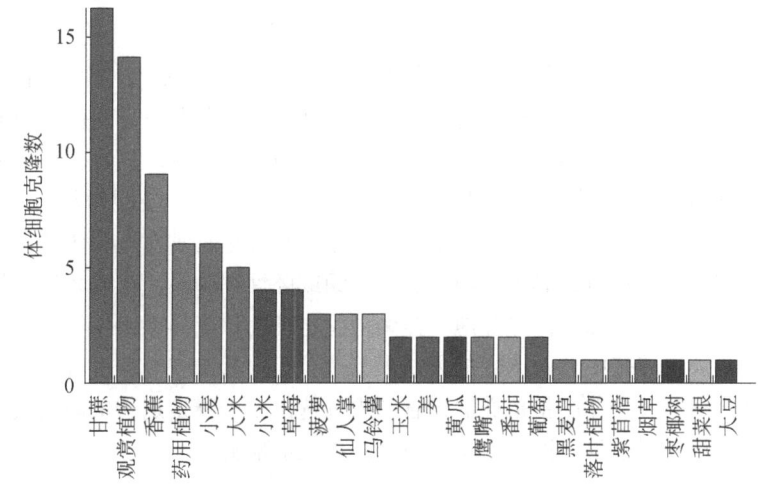

图 5-6　植物遗传改良研究中获得的可遗传的体细胞无性系变异（Ferreira et al.，2023）

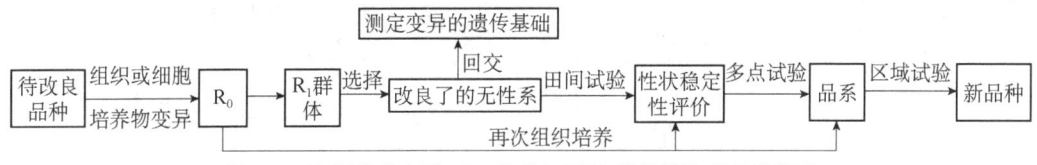

图 5-7　孢子体体细胞（二倍体）无性系变异选育品种程序

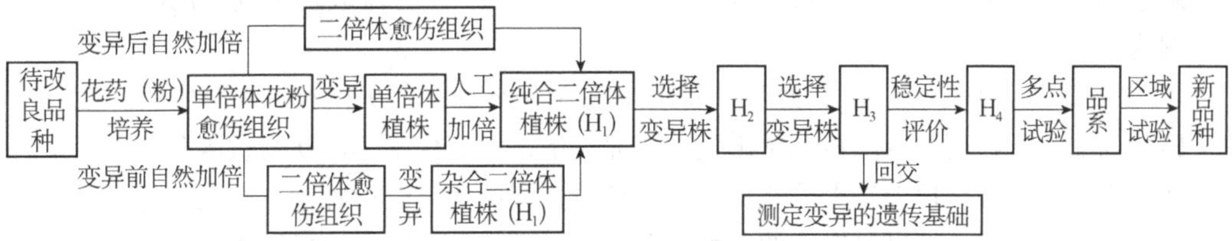

图 5-8　配子体（花粉）细胞无性系变异选育品种程序

（三）抗性改良

在农业上，体细胞突变体筛选技术研究主要集中在抗病、抗盐、抗除草剂、抗低温、高温等逆境胁迫的突变体筛选。诱变品种中约有 1/4 是抗病品种，其中 80% 左右为抗真菌品种。

1. **抗病突变体的筛选**　如图 5-9 所示，通过在选择和非选择培养基上交替继代或者在高浓度选择培养基上继代筛选抗性的细胞或组织。也可在细胞阶段只在普通培养基上单纯继代并不加选择。通过稳定性和均一性实验检测培养物的抗性。利用柠檬干枯病的病原菌 *Phoma tracheiphila* 产生的毒素选择压，从愈伤组织和原生质体的再生植株中筛选获得接种病原菌后能自主向胞内和胞间产生和释放过量几丁质酶和葡聚糖酶的抗病植株；烟草单倍体细胞经 EMS 处理后，培养在添加甲硫氨酸磺基肟（病毒素类似物）的培养基上，存活细胞产生愈伤组织并分化成抗病植株。

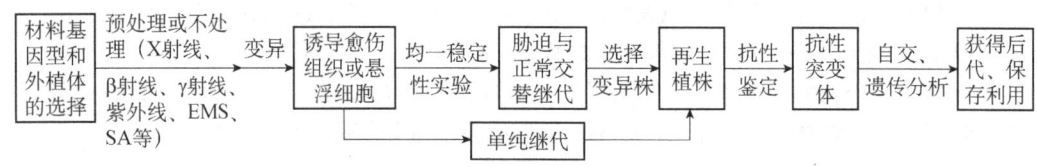

图 5-9 植物抗病突变体离体筛选技术程序

2. 耐盐突变体的筛选　　耐盐突变体的筛选是在培养基中加入天然的化学盐类选择剂 $NaCl$ 和 Na_2SO_4，并逐步提高盐浓度而获得。选择时间长度和产生的突变体细胞或植株之间存在正相关性。因此，耐盐突变体的筛选必须经历多代胁迫。但随着培养继代次数的增加，这些离体培养的植物细胞分化率迅速下降，甚至完全丧失分化能力。所以，有人在小麦耐盐变异系筛选中建立了一套行之有效的程序（图 5-10）。先将种子诱变处理以提高变异频率，然后培养成植株后用幼穗和幼胚为材料诱导形成胚性愈伤组织或胚性细胞系，接着才进入筛选程序，最后获得了稳定遗传的再生植株，经过盐池和盐碱地鉴定证明该变异系确实为耐盐突变体。研究发现，采取逐步加大培养基中海水浓度的方法，筛选获得耐盐的红豆草变异系再生植株。研究人员从河北杨 7 个耐盐突变体产生植株的试管苗中筛选出 6 个稳定遗传的耐盐突变体。另外，还从不同品种中筛选获得了耐盐性可以稳定遗传的再生水稻植株。

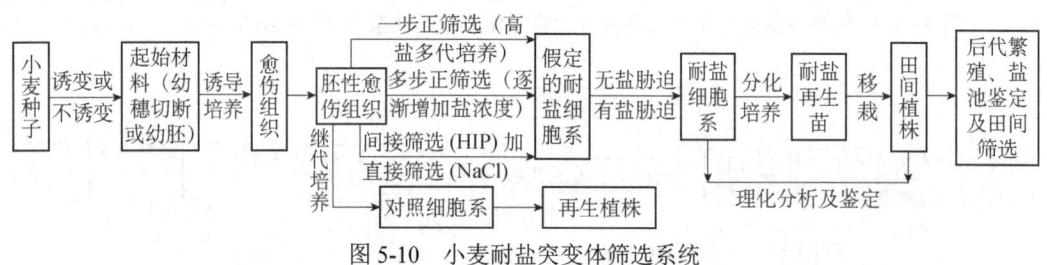

图 5-10 小麦耐盐突变体筛选系统

3. 抗旱、耐涝突变体　　研究人员通过 5% 及 10% PEG 胁迫成功筛选到沟叶结缕草的抗旱体细胞无性系。

4. 抗除草剂突变体　　研究发现，将玉米优良自交系齐 319 和 N10-6 产生的胚性愈伤组织，转移到加有半致死浓度除草剂绿磺隆的培养基上，经 3 代筛选，获得抗除草剂愈伤组织，再在加有除草剂的分化培养基上分化出植株。植株自交结实，获得种子。再生植株及其后代的农艺性状与对照相似，但对绿磺隆的抗性明显提高，而且是可遗传的变异体。

5. 抗金属离子胁迫突变体　　人们用重金属离子为筛选剂得到多种耐铝、镉、铜或汞的植物突变体。例如，通过在继代培养基上添加 250～1000 mol/L 铝离子获得耐铝烟草突变体；通过花药培养获得 3 个可以稳定遗传的水稻耐镉突变体；用高浓度铝盐筛选抗铝突变体小麦。

6. 抗寒突变体　　植物抗寒性由微效多基因控制，过去作物抗寒性育种多采用栽培品种与抗寒性强的野生类型杂交育种，抗寒育种进展缓慢。现在可通过超低温、改善植物渗透调节能力等多种途径进行抗低温突变系育种来提高农作物的抗寒性。作为一种渗透调节物质，脯氨酸能调节植物细胞膜稳定性、维持细胞水分平衡，甚至有冰冻保护作用。研究人员以脯氨酸类似物 Hyp 为选择压，成功获得来自锦橙珠心愈伤组织的抗寒植株，其抗寒性比对照增加 2.4℃，叶片中脯氨酸、亮氨酸、精氨酸含量均为对照的 2 倍，RAPD 分析发现抗寒植株核基因组 DNA 与对照存在细微的差异。

7. 抗热突变体　　研究人员用半致死剂量（ϕ＝0.6%）EMS 对铁炮百合离体叶片进行 4 h 处理，并在 35℃高温胁迫下筛选得到抗热性诱变植株。其 SOD、POD 活性增强，可溶性蛋白含量增加，MDA 含量减少，表明筛选的百合突变体比对照具有更强的耐热性。

六、利用体细胞无性系变异育种的优缺点

研究人员总结了利用体细胞无性系变异育种的优缺点，主要如下。

（一）优点

（1）诱变效率高。在细胞培养系统中，诱变剂可较均匀地接触细胞，诱变和筛选条件可精确控制，突变率高，选择机会多，试验重复性好。水稻常规经理化处理的诱变率一般为 7%～8%，而经组培获得的突变率可达 16.7%。

（2）致死和半致死突变率低于常规诱发突变。

（3）单基因变异频率高。可改变作物的个别性状而不使其他优良性状发生重组及分离。

（4）整体植物各种突变体是以观察可见特征为手段鉴别的，因此在植株水平上研究突变的分子基础难以实现。而在培养的细胞中选择突变体非常有利于研究突变的分子基础，还可以从细胞突变体的细胞学与生物化学变化一直研究到再生植株性状的遗传与变异。

（5）突变体来源于单细胞，避免了植株出现嵌合体。在细胞水平上直接诱发与筛选植物细胞突变体，不仅能应用微生物诱变与筛选的技术快速获得突变体，还能防止与限制形成嵌合体。有时可达到几乎是同质的水平。

（6）育种周期较短。筛选可以在几个细胞周期内完成，且不受季节限制。例如，仅 7 d 就从大豆培养细胞中筛选出抗 8-氮鸟嘌呤的突变体。如果采用单倍体细胞作为培养物，隐性变异可在当代（R_0）表现，利于选择。

（7）可以在小空间内提供大量可供选择各种变异类型的群体，筛选方便。例如，在一个培养皿中可以培养与处理 $5×10^5$ 个细胞，而在大田中种植相同数量的植株需要 0.6 hm^2 土地。

（二）缺点

（1）产生的变异多，变异类型复杂，并非所有的变异都可以稳定遗传，在细胞水平筛选的突变体不一定都能在再生植株水平上表达。离体选择只对那些在离体培养和移栽到大田环境都表现的表型变异有效，即能在后代稳定表达和遗传。筛选出的突变性状随着代数的增加，有些作物存在逐渐丧失抗性的趋势。

（2）变异方向难以控制，负向变异多，或有一个性状表现优良，但其他方面则呈现负向，变异并非都是新的变异。例如，一些抗性突变体的筛选与丰产性之间存在一定的矛盾。

（3）除原生质体和花粉粒外，植物难以像微生物那样获得完全是单细胞的群体。

（4）植物细胞在离体培养时增殖速率远低于微生物，且多次继代后特别是经过相应因子筛选，很快丧失分化能力。所以，筛选前要先获得分化能力强的植物材料，筛选后才可望得到再生植株及其可稳定遗传的后代。

（5）无性系变异选择并非对所有的作物都有效，更适应于营养繁殖作物。某些基因型种质再生困难；获得变异愈伤组织再生能力下降；变异体的遗传分析相对缺乏。

随着植物组织和细胞培养技术的飞速发展，体细胞无性系变异技术的应用也将趋于广泛和深入。目前在植物抗逆、抗病研究方面取得了一些成果，但在高产、优质等性状的研究上还缺少一些有效的方法。另外，诱变与组织培养相结合的育种技术也存在一些缺点，如从外植体诱导分化到再生成苗过程较烦琐，许多植物的再生体系尚未建立，使变异不能在植株水平上得到反映，突变的不确定性也需要很大的群体才能发现好的突变体等。因此，只有根据育种目标需要，选择切实可行的方法，才能快速、高效地获得成功。

小　　结

植物体细胞无性系变异是植物组织培养过程中发生变异，进而导致再生植株亦发生遗传改变的现象。这些变异按变异来源可分为自发变异和诱导变异；按变异能否遗传可分为可遗传变异和非遗传变异；按变异表型可分为形态变异、育性变异、生长势变异、抗性变异、营养缺陷型变异、酶学特性变异和次生代谢物变异等。体细胞无性系变异发生有其遗传学基础，包括显微水平的染色体数目和结构变异，以及分子水平的基因突变、基因拷贝数增减、转座子活性变异和DNA甲基化修饰等。其发生频率与亲本的材料、培养基、植物再生途径等密切相关。体细胞无性系变异创制的技术流程包括材料选择、预处理、制备细胞悬液、预培养、突变细胞筛选和遗传稳定性鉴定、愈伤组织增殖或再生植株、变异的鉴定和遗传分析等。体细胞无性系变异因其具有诱变和筛选群体大、定向筛选和效率高等优势，在遗传学、发育生物学、生化代谢途径研究，以及生产次生代谢物和改良品种等方面得到广泛应用。

参考答案

复习思考题

1. 简述体细胞无性系变异的定义。
2. 简述体细胞无性系变异的特点。
3. 列举体细胞无性系变异的分类。
4. 试述体细胞无性系变异的遗传基础。
5. 简述影响体细胞无性系变异的因素。
6. 为什么要进行体细胞无性系变异的研究？
7. 请利用植物体细胞无性系变异的现象，设计获得抗病优良番茄株系的基本程序。

主要参考文献

巩檑，杨亚珺，周坚. 2011. 中国石蒜组培苗体细胞无性系变异的 ISSR 和 SRAP 检测[J]. 北方园艺，（22）：108-112

谷祝平，郑国锠. 1991. 快中子辐射诱变和盐培养基选择红豆草耐盐愈伤组织变异系的研究[J]. 生物工程学报，7（1）：72-76.

李周岐，寇世强，徐养福. 2004. 林木组织培养中的体细胞无性系变异[J]. 西北林学院学报，19（4）：77-81.

林定波，颜秋生，沈德绪. 1999. 柑桔抗羟脯氨酸细胞变异系的选择及其抗寒性研究[J]. 浙江农业大学学报，25（1）：94-98.

刘艳妮，佘奎军，王飞. 2012. 百合耐热突变体的筛选及生理特性的研究[J]. 西北农业学报，21（12）：131-137.

王延峰，李国圣. 2001. 玉米抗除草剂体细胞变异体的筛选及植株再生[J]. 河南农业科学，30（12）：16-19.

周认，蔡宇，林恬逸，等. 2022. 模拟干旱胁迫下褪黑素和表油菜素内酯对沟叶结缕草长期继代培养愈伤组织再生的影响[J]. 浙江大学学报（农业与生命科学版），48（1）：36-44.

Bian R，Yu S，Song X，et al. 2023. An integrated metabolomic and gene expression analysis of 'Sachinoka' strawberry and its somaclonal mutant reveals fruit color and volatiles differences[J]. Plants，12：82.

Coronel CJ，González AI，Ruiz ML，et al. 2018. Analysis of somaclonal variation in transgenic and regenerated plants of *Arabidopsis thaliana* using methylation related metAFLP and TMD markers[J]. Plant Cell Report，37：137-152.

Duta-Cornescu G，Constantin N，Pojoga DM，et al. 2023. Somaclonal variation-advantage or disadvantage in micropropagation of the medicinal plants[J]. International Journal of Molecular Science，24：838.

Ferreira MS，Rocha AJ，Nascimento FS，et al. 2023. The role of somaclonal variation in plant genetic improvement：a systematic review[J]. Agronomy，13：730.

Lin W，Xiao X，Sun W，et al. 2022. Genome-wide identification and expression analysis of cytosine DNA methyltransferase genes related to somaclonal variation in pineapple（*Ananas comosus* L.）[J]. Agronomy，12：1039.

Tawar PN，Sawant RA，Sushir KV，et al. 2016. VSI 434：new sugarcane variety obtained through somaclonal variation[J]. Agricultural Research，5（2）：127-136.

Thipwong J，Kongtonl K，Samala S. 2022. Micropropagation and somaclonal variation of *Doritis pulcherrima*（Lindl.）[J]. Plant Biotechnology Reports，16：401-408.

第六章
植物离体快速繁殖

学习目标

①了解植物离体快速繁殖的定义和意义。②掌握愈伤途径无性快繁的方法。③掌握芽增殖途径无性快繁的方法。④掌握利用无性快繁创制脱毒苗的方法。

引 言

植物离体快速繁殖（简称植物离体快繁）又称为植物快繁（rapid propagation）或微繁（micro-propagation），是一项革新性的现代种苗繁育技术。植物快繁是指在无菌条件下，通过体外培养的方式，利用植物组织的无性繁殖能力，在人工控制的营养和环境条件下繁殖大量具有相同遗传特性的植株。这项技术在1963年由美国植物学家斯蒂文斯首次提出，自此之后，在植物学、农业和园艺学等领域得到广泛的发展和应用。

本章思维导图

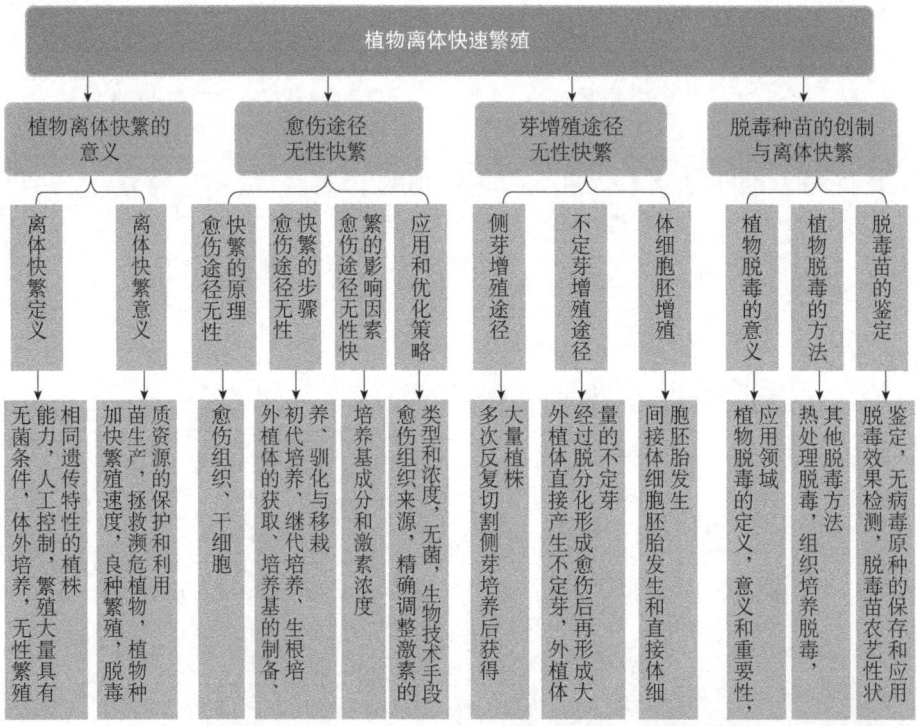

第一节 植物离体快繁的意义

植物离体快繁的意义不仅仅在于快速繁殖植株，更在于其对于植物繁殖的革新性和多方面的应用。通过将植物的一小部分组织从原植物中取出，放入含有适宜营养物质的培养基中，在无菌条件下进行培养，植物离体快繁可以迅速产生大量健康且遗传稳定的植株。本节将深入探讨植物离体快繁的意义，从多个角度展示该技术在现代植物科学中的重要性。

一、植物离体快繁可以大大加快植物繁殖的速度

植物的繁殖方式分为有性繁殖和无性繁殖两大类。有性繁殖是指以种子为繁殖材料进行的繁殖方式。无性繁殖分为常规无性繁殖（如扦插、嫁接、压条等）和离体快繁。离体快繁最突出的特点是繁殖系数高，其繁殖系数可以高达几万倍到百万倍，远高于常规无性繁殖。离体快繁之所以有这么高的繁殖系数，得益于其有较高的增殖倍数和较短的增殖周期。离体快繁在试管中进行，不受季节、外界环境的影响，可周年生产。

二、植物离体快繁用于良种繁殖

在传统的繁殖方法中，由于植物的自交或杂交，植株的遗传背景会发生变化。许多植物因为环境压力、自然灾害或生态变迁等原因而稀缺，其自然繁殖受到限制。通过快速繁殖大量稀缺或优良品种的植株，可以维持宝贵的遗传资源，保持植物的遗传纯度，并为保护生物多样性做出贡献。

三、植物离体快繁用于茎尖脱毒及无病毒苗的快速繁殖

病毒对植物的危害是农业生产中严重的问题，病毒在植物体中的分布并不均匀，感染病毒的植株幼嫩及未成熟组织和器官中病毒含量低，生长点（0.1~1.5 mm 区域）几乎不含有病毒或含少量病毒，这是茎尖脱毒技术有效去除病毒的基础，研究发现干细胞重要调控基因 *WUS*（wuschel）在免疫病毒中的关键作用，回答了为什么植物病毒不能侵染植物分生组织这一长时间未解决的生物学问题。植物离体快繁的组织是无菌的，因此可以快速获得健康的苗木，为农作物和果树的产量和质量提供保障。

四、植物离体快繁可用于自然界无法用种子繁殖的苗木及拯救濒危植物

许多植物因为栖息地的破坏、人类活动的干扰和外来入侵物种的侵袭等因素，面临着濒危和灭绝的威胁。通过植物离体快繁，可以迅速增加濒危植物的种群数量，防止它们因生态环境的恶化而灭绝。有些植物的种子难以获得，或者种子在自然界中很难萌发，因此种子繁殖困难。植物离体快繁技术通过无性繁殖途径，克服了这些种子繁殖的难题，为这些植物提供了一条有效的繁殖途径。

五、植物离体快繁还可以促进植物种质资源的保护和利用

植物种质资源是人类社会的重要财富，对于农业、生态环境和经济发展具有重要意义。植物离体快繁技术可以通过体外培养保存种质，传播植物基因资源。同时，这种技术也方便种质的交流和共享，促进了全球种质资源的合理利用和共同发展。

第二节 愈伤途径无性快繁

无性快繁第一次用于接种的材料称为外植体，由于植物细胞的全能型，外植体在合适条件下都能发育成为完整植株，因此，理论上植物的各个组织器官都能成为外植体。外植体大体分为几种类型：胚胎、器官及形成器官的原基、植物各部分组织、细胞、原生质体等。愈伤途径无性快繁又称为器官发生型途径，是植物离体快速繁殖的一种重要方法。愈伤组织通过诱导形成不定芽，通过从芽到芽的方式进行扩增，以无性繁殖方式迅速繁殖大量植株。愈伤途径的优势在于能够实现大规模无性繁殖，以及克服植物繁殖中的季节性和性别限制。愈伤途径的劣势在于脱分化成愈伤组织及愈伤组织诱导成不定芽的过程中容易造成遗传不稳定，产生变异。

一、愈伤途径无性快繁的原理

愈伤途径无性快繁是利用植物愈伤组织的特殊再生能力进行无性繁殖的过程。在植物生长发育过程中，当植物受到外伤、病原体感染、激素刺激或其他生理应激时，植物组织会产生愈伤组织。愈伤组织是一种未分化的植物组织，具有无限分裂和再生的能力，类似于动物中的干细胞。愈伤组织的形成主要是由于植物生长点受到损伤，周围细胞的分化状态发生改变，从而激活潜在的再生能力。这些未分化的愈伤组织细胞具有再生成为新的植物器官的潜力，包括根、茎和叶等。在愈伤途径无性快繁中，可以通过调节培养基中的激素类型和浓度，刺激愈伤组织的分化和增殖，从而形成新的植株。愈伤组织的无限增殖能力体现在小段愈伤组织可以迅速扩繁成植株，实现高效的无性繁殖。

二、愈伤途径无性快繁的步骤

愈伤途径无性快繁的步骤如图 6-1 所示。

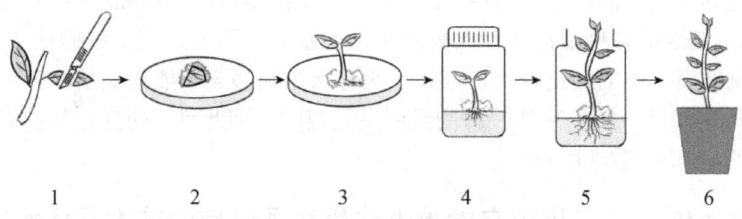

图 6-1　愈伤途径无性快繁的步骤
1. 外植体的获取；2. 初代培养；3. 继代培养；4. 生根培养；5. 驯化；6. 移栽

（一）外植体的获取

外植体可以来源于植物的各个器官，包括茎、叶、根等。不同植物类型、同一植物的不同器官、同一器官或组织在不同的年龄、发育时期和生理状态下，其脱分化和再分化成植株的能力不同。通常情况下，茎尖和叶片是最常用的愈伤组织来源，因为这些组织对培养基中激素的反应较为敏感。在获取外植体时，要注意选择健康无病毒的植物材料，并在无菌条件下进行操作，以避免细菌和真菌的污染。

（二）培养基的制备

培养基是植物愈伤途径无性快繁的关键因素，提供了植物从愈伤形成及分化成完整植株所必需的基本营养元素。植物生长发育所需的营养条件包括无机物、有机物及附加物。根据有无附加物可把培养基分为基本培养基和完全培养基。基本培养基包括大量元素、微量元素、维生素、氨基酸、糖和水。随着植物组织培养研究的深入和完善，根据外植体不同的营养要求，基本培养基的配方已有近百种，但常用的仅一二十种。完全培养基是指根据不同的试验要求和目的，在基本培养基的基础上，添加一些物质，如植物生长调节剂及其他成分复杂的天然有机附加物。在培养较难培养的观赏植物或一些名贵观赏植物时，常需加一些天然提取的有机复合物，如椰乳、酵母提取物、玉米胚乳、麦芽浸出物、番茄汁、马铃薯泥、香蕉泥、水解乳蛋白、水解酪蛋白、蜂王浆、麦芽膏、黄瓜汁、苹果汁等。因此，完全培养基是满足不同的培养阶段和目的所需的诱导、增殖、生根等一系列专门培养基。在制备培养基时，要根据具体植物品种和愈伤组织的要求，合理选择培养基的成分和激素浓度。培养基中的生长素（auxin）和细胞分裂素（cytokinin）的配比和浓度最为重要，一般来说愈伤组织形成的过程中，高浓度的生长素并补充一定浓度的细胞分裂素十分必要。

（三）初代培养

在无菌条件下，将经灭菌的外植体切割成适当大小，接种到合适的培养基中进行初代培养。初代培养又叫作诱导培养，目的是建立无菌的植物组织培养离体生长体系，利用外植体（茎尖、茎段、叶片、花粉等）诱导出愈伤组织，初代培养的目的是获取多能性（pluripotency），即利用高浓度生长素诱导外植体产生具有再生多种器官能力的愈伤组织。

（四）继代培养

继代培养又叫作增殖培养，是根据培养目的将初代培养诱导出的数量有限的愈伤组织转接到适宜的增殖培养基上进行繁育的过程。一般通过外源激素的不同浓度和不同配比来改变增殖系数。继代培养过程中，由于培养材料、培养方法和目的的不同，继代时间也各不相同，如液体培养的继代时间较短，一般为一周左右继代一次，固体培养基一般为2~4周继代一次。

（五）生根培养

外植体大量扩繁后形成无根芽苗，需要在生根培养基上诱导根的形成，一般认为矿物质元素浓度低时有利于生根，所以生根培养基多采用 1/2 MS 培养基或 1/4 MS 培养基，不加或仅用浓度很低的细胞分裂素，并加入适量的生长素，主要有 NAA、IBA 等。另外，加一些吸附剂（如活性炭），可促进生根；间苯三酚可能对某些植物生根有利；对少数生根困难的植物，可用液体培养（加滤纸桥），使生根过程加速，生根培养的目的是器官发生（organogenesis），即通过高浓度细胞分裂素诱导愈伤组织再生为芽，或通过低浓度生长素诱导愈伤组织再生为根。

（六）驯化与移栽

试管苗不能立即适应移栽环境，必须有一个驯化过程，一般不定根长度达 1 cm 左右，且生长旺盛时，即可驯化（炼苗）。首先将生根试管苗移到温室中，除去封口材料，使嫩苗与外界接触，增强其对外界不良因素的抵抗力，此间逐渐增强光照，使苗粗壮，以利于移栽成活。一般炼苗宜生长在适温、适湿的环境中，逐渐使其适应外界环境。3~5 d 即可将长到一定大小（5~6片真叶或苗高 4~5 cm）、生 4~5 条根的组织培养苗上的培养基洗掉，移栽到保水、透气性好的基质或苗床土中。移栽后的组织培养苗前期宜生长在适温、适湿的环境中，逐渐使其适应外界环境。为使幼苗正常生长，每 3~5 d 可叶面喷施营养液一次，7~10 d 给基质浇营养液一次。

三、愈伤途径无性快繁的影响因素

愈伤途径无性快繁受到多种因素影响。其中，培养基成分和激素浓度是最关键的因素。

（一）培养基成分

培养基中的营养物质和激素是影响愈伤组织增殖和分化的关键因素。不同植物品种和来源的愈伤组织对培养基成分的要求不同，因此要根据实际情况进行调整。一般情况下，培养基中应包含适量的无机盐、有机物和氮源等，以提供植物生长所需的营养。

（二）激素浓度

培养基中的激素类型和浓度对愈伤组织的增殖和分化有着重要的影响。细胞分裂素和生长素是最常用的激素类型，它们的比例和浓度会直接影响愈伤组织的形成和发展。较高浓度的细胞分裂素可以促进愈伤组织的增殖，但如果浓度过高，可能会导致愈伤组织的过度增殖而影响其分化。相反，较高浓度的生长素可以促进愈伤组织的分化，但如果浓度过高，可能会抑制愈伤组织的增殖。因此，在实践中需找到最适合特定植物品种和愈伤组织来源的激素浓度。研究人员研究了金银花离体快繁的激素浓度，发现最适合金银花组织培养的基本培养基为 MS 培养基；不同激素组合对金银花生长影响不同，6-BA 浓度为 1.0 mg/L 时最适合金银花不定芽分化，IBA 浓度为 1.5 mg/L 时金银花组培苗生根效果最好。

四、愈伤途径无性快繁的应用和优化策略

在实践中，为了获得最优的愈伤途径无性快繁效果，需要进行一系列的优化策略。首先，要选择合适的植物品种和愈伤组织来源，以确保快速繁殖的成功。其次，要根据植物特性和实验目的，精确调整培养基中激素的类型和浓度，以促进愈伤组织的增殖和分化。同时，要控制培养条件，保持无菌状态，以避免细菌和真菌的污染，影响实验结果。此外，还可以采用生物技术手段，如基因转化技术，进一步提高愈伤途径无性快繁的效率和成功率。通过将特定基因导入植物愈伤组织中，可以调控其增殖和分化，从而加快植株的形成和发育。

第三节 芽增殖途径无性快繁

离体快繁过程中，不同类型的外植体经过人工诱导，都能够重新开始细胞分裂与器官分化，长出芽、根、花等器官，最终形成完整植株。离体快繁经过无菌培养的建立和初代培养生长启动后，进入继代培养和快速增殖阶段，在这个阶段外植体需要能大量增殖出无根试管苗，不同植物增殖途径不同，一般有侧芽增殖、不定芽增殖和体细胞胚增殖等方式。

一、侧芽增殖途径

芽是植物的最初雏形，植物的根、茎、枝、叶、花、果等任何一个器官，都是由芽发育而成。芽可分为两类，即生殖生长的芽（花芽和混合芽）和营养生长的芽（包括所有除花以外器官的芽）。侧芽是指在分枝侧面形成的芽，或者生于叶片、叶痕腋部的芽。侧芽常见的是腋生形成的，因而也叫作腋芽，具有一定的分化潜能。当离体培养侧芽时，可以通过加入一定量的细胞分裂素来促使它们生长，当营养充分时，侧芽按照原来的发育路径，通过顶端分生组织，继续形成叶原基和侧芽原基，而新形成的侧芽原基可以按照相同的方式快速形成新的叶原基和侧芽原基。反复切割和转移到新的培养基上继代培养，就可在短期内得到大量的芽，在短时间内可以培养出大量植株（图 6-2）。侧芽增殖的主要优点是能保持遗传的稳定性，因为茎尖的细胞常是均一的二倍体细胞，它不易受培养条件的影响而发生变异，也易于保持嵌合体的性状。目前已有近百种植物可以用这种方法进行离体快繁，如苹果、葡萄、唐菖蒲、草莓、非洲菊、

山楂、猕猴桃、月季、甜菜和凤梨等，最近研究发现蛇足石杉在离体培养中，可打破自然生长状态下叶腋内只产生孢子囊而不产生侧芽的生长方式，形成多个增殖侧芽，侧芽剥离后极易产生不定根，为蛇足石杉的试管苗增殖方式提供重要参考。

二、不定芽增殖途径

根据芽出现在植物枝条上的位置不同，分为定芽和不定芽。其中定芽的位置固定，常有顶芽、侧芽两种。不定芽与定芽相对应，是指从叶、根或茎节间或是离体培养的愈伤组织上等通常不形成芽的部位生出的芽。在自然界中，很多植物的不同器官也能产生不定芽，如风信子、落地生根、秋海棠、非洲紫罗兰等。而组织培养条件下，通过对外植体的诱导，能够使得一些自然条件下不产生或不易产生不定芽的外植体产生大量的不定芽，通过反复切割

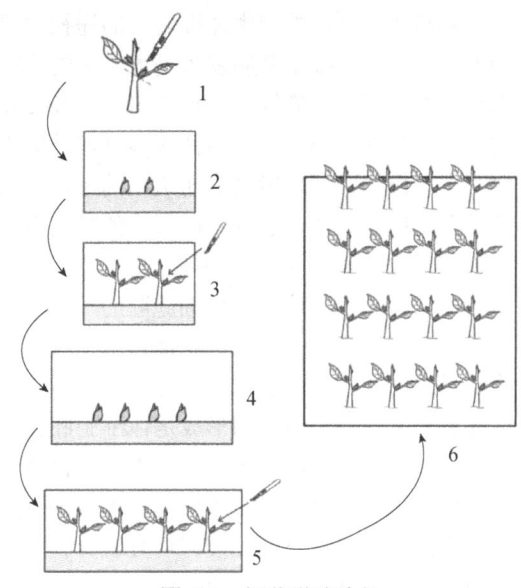

图 6-2　侧芽增殖途径
1. 芽切割；2. 侧芽培养；3. 生长培养；4. 芽切割；
5. 生长培养；6.获得植株

和诱导，能够获得大量再生植株。从不定芽形成的途径可以看出，离体快繁中不定芽的发生有两种途径：第一是由外植体直接产生不定芽，如以叶片为外植体，研究了不同因子对不定芽诱导、增殖分化、生根壮苗和移栽的影响，实现了开发利用及工厂化育苗；第二是外植体经过脱分化形成愈伤组织后再形成大量的不定芽。研究发现，3 个猕猴桃品种的叶片和叶柄均可诱导出愈伤组织，并再分化出不定芽；茎尖和茎段则不经过愈伤组织阶段，直接分化出不定芽，这说明不定芽发生与外植体的选择有关。

不定芽增殖途径的应用范围广泛。农业生产中，通过不定芽增殖可大规模快速繁殖经济作物，提高产量和品质。园艺产业中，不定芽增殖是获取大量优良园艺品种的重要手段。不定芽增殖途径虽然具有广泛的应用前景，但也面临一些挑战。例如，在不定芽培养过程中，可能会出现不定芽的低发生率或异常发育的情况，这需要通过优化培养条件和处理方法来解决。此外，一些植物的不定芽在长期培养过程中可能会发生遗传变异，影响其遗传稳定性。

三、体细胞胚增殖

植物体细胞胚胎发生是指在离体条件下，双倍或单倍的体细胞在特定条件下，未经性细胞融合而通过与合子胚发生相类似的途径发育成新个体的形态发生过程，是除合子胚发育途径之外另一种获得完整植株的重要手段，也是植物细胞全能性的一种体现。自首次在胡萝卜中发现体细胞胚胎发生现象以来，人们在大量不同植物的组织培养、单细胞悬浮培养、原生质体培养和花粉培养过程中都观察到或实现了体细胞胚胎发生。因具有相对的遗传稳定性、可重复性和高效性等优点，体细胞胚胎发生成为重要的生物技术工具，在种质资源保存、优质种苗生产、人工种子、分子及细胞工程育种和基础研究等方面都有着广泛的应用。植物体细胞胚胎发生是一个涉及生长素、细胞分裂素等激素信号和复杂基因调控网络的过程。体细胞胚胎发生的过程极其复杂，从体细胞向胚性细胞转变是体细胞胚胎发生的前提，也是其中最关键的一步。这个过程需经过脱分化，激活细胞分裂周期和重新组织生理、代谢与基因表达等多个步骤。

外植体经过诱导产生体细胞胚的途径主要有两种，即间接体细胞胚胎发生和直接体细胞胚胎发生。间接体细胞胚胎发生是最常见的途径，即在离体条件下细胞经过愈伤组织诱导再分化形成体细胞胚。研究发现，植物体细胞胚胎发生与基因型、外植体生理状态、培养基种类、植物生长调节剂种类、培养条件等多种内外因素综合作用影响相关。间接体细胞胚胎发生需要经过三个阶段：第一阶段是愈伤组织的形成，愈伤组织是一种看似无组织的原始空泡细胞团，由活的薄壁细胞组成，表现不同程度的紧实度和致密性；第二阶段是愈伤组织的胚性化，胚性愈伤组织质地一般较为坚实，颜色呈乳白色或黄色，表面具球形颗粒，细胞较小，无液泡，且常富含淀粉粒；第三阶段是体细胞胚的形成，胚性愈伤组织形成之后，在愈伤组织的表面或内部产生原胚团，单个细胞或细胞团再从中发育成胚。在以幼胚、胚或子叶为外植体时，通常可以直接诱导胚性愈伤组织产生，进而产生体细胞胚。因此，就经过愈伤组织的间接体细胞胚胎发生而言，胚性愈伤组织的形成是体细胞胚胎发生的关键。

直接体细胞胚胎发生即从培养中的器官、组织、细胞或原生质体直接分化成胚，不经过愈伤组织阶段。这种途径中外植体增殖较少且致密细胞分裂更规则。单个或多个细胞层中的单个或多个细胞无须进一步处理即可分裂并膨大，形成形态可识别的胚胎。直接体细胞胚胎发生主要分为两个阶段：第一阶段为诱导期，在此阶段，细胞进入分裂状态；第二阶段为胚胎发育期，前一阶段形成的瘤状物继续发育，经过球形胚、心形胚等发育过程，最终形成体细胞胚。下胚轴、子叶、茎表皮等外植体体细胞脱分化后，由表皮细胞或亚表皮细胞经过不等分裂，产生1个胚细胞和1个胚柄细胞，后者发育类似胚柄，前者进一步分裂，由原胚发育为成熟胚。

直接途径和间接途径产生的体细胞胚在形态学上相似，但由于间接途径的组织培养时间较长，研究发现产生的体细胞胚更容易发生基因组水平上的变化（体细胞变异）。体细胞胚也可以用来诱导新一轮的胚胎发生，称为次生或重复体细胞胚胎发生。次生胚可以直接从原胚诱导，也可以在胚性愈伤组织形成后间接诱导。另外，体细胞胚胎发生经历直接途径或间接途径往往取决于外植体的年龄：外植体离合子胚阶段越远，就需要越多的重编程过程将外植体重新转化为体细胞胚。尽管从发育成熟或较老的组织和器官中诱导获得体细胞胚通常比较困难，但无论组织的年龄如何，它们都可以通过直接途径或间接途径产生体细胞胚。因此，在确定体细胞胚胎发生是通过直接途径还是间接途径时，细胞或组织与培养环境相结合的发育背景会比其距离胚胎阶段的时间更为重要。

◆ 第四节　脱毒种苗的创制与离体快繁

植物病毒是指感染植物的病毒和类病毒微生物。目前已知的植物病毒有700多种，它们可以广泛感染农作物和野生植物。几乎每种植物都受到一种至几种，甚至十几种病毒的危害。例如，已报道的侵染百合的病毒种类约有18种，主要有百合无症病毒、黄瓜花叶病毒、郁金香碎色病毒、百合斑驳病毒、百合丛簇病毒，还有南芥菜花叶病毒、烟草环斑病毒、百合丝状病毒、草莓潜隐环斑病毒、百合X病毒、蚕豆萎蔫病毒、水仙花叶病毒、烟草脆裂病毒等。植物病毒的感染会导致植物发生多种症状，如叶片变黄、矮化、畸形、光合作用下降等。这些症状会显著降低植物的生长势和产量，从而对农作物产量和品质造成严重的损害。

一、植物脱毒的意义

大多数植物病毒都不通过种子进行传播，但是有些病毒如马铃薯Y病毒属等仍然可以通过有性繁殖传播。所有的植物病毒都可以随种苗和其他营养繁殖材料等无性繁殖材料传播。无性繁殖的植物，都容易受到一种或多种病毒的侵染。在自然条件下，病毒一旦侵染植物，就很难根除。因此，培育和栽培无病毒种苗是防治植物病毒和类病毒的根本措施。

1. 植物脱毒的定义　　植物脱毒是指通过一系列方法将病毒从植物体内去除的过程。脱毒的目的是获得无病毒的植物种苗，以保障农业生产的稳定与高产。

2. 植物脱毒的意义和重要性　　植物脱毒在现代农业中具有重要的意义。由于植物病毒的感染会导致农作物产量下降、品质恶化，严重影响农业生产的可持续发展。因此，通过脱毒措施，可以有效减轻植物病毒对农作物的危害，提高农作物的产量和品质。

3. 植物脱毒的应用领域　　植物脱毒技术的主要应用领域如下。

（1）农作物种子繁育：通过脱毒处理可获得无病毒的种子，从而保证种子的质量和健康。

（2）种质资源保护：脱毒技术可以有效地保护珍贵的种质资源免受病毒污染。

（3）新品种选育：脱毒技术为新品种选育提供了健康种苗，加速新品种的推广应用。

（4）种苗快速繁育：脱毒技术结合组织培养可实现种苗大规模快速繁育，满足市场需求。

二、植物脱毒的方法

（一）热处理脱毒

1. 高温短时处理法　　高温短时处理法利用植物与病毒的耐热性不同，将繁殖材料暴露在高于正常温度环境下一段时间，使材料体内的病毒钝化或失去活性。高温短时处理法一般采用 50～55℃的热水处理 10～50 min，对植物伤害较大，处理时应该严格控制处理温度和时间。

2. 低热长时处理法　　低热长时处理法是采用较低的温度，但处理时间相对较长的方法。在这种处理方式下，植物种苗需要在相对较低的温度下暴露一段时间，使病毒钝化或病毒的繁殖速度和扩散速度跟不上植物的生长速度，从而达到脱毒的目的。例如，用 38.5℃热处理罗汉果组培苗 10 d，可获得完全脱毒的健康种苗。

3. 热处理脱毒的操作步骤

（1）准备植物种苗：选择健康的植物种苗，确保植株没有明显的病毒症状。

（2）处理温度和时间设置：根据不同病毒的敏感性，确定合适的处理温度和时间。

（3）热处理：将植物种苗暴露在设定好的高温环境中，确保温度和时间的准确控制。

（4）降温：热处理结束后，将植物种苗迅速降温至适宜生长的条件。

（5）恢复生长：脱毒后的植物种苗恢复正常生长，经观察，确认其是否无病毒。

4. 热处理脱毒的适用范围　　热处理脱毒适用于大多数植物病毒的去除，尤其是那些对高温敏感的病毒。它广泛应用于果树、蔬菜、经济作物等植物的脱毒。

5. 热处理脱毒的优缺点　　优点：热处理脱毒方法操作简单，成本较低，适用范围广，是一种常用的脱毒技术。缺点：热处理脱毒可能会导致一些植物组织或种苗的受损，同时，对于一些耐高温的病毒，热处理脱毒的效果可能不理想。

（二）组织培养脱毒

以组织培养技术为基础的植物脱毒方法自 20 世纪 60 年代以来，已经在多种无性繁殖作物中应用。其优点是在人工控制条件下繁殖材料，避免了病虫害侵染，同时组织培养离体繁殖周期短，不受季节限制，繁殖系数高，因此其繁殖速度是任何其他繁殖方法无法比拟的。下文将重点介绍茎尖培养脱毒、茎尖微芽嫁接脱毒和其他外植体的组织培养脱毒方法。

1. 茎尖培养脱毒　　病毒在根系内是不均匀分布的，越靠近根尖部分病毒越少，芽的分生组织区段也呈现病毒分布的不均匀性。这两个发现为茎尖培养脱毒提供了理论基础。病毒在植物体内的传播有两种方式。一种是通过胞间连丝传播，速度很慢，难以追上活跃生长的茎尖分生组织。另一种是随着营养物质流在维管束系统传播，速度较快；但因茎尖分生组织中维管束系统尚未形成，病毒颗粒不易通过；分生组织细胞不断分裂增殖，使病毒距生长点总保持一定的距离。另外，茎尖分生组织细胞剧烈的新陈代谢活动使病毒无法复制，且分生组织生长激素浓度较高，也阻碍病毒的繁殖。所以病毒极少或没有侵染茎尖分生组织，病毒浓度越靠近茎尖越低。1952年法国学者最早应用茎尖培养作为无性系繁殖手段获得了大丽菊无病毒植株，同时证明已感染病毒的植株可通过茎尖分生组织培养恢复成无病毒植株。

茎尖培养脱毒的基本程序包括以下步骤：培养基的选择和制备，待脱毒材料的消毒，茎尖的剥离、接种和培养，诱导芽分化和小植株的增殖，诱导生根和移栽。茎尖培养脱毒的程序与组织培养的程序基本一致，在这个过程中需要注意培养基的调整，尤其是分化、增殖和生根，激素的选择和配比是其中的关键。

2. **茎尖微芽嫁接脱毒**　　茎尖微芽嫁接（shoot-tip grafting，STG）脱毒是将组织培养脱毒和嫁接技术相结合，从而获得无病毒种苗的方法。其具体过程为将茎尖作为接穗，嫁接到由试管中培养出来的无病毒砧木上，继续在试管中培养，愈合而成为无病毒植株。茎尖微芽嫁接技术于1972年首次提出，后续又加以改进将茎尖分生组织嫁接到经过脱毒培养的试管砧木上得到完整植株，通过检测证明STG可以脱除柑橘衰退病病毒、鳞皮病病毒和裂皮病病毒。微芽嫁接不仅能有效分离果树复合感染的病毒，同时可解决木本植物组培生长缓慢、生根困难的问题，还能明显缩短果树童期。茎尖微芽嫁接技术在人为控制下不受天气、季节、温度等因素限制，可应用在果树抗性育种、苗木快繁等方面。20世纪70年代以来，我国对利用茎尖微芽嫁接脱毒技术获得无毒苗展开了大量的研究，目前已在柑橘、苹果、梨、柿子、樱桃等果树育种上得到广泛应用。对柑橘茎尖微芽嫁接进行详细的研究后发现，茎尖嫁接成活率与砧木、接穗和茎尖大小等多种因素相关，在实际操作中可根据脱毒品种的具体情况进行选择。

3. **其他外植体的组织培养脱毒**　　除了茎尖培养，还可以以花粉、花药、胚、胚珠及珠心胚等作为外植体进行组织培养来获得无病毒植株。这些组织中含病毒较少，但是不同的植物及同一植物的不同组织器官带毒情况各不相同，在进行组织培养脱毒前，应该对植物的各个器官进行病毒含量检测，选用病毒含量少的组织器官，以提高组织培养脱毒效率。

（三）其他脱毒方法

除了热处理和组织培养脱毒，还有一些其他脱毒方法，它们可以单独应用，也可以与其他方法合并使用，以提高脱毒效果。下文将重点介绍热处理、茎尖培养和茎尖微芽嫁接合并使用脱毒，冷处理结合茎尖培养脱毒，化学处理结合茎尖培养脱毒，以及培养珠心苗脱毒方法。

1. **热处理、茎尖培养和茎尖微芽嫁接合并使用脱毒**　　热处理、茎尖培养和茎尖微芽嫁接的合并使用是一种综合脱毒方法。通过热处理去除植物体内的病毒，再进行茎尖培养或茎尖微芽嫁接，可以获得高效的脱毒效果。该方法特别适用于单独热处理、茎尖组织培养或茎尖微芽嫁接难以脱除的病毒。研究人员利用茎尖微芽嫁接可以完全脱除柑橘的黄龙病病毒，但是对于裂皮病病毒和碎叶病病毒，仅靠茎尖微芽嫁接脱毒是不彻底的，部分苗木仍然可能带有裂皮病病毒或碎叶病病毒，如果嫁接的芽过大或者嫁接方法不当，还可能带有黄龙病病毒。因此为了获得不带任何病毒的苗木，必须把茎尖微芽嫁接和热处理结合起来，先对茎尖进行热处理，然后再进行茎尖微芽嫁接，保证获得的苗木既不带黄龙病病毒，也不带裂皮病病毒和碎叶病病毒，为建立无病毒母本园提供不带任何病毒的母树。该技术以试管苗为试材，直接进行热处理，所需设备简单，操作方便，不受季节限制，能在较小的空间内同时处理多种材料。

2. 冷处理结合茎尖培养脱毒　　冷处理结合茎尖培养脱毒是一种将植物种苗暴露在低温环境下一段时间，然后进行茎尖培养的脱毒方法。低温处理脱毒的原理目前还不清楚，这方面的报道也不多见。菊花植株在5℃条件下经4~5个月处理后，切取茎尖进行培养可除去菊花矮化病毒和菊花褪绿斑驳病毒。从理论上来说可以利用超低温进行脱毒处理，其原理是易感病毒的大细胞内含水量大，在超低温处理的过程中易受冻害而死亡，而不含病毒的小茎尖容易成活，分化成芽，长成脱毒苗。

3. 化学处理结合茎尖培养脱毒　　化学处理结合茎尖培养脱毒是一种利用化学物质处理植物种苗，然后进行茎尖培养的脱毒方法。化学处理脱毒法是指将相应的抗病毒药剂添加于培养基中，得到无病毒苗的方法。研究发现，抗病毒药剂在三磷酸状态下会阻止病毒RNA帽子结构形成，同时抑制病毒核酸合成，从而抑制病毒复制，达到除去病毒的目的。许多化学药品（包括嘌呤、嘧啶类似物、氨基酸和抗生素等）对离体组织和原生质体具有脱毒效果，如8-氮鸟嘌呤、2-硫脲嘧啶、放线菌素、庆大霉素、碱性孔雀绿及环乙酰胺等。化学处理可以杀灭或抑制病毒，茎尖培养则利用无菌条件培养无病毒的植株。

4. 培养珠心苗脱毒　　被子植物中，种子的形成可以通过有性生殖和无融合生殖两种途径，有性生殖过程需要减数分裂形成配子及雌雄配子融合的双受精作用，而无融合生殖过程直接由未减数配子或特定珠心细胞通过有丝分裂形成无性胚。大多数柑橘类型具有多胚现象，即一粒种子可产生2~10个由珠心细胞发育而来的珠心胚，某些品种甚至可以产生20~40个胚。珠心胚发生是无融合生殖的一种类型，不经历减数分裂和受精过程，由体细胞直接进行胚发育过程而形成种子，属于孢子体无融合生殖类型。这种无性繁殖方式产生的后代实际上是母体的无性复制。培育珠心胚获得的无病毒苗不仅可以脱毒，还具有生长势强、方法简单易于操作、时间少、成本低等特点。一般有如下三种方法培育珠心苗：由胚状体直接分化出苗；先诱导出胚性愈伤组织，再经分化培养基分化出多丛芽，并在生根培养基上扦插生根，形成珠心苗；由胚状体分化出多丛芽后，把多丛芽嫁接在适应的砧木上，形成珠心苗。

三、脱毒苗的鉴定

培育脱毒苗的目标是获得无病毒的生产性植株，对脱毒效果的鉴定和评价是植物脱毒技术的重要环节，其目的在于确认植物种苗是否成功去除病毒，保证植株健康。脱毒苗的鉴定主要包括脱毒效果检测和脱毒苗农艺性状鉴定，对于无病毒原种的保存和应用也具有重要意义。

（一）脱毒效果检测

脱毒效果检测是通过一系列方法检测经脱毒植株中是否还存在病毒的过程，是确认植物种苗是否成功脱毒的关键步骤，与建立高效脱毒方法同样重要。通常包括以下方法。

1. 生物学检测　　生物学检测是通过接种敏感指示植物来检测脱毒效果的方法，是最早使用的病毒检测方法。植物病毒都有一定的寄主范围并在某些寄主上表现出特定症状。病毒在其他植物上表现症状的特征，作为鉴别病毒种类标准，这种专门用来产生症状的寄主为指示植物（或称鉴别寄主）。指示植物有两种类型：一种在接种后产生系统症状，并扩展到未接种部位；另一种只在接种部位产生局部病斑。生物学检测方法分为摩擦接种检测和嫁接接种检测。

（1）摩擦接种检测多用于草本指示植物检测病毒。其操作方法是将待测植物的叶片、花瓣或其他组织加入缓冲液通过低温研磨，蘸取汁液在撒有金刚砂的指示植物上轻轻摩擦造成伤口接种。接种完成后立刻用蒸馏水冲洗净叶片上残留的汁液，观察指示植物发病情况。

（2）对于木本植物或者易于嫁接的植物往往采用嫁接接种检测。例如，在检测甘薯脱毒效果时，巴西牵牛（*Ipomoea setosa*）是一种较好的检测寄主，与甘薯嫁接易成活，且病毒侵染后叶片易产生系统性症状。由于指示植物巴西牵牛能对多种侵染甘薯的病毒敏感，受病毒感染后在巴西牵牛新生叶片可产生明脉、脉带、褪绿斑、扭曲、生长受抑制甚至枯死等症状。此法检测灵敏度高、经济实用、简便易行，在生产实践中经常采用。缺点是不能同时检测大量样品且不能区分病毒种类。

指示植物巴西牵牛嫁接检测法具体操作是：将要检测的甘薯植株切下 3~5 节作接穗，每节一段，去叶后将底端削成楔形，另将防虫网室中培育的具有 1~2 片真叶的巴西牵牛作砧木，在其子叶以下的茎（下胚轴）中部切一长度与楔形长度相近的斜口，把接穗的楔形部分对斜口插入，用敷料扎实，置 26~32℃防虫网室内遮阴保湿 2~3 d，随后进行正常管理。接后 10~20 d，如接穗带有病毒，巴西牵牛新生叶片上即可出现系统性明脉和褪绿斑等症状，观察至 20 d，记载发病情况。嫁接时每株牵牛上接一段接穗，注意保留砧木上部，每个株系嫁接 3~5 株巴西牵牛，如果其中有一株指示植物叶片上出现病毒症状，即可认为该株系带有病毒，应全系剔除。如果所嫁接指示植物都未出现病毒病症状，应再取样重新嫁接一次，经两次嫁接，指示植物均未显症者，即可确定为无病毒苗。

生物学检测法是植物病毒鉴定的传统方法，其有很多优点，如观察结果直观、鉴定结果可靠等，尤其是在病毒株系鉴定方面，仍得到广泛应用。但也有许多不足，如检测速度较慢、所受外界环境等因素影响较大等，所以现在检测中应用比较少。

2. 免疫学检测

（1）酶联免疫吸附测定技术：酶联免疫吸附测定技术在植物病毒检测中的使用较为广泛，具有直观、耗时较短的特性。在固相支持物上对抗原和抗体进行包被，从而达到在固体表体进行免疫反应的目的；通过观察抗体及抗原上相应底物与酶发生反应所表现出来的颜色来对病毒进行有效的检测。

（2）免疫荧光技术：基于荧光材料的可视性，通过显微镜对植物组织结构进行观察和检测的技术就是免疫荧光技术。将待检测的植物组织制成样本，用颜色特异的荧光染料对特定抗体进行着色，这样就可以根据荧光染料反映出来的颜色对病毒进行有效的分析研判。免疫荧光技术的应用能够极大地提升检测的便捷性和直观性，但在该技术的应用过程中要对光漂白现象引起高度重视，对光照强度、曝光周期及荧光剂浓度进行有效控制，从而实现检测敏感度和准确性的有效提升。

（3）荧光原位杂交技术：荧光原位杂交技术不是单一技术的直接使用，而是多种技术的有效结合，具有代表性的是杂交技术、荧光技术及显微镜技术。相比免疫荧光技术，其引入了杂交技术，能够对 RNA 序列进行针对性的识别并与其结合，所以该技术具有极强的特异性。

（4）电印迹免疫技术：电印迹免疫技术对病毒的敏感性极强，因此往往用于较低浓度的病毒检测中。对待检测的病毒蛋白进行有限提取，通过电泳技术将病毒的外壳蛋白进行分离并将该蛋白质通过相关技术传递到乙酰纤维素膜之中，借助与抗原抗体的反应来对病毒进行有效分析和研判。虽然电印迹免疫技术具有某些优异特性，但局限于其操作的复杂性，故不用于数量巨大的样品检测中。

3. 分子生物学检测

（1）聚合酶链反应技术：对某一微量特定的 DNA 进行放大扩增从而实现检测目的的技术就是聚合酶链反应（PCR）技术。在缓冲液中加入各种引物和待检测样本及相应的聚合酶混合物，对该混合物进行高温作用使得 DNA 发生变性后进行退火处理，采取电泳和核酸杂交技术对病毒进行检测。当前的 PCR 技术已经在多种生物领域得到广泛应用。在植物病毒检测领域，更是因其快捷性、准确性及灵敏性而被广泛使用。但其应用也不是无条件的，在 DNA 未知的情况下，该技术则不能快速而准确地进行 DNA 复制，这就产生了一定的局限性。

（2）实时荧光定量 PCR 技术：在 PCR 系统中引入荧光基因标记技术，二者即时结合就是实时荧光定量 PCR 技术。荧光信号的有效引入能够将原来简单的 PCR 技术性状分析转变为有效定量研判。此外，荧光信号的有效观察能够实现 PCR 过程的全面掌控。相比于常规 PCR 技术，实时荧光定量 PCR 技术的操作更加便捷，因而其操作过程产生的污染也较少。但是该技术对设备要求较高，当前相关的技术设备价格较高。

（3）多重 PCR 技术与巢式 PCR 技术：多重 PCR 技术相比于常规 PCR 技术能够实现多个基因序列的同时检测。巢式 PCR 技术主要应用于低病毒浓度检测情况中，该技术能够通过样本制备过程的简化有效降低技术操作过程的污染，提升检测的敏感性和精确度。

（4）生物传感器技术：生物传感器的使用能够将物质浓度转变为电子信息，通过对电信号进行传递，利用信号分析装置对所传递的信息进行分析处理，从而实现病毒检测的目的。当前的生物传感器种类众多，主要以纳米生物传感器、DNA 分子信标传感器及酶催化传感器为主要代表，这些生物传感器在植物病毒检测中的使用较为广泛。

（二）脱毒苗农艺性状鉴定

脱毒苗的农艺性状鉴定是评估脱毒植株的生长和农艺特性的过程。经过脱毒处理的材料，尤其是经过组织培养诱导获得的无菌材料有发生变异的可能。因此必须在隔离条件下对其进行农艺性状鉴定，以确保脱毒苗的生长性状和经济性状与亲本一致。

（三）无病毒原种的保存和应用

无病毒原种是指经脱毒处理获得的、经检测无毒的原始植株在隔离条件下繁殖出的、用于生产种子的繁殖材料。

1. 无病毒原种的保存　　无病毒原种并不具有对病毒的抗性，如果种植在自然条件下很快会被病毒重新感染。因此应该将无病毒原种种植在隔离环境中，一种方法是把经过脱毒并鉴定后性状优良的原种通过离体培养和繁殖进行保存；另一种方法是将无毒原种种植于有防虫网的隔离区或温室中，种植使用的土壤经过灭菌。

2. 无病毒原种的应用　　无病毒原种的应用包括无病毒原种的繁育和推广两个方面。在无病毒原种繁育方面，目前已经建立《柑橘无病毒苗木繁育规程》，从 2006 年 4 月起作为农业行业推荐标准（NY/T 973—2006）实行。在无病毒原种的推广方面，应该建立标准化种植示范基地，实施"科研+企业+专业合作社+专业户"的合作方式，通过标准化种植示范基地的示范带动作用扩大无病毒苗木种植规模。还应该完善推广栽培技术，技术培训和科普宣传是加强农户和消费者对无病毒苗木认知。

小　　结

植物离体快繁是一项革新性的现代种苗繁育技术，该技术不仅可以大大加快植物繁殖的速度，还可以用于稀缺或良种植物的繁殖，可以保持植物的遗传纯度、用于自然界无法用种子繁殖的苗木及拯救濒危植物。在应用上，茎尖脱毒及无病毒苗木的快速繁殖，植物离体快繁在植物种质资源的保护和利用方面具有重要的意义。愈伤途径无性快繁和芽增殖途径无性快繁是植物离体快繁的两种重要途径。无论是愈伤途径还是芽增殖途径，培养基的选择和激素浓度的配比在其中发挥了重要的作用，愈伤途径无性快繁的步骤主要包括愈伤组织的获取、培养基的制备、初代培养、继代培养和生根培养、驯化与移栽等。而芽增殖途径主要包括侧芽增殖、不定芽增殖和体细胞胚增殖。离体快繁经过无菌培养的建立和初代培养生长启动后，进入继代培养和快速增殖阶段。脱毒种苗的创制是离体快繁最重要的应用方向之一，脱毒苗的鉴定可以通过生物学检测、免疫学检测、分子生物学检测等多种方法。

复习思考题

参考答案

1. 什么是植物离体快繁？具有什么应用价值？
2. 外植体的定义是什么？大体分为几种类型？
3. 愈伤途径无性快繁的原理是什么？
4. 愈伤途径无性快繁主要包括哪些步骤？
5. 如何驯化和移栽试管苗？
6. 影响愈伤途径无性快繁的关键因素有哪些？
7. 如何优化愈伤途径无性快繁效果？
8. 侧芽增殖的主要优点是什么？
9. 外植体经过诱导产生体细胞胚的途径有哪两种？其体细胞胚胎发生各需要经过哪几个阶段？
10. 植物脱毒的意义是什么？能应用于哪些领域？
11. 植物脱毒的方法主要有哪些？
12. 有哪些分子生物学方法可以用于检测脱毒效果？

主要参考文献

高敏霞，赖瑞联，冯新，等. 2020. 外植体和培养条件对猕猴桃不定芽再生的影响[J]. 东南园艺，8（2）：1-5.

刘江海，马英姿，张家玲，等. 2016. 蛇足石杉侧芽的发生与培养研究[J]. 中草药，47（17）：3103-3108.

刘科宏，周彦，李中安. 2016. 柑橘茎尖嫁接脱毒技术研究进展[J]. 园艺学报，43（9）：1665-1674.

吕德任，任军方，符瑞侃，等. 2018. 非洲紫罗兰离体叶片不定芽的诱导及植株再生[J]. 绿色科技，（23）：77-79.

钱晶晶，王宁. 2021. 金银花离体快繁体系的建立[J]. 农业与技术，41（12）：5-7.

乔芬，祁鹏志，伏卉，等. 2011. 柑橘衰退病和碎叶病复合感染病原的脱毒研究[J]. 华中农业大学学报，30（4）：416-421.

王诗忆，黄奕孜，李舟阳，等. 2022. 植物体细胞胚胎发生及其分子调控机制研究进展[J]. 浙江农林大学学报，39（1）：223-232.

吴群英，李伯林，李景云. 2013. 罗汉果茎尖脱毒技术研究[J]. 北方园艺，（3）：110-112.

薛超. 2020. 植物病毒检测技术研究进展分析[J]. 农业与技术，40（16）：48-50.

源朝政，陈海霞，吕长平，等. 2013. 百合病毒病检测技术研究进展[J]. 湖南农业科学，（9）：77-80.

Mottl O, Flantua SGA, Bhatta KP, et al. 2021. Global acceleration in rates of vegetation change over the past 18 000 years[J]. Science, 372: 860-864.

Sugimoto K, Jiao YL, Meyerowitz EM, et al. 2010. *Arabidopsis* regeneration from multiple tissues occurs via a root development pathway[J]. Developmental Cell, 18（3）: 463-471.

Wu L, Qu X, Dong Z, et al. 2020. WUSCHEL triggers innate antiviral immunity in plant stem cells[J]. Science, 370: 227-231.

第七章

植物人工种子技术

学习目标

①了解人工种子的概念、意义及应用现状。②学习并掌握人工种子的基本结构。③理解合成人工种子的原理及技术,以掌握植物人工种子技术。④了解人工种子的贮藏、萌发及不同植物人工种子的制备技术差异。

引 言

在自然界中,植物的繁殖主要依赖于种子繁殖。然而,自然种子的繁殖过程常面临种皮限制、低温限制发芽等难题。为了克服这些问题,近些年人工种子的概念应运而生。人工种子技术基于组织培养技术,是一种新型的植物育种方法,它以操作简单、周期短、成本低等优势脱颖而出,有望成为植物繁殖和品种选育的新选择。

本章思维导图

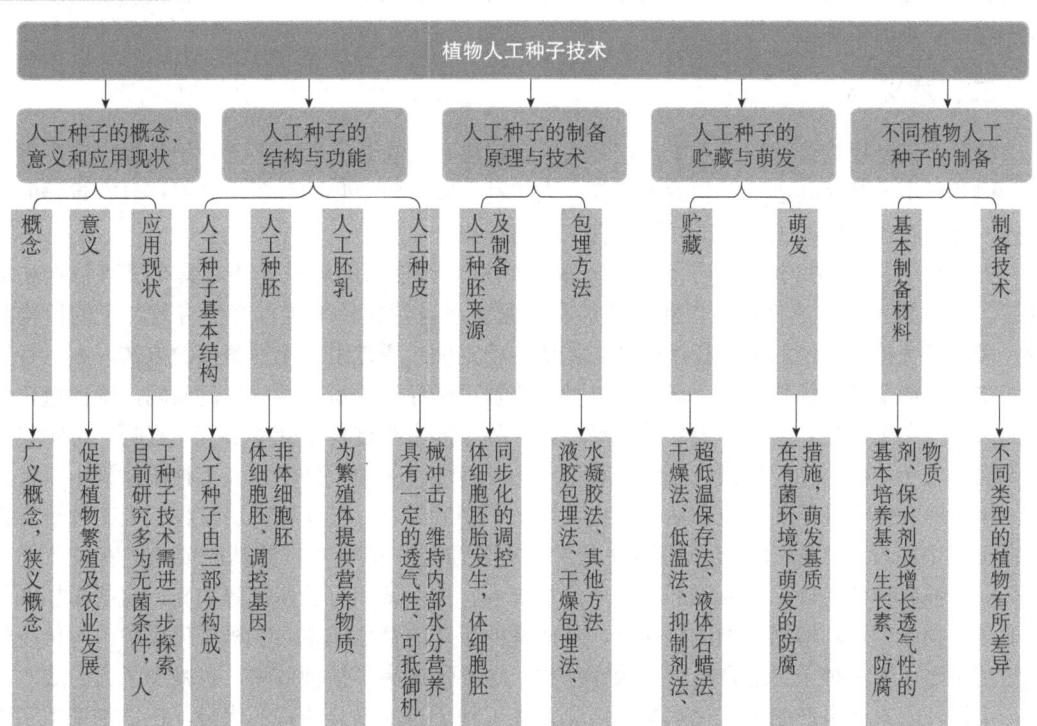

第一节　人工种子的概念、意义和应用现状

一、概念

人工种子也称合成种子或体细胞种子，制备人工种子主要基于植物细胞的全能性理论，即在适当培养条件下，植物体的每个细胞都具有发育成一个完整个体的潜能。这一理论为后续的体细胞胚胎发生、植株再生技术，以及人工种子技术的发展奠定了基础。人工种子的概念最早于1978年提出，自此，该领域的研究受到了全球的广泛关注。随着对人工种子认识的不断加深，相关概念也在不断得到丰富和完善。广义上，人工种子是指将胚状体或组织（如顶芽、腋芽）及器官（如小鳞叶等）与必要的营养成分（人工胚乳）结合，并用具有一定通透性且无毒的材料包裹形成的颗粒体，其形态与天然种子相似。狭义上，人工种子特指通过植物离体培养产生的胚状体，这些胚状体被包裹在含有养分和具有保护功能的物质中，在适宜的环境条件下能够发芽生长。本质上，人工种子技术是基于植物组织培养的无性微体快繁技术。美国普渡大学科学家利用聚环氧乙烯干燥法首次成功制作出人工种子（包埋胡萝卜胚状体），为后续的研究和应用提供了重要的基础。人工种子的生产过程主要包括外植体的选取、胚性愈伤组织的诱导、体细胞胚的获取与同步化、人工种子包埋、贮藏及萌发成苗等关键步骤。

人工种子可分为三大类。①裸露的或休眠的繁殖体：如微鳞茎、微块茎等，这类人工种子在不加包被的情况下也具有较高的成株率。②人工种皮包被的繁殖体：一些体细胞胚、原球茎等不能过度干燥，但只需要用人工种皮包被即可维持良好的发芽状态。③水凝胶包埋再包被人工种皮的繁殖体：大多数体细胞胚、不定芽、茎尖等均需要先包埋在半液态凝胶中，再经人工种皮包裹才能避免失水，从而维持良好的发芽能力。随着人工种子的研究制备技术不断发展完善，现已制备出多种植物的人工种子。

二、意义

种子不仅是植物传种续代之本，也是人类赖以生存的衣食之源。人工种子从提出概念到如今，很多科学家都对其进行了相关的研究。人工种子除了对植物的种质资源保存具有重要的意义外，对于农业发展和工业生产同样具有深远的影响。

人工种子技术巧妙地融合了天然种子和组织培养无性系的双重优势，具有显著特点和益处。①植物繁殖的广泛性：人工种子能够有效繁殖在自然条件下难以产生有效种子的植物品种，极大拓宽植物繁殖的范围和可能性。②遗传稳定性：通过组培无性繁殖的方式，人工种子能固定并保持杂种的优势特性，避免通过种子繁殖可能导致的后代性状分离问题，确保遗传性状的一致性和稳定性。③生产效率的提高：人工种子的生产过程不受季节变化影响，可实现全年无间断生产，提高种子的供应稳定性和生产的灵活性。④便于储运：人工种子体积小、重量轻，极大地方便了种子的储藏和运输工作，降低了物流成本。⑤简化栽培过程：人工种子可直接在土壤中萌发，省去组培苗在瓶内生长和生根的阶段，减少对培养基的依赖，有效节约成本。⑥增强植物抗逆性：在人工胚乳中可添加农药、抗生素和有益菌类等物质，这些添加剂能够促进植物的生长，增强植物的抗逆性，从而降低苗期的管理成本。⑦机械化播种：与传统的组培苗相比，人工种子更适合机械化操作播种，这不仅提高了播种效率，也减少了人力成本，进一步提升了农业生产的现代化水平。可见，人工种子技术以其独特的优势，在植物繁殖和农业生产领域展现出巨大的潜力和价值，为实现高效、可持续的农业生产提供了新解决方案。

三、应用现状

人工种子的制作技术对推动农业生产有重要意义，不仅加速了农作物品种改良与创新的步伐，还能够显著提升农作物的品质，对农业生产产生积极而持久的影响。主要研究内容有植物体细胞胚的诱导、体细胞胚的同步化及筛选方法、人工胚乳制作、包埋材料、非胚繁殖体、人工种子的贮藏和发芽等。在研究过程中，一般将植物分为两种类型：一类是具有一定研究基础的植物，这类植物结构简单、生长周期短、特征明显，很容易与其他植物区分开来，便于观察和实验操作，且已建立体细胞胚胎发生系统，称为模式植物，如胡萝卜、花椰菜、莴苣等；另一类主要包括具有重要经济价值的作物和药用植物，这些植物因其在食品、纺织、医药等行业的应用而备受关注，如铁皮石斛、半夏、三七等。经过 40 多年的发展，现今的人工种子技术已取得很大的进步，目前已对 35 科近 40 种植物进行了探索，如水稻、玉米、棉花等农作物，苜蓿、长寿花、白云杉等园艺植物和林木。我国已成功研制出水稻的人工种子和小黄姜的人工种子。人工种子的研究范围已经从过去的模式植物转向经济作物、观赏植物、中药材、濒危植物等各种类型，并呈一定的上涨趋势。我国是中药资源大国，药用植物的使用具有悠久的历史。现已对上百种药用植物的人工种子开展了萌发成苗实验，如半夏、人参、三七等。

人工种子技术虽然发展迅速，但大多数研究目前仍集中在无菌环境下。在自然条件下，人工种子的萌发通常以灭菌或未灭菌处理的单一或混合土壤基质作为萌发基质。但由于微生物污染和水分散失快等问题，人工种子在自然条件下的萌发率和成苗率往往不及无菌环境。尽管如此，有研究显示，在特定条件下，人工种子在自然和无菌环境下的萌发率并无显著差异。这一发现表明，人工种子的制作技术仍需进一步的探索和深入研究以提高其在实际应用中的可靠性和效率，从而更好地服务于农业生产和生态恢复等领域。

◆ 第二节　人工种子的结构与功能

一、人工种子基本结构

通常天然的植物种子由三部分组成：种皮、胚和胚乳。它们共同保证了种子正常发育：种皮通常在种子的外层起到保护作用；胚由胚芽、胚轴、胚根及子叶构成，是种子长成植株的主要部分，即胚是发育成新植株的部分；胚乳含有大量的营养物质，起到营养支持作用，是种苗萌发生长不可缺少的营养来源。同样，人工种子也需要保证有营养、保护、发育这三个组成部分。所以，人工种子一般也是由三部分组成（图 7-1）：最外层为人工种皮，有通气、保持水分与养分和防止外部机械冲击的性能；中间为人工胚乳，含有胚状体发育所需的营养物质和其他有益成分；最内侧为被包裹的胚状体或芽。体细胞胚和非体细胞胚构成了人工胚，非体细胞胚又包括带茎芽段、腋芽、不定芽、愈伤组织等。

二、人工种胚

（一）体细胞胚

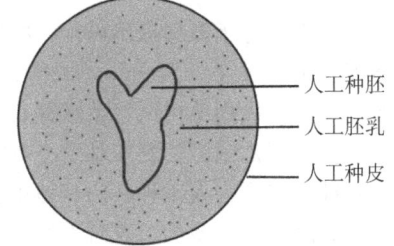

图 7-1　人工种子结构的示意

在组织培养过程中，研究者发现不仅合子能够经历典型的胚胎发育阶段，体细胞和花粉粒也能够通过相似的发育过程形成胚胎结构。这一过程包括原胚期、球形胚期、心形胚期、鱼雷形胚期及子叶期，最终形成与合子胚在形态上类似的结构，这些结构被称为胚状体。在植物的有性生殖过程中，精子与卵子结合形成合子，尔后发育成胚，胚再进一步发育成完整的植株。相对地，胚状体的形成则不依赖于雌雄配子的结合，胚状体途径是指外植体按胚胎发生方式形成再生植株的过程。

大量研究表明，植物的体细胞具有形成胚的潜力。通常将高等植物的卵细胞在受精后所发育成的胚称作合子胚；而将高等植物的体细胞在一定条件下所诱导形成的胚称作体细胞胚。合子胚与体细胞胚均具有形成完整植株的能力，它们的起源、发育过程并不完全相同，但是所产生的后代却都能很好地表现出原有母株的种性。在组织培养过程中，通过体细胞胚获取幼苗已经在很多花卉、林木和药用植物上广泛应用，如花榈木等。体细胞胚具有两大特点：一是能够同时发育形成芽和根（即两极性）；二是生殖隔离，体细胞胚和母体或者外植体之间存在缝隙，将体细胞胚与母体或外植体维管束分开，断开直接联系，具有独立性。

（二）调控基因

随着分子生物学领域的快速发展，特别是转录组学和蛋白质组学等高通量分析技术的广泛应用，对体细胞胚胎发生过程的研究已取得显著进展。科学家不仅深入研究了诱导体细胞胚胎发生的材料特性，而且对调控这一过程的关键基因进行了广泛探索和系统总结。体细胞胚胎发生的分子机制和调控网络的解析已经成为植物生物学研究的热点领域。通过这些研究，科学家已经鉴定出多个与体细胞胚胎发生密切相关的基因，并对它们的生物学功能有了初步的认识。对这些关键基因的研究，不仅有助于揭示体细胞胚胎发生的分子基础，而且对于设计和优化植物组织培养的实验条件、提高体细胞胚诱导效率及加速新品种的培育具有重要的指导意义。

目前，发现有多种基因在体细胞胚诱导过程中发挥着重要的作用。*SERK*（somatic embryogenesis receptor-like kinase）与植物的胁迫响应和生长发育过程有关。*SERK* 最早在胡萝卜中发现，其在胚胎发育早期和球形胚时期起作用。*WUS*（wuschel）基因是决定植物干细胞命运的基因，既能够抑制茎尖分生组织分化也可以促进花器官模式建成。*WUS* 只在体细胞胚胎发生早期表达，随着体细胞胚的发育，*WUS* 的转录水平逐渐增强，等到体细胞胚长出以后 *WUS* 的表达水平迅速降低。*LEC*（leafy cotyledon）主要包括 *LEC1* 和 *LEC2* 基因，功能保守，能够调控细胞分裂、植物激素产生和碳水化合物代谢，是一类在植物体细胞胚胎发生中具有关键作用的基因。植物体细胞胚胎发生过程相当复杂，涉及大量基因的调控。除上述基因外，在调控过程中还涉及许多其他基因。*BBM*（baby boom）基因是胚胎所特有的一种基因，可作为胚胎发生的标志基因。*STM*（shoot meristemless）基因是参与茎顶端分生组织形成和维持，控制细胞处于未分化状态所必需的基因。*STM* 基因与 *WUS* 基因在抑制细胞分化方面具有协同性。

（三）非体细胞胚

自人工种子概念提出以来，将体细胞胚作为种胚的人工种子已成功应用于体细胞胚能够大量发生的胡萝卜、苜蓿和龙眼等植物。但并非所有植物都能建立高质量的体细胞胚胎发生系统。研究者利用桑树试管苗腋芽首次成功制备非体细胞胚的人工种子，此后非体细胞胚人工种子因其适用范围广、制作难度小等特点逐渐吸引了研究者的目光，成为人工种胚的研究热点。

能用来作为人工种胚的非体细胞胚材料有很多种，主要包括原球茎、不定芽、愈伤组织、顶芽、腋芽、小鳞茎、发育不完全的种子和毛状根。按照人工种子非体细胞胚的来源可将这些材料大致分为三类：一是无性单极繁殖体，如原球茎和小鳞茎等；二是微切段，如带茎芽段和腋芽等；三是分化能力较强的无性繁殖体，如拟分生组织和愈伤组织等。由于不同种属植物的生化性质大相径庭，因此在选择作为繁殖体的原料时要根据植物自身的特点进行选择，材料的选择会直接影响到制备出来的种子最终的出芽率及存活率。

三、人工胚乳

人工胚乳是介于人工种皮和胚状体之间，为繁殖体提供矿质元素、维生素及激素等营养物质的组成成分。人工胚乳对促进和维持繁殖体生长发育具有重要作用，同时也是萌发生长的营养来源。人工胚乳的成分主要包括凝胶基质、基本培养基、植物生长调节剂、碳源、抗生素、天然添加物（有机物）、吸附剂及其他物质。

适宜作为人工胚乳凝胶基质的材料有海藻酸钠、果胶酸钠、琼脂、明胶、树胶等，这些材料各有优势，目前最常用的是海藻酸钠，因其具有通透性好、无毒、生物相容性好及价格低廉等优点，至今仍是人工胚乳基质的首选。但它也存在很多问题，如易粘连、易渗漏、易失水、机械强度差等。为了克服这些困难，研究人员尝试用复合材料来制备人工胚乳，如在人工胚乳中添加壳聚糖、活性炭、木薯淀粉、保水剂等。基本培养基主要是用于提供营养物质，常用的基本培养基有MS培养基、1/2 MS培养基、B5培养基、N6培养基和SH培养基等。同时，人工胚乳中还需添加一定的碳源，如蔗糖、果糖、麦芽糖和淀粉等，主要起维持胚乳内外的渗透压及给胚状体提供营养的作用。此外，培养基由于含有营养物质而易被污染，因此人工胚乳中常通过添加防腐剂、抗生素及农药等的方式来提高其防腐性能，这是人工种子实现长时间贮藏及田间播种的关键技术之一。

四、人工种皮

人工种皮是一种功能类似于天然种子的种皮，专门设计用来包裹人工种胚和人工胚乳的保护性膜。其主要作用是确保种子内部的通气性，抵御外部机械冲击，同时维持种子内部的水分和营养，防止流失。作为人工种子的外部保护层，人工种皮需要具备足够的强度来保持种子的完整性，以便于储存、运输和使用，但同时也要确保不影响种子在萌发期间的正常生长。人工种皮通常分为内种皮和外种皮两部分。内种皮具有一定的透气性，而外种皮则具有更强的保护作用，防止外界环境对种子造成损害，两者保障种子的正常萌发。

壳聚糖、聚乙二醇（PEG）、海藻酸钠是制备人工种皮常用的材料，但有研究发现利用2%壳聚糖作为种皮时，种子失水严重，保水性差，萌发率偏低；PEG涂膜虽能提高种子萌发率，但腐烂较多，表明PEG无防腐作用，且PEG浓度过高会使形成的外膜过于坚硬，影响透气性，而浓度过低会使形成的外膜脆弱，无法有效保持水分。相比之下，海藻酸钠表现出较为稳定的性能，被认为是较为理想的人工种皮材料。

目前，内种皮的制备仍然需要在无菌条件下进行，仅有内种皮包埋的人工种子存在机械强度差、易污染等问题，不利于机械化播种。为了使人工种子能够像天然种子一样方便地进行贮藏、包装和运输，需要开发具备良好保水性和机械强度的人工外种皮。外种皮的添加不仅能够提高人工种子的保水性能，防止营养流失，还能够减少土壤微生物、温度和pH等环境因素对种子萌发和成苗的影响。目前，最常用的外种皮制备方法是在海藻酸钠中添加多糖，如壳聚糖，以增强其保护性能和稳定性。

◆ 第三节　人工种子的制备原理与技术

人工种子的生产制备过程主要包括：选取目标植物；从合适的外植体诱导愈伤组织；体细胞胚诱导（最好在发酵罐中进行）；体细胞胚同步化；体细胞胚分选；体细胞胚包埋（人工胚乳制作）；包裹外膜（人工种皮筛选）；人工种子；种子的贮藏和萌发等步骤（图7-2）。

96　植物生物技术概论

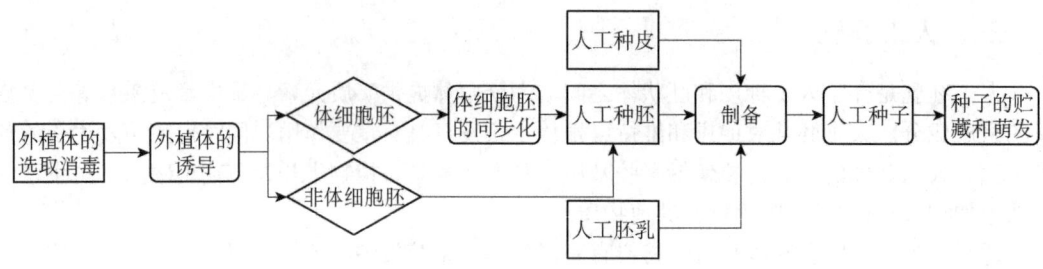

图 7-2　人工种子制备流程图

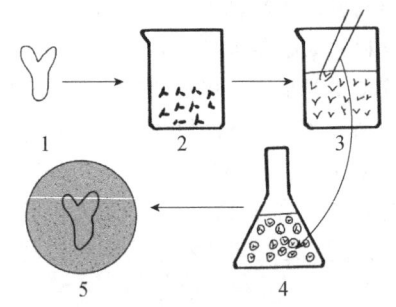

图 7-3　海藻酸钙球法制作人工种子流程
1. 人工种胚选取；2. 人工种胚浸入海藻酸钠半凝胶态溶液；3. 将含有人工种胚的海藻酸钠溶液滴入氯化钙溶液；4. 离子交换；5. 人工种子包裹示意图

海藻酸钠钙球法生产的人工种子的种胚被人工胚乳和人工种皮包裹，包裹基质能够为种胚提供充足的营养（图7-3）。

一、人工种胚来源及制备

人工种胚是植物人工种子的繁殖体（活体部分），相当于天然种子的胚，是人工种子的核心构件，人工种胚分为体细胞胚和非体细胞胚，后者包括不定芽、腋芽、茎芽段、原球茎、发根、根状茎、鳞茎、愈伤组织等。以体细胞胚为繁殖体包埋制作而成的人工种子称为体细胞胚人工种子；以非体细胞胚为繁殖体制作而成的人工种子则称为非体细胞胚人工种子。植物体细胞胚的发生分为两个阶段（图7-4）：诱导阶段和形成阶段。诱导阶段包括外植体细胞的脱分化、愈伤组织的诱导及胚性细胞或细胞团的形成；形成阶段包括胚状体的形成和发育。由于目前只有少数植物能建立起高质量的体细胞胚胎发生系统，且体细胞胚存在无性系变异、幼苗期较长及苗转化率较低等缺点，因而很多研究采用非体细胞胚作为种胚制备人工种子。

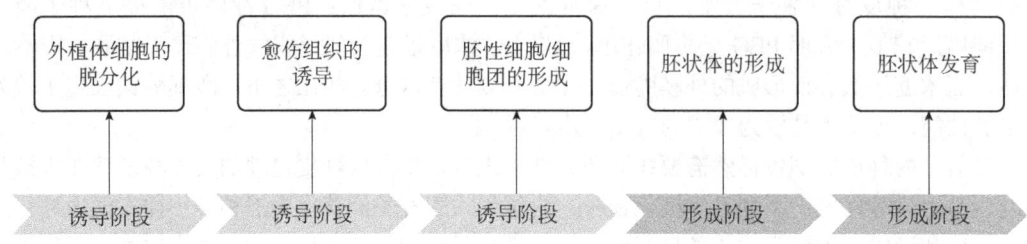

图 7-4　体细胞胚胎发生

（一）体细胞胚胎发生

从第六章已知，体细胞胚胎发生有直接发生和间接发生两种方式：直接发生是指体细胞胚直接从原外植体不经过愈伤组织阶段发育而成；间接发生是指从愈伤组织或者已经形成的体细胞胚的一组细胞中发育而成（图7-5）。两种发生方式的主要差异在于是否形成愈伤组织，基于此差异两种发生方式的操作步骤及条件明显不同。前者需要诱导物的合成或抑制物的消除从而恢复细胞分裂，后者需要诱导细胞重新进入细胞周期而进行发育。两种发生方式中后者更为常见，需要注意的是，在诱导体细胞胚胎发生初期会形成多种愈伤组织，其中非胚性愈伤组织是不能形成体细胞胚的，只有少数胚性愈伤组织才能形成胚胎。因此在制备过程中要能够鉴定出两者，一般胚性愈伤组织的细胞空泡较少，细胞质更致密，细胞核清晰。

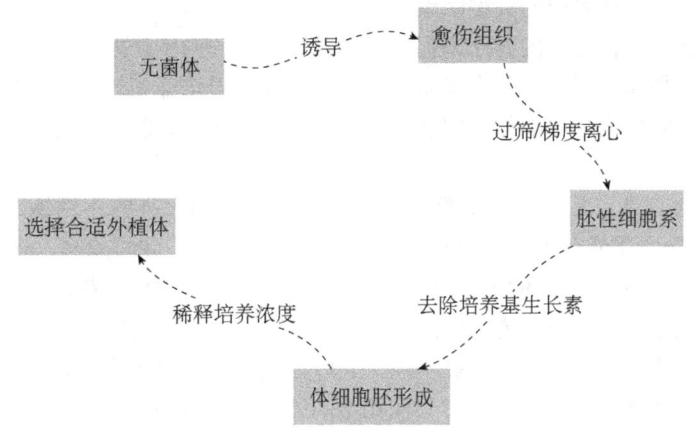

图 7-5 体细胞胚间接发生

植物体细胞胚胎发生受内在因素和外在因素共同作用。内在因素主要是基因型、外植体类型、未成熟胚的成熟度；而外在因素包括基本培养基、植物生长调节剂、培养环境条件及营养成分等多种因素。探究出最适宜的体细胞胚诱导条件是获取高质量体细胞胚的关键，也是提高人工种子萌发率最直接有效的手段。

不同的基因型对于体细胞胚胎发生的敏感程度是不一样的，一些基因型的植物并不能成功诱导出体细胞胚，因此人工种子的制备是有局限性的。外植体是决定体细胞胚胎发生的关键材料，它具有高可塑性和细胞全能性的特点，能够发育形成与母本优良性状相同的再生植株。由于一些林木树种的顽固性加上现有技术的局限性，大部分的植物细胞组织在体外培养未能诱导体细胞胚胎发生，特别是已高度分化的植物细胞组织。研究表明，分化程度低、具有茎端分生组织的材料更容易诱导体细胞胚胎发生及植株再生，其中成熟胚和未成熟胚是体细胞胚胎发生诱导使用频率最多的外植体。外源植物生长调节剂是体细胞胚胎发生诱导的关键因子，参与信号转导和胁迫反应，从而影响内源生长素含量，调节细胞脱分化、再分化及其胚胎发生的形态建成。除极少部分植物在无植物生长调节剂下能够直接诱导体细胞胚发生外，大多数植物的体细胞胚胎发生需要植物生长调节剂的参与。

（二）体细胞胚同步化的调控

离体条件下，体细胞胚的发育往往不同步，这意味着在同一时间点，可观察到处于不同发育阶段的体细胞胚。然而，在种子制作过程中，为了确保种子质量和一致性，需要使用发育正常且形态一致的鱼雷形胚或子叶胚。因此，对体细胞胚进行同步化处理十分必要。所谓体细胞胚同步化是指通过一系列技术手段，如过筛、低温处理、调整培养基营养成分或酸碱度等，来同步控制体细胞胚的分化，并对它们进行纯化和筛选。这些方法旨在将体细胞胚的生长阶段限制在同一时期，以便获得大小、形态及分化程度相似的胚状体。

人工种子若想实现工厂化生产，就必须同步化生产体细胞胚，否则在包埋时再根据体细胞胚大小和成熟度筛选体细胞胚，其工序尤为烦琐，严重影响生产效率。此外，使用成熟度不一致的体细胞胚进行包埋，将导致人工种子的萌发速度和种苗的整齐度出现显著的不一致性，这不仅会增加栽培管理的难度，还会影响到人工种子的整体萌发效果。因此，为了简化生产流程、降低管理难度，并确保人工种子的萌发质量和一致性，必须获得大量同步化的体细胞胚。这样，就可以避免在包埋阶段对体细胞胚进行烦琐的筛选工作，从而节约大量的人力、物力和财力，有效提高生产效率，为实现工厂化的生产目标奠定基础。因此体细胞胚的同步化是实现人工种子机械化和工厂化生产的关键因素。

研究者已探索出多种有效的方法来促进植物体细胞胚的同步化发生，这些方法可根据细胞来源和特性进行选择和应用。根据众多研究报道，液体悬浮培养相较于传统的固体培养，更有利于实现植物细胞同步化。目前体细胞胚同步化的主要方法分为以下两类。

1. 物理方法调控

（1）过筛分级分选：根据体细胞胚发育的阶段，用不同大小的不锈钢网或尼龙网进行筛选，将胚性细胞及悬浮液分别通过 20 目、30 目、40 目和 60 目的滤网，过滤、培养、再过滤。重复几次后，不同时期的体细胞胚就得到了分选。这个方法操作简单，是目前控制植物体细胞胚同步化发生方法中应用最为广泛的。但此法仅适用于液体培养的体细胞胚。

（2）密度梯度离心：该方法是根据不同生长时期细胞密度的大小进行分离。根据不同浓度聚蔗糖能产生不同密度梯度的原理，对不同比重的细胞进行离心筛选，从而得到发育较为一致的体细胞胚。

（3）低温培养：低温培养即形成所谓的温度伤害，温度伤害常可促进胚性细胞同步化。低温能延缓生长较快的体细胞胚生长，从而与发育慢的体细胞胚逐渐同步化，温度恢复至正常时，胚性细胞即可同步分裂。但根据植物品种的不同，低温处理的时间和温度也不同。低温处理是效果较好的同步化方法，适当的低温一般不会引起细胞染色体变异且简单易行，因此认为用低温处理的方法促使细胞同步化比较合适。但此法的细胞同步化率还不够高，需进一步研究提高同步化率。

（4）渗透压调节：体细胞胚发育的不同阶段，其渗透压也不同，因此调节液体培养基中的渗透压能分选出不同时期的体细胞胚。此法也是目前使用较多且效果较好的体细胞胚同步化控制方法，其不足之处在于蔗糖浓度过高会极大地降低胚性愈伤组织的活力和后来的胚性能力；而且，蔗糖浓度过高还会对形态建成起负作用。

（5）分级仪淘选胚性细胞：分级仪的原理是根据不同发育时期的体细胞胚在溶液中的浮力不同而设计的。分级仪可将合适的胚分选出来供制种用，较小的胚和细胞团仍保持在无菌状态并可能继续产生体细胞胚。密度梯度离心筛选和植物胚性细胞分级仪淘选虽然都可得到发育比较一致的体细胞胚，但这些方法不适合于发育早期和更为早期的体细胞胚同步化调控，对体细胞胚胎发生机制的研究有一定的局限性。

（6）手工选择：在无菌操作条件下逐个筛选体细胞胚（仅适用于实验室小规模试验）。

2. 化学方法调控

（1）饥饿法：如果细胞生长所需的基本成分（如各种盐、维生素、糖等）丧失，细胞即会因饥饿而致使分裂受阻，从而停留在某一分裂时期。当在培养基中加入所缺少的营养成分或将饥饿细胞转入营养成分完全的培养基上时，细胞又重新恢复分裂。

（2）抑制剂法：用于同步化控制的抑制剂主要有 5-氟尿嘧啶（5-FU）、秋水仙素、5-氨基尿嘧啶（5-AU）等。这些抑制剂可以阻断细胞周期，使细胞能够停留在某一发育阶段，从而促使细胞群能够停留在同一阶段；阻断解除之后，细胞能够恢复正常的周期循环，继而能够获得同步化的体细胞胚。但是有些抑制剂因为直接作用于细胞的染色体从而极易诱导染色体变异，使用时需要及时观察诱导状况，考虑使用的可靠性。

（3）外源激素调控：2,4-D、乙酰水杨酸（ASA）和脱落酸（ABA）等常被用于体细胞胚同步化培养中，选择不同浓度及类型的外源激素对体细胞胚同步化具有重要的影响，如在含有 2,4-D 培养基中细胞常会停留在胚性细胞阶段而不能继续生长，当去掉 2,4-D 时便可同步地让胚性细胞发育成熟。

有时单一的同步方法难以达到理想的效果，有研究发现将多种方法结合可获得良好的同步化效果。但无论是何种细胞同步化处理，对细胞本身均具有一定程度的伤害。如果处理的细胞没有足够活力将会造成细胞大量死亡。因此，在进行细胞同步化处理之前，细胞必须进行充分活化培养。

二、包埋方法

目前，包埋人工种子的方法主要有液胶包埋法、干燥包埋法和水凝胶法。其中最常用的方法是水凝胶法，其原理是通过温度突变或离子交换形成凝胶，用于包埋人工胚。当前有的人工种子的内种皮是利用海藻酸钠和氯化钙络合产生，形成具有一定硬度的海藻酸钙层包在胚状体等材料外，起到了保护人工胚的作用。还有的采用海藻酸钠胶囊外包裹高分子化合物作为外种皮，此时这层高分子化合物外膜便是种胚的保护措施。

（一）液胶包埋法

液胶包埋法是将胚状体或胚功能类似物悬浮在一种黏滞体胶中直接滴入土壤，科研工作者用这种方法包埋获得大量胡萝卜人工种子，最终得到胡萝卜小植株；而有研究显示在流体胶中加入蔗糖后，只有4%的胚可存活7 d。这种方法的存活率和萌发率都很低，因此并不常采用此方法进行包埋。

（二）干燥包埋法

干燥包埋法是指将体细胞胚干燥后再利用聚氧乙烯等聚合物进行包埋，尽管干燥包埋法成株率较低，但它证明了体细胞胚干燥包埋的有效性，此法包埋后的人工种子易于贮存，但其成苗率比较低，所以也不常用于人工种子的包被。

（三）水凝胶法

水凝胶法是指通过离子交换或温度突变形成凝胶来包裹材料的方法，此方法应用最为广泛。以苜蓿为例，海藻酸钠、果胶酸钠、琼脂等可作为苜蓿人工种子的包被材料，其中海藻酸钠效果最好，所制成的人工种子成活率高且成本低廉，因此水凝胶法常常采用海藻酸钠作为核心的包裹材料，并广泛应用于人工种子的制备过程中。

以海藻酸钠作为凝胶的方法又称为海藻酸钙球法。该方法的基本操作流程如下：首先，将人工种胚悬浮在以海藻酸钠为凝胶基质的人工胚乳水溶液中，形成初步的凝胶结构；其次，将这些凝胶结构从溶液中捞出，并滴入经高温灭菌的氯化钙（$CaCl_2$）溶液中，经过离子交换反应形成稳定的海藻酸钙凝胶球。在制备过程中，通过控制海藻酸钠加入量、$CaCl_2$溶液浓度、离子交换时间的长短等影响因素来得到具有一定硬度和形状的球状胶囊。以上影响因素可以根据人工种胚的性质、植物种类等来确定，最大限度地保证包埋的人工种子具有应用价值。若在制备过程中海藻酸钠浓度过低，则会使形成人工种子的时间长、颗粒不均、种子软、易粘连；若浓度过高，形成的人工种子形状均一，但硬度大、透明度低，会阻碍人工种子萌发，因此海藻酸钠的浓度需要实验研究确定。

1. **海藻酸钠优缺点**　海藻酸钠无毒，具有生物活性，做成的胶囊具有强度较好、成本较低、制作工艺简单等优点，因此在过去的几十年中其在人工种子包被方面得到了广泛的应用。但其也存在很大的缺点，如水溶性营养成分易渗漏、胶囊在空气中易失水、失水后吸水不能回胀、胶囊之间易粘连、机械强度差、不便于机械化播种等，因此海藻酸钠制成的人工种子大多局限于实验室阶段，并没有广泛被应用于农业或者工业生产中。

2. 解决方法 人们开始尝试在海藻酸钠凝胶系统中添加助剂或者涂抹材料形成外膜等方法克服海藻酸钠黏度大、在空气中易迅速干燥的缺点，它们在海藻酸钠胶囊外层形成一层保护外膜，既能防止胶囊脱水干燥又能降低黏度。助剂包括纤维素衍生物、活性炭和一些高分子化合物等。例如，在 MS 培养基中加入活性炭，能够使胡萝卜人工种子的平均萌发率达到最高。常见的外膜物质包括疏水性物质 Elvax4260（乙烯、乙烯基乙酸和丙烯酸的共聚物）、脱乙烯壳聚糖、丙烯酸树脂、石蜡等。

（四）其他方法

除了上述方法之外还有许多新的组合包埋法及其他各种新方法，如琼脂包埋法、铝胶囊包埋法、双层包埋法、空心珠法和密封端法等。其中使用较多的是中空海藻酸钙球法（图 7-6），此法是将植物材料悬浮于 $CaCl_2$ 和羟甲基纤维混合液中，滴入摇动的海藻酸钠溶液中进行离子交换形成空心胶囊，这种包被技术可以在繁殖体周围形成液体被膜，以更好地保护植物繁殖体。此外，一些黏性固体物质如硅酸钙水合物、黏土和蛭石粉混合物等通过一定处理形成颗粒，也可用来包埋植物繁殖体，称为固体包埋体系。

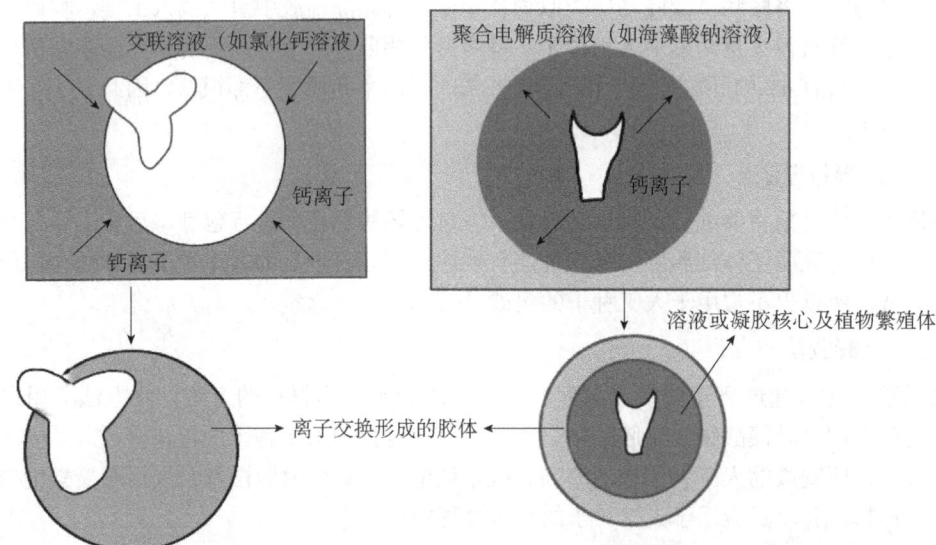

图 7-6 传统单层包埋法（左）与中空海藻酸钙球法（右）示意图
左为从外向里凝胶联化，球体内部称为交联溶液（如氯化钙溶液）及植物繁殖体；
右为从里向外凝胶联化，球体内部称为聚合电解质溶液（如海藻酸钠溶液）、多聚体及植物繁殖体

第四节 人工种子的贮藏与萌发

一、贮藏

农业种植具有季节性，不同植物生长所需温度环境各有差异，而获得的人工种子不一定能及时播种，但人工种子胚乳含有丰富的营养，这就有可能导致其在贮藏过程中出现萌发或者污染的现象，同时人工种子含水量比较高，失水后容易皱缩从而影响人工种子的萌发效果，所以人工种子的贮藏是亟待解决的一个难题。想要解决这个问题则要从多方面着手，如包埋基质的完善、呼吸作用抑制失水后吸水回胀的研究等，目前人工种子贮藏方法主要有以下几种。

（一）干燥法

干燥法是指通过脱水使胚状体停止生长，实质是模拟天然种子经过脱水等生理变化进入休眠的过程。干燥能使种子内自由水含量降低、胚状体的生长停滞，贮藏时间延长。有研究发现，干燥法使贮藏期间芹菜体细胞胚的细胞膜结构不被破坏，保持了细胞内环境的相对稳定。经脱水处理过的大豆的体细胞胚萌发率显著增加。

（二）低温法

低温法是指在不伤害植物繁殖体的前提下，通过降低温度来降低繁殖体的呼吸作用并抑制人工种子的新陈代谢，使之进入休眠状态从而达到长期保存的目的。常用的温度一般是4℃，在此温度下体细胞胚人工种子可以储存1~2个月。例如，芦荟的人工种子保存在4℃条件下，贮藏3个月后萌发率可达到90%。非体细胞胚人工种子可以在4℃下贮藏更长时间，如4种罗勒属植物的腋芽进行包被后可保存60 d，且耐寒性提高。但是低温贮藏人工种子需耗费大量的人力、物力和财力，且由于人工种子没有像自然种子一样在贮藏前就进入休眠状态，随低温贮藏时间的加长，包被体系内的含氧量降低，人工种子萌发率会下降。

（三）抑制剂法

ABA是一种植物逆境激素，可诱导蛋白质、多胺、脯氨酸和淀粉等物质的增加，使体细胞胚在干燥处理中受到保护。抑制剂法就是通过在人工胚乳中添加适当的脱落酸等激素促进其休眠而达到贮藏的目的，常与干燥法结合使用。此方法首次被用于ABA处理胡萝卜体细胞胚，在加入ABA后，经7 d干燥仍具有生命力，并得到再生植株。对于非体细胞胚人工种子，如对龙舌兰的原球茎用$1×10^{-5}$ mol/L ABA处理，经干燥脱水与包埋，也可获得高的存活率。此外，高渗透压处理可增加植物繁殖体内源ABA，诱导休眠，增加其耐旱性。

（四）超低温保存法

超低温保存法是利用超低温冰箱或者液氮（-196℃）等对人工种子进行保存的方法。超低温一般是指-80℃以下的低温，在此条件下，人工种子的新陈代谢或生命活动几乎完全停止，植物繁殖体在超低温过程中不会引起遗传性状的改变，也不会丢失形态发生的潜能，在适当条件下对其解冻即可重新种植。目前广泛应用于人工种子超低温保存的方法主要是预培养-干燥法，即人工种子经一定的预处理，并进行干燥后浸入液氮保存。

（五）液体石蜡法

液体石蜡法是在人工种子包埋后通过涂抹或浸入液体石蜡来抑制其呼吸作用，从而长期保存。液体石蜡是一种无毒液体，由于其经济实惠的优点，常被用来贮藏细菌、真菌和植物组织等，但有研究发现胡萝卜人工种子经过液体石蜡储藏后并未达到理想效果。

二、萌发

检验人工种子质量最直接的方法是将种子进行萌发，制备出来的人工种子需要放置在萌发基质上进行萌发实验同时诱导成苗。能够成功长成幼苗的人工种子才能体现人工种子的质量，萌发率=萌发的人工种子数/供试种子总数×100%。

（一）在有菌环境下萌发的防腐措施

萌发过程中的防腐是人工种子在田间应用的关键技术之一，由于前期的制备均处于无菌状态，一旦将人工种子播种在有菌的环境中可能会导致种子腐烂。因为人工胚乳中含有糖类等有机物，而这些营养物质暴露于有菌环境，除了快速失水之外，还会遭受细菌、真菌、病毒等的侵染，进而导致人工种子的腐烂变质。要想使人工种子在萌发前不腐烂，可通过改善包埋基质，种皮加防腐剂、抗生素等形成屏障抵抗细菌、真菌、病毒等。研究发现，在黄连人工种皮中加入防腐剂，有菌条件下其萌发率和成苗率均显著提高。有些植物材料在培养基中诱导分裂分化过程中，会向培养基释放褐色类物质，从而导致褐变的发生，能够发生褐变的植物有很多，如铁皮石斛、核桃、牡丹等，因此，在人工种子制作过程中，可以在人工胚乳中添加聚乙烯吡咯烷酮（PVP）、硫代硫酸钠、活性炭、硝酸银等来减少褐变的发生。

（二）萌发基质

人工种子萌发基质包括 MS 琼脂固体培养基、营养土、蛭石、腐殖土、复合基质等。营养丰富和环境干净是人工种子萌发与成苗的基本条件，这可能是 MS 琼脂培养基优于其他基质的主要原因，且已有很多研究证明以 MS 培养基作为基质可使人工种子的萌发率大大提高。蛭石在生产过程中经过高温膨化，所带微生物大部分被杀死，所以人工种子在蛭石中的萌发率和成苗率较高；而腐殖土和复合基质所带的微生物量较大，人工种子在其中萌发时易被杂菌污染而引起腐烂。复合基质透气性好，更有利于人工种子的萌发和成苗。研究者将白及人工种子分别播入营养土、复合基质（营养土：蛭石：沙土=2：1：1）、沙土、MS 培养基中，发现 MS 培养基中种子的萌发率最高，其次是营养土。虽然 MS 培养基的萌发率最高，但是 MS 培养基需要无菌条件，生产成本高，所以目前认为营养土是最佳的萌发基质。除了研究最佳的萌发基质，向萌发培养基中添加植物生长调节剂，如 GA_3 也可促进种子的萌发、生根和发芽。研究发现，不同人工胚乳和不同萌发基质对美容杜鹃人工种子萌发效果的影响，结果表明在 MS 培养基中加入 0.2 mg/L NAA 和 0.1 mg/L GA_3 可显著提高种子的萌发率。

第五节 不同植物人工种子的制备

一、基本制备材料

现在人工种子技术已经被用于农田作物、园艺植物、药用植物、林木植物、草类植物等。由于不同植物的特性不同，制备不同植物的人工种子所添加的包埋基质是有所差异的。除了添加最基本的培养基用于提供营养外，还会加入生长素、防腐剂、保水剂及增加透气性的物质，但是由于植物本身的特性和用于人工种胚的材料差异，添加植物生长调节剂的浓度和类型需要进行实验研究。制备人工种子均需要添加基础液体培养基，大部分使用海藻酸钠作为凝胶介质；为提高人工种子的透气性、防腐性和保水性能，常在制备过程中辅以各类植物生长调节剂、碳源、抗生素、天然添加物（有机物）、吸附剂及其他相关物质（表 7-1）。

表 7-1 不同植物人工种子配方

植物名称	人工种胚	包埋成分
白及	体细胞胚	MS 培养基、SA、$CaCl_2$、纳米 SiO_2、NAA、6-BA、土豆汁
马铃薯	茎尖	MS 培养基、SA、$CaCl_2$、多菌灵、蔗糖
胡萝卜	体细胞胚	MS 培养基、SA、$CaCl_2$、GA_3、AC
东北矮紫杉	腋芽	mB_5 培养基、SA、$CaCl_2$、NAA
水稻	不定芽	MS 培养基、SA、$CaCl_2$、山梨酸、聚乙烯醇（或聚乙烯吡咯烷酮）
小黄姜	丛生芽	MS 培养基、SA、$CaCl_2$、壳聚糖、6-BA、NAA、青霉素、AC、蔗糖、苯甲酸钠
石斛	原球茎	MS 培养基、SA、$CaCl_2$、6-BA、NAA、AC、百菌清
马铃薯	不定芽	1/2 DCR 培养基、SA、$CaCl_2$、6-BA、NAA

续表

植物名称	人工种胚	包埋成分
杜鹃兰	原球茎	1/2 MS 培养基、SA、CaCl$_2$、NAA、GA$_3$、6-BA、壳聚糖、青霉素、多菌灵粉剂、苯甲酸钠、蔗糖、内生真菌提取物
美容杜鹃	腋芽	1/2 MS 培养基、SA、CaCl$_2$、NAA、GA$_3$、壳聚糖、多菌灵、苯甲酸钠
半夏	小块茎	MS 培养基、SA、CaCl$_2$、NAA、GA$_3$、多菌灵、青霉素、苯甲酸钠、壳聚糖、AC
大花蕙兰	类原球茎	MS 培养基、SA、CaCl$_2$、2,4-D
花榈木	体细胞胚	B5 培养基、SA、CaCl$_2$、NAA、6-BA、GA$_3$、蔗糖、保水剂
龙牙楤木	体细胞胚	1/2 MS 培养基、SA、CaCl$_2$
独蒜兰	类原球茎	MS 培养基、SA、CaCl$_2$、NAA、6-BA、蔗糖、土豆汁、多菌灵
仙茅	不定芽	MS 培养基、SA、CaCl$_2$、NAA、6-BA、多菌灵
虎头兰	类原球茎	MS 培养基、SA、CaCl$_2$、NAA、6-BA、蔗糖
盾叶薯蓣	胚性愈伤组织	1/2 MS 液体培养基、SA、CaCl$_2$、壳聚糖、6-BA、NAA、青霉素、多菌灵、苯甲酸钠、蔗糖、AC、木薯淀粉
青天葵	再生球茎	MS 培养基、SA、CaCl$_2$、GA$_3$、KT、青霉素
三七	体细胞胚	MS 培养基、SA、CaCl$_2$、蔗糖
甘薯	腋芽	MS 培养基、SA、CaCl$_2$、IBA

注：SA 为海藻酸钠；AC 为活性炭；萘乙酸（NAA）、6-苄基腺嘌呤（6-BA）、赤霉素（GA$_3$）、吲哚丁酸（IBA）为植物生长调节剂

二、制备技术

部分植物人工种子制备时采用的关键技术如表 7-2 所示。在制备人工种子时常使用不需进行同步化的非体细胞胚作为繁殖体进行水凝胶法包埋制成人工种子。对于制作成功的种子采用低温法贮藏，然后再选择合适的培养基进行萌发。目前人工种子的制备和萌发技术还停留在实验室研究阶段。这是因为人工种子的制备过程中，人工种胚往往难以通过体细胞胚的方式进行规模化扩繁。同时，种子的萌发和幼苗生长常需在无菌条件下进行，这限制了人工种子技术在工业化生产中的应用。在自然条件下，人工种子容易受到杂菌的污染，导致种子腐烂和萌发率下降。这些问题的存在，使得人工种子技术在实际应用中面临诸多挑战。

表 7-2 部分植物人工种子制备时采用的关键技术

植物名称	同步化方法	包埋方法	贮藏方法	萌发培养基
马铃薯	非体细胞胚	中空海藻酸钙球法	低温法	MS 琼脂培养基+多菌灵
诸葛菜	非体细胞胚	双层包埋法	—	珍珠岩的穴盘+霍格兰培养液
美容杜鹃	非体细胞胚	单层包埋法	—	MS 琼脂培养基+NAA+GA$_3$
盾叶薯蓣	非体细胞胚	单层包埋法	低温法	MS 琼脂培养基
小黄姜	非体细胞胚	单层包埋法	低温法	MS 琼脂培养基+NAA+6-BA
青天葵	非体细胞胚	单层包埋法	—	MS 琼脂培养基
白及	非体细胞胚	单层包埋法	低温法	MS 琼脂培养基
半夏	非体细胞胚	单层包埋法	低温法	铺有湿滤纸的培养皿
甘薯	非体细胞胚	单层包埋法	—	蛭石+MS（无菌）
仙茅	非体细胞胚	双层包埋法	—	铺有湿滤纸的培养皿
虎头兰	非体细胞胚	单层包埋法	低温法	MS 琼脂培养基+6-BA
金线莲	过筛分级分选	单层包埋法	低温法	MS 琼脂培养基

续表

植物名称	同步化方法	包埋方法	贮藏方法	萌发培养基
胡萝卜	外源激素调控	单层包埋法	—	MS琼脂培养基
扁穗牛鞭草	外源激素调控	单层包埋法	低温法	铺有湿滤纸的培养皿

注：萌发培养基为萌发率最高时所使用的培养基基质；单层包埋法、双层包埋法是海藻酸钙球单层法和海藻酸钙球双层法；—表示未开展相关方面的研究

小　结

人工种子也被称为合成种子或体细胞种子。人工种子的构造通常由三部分组成：人工种皮、人工种胚和人工胚乳。研究内容涵盖了体细胞胚、非体细胞胚和基因调控等方面。其生产制备流程包括：目标植物的选择、外植体的诱导、体细胞胚的诱导与同步化、体细胞胚的分选与包埋、外膜的包裹、人工种子的贮藏、萌发与成苗等环节。体细胞胚的同步化调控技术主要分为物理和化学两大类，而人工种子的包埋方法主要有液胶包埋法、干燥包埋法和水凝胶法。

由于农业种植的季节性特点，人工种子在贮藏过程中易出现变质。目前采用的贮藏方法包括干燥法、低温法、抑制剂法、超低温保存法、液体石蜡法等。萌发是评估人工种子质量的关键步骤，而萌发过程中的防腐技术是实现人工种子田间应用的重要技术环节。此外，为减少某些种子在萌发过程中的外植体褐化现象，可以在人工胚乳中添加PVP、硫代硫酸钠、活性炭、硝酸银等物质。

在制备不同种类的人工种子时，所选用的包埋基质会有所不同。为了提升种子的性能，通常会添加植物生长调节剂、碳源、抗生素、天然添加物（如有机物）、吸附剂等，以增强种子的透气性、防腐能力和保水性。随着技术不断进步和创新，人工种子的研究与应用将不断拓展，为农业生产和植物保护带来新的机遇与挑战。

参考答案

复习思考题

1. 人工种子具有哪些优点？
2. 人工种子一般具有哪些结构？分别有哪些作用？
3. 体细胞胚同步方法有哪些？
4. 目前包埋人工种子的方法主要有哪几种？请简述。
5. 海藻酸钙球法的优缺点是什么？为了弥补缺点可以做哪些措施？
6. 人工种子的贮藏为何重要？一般采用何种方式？
7. 植物人工种子的包埋基质通常包括哪些？有何作用？
8. 种子萌发过程中常发生褐化，一般向人工种子中加入何种物质减少褐化发生？

主要参考文献

邓晨玥，呼天明，何学青. 2020. 草类植物人工种子研究进展[J]. 中国草地学报，42（3）：160-166.
付双彬，杨燕萍，周庄. 2021. 虎头兰白化茎诱导、再生及人工种子制作[J]. 分子植物育种，19（17）：5793-5799.
李小玲，赵义兰，华智锐. 2020. 美容杜鹃人工种子制备关键技术及萌发研究[J]. 江西农业学报，32（2）：38-43.

吴高殷，韦小丽，王晓，等. 2022. 花榈木人工种子胶囊制作及其萌发效果研究[J]. 西南林业大学学报（自然科学），42（3）：10-17.

张虹，何钢，刘贤桂，等. 2017. 仙茅人工种子的初步研究[J]. 分子植物育种，15（8）：3173-3178.

Chao EP，Lia JW，Fan LP，et al. 2023. Influence of combined freeze-infrared drying technologies on physiochemical properties of seed-used pumpkin[J]. Food Chemistry，398：133849.

Gao T，Shi X. 2018. Preparation of a synthetic seed for the com mon reed harboring an endophytic bacterium promoting seedling growth under cadmium stress[J]. Environmental Science and Pollution Research，25（9）：8871-8879.

Heringer AS，Santa-Catarina C，Silveira V. 2018. Insights from proteomic studies into plant somatic embryogenesis[J]. Proteomics，18（5-6）：e1700265.

Horstman A，Bemer M，Boutilier K. 2017. A transcriptional view on somatic embryogenesis[J]. Regeneration（Oxf），4（4）：201-216.

Mendez-Hernandez HA，Ledezma-Rodriguez M，Avilez-Montalvo RN，et al. 2019. Signaling overview of plant somatic embryogenesis[J]. Fronts in Plant Science，10：77.

Pace L，Pellegrini M，Palmieri S，et al. 2020. Plant growth-promoting rhizobacteria for *in vitro* and *ex vitro* performance enhancement of Apennines' Genepì（*Artemisia umbelliformis* subsp. *eriantha*），an endangered phytotherapeutic plant[J]. In Vitro Cellular & Developmental Biology-Plant，56（1）：134-142.

Sharma M，Kumar P，Dwivedi P. 2023. Artificial seed production and cryopreservation technology for conservation of plant germplasm with special reference to medicinal plants//Jha S，Halder M. Medicinal Plants：Biodiversity，Biotechnology and Conservation. Springer：Sustainable Development and Biodiversity.

Sharma P，Roy B. 2020. Preparation of synthetic seeds of *Citrus jambhiri* using *in vitro* regenerated multiple plantlets[J]. Biotechnol J Int，24（2）：22-29.

Wu GY，Wei X，Wang XL，et al. 2021. Changes in biochemistry and histochemical characteristics during somatic embryogenesis in *Ormosia henryi* Prain[J]. Plant Cell Tissue & Organ Culture，144：505-517.

Wu GY，Wei XL，Wang X，et al. 2020. Induction of somatic embryogenesis in different explants from *Ormosia henryi* Prain[J]. Plant Cell Tissue & Organ Culture，142（2）：229-240.

第八章

植物基因组学

学习目标

①了解高通量测序技术的基本原理及相关应用。②了解被子植物基因组进展。③掌握群体基因组基本原理。④熟悉植物功能基因挖掘和利用。

引　言

植物基因组学的迅速发展为深入探索植物遗传、进化、发育和生理学等提供了便捷的工具和广阔的平台。测序技术和计算方法的不断进化解析了大量植物基因组，揭示了植物基因组结构和功能，分析了基因组与环境的相互作用，极大地推动了植物生物学的研究进程，并促进了多学科的交叉融合发展。

本章思维导图

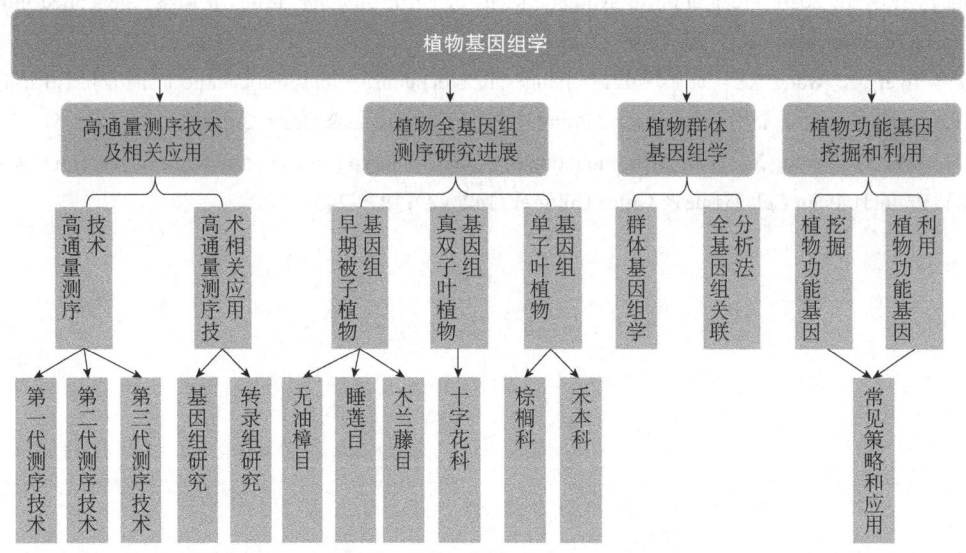

◆ 第一节　高通量测序技术及相关应用

一、高通量测序技术

高通量测序（high-throughput sequencing，HTS）技术是一种快速、高效、大规模的 DNA 或 RNA 测序技术，可以同时测定大量 DNA 或 RNA 序列，其发展和应用为基因组学、遗传学、生物医学等研究领域提供海量的基因组数据支持，推动基因功能和遗传变异的研究进展。高通量测序文库准备的基本工作流程如图 8-1 所示。

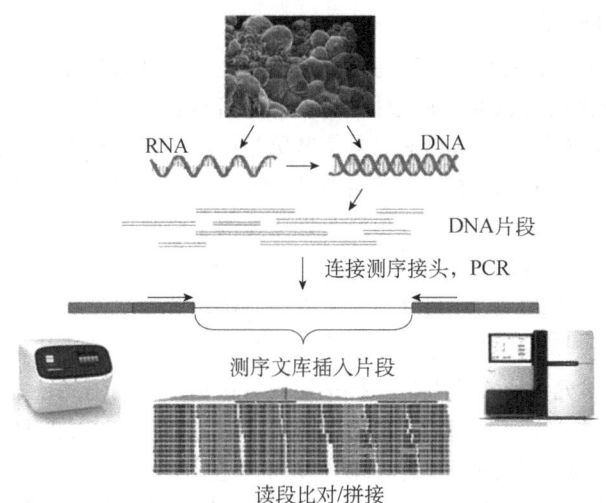

图 8-1　高通量测序文库准备的基本工作流程

高通量测序技术分为三代。第一代测序技术是指 Sanger 测序技术，于 20 世纪 70 年代初由 Frederick Sanger 等开发。Sanger 测序技术采用二进制原理，通过反应终止和凝胶电泳等方法来测定 DNA 序列，具有较高的准确性和可靠性，但其同时具有读长较短、产能较低且耗时较长的局限性。第二代测序技术是指在 Sanger 测序之后发展起来的一类高通量测序技术，包括 Illumina 测序技术、Ion Torrent 测序技术、454 测序技术等。第二代测序技术采用并行测序的方法，同时对大量的 DNA 分子进行测序，具有高通量、较高的准确性和较低的成本等优势。第三代测序技术是指近期发展的一类测序技术，包括 PacBio 测序技术和纳米孔（nanopore）测序技术。第三代测序技术能够产生长读序列，以实时、直接测序为特点，同时具备高准确性和可识别结构变异等优势。这三代测序技术在原理、方法和应用上存在差异，各有优势和局限性。最常用和先进的高通量测序技术主要是 Illumina 测序技术、Ion Torrent 测序技术、PacBio 测序技术和纳米孔测序技术。随着技术的不断发展和创新，高通量测序技术仍在不断进步，为基因组学研究与应用提供更多选择和更高质量的数据。例如，华大智造开发了多种高通量测序平台，其中 MGISEQ 平台具有更高的通量和产能，通常适用于大规模基因组学研究、人类基因组计划等需要处理大量样本和数据的项目。BGISEQ 平台则更适用于中小规模的基因测序项目，如临床诊断、个体基因组测序等。此外，其还开展了单细胞测序（single-cell sequencing）、全外显子组测序、甲基化测序等多个领域的研究和应用，为基因组学研究和临床诊断等提供了多样化的高通量测序服务。

（一）第一代测序技术

第一代测序技术又称为 Sanger 测序技术，尽管其在测序速度、读长和成本效益方面存在一些限制，但它为基因组学研究奠定了基础。Sanger 测序技术的基本原理是利用特殊的双脱氧核苷三磷酸（dideoxyribonucleoside triphosphate，ddNTP）来终止 DNA 链的合成。在 DNA 合成的过程中，普通的脱氧核苷三磷酸（deoxyribonucleoside triphosphate，dNTP）和少量的 ddNTP 一起作为 DNA 聚合酶的合成基质。由于 ddNTP 在 3′-OH 端缺少羟基基团，当 ddNTP 被加入到新合成的 DNA 链中时，它会终止链的延伸。在反应中添加具有不同标记（如荧光或放射性）的 ddNTP，标记每个 ddNTP 终止的位置。Sanger 测序技术的步骤包括 DNA 模板制备、DNA 扩增、反应终止、凝胶电泳、DNA 序列读取和数据分析。

（二）第二代测序技术

第二代测序技术是目前最常用的高通量测序技术之一。高通量和高精度是第二代测序技术的显著优势。其通过提供海量的测序数据以处理大量高度复杂的样品并满足大规模的测序需求，从而助力科研工作者全面深入地研究某个基因组或转录组的结构、功能和变异信息。碱基测序准确率高达 99.9% 及以上使得其广泛应用于检测低频突变和单核苷酸多态性等。此外，商业化的第二代测序技术和成熟完善的设备已大规模应用于科学研究和临床实践中。

第二代测序技术最大的障碍是读长限制。其读长通常在 100~150 个碱基。这一弊端致使第二代测序技术在面临某些应用场景（如组装复杂基因组或检测结构变异）时会遇到困境。这也限制了对基因组中较长 DNA 片段或全长转录本的直接测序，尤其是处理高度重复的区域。在面临这种状况时，研究者通常需要进行拼接比对等操作，重构出完整的基因组序列或表达谱以改善现状。另外，测序过程通常需要 PCR 扩增，增加被测 DNA 的复制数目以提供足够的 DNA 模板进行测序，因此不可避免地会伴随一定的误差。

1. **Illumina 测序技术**　　Illumina 测序技术源于 Solexa 测序技术，这一方法具有高准确性和高分辨率的显著优势，但其测序长度受限。Illumina 测序技术基于桥式扩增和碱基顺序决定原理，实现了高通量、高准确性的 DNA 测序。通过在微小的反应区域上进行桥式扩增和荧光标记，Illumina 测序技术可以同时测序数百万至数十亿个 DNA 片段。Illumina 测序技术的快速发展促使其成为目前最常用的高通量测序技术之一，在基因组学、转录组学、外显子测序、甲基化测序等众多研究中都有所涉及。核心设备包括测序仪器和测序芯片，它们共同构成高通量测序平台，用于进行 DNA 或 RNA 的碱基顺序决定和荧光信号的记录。Illumina 测序平台是一种短流程技术（资源 8-1），以相对较低成本产生高读取计数。在 Illumina 测序中，适配器连接的 DNA 文库通过表面结合的互补寡核苷酸捕获，然后通过桥式扩增方法扩增成不同的克隆簇。

资源 8-1

Illumina 测序技术的关键步骤包括文库制备、测序芯片加载、桥式扩增、碱基顺序决定、图像捕获和分析及数据处理和分析，以得到样品的原始测序数据（FASTQ 格式），其中包含了每个反应区域的碱基序列和质量值。这些关键步骤共同构成了 Illumina 测序技术的工作流程，实现了高通量、高准确性的 DNA 或 RNA 测序。通过这些步骤，可以获得大规模的测序数据，用于基因组、转录组和外显子等领域的研究。

2. **Ion Torrent 测序技术**　　Ion Torrent 测序技术是一种基于半导体技术的高通量测序技术，由 Ion Torrent Systems 开发。其基本原理是通过检测 DNA 聚合酶在 DNA 合成过程中释放的质子来实现测序。当 DNA 聚合酶合成 DNA 链时，每个新加入的碱基会释放出一个质子。这些质子会通过半导体芯片中的 pH 敏感电极引起微小的电信号变化。Ion Torrent 测序技术的主要步骤包括 DNA 模板制备、DNA 扩增、测序反应、信号检测数据分析等。Ion Torrent 测序技术具有快速简化的工作流程和低成本的特点。它适用于小规模测序项目和临床应用。然而，与其他第二代测序技术相比，Ion Torrent 测序技术的主要限制包括较短的读长和错误率较高。尽管如此，它仍然是一种重要的测序技术，被广泛应用于基因组学研究。

3. **454 测序技术**　　454 测序技术由 Roche 公司开发（现已停产）。该技术基于荧光原理，通过检测 DNA 合成过程中释放的荧光信号来实现测序。其基本原理是在 DNA 合成的过程中，每个加入的碱基都会释放出一个荧光信号，这些信号可以通过荧光探测器进行捕获和记录。454 测序技术的主要步骤包括 DNA 模板制备、DNA 扩增、反应终止、信号捕获数据分析。与其他高通量测序技术相比，454 测序技术具有较长的读长和较低的测序错误率。然而，由于其复杂的工作流程和较高的成本，Roche 公司决定停产。因此，目前 454 测序技术的应用相对较少。尽管如此，454 测序技术为基因组学研究和生物技术领域的发展做出重要贡献，为了更高的通量和更低的成本，许多研究机构和公司已经转向了其他更先进的测序技术。

（三）第三代测序技术

1. PacBio 测序技术 PacBio 测序技术原理基于单分子实时测序（SMRT），也称为单分子实时测序技术。在植物基因组研究中以其长读长、实时测序和能够直接检测 DNA 甲基化等特点而受到广泛关注。PacBio 测序技术高准确性和长读长的主要优势使其成为组装和注释复杂基因组强大工具。它在人类基因组、植物基因组和微生物基因组等领域都取得了重要的应用和突破。SMRT 技术使用一种封闭的圆形单链 DNA（single-stranded DNA，ssDNA）模板，称为 SMRTbell，它是通过将发夹接头连接到目标双链 DNA（double-stranded DNA，dsDNA）分子的两端而产生的。资源 8-2 为文库制备过程，将发夹适配器（黄色）连接到双链 DNA 分子（蓝色），从而产生称为"SMRTbells"的圆形分子，引物（红色）和聚合酶（绿色）被退火到适配器。资源 8-3 是零模波导（ZMW）的示意图，是一个纳米级的观察室。

资源 8-2

资源 8-3

PacBio 测序技术的主要步骤包括 DNA 样品制备、DNA 片段化、DNA 聚合酶扩增、光学检测和数据分析。PacBio 测序技术的关键特点是直接测序较长的 DNA 分子，避免了 PCR 扩增和片段拼接带来的偏差和误差。同时，实时测序的特点使得 PacBio 测序技术在研究基因组结构变异、基因调控和表观遗传学等领域具有广泛的应用前景。PacBio 测序技术的最大优势——长读长特性（能够直接测序大片段的 DNA）减少了基因组重复序列的组装难度，相较于其他短读长技术，PacBio 测序技术不需要碎片化处理和重复序列拼接来获取完整基因组信息，即可覆盖更多的 DNA 片段，提供更为完整精确的基因组信息；PacBio 测序技术的实时测序特性能够检测到包括甲基化修饰和其他 RNA 修饰在内的多种 DNA 和 RNA 分子标记。另外，PacBio 测序技术还具有高准确性，通过多次循环测序和数据处理算法的改进，PacBio 测序技术大大提高了测序结果的准确度。最后，该技术的通量也得到了提升，从 2019 年的约 20G 到 2022 年底的约 100G，可见 PacBio 平台的芯片通量显著提高，获取的数据量增多使成本降低，极大地促进了从头组装基因组成本。

2. 纳米孔测序技术 纳米孔测序技术是通过纳米孔来实现 DNA 或 RNA 分子直接测序的。以电压差驱动单个 DNA 分子通过存在微米尺寸的纳米尺度孔洞，在样本和孔洞间的相互作用下获得基因组信息。纳米孔测序发生在流动池中，其中两个充满离子溶液的隔间由单独纳米孔膜隔开。恒定的电压偏置会通过纳米孔产生离子电流，在 DNA 或 RNA 分子易位时观察到离子电流的变化并表征（资源 8-4），典型的纳米孔库见资源 8-5，不同类型的纳米孔见资源 8-6。

资源 8-4

资源 8-5

资源 8-6

纳米孔测序技术的关键步骤包括样品制备、底物准备、电信号测量、数据处理和分析和结果解读。纳米孔测序技术的最大优势是长读长，可达数十万碱基对甚至更多，因此运用这一技术能直接测序大片段的 DNA 或 RNA，以降低序列组装和注释的复杂度。另一优势为实时监测，测序过程中 DNA 或 RNA 分子通过纳米孔引起电流的变化可以被实时记录和分析，从而获得基因组或转录组的实时测序结果。实时监测多种 DNA 和 RNA 标记，包括甲基化修饰、其他表观遗传学标记及 RNA 修饰等。此外，纳米孔测序技术具备快速输出特性。纳米孔测序仪器尺寸小巧轻便，并且数据处理速度相对较快。纳米孔测序技术还具备实验灵活性。相较于其他测序技术，因其测序过程不用 PCR 扩增，在一定程度上减少了样品处理过程中的误差与偏差。纳米孔测序技术已广泛应用于血液、组织、环境或微生物样品等各种样本类型，但纳米孔测序技术存在错误率较高的明显缺陷，目前仍需要不断改进算法和化学方法，以及数据分析和验证时应注意测序过程中的噪声、碱基跳变和读取错误等因素的干扰来降低错误率。

二、高通量测序技术相关应用

高通量测序技术是目前基因组学和生物学研究中最常用的方法，高通量测序仪可以在短时间内产生数百万到数十亿条读取序列并且不断提高其产量和速度，已实现巨大的产量和速度提升。成本不断下降进一步推动了高通量测序技术的广泛应用和普及，带动更多便捷的生物信息学工具和软件被开发出来，用于数据质控、序列比对、变异检测、基因功能注释等分析，并广泛应用于基因组学、转录组学、表观遗传学、蛋白质组学、代谢组学等领域，成为生命科学研究的重要工具。以下从基因组研究和转录组研究两方面进行详细介绍。

1. 基因组研究

1）全基因组测序（whole-genome sequencing，WGS）

（1）基因组组装：测序整个基因组，有助于构建高质量的基因组序列，这对于研究新的物种基因组或重新组装已知物种的基因组非常重要。

（2）基因组注释：识别基因组中的编码序列、非编码序列、调控元件等，进而注释基因的功能和结构。

2）变异检测

（1）单核苷酸多态性（SNP）：检测基因组中的 SNP，揭示个体或群体间的遗传差异。

（2）插入/缺失（InDel）：识别小片段的插入或缺失，理解基因组结构的变化。

（3）结构变异（SV）：检测复杂变异，包括大片段的缺失、重复、倒位和易位等。

3）比较基因组学

（1）跨物种比较：比较多个物种基因组，揭示物种间的进化关系和基因功能保守性。

（2）群体基因组学：测序不同个体或群体的基因组，研究群体的遗传多样性。

4）全基因组关联分析（genome-wide association study，GWAS）　　疾病相关基因识别：测序大量样本的基因组，识别与特定疾病或性状相关的遗传变异。

5）古 DNA 研究　　进化和迁徙研究：测序古代生物的 DNA，研究物种的进化历史和人类的迁徙路线。

2. 转录组研究

1）RNA 测序（RNA-seq）

（1）基因表达分析：定量测定不同条件下的 mRNA 水平，从而分析基因的表达模式，这对于理解基因功能和调控机制非常重要。

（2）差异表达基因分析（DEG）：比较不同处理或样本间的基因表达水平，识别出差异表达的基因，辅助研究生物过程和疾病机制。

2）新基因和转录变体发现

（1）新基因识别：发现之前未注释的基因。

（2）剪接变体检测：检测出不同的剪接变体，揭示基因表达的复杂性和调控机制。

3）非编码 RNA 研究

（1）小 RNA 测序：测序微 RNA（miRNA）、干扰小 RNA（siRNA）和 PIWI 互作 RNA（piRNA）等小 RNA，研究其在基因调控中的作用。

（2）长非编码 RNA（lncRNA）测序：揭示 lncRNA 的表达谱和功能，研究其在基因调控中的作用。

4）单细胞转录组测序

（1）细胞异质性分析：测序单个细胞的转录组，揭示组织或器官中不同细胞类型的基因表达差异和功能异质性。

（2）细胞发育轨迹分析：研究细胞的发育路径和分化过程，揭示细胞命运决定的机制。

5）表观转录组学　　mRNA 修饰分析：研究 mRNA 上的修饰（如 m⁶A），揭示其在基因表达调控中的作用。

第二节　植物全基因组测序研究进展

全基因组测序通过对基因组整体进行高通量测序来获取植物的完整遗传信息，并完成识别基因、单核苷酸多态性（SNP）及基因组结构注释等，为后续的比较基因组学研究提供基础数据。近年来，第三代测序技术的发展极大地推动了植物全基因组研究，通过对大量的植物基因组进行高效准确的测序，进而更加深入地掌握了基因组结构、功能和调控机制。

资源 8-7

被子植物（又称开花植物）主要分为单子叶植物和真双子叶植物两大类，其中每个类群都具有独特的形态特征、生态习性和进化历史。被子植物全基因组研究在过去几十年中取得了巨大的进展，截至目前 1000 多个被子植物基因组已被从头测序、组装和注释。相关研究表明，被子植物在初步系统发育研究的基础上构建了系统发育树，主要分为单子叶植物和真双子叶植物两大类（资源 8-7）。被子植物的关键创新可能在被子植物多样化和生态优势崛起中发挥核心作用（资源 8-8）。然而，被子植物在花部（资源 8-9）的数量、排列、融合、形状、大小和颜色等方面存在相当大的差异。胚胎及其营养胚乳的双重受精确保只有在受精成功时才进行食物供应。花朵结构的形状和颜色通常与特定的授粉动物密切适应，如剑嘴蜂鸟和西番莲。在植物的系统发育（资源 8-10）中，被子植物（蓝色）通常显示出比蕨类植物（灰色）或裸子植物（粉红色）更小的基因组（橙色）。

资源 8-8

资源 8-9

资源 8-10

一、早期被子植物基因组

早期被子植物包括无油樟目（Amborellales）、睡莲目（Nymphaeales）和木兰藤目（Austrobaileyales）三大目。早期被子植物是相对简单的花朵结构，双子叶，花序多样，花被和花瓣区分不明显，雌雄蕊分开，子房发育后形成结构包裹种子，种子具有较大的胚乳。研究早期被子植物的重要性在于掌握被子植物进化的起源和形态特征的演化。通过对早期被子植物的系统学、生物地理学、分子生物学和基因组学研究，进一步扩展了对这些类群的了解，并揭示了被子植物起源和演化的一些关键问题。

无油樟目是单目单科单种，只有无油樟一个物种（图 8-2）。由于无油樟和睡莲保留着一些被子植物演化的原始特征，它在分类学和进化研究中具有重要的地位。无油樟的基因组测序工作于 2008 年完成，睡莲基因组于 2019 年由国内团队完成测序。两个基因组测序工作的完成提供了无油樟和睡莲的基因组信息，如基因数量和基因家族等，为被子植物基因早期进化的研究提供研究基础。

睡莲属于早期的被子植物，属于睡莲目睡莲科，从现存的核心被子植物（core angiospermae）谱系中最早分化出来。首次测序的睡莲属植物是蓝星睡莲基因组。研究表明，睡莲和无油樟是最早分化出去的被子植物，蓝星睡莲基因组和其他 19 个睡莲转录组揭示了睡莲科和莼菜科可能共有的睡莲目全基因组复制事件，或者是独立发生的。睡莲全基因组复制事件发生后，尽管大量基因丢失了，但是大量花发育和适应性相关基因被保留下来，特别是花发育相关 ABCE 模型及花香花色相关的合成基因保留了多个拷贝，为睡莲多样性和适应性提供了遗传物质。利用无油樟和睡莲基因组，国内研究团队探讨了单子叶和真双子叶植物基因组的联系，从核基因组水平上揭示了早期被子植物的基因组演化路径（图 8-2）。

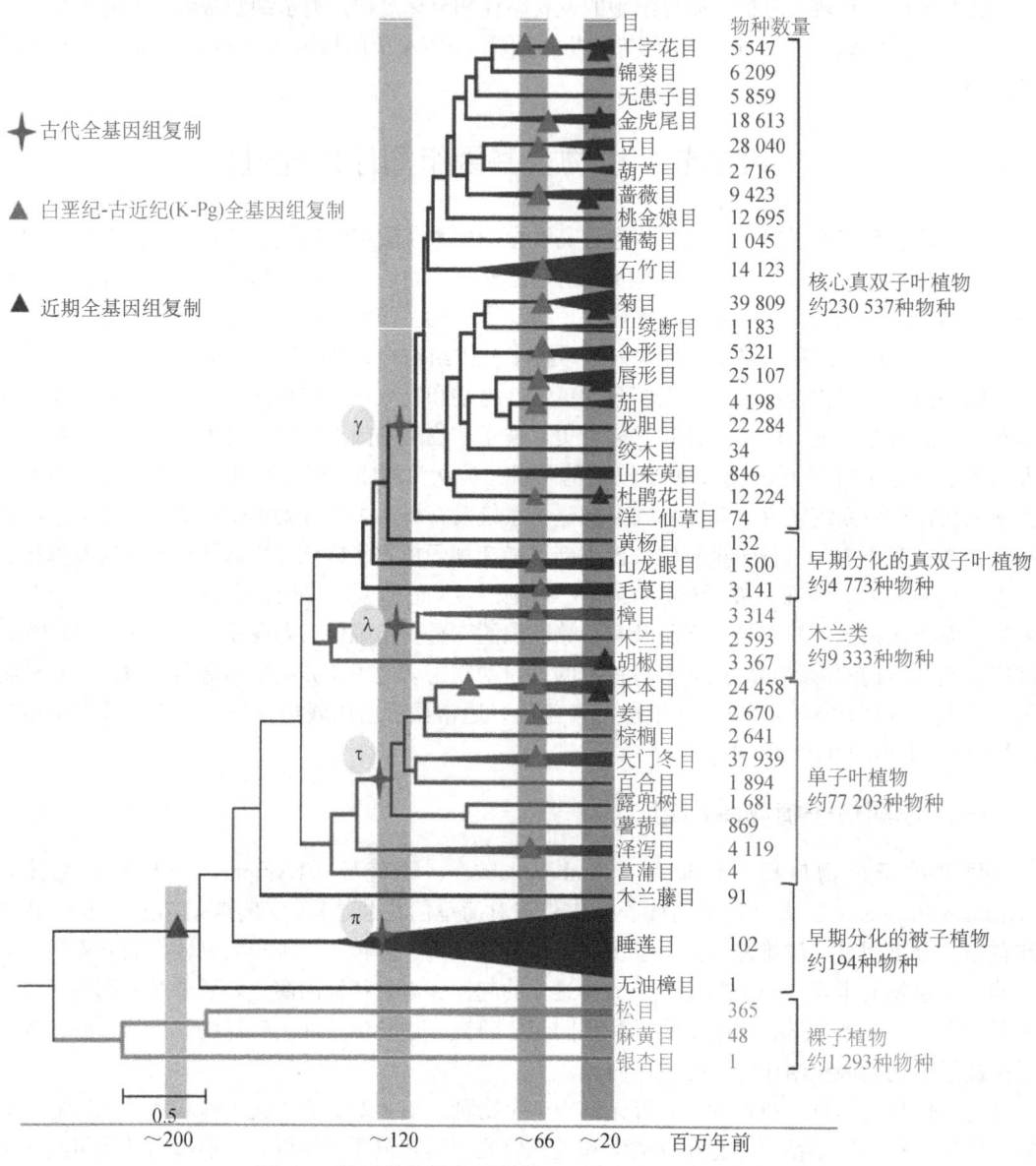

图 8-2 被子植物的主要类群（Zhang et al., 2020b）

γ、λ、τ、π 代表基因组的 4 种不同的复制事件

二、真双子叶植物基因组

真双子叶植物具有两个胚叶，是被子植物中的重要类群。许多真双子叶植物的基因组，如拟南芥、水稻、番茄等的测序工作取得了巨大进展。通过 RNA 测序技术，能够对真双子叶植物的基因表达进行全景研究，从而揭示不同发育阶段、组织和环境条件下基因表达的模式和调

控机制。真双子叶植物的分子遗传学研究揭示了许多基本遗传机制，如基因转座、染色体重组、基因调控网络等。通过基因敲除、基因转导和转基因等技术，研究人员对真双子叶植物中的关键基因进行了功能研究。真双子叶植物中首次进行基因组测序的是十字花科的模式植物拟南芥。随后白菜、甘蓝和油菜等经济作物的基因组也被测序。拟南芥基因组测序研究中发现有大量共线性区域，说明祖先发生过染色体加倍（基因组复制）及重排，进一步证明了拟南芥的祖先发生过基因组复制（图8-3）。水稻是第二个全基因组得到测序的植物，其T2T（telomere-to-telomere，端粒到端粒）基因组通过PacBio HiFi、ONT Ultra-long、Hi-C等多种测序技术，实现一条或多条染色体端粒到端粒水平的组装。之后被解析的是葡萄和杨树基因组。

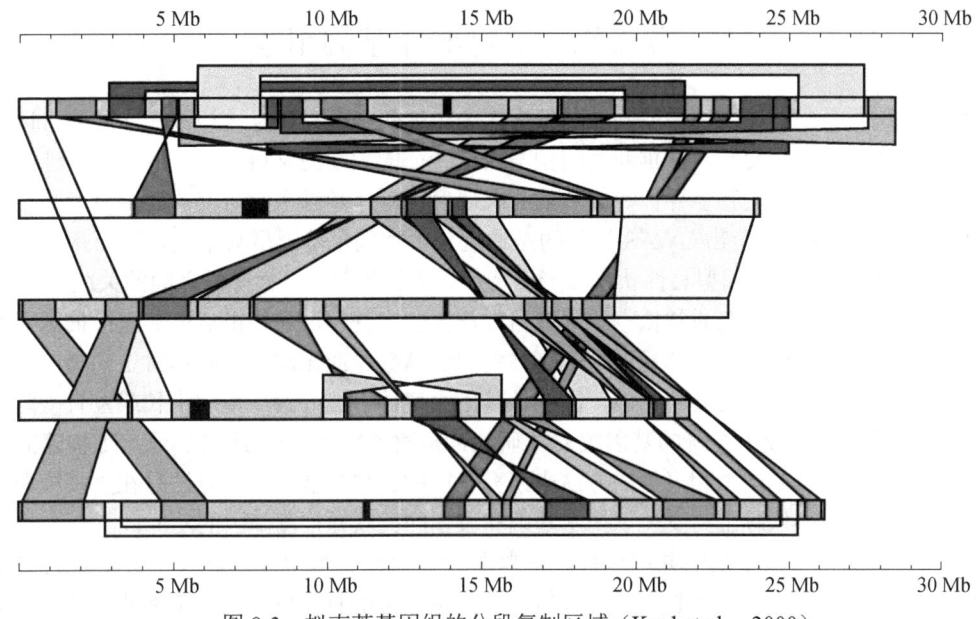

彩图

图8-3 拟南芥基因组的分段复制区域（Kaul et al., 2000）

单个染色体被描绘成水平的灰色条，着丝粒被标记为黑色。彩色带连接相应的重复片段。排除rDNA重复序列之间的相似性。相反方向的重复片段用扭曲的彩色带连接

真双子叶植物在形态方面具有极高的多样性，且适应多样化的生态环境。这些类群拥有复杂的花朵结构、多数螺旋排列的花序和均匀分布的茸毛。它们的果实形式多样，包括荚果、蒴果、核果和浆果等。真双子叶植物物种丰富，对人类的食品供应具有重大影响。例如，茄科植物不仅营养价值高，而且兼具药用和经济价值。豆科（Fabaceae）包括大约1.4万个已知物种，除提供了丰富的食物资源之外，在与根部的根瘤菌共生实现固氮、提升改善土壤质量等方面均有巨大作用。木兰类植物属于被子植物中独特的类群，木兰目是木兰类植物的代表性分支。著名的木兰类植物包括木兰科（Magnoliaceae）、樟科（Lauraceae）和胡椒科（Piperaceae）等。木兰类植物具有一些显著形态特征，如大型花朵、木质化的果实和开放的孢子。在木兰科中的木兰属植物以其大而美的花而闻名，被广泛种植于园艺和观赏用途。

三、单子叶植物基因组

单子叶植物是被子植物中的重要类群，种类繁多，包括禾本科（Poaceae）、百合科（Liliaceae）、兰科（Orchidaceae）和棕榈科（Arecaceae）等。单子叶植物具备独特的形态特征和生态习性，它们的根系多为平行脉络，适应于多样化的生境，如湿地、沙漠和高山等，在全

球范围内广泛分布。菖蒲目（Acorales）是单子叶植物中现存的最早分支，与其他所有单子叶植物互为姐妹类群，是研究早期单子叶植物的理想材料。基于基因家族比较和转录组分析，研究者确定了一系列的重要基因家族演化事件，相较于拟南芥，在单子叶植物和睡莲目植物中发生 *DOT3* 基因的丢失事件与上述类群平行叶脉或掌状叶脉和初生根（主根）的退化相关。这进一步验证了早期单子叶植物形态演化与环境适应性的分子机制息息相关。单子叶植物具有较大的经济价值。以棕榈科为代表的众多物种在热带地区常被用于制作食用油、建材及其他农业和工业用途。禾本科则被作为占据重要地位的粮食作物家族，其主要成员如小麦、玉米和水稻等已经被大量测序。不仅限于单个基因组被测序，玉米和水稻的基因组学已经发展到泛基因组水平。

第三节　植物群体基因组学

　　群体基因组学是对同一物种或同一种群中多个个体的基因组进行大规模测序和分析以了解群体内部个体间的遗传变异，并推断基因型与表型特征的关联的学科。这一概念极大地推动了遗传变异、物种进化和生物多样性等领域的相关研究。群体基因组学研究的有效手段是全基因组关联分析（GWAS）。植物 GWAS 的目的是通过分析大规模基因型数据集，进而探明单核苷酸多态性（SNP）或者基因型与性状（如形态特征、生长状况、抗性等）之间的关联。

　　传统的基因突变体研究通常依赖诱导或自然产生的突变体，它们虽然能够直接揭示突变基因的功能，但随机发生的突变体易产生限制性的突变体数量或无法获得具体特定的突变类型。此外，某些基因可能具有重要的功能，因此该基因突变体可能导致严重的生长或发育缺陷，在研究中不易应用。相较于传统的基因突变体研究，植物 GWAS 是运用自然或人工构建的群体遗传多样性，以关联基因型和表型的方法来研究基因的遗传功能，这一方法是在大规模群体中分析基因组变异而不依赖于突变体以揭示基因和表型的关联并推测基因的功能。

　　植物性状通常由众多基因共同调控，这些基因在自然种群中呈现连续变异。植物 GWAS 的优势在于能够对多个基因和表型进行分析，探索基因组的整体变异与复杂性状的关系。植物 GWAS 能够识别与重要农艺性状相关的候选基因，有助于基因选择和推进育种进展。植物 GWAS 关注的重点是天然植物群体，考察在实际情境下不同基因型与性状的相互作用。传统方法覆盖范围不够全面，无法捕捉所有基因变异和位点，而植物 GWAS 通过大规模测序技术获取基因型信息，覆盖了较为全面的遗传变异，同时可以解释自然选择背后的遗传基础和适应性策略。植物 GWAS 能够识别到表型连续变化的性状，确定并筛选出次要效应的基因，即对植物性状具有轻微影响但在自然种群中广泛存在的基因，而不局限于明显表型效应的突变体。此类基因能够参与到细微的调节机制中并在一定的环境条件下显现出来，对植物的生存能力和环境适应产生重要影响。植物 GWAS 还用于揭示基因与环境互作对性状的贡献。环境条件的差异导致基因型与性状之间的相关性相应转变。在不同环境下收集基因型和性状数据并分析它们之间的关联性，这也有助于了解植物对于生态位的适应并揭示环境对基因型-表型关联的影响程度。并通过识别与农艺性状（如作物产量、抗性和品质）相关的基因型和单核苷酸多态性，为农业改良提供有针对性的杂交和筛选以改良作物品种的性状，将农艺育种与基础研究紧密结合起来，在植物研究和作物改良中具有广泛的应用前景。

　　尽管植物 GWAS 高效迅速的特征十分突出，但也面临一些挑战。植物 GWAS 通常需要进行大规模比较并进行多重校正来确定是否具有显著关联。由于多因素的复杂性，基因-基因和基因-环境互作的存在，精准确定性状与基因型的关联仍具有一定难度。还受到潜在种群结构和遗传流动的影响，这些因素都可能对结果偏倚造成一定的干扰。目前，研究者正尝试改进和完善分析方法，建立精确的统计模型并引入转录组学和表观遗传学的数据来提供更加全面的信息以应对挑战。他们在整合不同尺度和层级的数据基础之上，精准地推断特定基因型与性状的关联，挖掘基因功能并深入探讨不同功能在植物生长和环境适应中的作用机制。

第四节 植物功能基因挖掘和利用

植物功能基因挖掘和利用是指通过各种实验和分析方法，研究植物基因在生长发育、代谢调节、环境适应等方面的功能，并将这些具备实用性的功能应用于植物改良、农业生产和药物研发等领域。通过对基因组数据的分析和实验验证，进而鉴定和研究与生长发育、逆境耐受性、产量优化等重要性状相关的功能基因。一些重要的功能基因能够加速农作物品种改良和创新。种质资源是植物功能基因组学研究和品种改良的基础，本节以甘蓝型油菜基因组为例进行详述。目前对甘蓝型油菜的功能基因研究主要集中于：*BnARF18*、*BnEOD3* 等基因影响与产量相关的性状，如千粒重和粒长；*orf188*、*BnPMT6* 等基因调控与种子品质相关的性状，如含油量、脂肪酸、硫代葡萄糖苷含量。图 8-4 是甘蓝型油菜基因分子克隆策略示意图。图 8-5 是甘蓝型油菜基因功能验证方法示意图。图 8-6 是甘蓝型油菜的代表性功能基因，包括甘蓝型油菜种子、花、角果等不同组织的代表基因，以及对于胁迫响应和养分利用效率的代表基因。

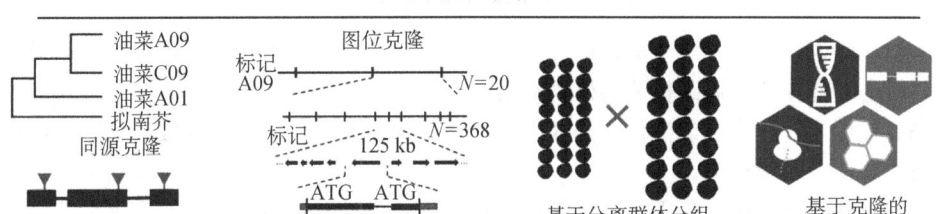

图 8-4 甘蓝型油菜基因分子克隆策略示意图（Tan et al.，2024）

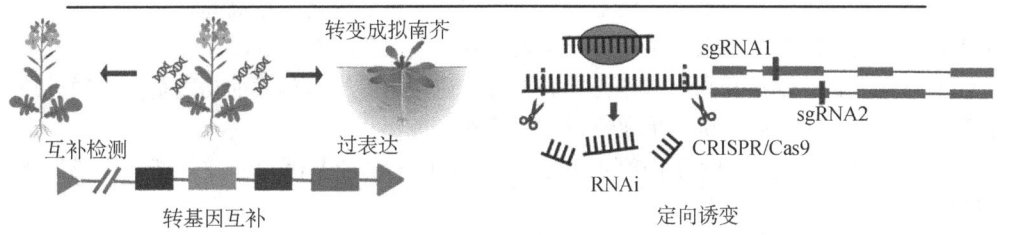

图 8-5 甘蓝型油菜基因功能验证方法示意图（Tan et al.，2024）

与植物功能基因挖掘和利用相关的常见应用策略概述如下。

（1）同源基因克隆与功能鉴定：通过与已知功能基因的同源性进行比对，克隆和标识出具有类似功能的植物基因，并通过过表达和敲除等实验方式验证其功能。

（2）反向遗传学研究：通过采用 RNAi（RNA 干扰）或 CRISPR/Cas9 等技术，对特定基因进行沉默或编辑，观察表型变化，以揭示该基因在植物生长发育、抗逆性等方面的作用。

（3）突变体筛选：利用突变体库或化学品诱变等手段，筛选出具有特定表型变化的突变体，进而鉴定与这些表型相关联的功能基因。

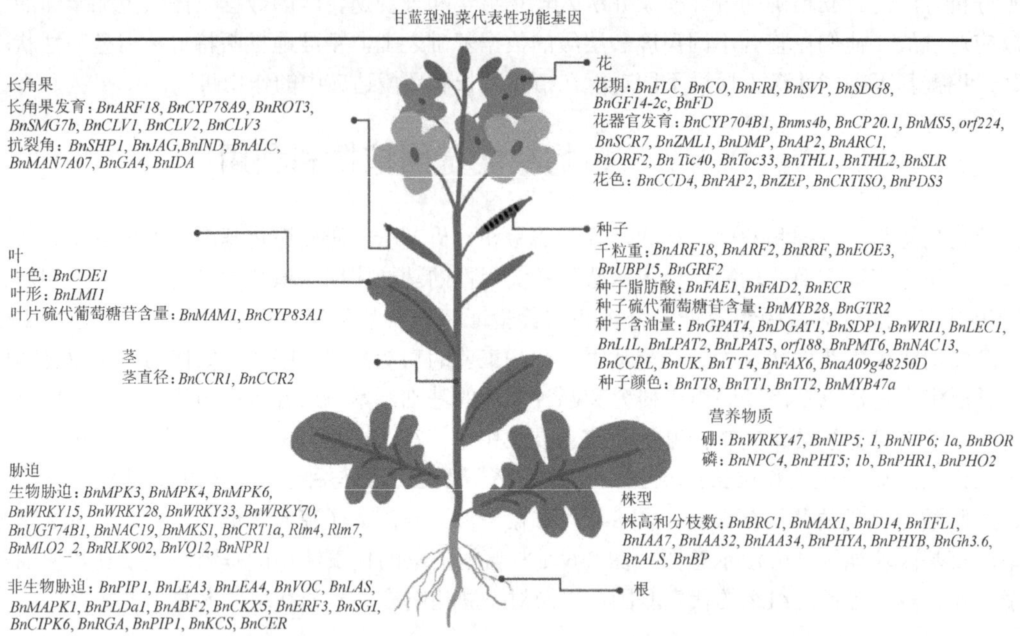

116 植物生物技术概论

图 8-6　甘蓝型油菜的代表性功能基因（Tan et al.，2024）

（4）基因表达调控网络分析：通过基因组学和转录组学的方法，分析基因表达调控网络，挖掘与特定功能或信号通路相关的植物基因。

（5）代谢工程：通过调控代谢途径中的关键基因，改变代谢物的合成和积累，以提高作物的品质、产量或药用价值。

（6）抗性基因筛选与应用：通过筛选出与抗性相关的基因并进一步研究其功能机制，开发具有抗性的新品种或进行抗性改良。

（7）杂交育种和分子标记辅助选择：利用功能基因鉴定和分子标记等技术，辅助育种工作，选择优质、高产或抗性等经济重要性状的植株。

（8）新型基因探索和创制：利用富集方法（如差异表达分析）或高通量测序技术，挖掘和鉴定未知的功能基因，为未来的生物研究和农业应用提供新的基因资源。

（9）农业改良：挖掘和利用与作物抗病虫害、逆境耐受性等相关的功能基因，通过遗传改良和基因工程手段培育高产量、抗逆性强的新品种。

（10）药物研发：探索和利用植物中具有药理活性的功能基因，开发新型药物或生物合成某些药物化合物。

（11）养分增强：挖掘和调控影响营养素积累和富集的基因，提高农作物的营养价值。

（12）环境修复：发现和利用具有对重金属、有机污染物等具有降解或吸附能力的功能基因，以进行环境修复和污染治理。

小　　结

高通量测序技术是植物基因组研究中的重要工具，加深人们对基因组结构和进化特点的认知。目前，高通量测序技术不断创新发展，被子植物基因组（如拟南芥、水稻和玉米等）已被鉴定和解析。此类研究重点关注被子植物基因组的结构和复杂度，为研究植物生长发育、环境适应和互作关系提供参考。

近年来，植物全基因组测序研究发展迅速，这为深入了解植物的基因组结构、功能和进化提供重要的资源和数据支持，有助于掌握植物生物学特性、适应性机制并为农学和生物科学领域创造更多的应用价值。此外，群体基因组学聚焦自然群体中基因组差异和变异研究。通过对一组个体的基因组进行比较和分析，从而揭示群体内基因变异的模式和特征。全基因组测序和群体基因组学的发展为揭示植物性状并解析调控机制提供解决策略。

植物功能基因挖掘利用对农业改良和可持续发展具有重要促进作用，有利于明确改善农作物的抗病性、抗逆性和提高营养价值等相关的目的基因，发现调控代谢途径的关键基因并了解此类基因在不同条件下的表达模式等。功能基因挖掘利用强化了植物应对外界生态环境的适应性和耐受性，进一步推动了无土栽培和现代农业技术的发展，尤其是以功能基因挖掘利用为基础的育种策略能够保护生物多样性并维持生态系统稳定性。

复习思考题

参考答案

1. 简述高通量测序技术及其基本原理。
2. 简述被子植物基因组研究进展。
3. 简述群体基因组及其基本原理。
4. 简述转录组技术及其原理。
5. 简述单细胞转录组技术及其原理。
6. 简述挖掘和利用植物功能基因的关键步骤。
7. 简述高通量测序技术对植物基因组研究和功能基因挖掘的意义。
8. 论述单细胞技术相比传统转录组技术的独特优势。
9. 论述植物群体基因组在物种适应与演化过程中的作用。
10. 论述植物功能基因挖掘在促进农业改良和可持续发展中的具体表现。

主要参考文献

Benton MJ，Wilf P，Sauquet H. 2021. The angiosperm terrestrial revolution and the origins of modern biodiversity [J]. New Phytol，233（5）：2017-2035.

Bharti R，Grimm DG. 2021. Current challenges and best-practice protocols for microbiome analysis[J]. Brief Bioinform，22（1）：178-193.

Head SR，Komori HK，LaMere SA，et al. 2014. Library construction for next-generation sequencing：overviews and challenges[J]. Biotechniques，56（2）：61-64.

Kaul S，Koo HL，Jenkins J，et al. 2000. Analysis of the genome sequence of the flowering plant *Arabidopsis thaliana*[J]. Nature，408（6814）：796-815.

Reuter JA，Spacek DV，Snyder MP. 2015. High-throughput sequencing technologies[J]. Mol Cell，58（4）：586-597.

Shi T，Huneau C，Zhang Y，et al. 2022. The slow-evolving *Acorus tatarinowii* genome sheds light on ancestral monocot evolution[J]. Nat Plants，8（7）：764-777.

Song J，Xie W，Wang S，et al. 2021. Two gap-free reference genomes and a global view of the centromere architecture in rice[J]. Mol Plant，14（10）：1757-1767.

Tam V，Patel N，Turcotte M，et al. 2019. Benefits and limitations of genome-wide association studies [J]. Nat Rev Genet，20（8）：467-484.

Tan Z，Han X，Dai C，et al. 2024. Functional genomics of *Brassica napus*：progresses，challenges，and perspectives[J]. J Integr Plant Biol，66（3）：484-509.

van Dijk EL，Jaszczyszyn Y，Naquin D，et al. 2018. The third revolution in sequencing technology [J]. Trends Genet，34（9）：666-681.

Zhang L，Chen F，Zhang X，et al. 2020a. The water lily genome and the early evolution of flowering plants[J]. Nature，577（7788）：79-84.

Zhang L，Wu S，Chang X，et al. 2020b. The ancient wave of polyploidization events in flowering plants and their facilitated adaptation to environmental stress[J]. Plant Cell Environ，43（12）：2847-2856.

第九章

植物蛋白质组学

学习目标

①了解蛋白质组和蛋白质组学概念。②熟悉蛋白质分离与鉴定的基本原理。③掌握各种定量蛋白质组学技术原理及实验流程。④熟悉磷酸化蛋白质组学和糖基化蛋白质组学技术原理。⑤了解蛋白质组学技术在植物学研究中的应用。

引言

蛋白质是生物系统的重要元件，存在复杂的翻译后修饰、构象变化、转运与定位，以及蛋白质之间及蛋白质与其他分子之间的相互作用，这些事件难以仅通过 DNA 和 mRNA 序列预测。因此，直接研究蛋白质的组成、表达和功能成为揭示生命活动基本规律的关键。蛋白质组指一个功能单位（如蛋白质复合体）、细胞器、细胞、组织、器官或个体所具有的所有蛋白质，包括其种类和功能信息。蛋白质组学从整体水平上研究生物体蛋白质组的表达、修饰、相互作用及其动态变化，为揭示蛋白质功能与生命活动规律提供重要线索，帮助人们以系统生物学的视角探索生命的奥秘。

本章思维导图

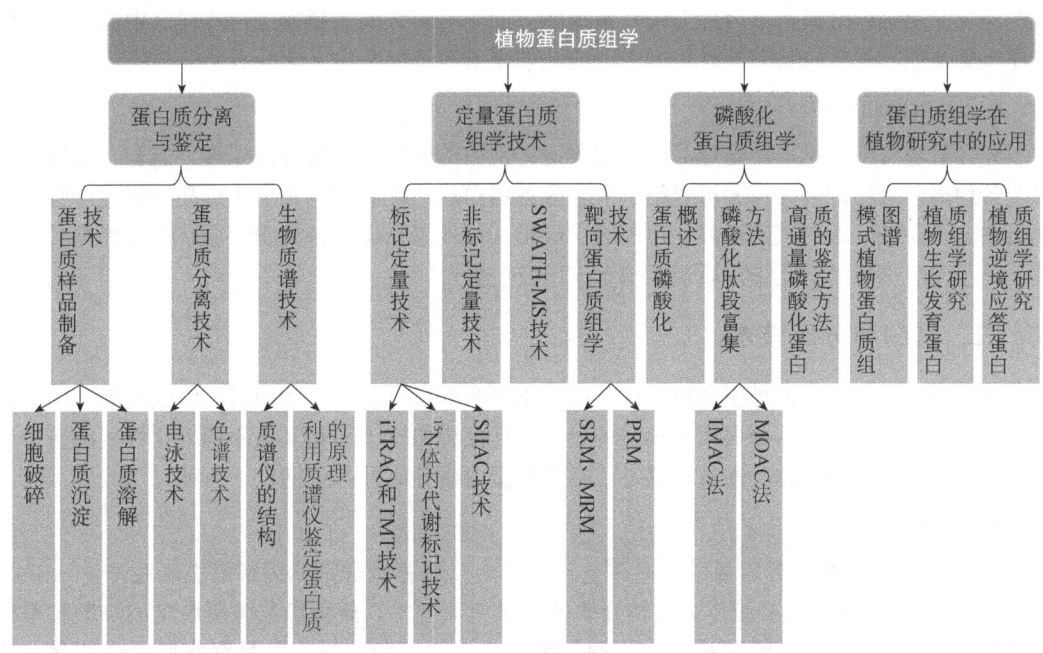

第一节 蛋白质分离与鉴定

一、蛋白质样品制备技术

蛋白质样品的制备是进行蛋白质组学研究的首要步骤，选择合适的方法对研究结果至关重要。根据研究目标和样品特性的不同，采取不同的方法进行样品的制备。例如，某些蛋白质在天然状态下与细胞膜、核酸或其他蛋白质形成复合物，某些蛋白质形成各种非特异性聚合体，而某些蛋白质在脱离其正常的细胞环境时会发生沉淀。样品制备应该遵循以下基本原则：①尽量采用简单的方法处理样品，以减少蛋白质的丢失；②通过低温和蛋白酶抑制剂来尽可能防止蛋白质降解；③尽量使用新鲜制备的蛋白质样品，避免反复冻融；④通过超滤离心清除杂质；⑤加入尿素后，加热温度不应超过 37℃，以避免氨甲酰化修饰。蛋白质样品制备的主要步骤包括细胞破碎、蛋白质沉淀和蛋白质溶解。

（一）细胞破碎

细胞破碎是制备蛋白质样品的第一步。根据样品来源不同，如器官、组织、细胞等，需选择合适的破碎方法：①对于简单的样品，如组织培养的细胞、血细胞、微生物及细胞器（线粒体、叶绿体等），通常采用温和的破碎方法，如渗透法、冻融法、去污剂法、酶解法等；②对于难以破碎的细胞，如固体组织、酵母细胞和植物细胞等，一般采用更为剧烈的破碎方法，如研磨法、机械匀浆法、玻璃珠匀浆法、超声破碎法及高压匀浆法等。

（二）蛋白质沉淀

蛋白质沉淀步骤可以去除样品中的盐离子、小分子、离子去污剂、核酸、多糖、脂类和酚类等杂质。常用方法包括硫酸铵、三氯乙酸、丙酮、丙酮与三氯乙酸联用和乙酸铵沉淀法。其中，乙酸铵沉淀法常被用于杂质含量高的植物样品蛋白质的沉淀。首先采用饱和酚提取蛋白质，然后利用甲醇和乙酸铵从酚相中沉淀蛋白质，随后用甲醇和乙酸铵洗涤沉淀两次，并用丙酮洗涤沉淀除去乙酸铵，最后挥发掉残留丙酮。此法可有效除去植物蛋白质样品中的杂质，但操作步骤烦琐，耗时较长，同时也容易造成低丰度蛋白质的丢失。

（三）蛋白质溶解

充分溶解沉淀的蛋白质是样品制备的关键。常用的裂解液一般包括尿素、硫脲、还原剂，以及各种离子去污剂等。尿素可以溶解大多数的蛋白质。硫脲可以进一步提高溶解度，特别是膜蛋白。还原剂（如二硫苏糖醇）可断裂二硫键，以使蛋白质保持处于还原状态并提高其溶解性。离子去污剂可以防止蛋白质通过疏水作用发生聚合。

二、蛋白质分离技术

细胞中含有成千上万种蛋白质。蛋白质组学研究的目标是尽可能地将组织或细胞中的所有蛋白质进行分离及鉴定。蛋白质分离过程旨在将样品中成千上万种具有不同理化性质的蛋白质分开，以便后续利用生物质谱进行鉴定。常用的蛋白质分离技术包括以下两种。

（一）电泳技术

1. 十二烷基硫酸钠聚丙烯酰胺凝胶电泳　十二烷基硫酸钠聚丙烯酰胺凝胶电泳（SDS-PAGE）是以聚丙烯酰胺凝胶作为支持介质的一种电泳技术。聚丙烯酰胺凝胶是丙烯酰胺单体和交联剂 N, N'-甲叉双丙烯酰胺在催化剂作用下合成的凝胶，具有机械强度好、弹性强、透明、化学性质稳定、受 pH 和温度影响小、无吸附和电渗作用小等特点，是一种优良的蛋白质分离载体。在聚丙烯酰胺凝胶电泳（PAGE）系统中加入一定量十二烷基硫酸钠（SDS）后，不同蛋白质将按分子量比例结合 SDS 形成带负电荷的 SDS-蛋白质复合物，蛋白质分子的电泳迁移率主要取决于蛋白质的分子量。因此，蛋白质根据分子量的大小不同被分离（图 9-1）。

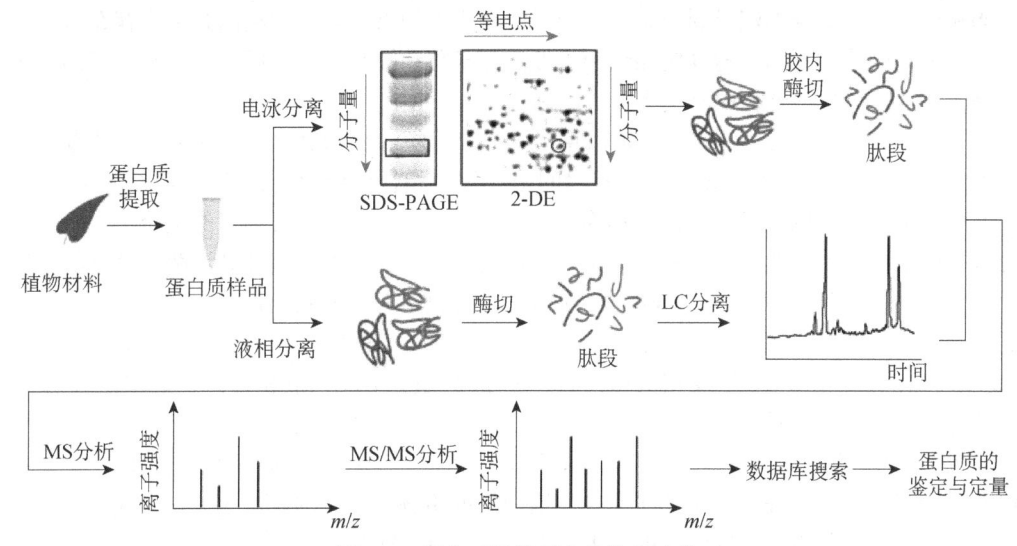

图 9-1 蛋白质组学研究的技术路线

然而，SDS-PAGE 技术的分辨率较低，分离效果有限。在长度为 15 cm 的泳道上分离蛋白质时，SDS-PAGE 能够分辨出大约 50 条蛋白质条带。因此，该方法不适用于分离复杂蛋白质样品。然而，简单的蛋白质样品可以采用该方法，例如，采用免疫沉淀或免疫亲和提取的方法获得的蛋白质混合物可通过 SDS-PAGE 进行分离，随后从凝胶中切割出蛋白质凝胶条带并进行胶内酶切处理，最终采用质谱仪（mass spectrometer，MS）对蛋白质进行鉴定。

2. 双向电泳（2-DE）技术　　2-DE 技术由 O'Farrel 于 1975 年建立，可分离数千种蛋白质。随后，在 20 世纪 80 年代，固相 pH 梯度凝胶的发明使得 2-DE 的重复性得到巨大改善，多种图像分析软件与大规模数据处理软件的开发也使得复杂蛋白质图谱和大规模数据的分析更加便利。这些技术的进步使 2-DE 技术成为早期蛋白质组学研究中最常用的蛋白质分离方法。

在 2-DE 过程中，首先根据等电点的差异，在一维等电聚焦电泳中分离蛋白质。随后，固相 pH 梯度胶条被转移到 SDS-聚丙烯酰胺凝胶上，根据分子量的不同分离蛋白质，最终在聚丙烯酰胺凝胶上形成一个二维的蛋白质图谱（图 9-1）。利用 2-DE 技术开展蛋白质组学研究的技术路线：首先从细胞、组织或器官等生物样品中提取蛋白质，经 2-DE 分离后形成蛋白质凝胶，并进行凝胶染色以获得二维蛋白质图谱。利用计算机图像分析技术对蛋白质斑点进行定位、定量和比较分析，以获得等电点、分子量和蛋白质相对丰度的数据。随后，切取蛋白质斑点，进行胶内酶切并回收酶切后的肽段，通过 MS 分析获得蛋白质（多肽）的质量数，并通过数据库检索鉴定蛋白质。

尽管 2-DE 在早期蛋白质组学研究中应用广泛，但其存在诸多局限性：一是操作步骤烦琐、规模化和自动化程度不高，费时费力；二是对于特殊蛋白质（如极端等电点、极端分子量、低丰度蛋白质）的分离效果不佳；三是重复性差，电泳过程影响蛋白质斑点分离的一致性；四是通量低，通常一块二维凝胶只能分辨出 1000~3000 个蛋白质斑点。因此，近年来

2-DE 技术已较少被用于高通量的定量蛋白质组学研究。

（二）色谱技术

1. 色谱技术的原理 色谱技术是指将混合物组分在两相（固定相和流动相）中进行分配的分离技术，主要包括薄层色谱、气相色谱和液相色谱（LC）等。色谱技术的基本原理是：当流动相中的混合物流经固定相时，由于混合物中的组分与固定相的亲和力存在差异，因此各组分移动的速率不同。与固定相亲和力低的分子移动较快，而与固定相亲和力高的分子则移动缓慢，从而实现混合物中不同组分的分离。

2. 利用 LC 分离蛋白质 LC 可以直接与 MS 连接，已取代 2-DE 成为大规模蛋白质组学研究中的常用分离方法。其中，最常用的是二维液相色谱-串联质谱（2D-LC MS/MS）技术。2D-LC 的基本步骤涉及使用高压切换阀，将经过第一个色谱柱分离后的某个色谱峰（混合组分峰）的部分或全部选择性地转移到第二个色谱柱上进行再次分离，利用两个色谱柱的性质不同，实现蛋白质样品的进一步分离。2D-LC 所用的色谱柱包括离子交换柱、分子排阻色谱柱、亲和色谱柱和 C_{18} 反相色谱柱等。2D-LC 分离蛋白质可采用多种组合模式，如离子交换色谱-反相液相色谱、色谱聚焦-反相液相色谱、分子排阻色谱-反相液相色谱、亲和色谱-反相液相色谱等。这些组合模式的第二维均为反相液相色谱。反相液相色谱采用有机溶剂作流动相，有效避免了盐等添加剂对后续质谱分析的干扰。离子交换色谱-反相液相色谱是最常用的 2D-LC 组合模式，其先在第一维离子交换色谱中根据酶解后肽段的表观电荷差异进行分离，后在第二维反相液相色谱中根据肽段的疏水性差异进一步进行分离。

采用 2D-LC 与 MS/MS 串联的鸟枪法（shotgun）策略是目前蛋白质组学研究的主要技术策略之一（图 9-1）。从组织、细胞或其他生物样本获得的蛋白质混合物，通常经蛋白酶酶切后得到多肽混合物，然后利用 2D-LC 进行分离，对 2D-LC 分离得到的不同馏分进行质谱分析，通过数据库检索以鉴定蛋白质。采用 LC 分离蛋白质和多肽具有诸多优点：①分离速度快，一般几小时即可完成全部分离，而 2-DE 分离则需 1～2 d；②分离得到的蛋白质或多肽为溶液状态，避免了 2-DE 方法需从胶上回收样品的复杂步骤；③将 LC 与 MS 连接，实现了分离过程的自动化；④适用于分离各种理化性质不同的蛋白质，如极端等电点、极端分子量和低丰度蛋白质等；⑤重复性相对更好，便于后期数据分析。

三、生物质谱技术

传统用于鉴定蛋白质氨基酸组成的方法是 Edman 降解法，其灵敏度和分析通量都较低。20 世纪 80 年代末，诞生了两种软电离技术——基质辅助激光解吸电离（MALDI）和电喷雾电离（ESI），这为利用生物质谱进行高通量蛋白质鉴定提供了可能。

（一）质谱仪的结构

质谱技术的原理是将样品分子离子化后，根据离子的质荷比[质量/电荷（m/z）]差异来分离离子，并检测离子的分子量。质谱仪主要由进样系统、离子源、质量分析器、检测器、记录器组成（图 9-2）。

进样系统的作用是在不破坏真空度的情况下，使样品进入离子源。离子源的功能是将被分析的样品分子电离成带电离子，并使其形成离子束进入质量分析器。经质量分析器分离后的离子被检测器捕获并转换成电信号，该放大后的信号由计算机采集、处理并记录各种离子的质荷比和丰度信息，最终展现为质谱图。

1. 离子源 生物质谱的离子化主要采用 MALDI 和 ESI 这两种软电离技术。MALDI 是

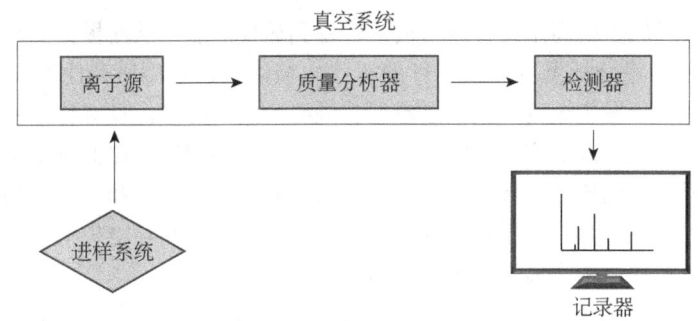

图 9-2 质谱仪的基本组成

在激光脉冲的激发下,使样品从基质晶体中挥发并离子化,适用于分析简单的肽段混合物。ESI 则使分析物从溶液相中电离,适合与 LC 分离技术联用。

MALDI 的基本原理是将分析物分散在基质分子中并形成晶体。当用激光照射时,基质分子吸收激光能量。随后,基质与样品间发生电荷转移,导致样品分子电离,使样品分子带上电荷形成分子离子。这些分子离子随后进入与 MALDI 离子源连接的质量分析器,进行质荷比分析(图 9-3A)。由于 MALDI 离子源产生的大多为单电荷离子,其质谱图中的谱峰直接对应于样品各组分的质量数,因此易解析。MALDI 离子源采用的是固相进样方式,能够耐受较高浓度的缓冲溶液、盐和去垢剂,曾广泛应用于鉴定 2-DE 分离的蛋白质。近年来,MALDI 离子源还被应用于质谱分子成像领域,为空间代谢组学和空间蛋白质组学的发展做出重要贡献。

ESI 离子源既是 LC 和质谱仪之间的接口装置,也是电离装置。通过高压诱导带电液滴的形成,ESI 可产生带电的分子离子,这些分子离子进入与 ESI 连接的质量分析器进行分离和鉴定(图 9-3B)。与 MALDI 离子源相比,ESI 离子源容易形成多电荷离子,使生物大分子的质荷比显著降低,因此可测量分子量高达十几万甚至更高的分子。ESI 离子源的自动化程度更高,可与 LC 在线联用;检测时间更短,分辨率和灵敏度更高,不依赖特定基质,从而避免了基质峰的干扰。在蛋白质组学研究中,ESI 离子源是分析复杂蛋白质样品时最常用的离子源。

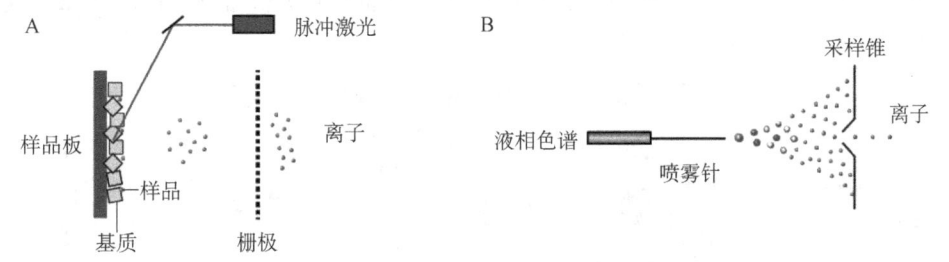

图 9-3 MALDI 和 ESI 离子源的工作原理

彩图

2. 质量分析器 软电离技术的出现拓展了 MS 的应用空间,而质量分析器的改进推动了质谱技术的发展。质量分析器是 MS 的核心,其原理是根据质荷比分离带电离子。质量范围、灵敏度、分辨率和质量准确度是评估质量分析器的关键参数。常用的质量分析器包括飞行时间(TOF)、四极杆、离子阱、傅里叶变换离子回旋共振(FT-ICR)和静电场轨道阱质量分析器等。它们的结构和性能各不相同,各有优点和不足,可以单独使用或组合形成功能更强大的质量分析器。TOF 质量分析器根据分子离子在真空飞行管中的飞行时间来计算其质荷比,通常与 MALDI 离子源耦合来鉴定多肽和蛋白质,并可与其他质量分析器串联使用。离子源产生的带电离子在飞行管道内以在加速电场中获得的速度飞行,质量较轻的离子飞行速度快,较早到达检测器；质量较重的离子飞行速度慢，较晚到达检测器，从而根据飞行时间计算出离子的质荷比。四极杆质量分析器由四根平行的棒状电极组成，不同质荷比的离子进入四极杆以后，会在电场的作用下发生振荡。当扫描电压和频率一定的时候，只有特定质荷比的离子才能穿过四极杆。因此，通过改变四极杆的电压和频率，可使不同质荷比的离子依次穿过四极杆到达检测器，实现质荷比的检测。离子阱质量分析器由两个端盖电极和位于它们之间的环电极构成。离子阱可以贮存离子，待离子累积到一定数量后，通过升高环电极上的射频电压，使离子按质荷比从高到低的次序依次离开离子阱，到达检测器。

FT-ICR 质量分析器是一种在高真空、强磁场下捕获离子的质量分析器。在均匀磁场中，带电离子进行回旋共振运动。离子的回旋频率与离子的质荷比成反比。FT-ICR 具有超高分辨率，但对真空度要求极高，同时强磁场需由庞大的超导磁铁产生，因此成本极高。静电场轨道阱质量分析器的工作原理类似于 FT-ICR 质量分析器，但不需要强磁场。离子受到来自中心纺锤形电极的吸引力，围绕中心电极做圆周运动。静电场轨道阱提供了较好的分辨率和接近 FT-ICR 的质量准确度，成本较低且维护相对简单。

3. **串联质谱仪** 串联质谱（MS/MS）技术是指将两个以上的质量分析器串联使用，以实现对母离子和碎片离子（子离子）的分析。目前常见的串联质量分析器有三重四极杆（QQQ）、四极杆-TOF、四极杆-离子阱和四极杆-静电场轨道阱等。这些串联质谱仪的工作原理基本相似：通常第一个质量分析器负责质量分选，选取特定的单一离子并将其送入高能碰撞池，在此，母离子与惰性气体发生碰撞导致碎裂，随后在第二个质量分析器对碎片离子进行质量分析。例如，QQQ 是一种早期常用的串联质量分析器，由三个四极杆串联而成（图 9-4）。其中第 1 个四极杆（Q1）和第 3 个四极杆（Q3）行使质量分析器功能，而位于中间的第 2 个四极杆（Q2）仅施加射频电压，负责传输和聚焦离子。MS/MS 分析时，Q1 通过设定特定射频和直流电压，允许特定质荷比母离子通过。母离子进入 Q2，由于 Q2 的进口与出口之间存在加速电压，母离子与 Q2 中的碰撞气（通常为 N_2 或 Ar）发生多次碰撞，导致母离子的化学键断裂，产生碎片离子。碎片离子随后进入 Q3 进行进一步的分离，最终被检测器捕获，并形成质谱图。目前，常用静电场轨道阱等具有更高分辨率的质量分析器取代 Q3，组成如四极杆-静电场轨道阱的高性能质量分析器。

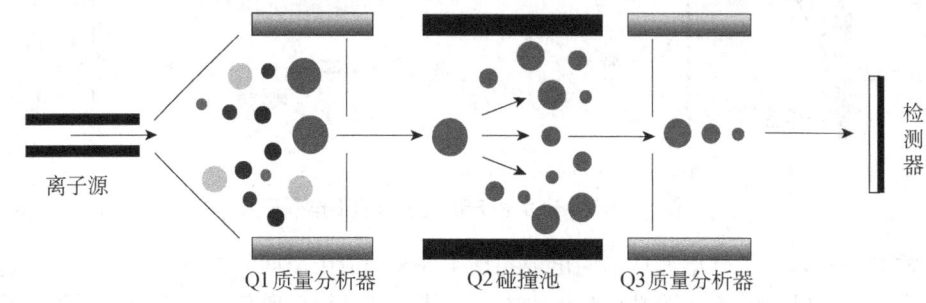

图 9-4　三重四极杆串联质谱仪的工作原理

（二）利用质谱仪鉴定蛋白质的原理

由于多数蛋白质的分子量较大，它们需要先被酶解成多肽，然后再利用质谱仪进行鉴定。通常使用胰蛋白酶对蛋白质进行酶解，胰蛋白酶可以高效且特异地切割赖氨酸（K）和精氨酸（R）的羧基端与其他氨基酸之间的肽键。由于 K 和 R 在多数蛋白质序列中分布广泛，胰蛋白酶的酶解作用能够产生一定数量的肽段，这些肽段具有特定的长度和独特的质量数。因此，通过质谱分析形成的肽质量指纹谱（PMF）对于每种蛋白质都是独特的。将质谱分析获得的蛋白质 PMF 与数据库中蛋白质理论酶切的 PMF 进行对比，就可以鉴定该蛋白质。PMF 技术是早期鉴定蛋白质的强有力方法。然而，利用 PMF 鉴定蛋白质的关键在于获得精确的肽段分子量，并且对蛋白质或多肽数据库的依赖性较强。蛋白质存在数百种翻译后修饰且某些多肽尽管分子量相同，其氨基酸序列却可能不同，这些情况为使用 PMF 技术鉴定蛋白质带来了挑战。

利用串联质谱仪进行蛋白质氨基酸序列分析是鉴定蛋白质的有效手段。根据一级质谱（MS1）中获得的多肽质量数信息，选择特定多肽为母离子，并在碰撞池中通过高速惰性气体碰撞使其肽链主链断裂，从而产生不同长度的碎片离子。这些碎片离子的质量数进一步通过二级质谱（MS2）检测。主链断裂位置不同会生成不同系列的离子，在烷基羰基键（CHR—CO）、肽酰胺键（CO—NH）和氨基烷基键（NH—CHR）处断裂分别形成相应的 a、b、c 型和 x、y、z 型系列离子（图 9-5A）。保留肽链 N 端的离子为 a、b、c 型离子，保留肽链 C 端的离子为 x、y、z 型离子。其中，在肽酰胺键（CO—NH）处断裂所形成的 b、y 型离子在质谱图中最为常见。b 型和 y 型系列相邻离子的质量差，即氨基酸残基质量。根据完整或互补的 b 型和 y 型系列离子的质量，以及肽段母离子的质量，利用搜库软件，将质谱获得的质量数信息与蛋白质数据库中的氨基酸序列信息进行比对，便可以高通量地鉴定肽段的氨基酸序列（图 9-5B）。常用的搜库软件包括 Mascot、MaxQuant、Proteome Discovery、Protein Pilot 等。

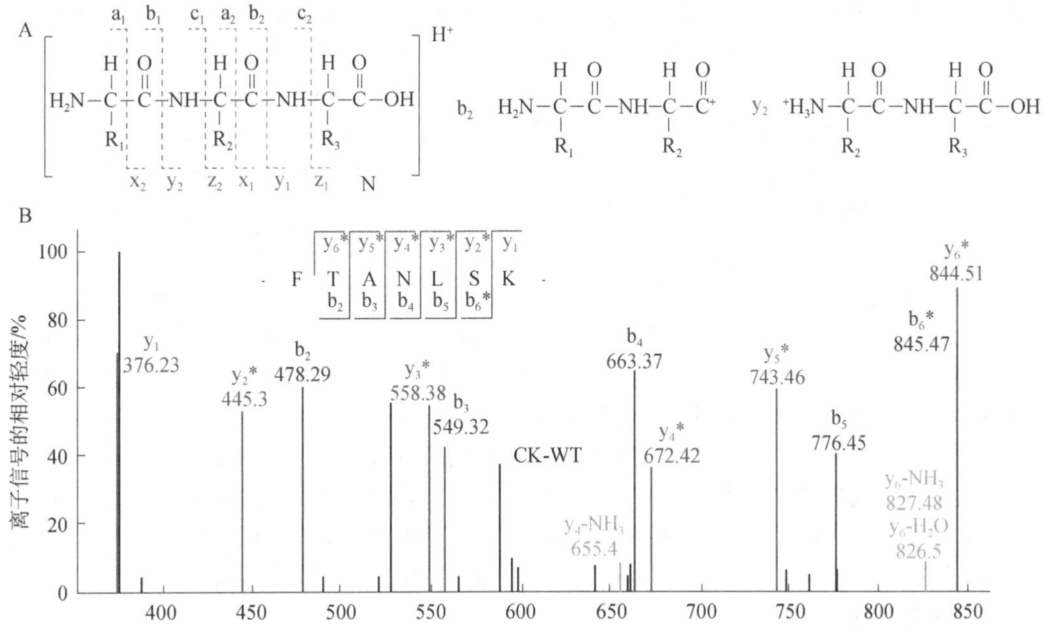

图 9-5　理论的肽段碎裂方式（A）和酶切肽段（m/z 为 659.86）的实际碎片离子谱图（B）

若数据库中不存在某个肽段的序列，可通过软件分析二级质谱图中 b 型、y 型等各系列离子的质量数信息推断该肽段的排列序列，称为蛋白质的从头测序（*de novo* sequencing）。

第二节　定量蛋白质组学技术

蛋白质组学技术可以大规模地对蛋白质进行定性（表达谱、序列特征）分析，并且实现高通量的蛋白质定量分析。早期的定量蛋白质组学技术主要依靠对 2-DE 凝胶上蛋白质斑点染色

（考马斯亮蓝染色、硝酸银染色、荧光染料 Cy 染色等）进行蛋白质定量。然而，这些方法的灵敏度、分辨率和通量都受到极大的限制，这使得实现蛋白质的大规模精确定量成为一项挑战，从而给后期的蛋白质功能分析带来困难。随着各种标签技术的发展和质谱仪性能的提高，目前广泛应用的定量蛋白质组学技术主要包括：标记定量技术、非标记定量技术、逐窗获取全部理论碎片离子的质谱技术（SWATH-MS）技术及靶向蛋白质组学技术。

一、标记定量技术

应用于蛋白质组学研究的标记定量技术主要包括：同位素标记相对和绝对定量技术（iTRAQ）技术、串联质谱标签（TMT）技术、^{15}N 体内代谢标记技术、细胞培养氨基酸稳定同位素标记（SILAC）技术。

（一）iTRAQ 和 TMT 技术

iTRAQ 和 TMT 技术是目前应用最广泛的两种体外同位素标签技术，分别由 AB SCIEX 公司和 Thermo Fisher Scientific 公司开发。iTRAQ 和 TMT 技术的原理和操作流程基本相似，都是利用等重异位标签试剂标记不同样品的蛋白质/多肽的氨基末端或赖氨酸侧链基团。这使标记后的不同样品中序列相同肽段的质荷比相同，在一级质谱图中呈现为同一个峰。该肽段作为母离子经过质谱碰撞池碎裂后，将不同标签中质量数不同的报告基团释放，利用质谱检测到的报告基团的峰面积代表其标记肽段的相对丰度，从而实现高通量的蛋白质相对定量分析。

在利用 iTRAQ 和 TMT 进行的定量蛋白质组学实验中，从不同样品中提取的蛋白质首先被酶解成肽段，然后可以通过 iTRAQ 或 TMT 试剂进行标记（图 9-6）。iTRAQ 或 TMT 试剂包括三部分：肽反应基团、报告基团、平衡基团（图 9-6A）。iTRAQ 或 TMT 试剂通过肽反应基团与多肽的氨基端及赖氨酸侧链发生共价连接，从而对每组样品中的所有肽段进行标记。例如，含有 8 个标签的 iTRAQ 试剂的报告基团有 8 种，可以同时标记 8 组样品。平衡基团分子量也有 8 种，这样就形成了 8 种总分子量相同的等量异位标签（图 9-6B）。

利用 iTRAQ 或 TMT 试剂对不同蛋白质样品的肽段进行标记，然后将标记的肽段混合。由于同位素标签标记的不同样品中的同一肽段具有相同的质荷比，因此在一级质谱中形成一个共同的峰。在二级质谱中，报告基团、平衡基团、连接基团之间的化学键发生断裂，释放出报告基团和平衡基团。平衡基团因不带电发生中性丢失，而报告基团则被质谱仪检测并记录。通过分析质谱低质量区产生的各个标签报告基团的峰面积，可以实现蛋白质的相对定量分析。此外，通过分析二级质谱中的肽段碎片离子图谱，可以获得肽段的氨基酸序列信息。目前市场上的 iTRAQ 试剂包括 4 标签和 8 标签两种，而 TMT 试剂提供 2 标签、6 标签、10 标签、11 标签、16 标签、18 标签共 6 种。在实验过程中，根据蛋白质的特性和样品数量，可以选择合适的标签试剂进行标记。

（二）^{15}N 体内代谢标记技术

^{15}N 体内代谢标记技术采用含 ^{15}N 或 ^{14}N 作为唯一氮源的培养基来培养植物材料。经过一段时间的培养，细胞内新合成的蛋白质的氨基酸中的氮原子全部为 ^{14}N 或 ^{15}N（图 9-7）。将分别含有 ^{14}N 和 ^{15}N 的两种样品混合后，提取蛋白质并进行酶切，以便进行质谱鉴定。由于这两种样品的蛋白质分别掺入 ^{14}N 或 ^{15}N，因此每个肽段在一级质谱图中呈现为一对同位素峰。通过 ^{15}N/^{14}N 的同位素肽段丰度比值，可以反映出两种材料来源蛋白质的相对丰度。然而，由于多肽的长度和氨基酸组成的多样性，同位素标记多肽的质量位移信息极其复杂，这大大增加了 ^{15}N 体内代谢标记法所得质谱图的解析难度。

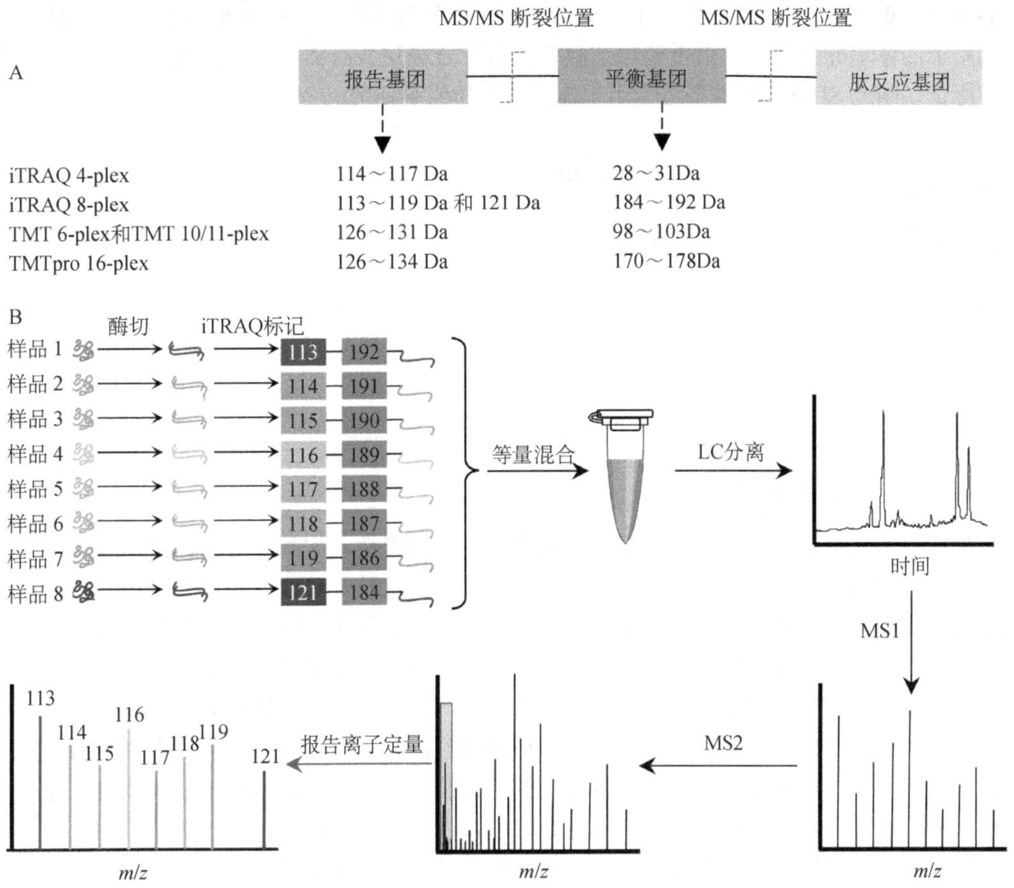

图 9-6 iTRAQ/TMT 试剂标签的结构（A）和 8 标签 iTRAQ 试剂标记实验流程（B）

A 图中的 iTRAQ 4-plex、iTRAQ 8-plex、TMT 6-plex 和 TMT 10/11-plex、TMTpro 16-plex 为试剂盒的名称

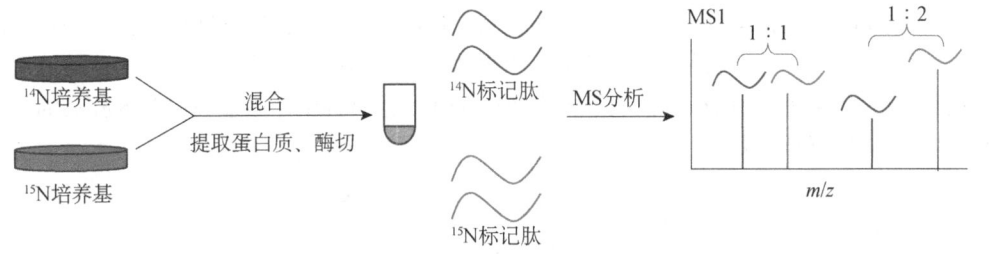

图 9-7 ^{15}N 体内代谢标记技术实验流程

（三）SILAC 技术

SILAC 技术的基本原理是在细胞培养基中分别添加轻、重同位素标记的必需氨基酸［通常为赖氨酸（K）和精氨酸（R）］，并让细胞经过若干代培养。在此过程中，同位素标记的氨基酸掺入到细胞内新合成的蛋白质中。轻、重同位素标记的细胞裂解后，其蛋白质提取物混合并共同处理。在质谱分析中，来自不同样本的同一蛋白质或肽段会显示不同的质荷比，因为含重同位素的肽段相对于轻同位素标记的肽段会偏重。通过分析混合样品中不同同位素标记肽段在质谱图上呈现的峰强度，可以分析不同样品中蛋白质的相对丰度（图 9-8）。SILAC 技术与 ^{15}N 标记技术均为体内标记方法，可以直接混合蛋白质样品，有效避免后续酶解等操作可能带

来的误差。虽然 SILAC 技术解决了 ^{15}N 标记技术在质谱图解析上的困难，但 SILAC 技术通常只适用于活体培养的细胞。由于植物细胞可以自行合成这些必需氨基酸，这导致只有部分蛋白质被标记，因此 SILAC 技术不适合用于植物蛋白质组学研究。

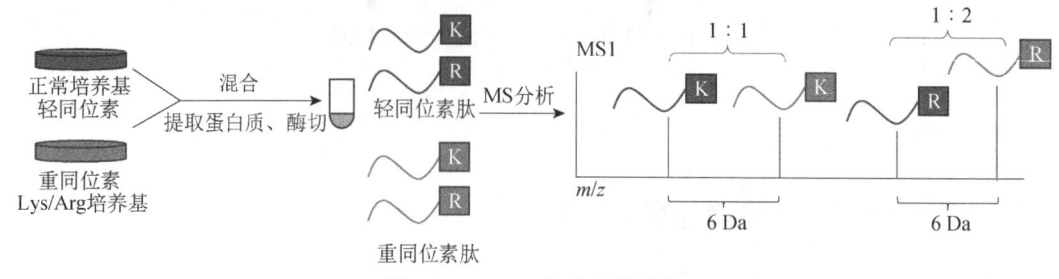

图 9-8　SILAC 技术实验流程

二、非标记定量技术

基于同位素标记的定量蛋白质组学技术存在一定局限性，如同位素标记试剂成本高昂、样品间标记效率的差异及实验样品数量的限制。非标记定量技术可以克服这些限制。在非标记定量实验过程中，蛋白质酶切后得到的肽段在质谱仪上分别得到一级谱图和二级谱图。非标记定量技术可以基于二级谱图的匹配肽段谱图计数和一级谱图的质谱峰面积进行定量。

基于二级谱图的匹配肽段谱图计数定量的原理：某一肽段在二级质谱中被检测到的频率与其在肽段混合物中的丰度成正比。通过计算被检测到的肽段数，可以实现对蛋白质的定量。传统的匹配肽段谱图计数法是利用质谱鉴定到的全部肽段进行定量，但由于某些肽段可能是多个蛋白质所共有的非特异性肽段，这些肽段会影响蛋白质定量的准确性。随着技术的发展，有研究者提出使用蛋白质独特多肽进行定量，从而提高了非标记定量技术的准确性。

基于一级谱图质谱峰面积定量的原理：肽段在一级谱图中的离子信号强度与其浓度成正比。通过比较一级谱图中肽段峰面积，可分析不同样品中相应蛋白质的相对丰度差异。

随着质谱仪性能的提高和搜库软件的发展，基于一级谱图质谱峰面积的非标记定量技术已得到较广泛的应用（图 9-9）。该技术的优势包括：样品制备简单；不需要使用昂贵的稳定同位素标签，成本低廉；每个样品单独进行酶解和质谱检测，实验设计灵活。然而，这种方法对质谱仪的稳定性和实验人员的操作技能等要求较高。在实验过程中，必须确保对各样品的操作具有稳定性和可重复性，以减少系统误差。

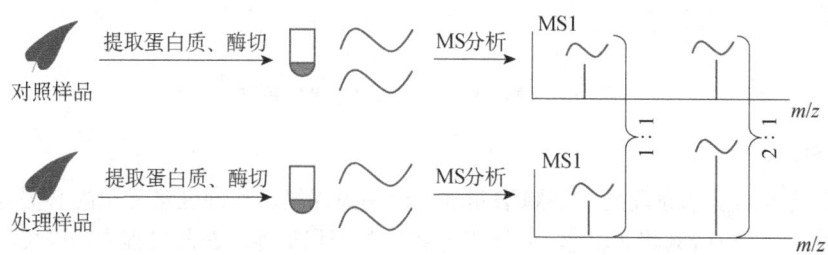

图 9-9　基于一级谱图质谱峰面积的非标记定量技术实验流程

三、SWATH-MS 技术

近年来随着质谱采集速度和精度的显著提升，数据非依赖性采集（data-independent acquisition，DIA）技术得到了迅速的发展。与根据一级质谱选择特定母离子进行碎裂（Top *N*

模式）的数据依赖性采集（data-dependent acquisition，DDA）模式不同，DIA 技术则是对所有母离子进行碎裂，并尽可能地采集所有二级质谱碎片离子的信息。

基于不同的质谱平台，DIA 的数据采集和分析策略发展出了多种方法，其中应用较为广泛的是 SWATH-MS 技术。SWATH-MS 技术不对母离子进行筛选，而是将质谱的全扫描范围分为若干个窗口，对每个窗口中的所有母离子进行碎裂和检测。理论上，这种方法可以获得样本中所有母离子的全部碎片信息。根据 DDA 谱图库的信息，从 DIA 数据中抽提出对应的碎片离子信息，用于最终的定性和定量分析（图 9-10）。该技术显著提高了数据的利用度，分析重复性高，非常适合于大样本和复杂样本的分析检测。

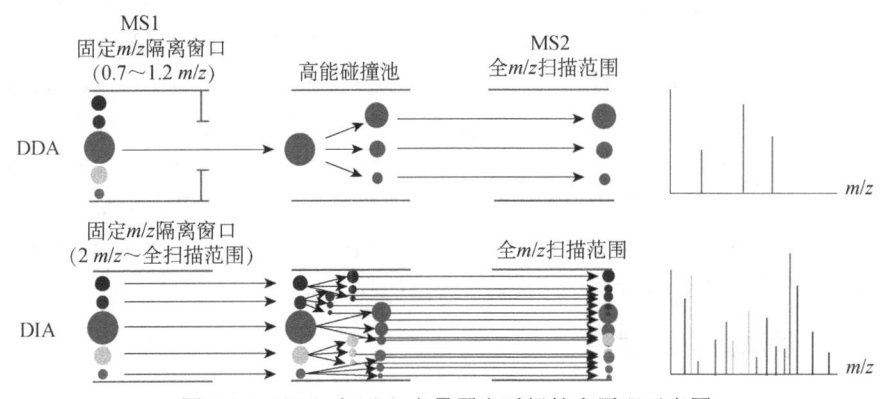

图 9-10　DDA 和 DIA 定量蛋白质组技术原理示意图

四、靶向蛋白质组学技术

靶向蛋白质组学技术是专门针对特定目标蛋白质进行定量的方法。与非靶向蛋白质组学技术相比，靶向蛋白质组学技术有针对性地选择目标蛋白的特定肽段离子进行质谱数据采集。靶向蛋白质组学技术主要包括：①选择反应监测（SRM）技术，若多个 SRM 同时进行，则称为多反应监测（MRM）技术；②平行反应监测（PRM）技术。

SRM 或 MRM 技术通常使用三重四极杆质谱仪。该技术利用四极杆的高选择性特点对母离子和碎片离子依次进行分选。SRM 技术的基本原理是通过四极杆先选出目标肽段的母离子，送入碰撞池中碎裂后，从形成的碎片中选择预先设置的单个碎片离子，然后送入质量分析器进行检测。利用该碎片离子的信息可实现目标肽段的定量。由于选择过程中有明确的目标离子，实验的针对性强，可以有效排除背景噪声等干扰因素。在进行多个肽段的定量测定时，将同时进行多个 SRM 检测，即 MRM 检测（图 9-11）。

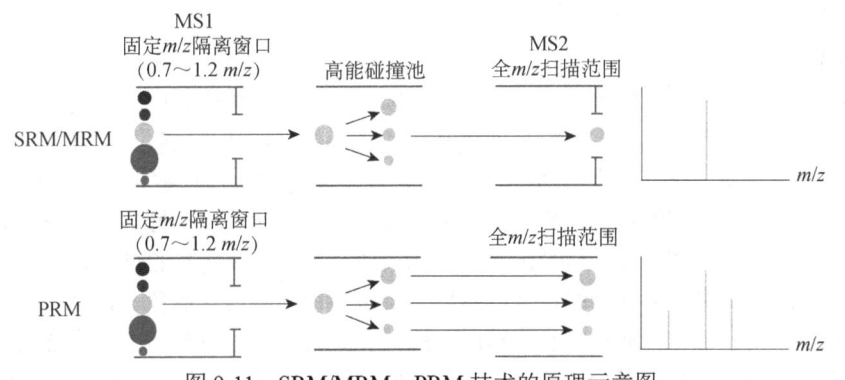

图 9-11　SRM/MRM、PRM 技术的原理示意图

PRM 技术衍生于 SRM 或 MRM 技术，结合了四极杆的高选择性及静电场轨道阱的高分辨率和高精度特性，PRM 技术可以检测所选定的目标母离子碎裂后的所有碎片离子，具有更好的检测灵敏度和抗干扰能力。此外，因为不需要预先设定目标蛋白的母离子/碎片离子对的信息和优化碰撞能量，所以分析流程更加便捷。

第三节 磷酸化蛋白质组学

蛋白质在翻译中或翻译后会经历共价修饰过程，即在氨基酸残基上添加修饰基团或通过蛋白质水解剪切，改变蛋白质的性质和功能，此过程称为蛋白质翻译后修饰（PTM）。目前已发现 500 多种不同的蛋白质 PTM，主要包括磷酸化、糖基化、泛素化等。蛋白质翻译后修饰可以改变蛋白质的活性、亚细胞定位、蛋白质间及蛋白质与其他分子间的相互作用等，从而动态调控其多样化的生物学功能。在细胞中，经历翻译后修饰的蛋白质分子相对较少，且发生修饰时形成的共价键通常不稳定。未修饰的蛋白质、修饰的蛋白质及同时发生多种修饰的蛋白质常常混合在一起，这给翻译后修饰蛋白质组学研究带来挑战。目前，研究者主要依靠亲和富集技术从蛋白质混合物中分离出特定修饰的蛋白质，然后利用质谱进行定性定量分析，从而实现高通量鉴定蛋白质修饰位点，并分析不同样品中蛋白质翻译后修饰水平的变化。

一、蛋白质磷酸化概述

蛋白质磷酸化是最常见的翻译后修饰之一，属于可逆的翻译后修饰。蛋白激酶将 ATP 的 γ 位磷酸基团转移到底物特定氨基酸侧链，使蛋白质被酯化，从而改变其构型、酶活性及与其他分子的互作能力。相对地，蛋白磷酸酶可以去除蛋白质中的磷酸基团。在真核生物中，磷酸化主要发生在丝氨酸、苏氨酸和酪氨酸残基上。除了这些普遍存在的磷酸化修饰，在天然状态下存在的已知磷酸化位点还有精氨酸、赖氨酸和半胱氨酸残基。

拟南芥基因组中约 5%的基因编码大约 1100 种蛋白激酶和 200 多种蛋白质磷酸酶。受这些酶调节的蛋白质可逆磷酸化调控各种信号转导通路和代谢途径，从而影响生物体的基因表达、细胞增殖、细胞分化、细胞凋亡等生命活动。因此，探索不同蛋白质的可逆磷酸化过程对于理解生命发育与逆境应答过程具有重要意义。

二、磷酸化肽段富集方法

磷酸化蛋白质组学研究过程中，必须对磷酸化蛋白质或肽段进行分离富集，以满足质谱鉴定和定量的需求。常用的蛋白质磷酸化分析策略包括使用固定金属亲和色谱（IMAC）或金属氧化物亲和色谱（MOAC）等方法富集磷酸化肽段。

（一）IMAC 法

IMAC 柱由填料、螯合剂和金属离子三部分构成。填料包括琼脂糖、硅胶、纤维素和多孔玻璃等，与螯合剂（如次氮基三乙酸、亚氨基二乙酸、三羟甲基乙二胺）交联，形成固定相。常用的金属离子（如 Fe^{3+}、Ga^{2+}、Cu^{2+}、Ti^{4+}）螯合于固定相上。这些带正电荷的金属离子可以与带负电荷的磷酸基团发生静电作用，从而结合磷酸化多肽。在碱性环境下或有磷酸盐存在时，静电作用被破坏，磷酸化多肽被洗脱，以此实现亲和富集磷酸肽的目的。

IMAC 技术具有快速和直接的特点，可以富集可溶性的磷酸化肽段。IMAC 富集的样品，经过脱盐处理后可直接用于质谱分析。IMAC 的主要局限性在于与金属离子结合较弱的磷酸化肽段可能部分丢失，而具有多个磷酸化位点的磷酸化肽段则难以洗脱，且富含谷氨酸、天冬氨酸等酸性氨基酸残基的非磷酸化肽段也可能因其与金属离子非特异性结合而被富集，这可能会影响磷酸基团与金属离子的亲和性，从而降低磷酸化肽段富集的有效性和特异性。

（二）MOAC法

近年来，MOAC法已成为最广泛采用的磷酸化肽段富集策略之一。该方法利用金属氧化物与磷酸基团中氧的结合特性来富集磷酸化肽段。TiO_2作为一种惰性金属氧化物，对磷酸化肽段具有很强的亲和力，是目前用于富集磷酸化肽段的最广泛使用的金属氧化物材料。与IMAC柱相比，TiO_2柱具有更高的容量和更好的选择性。

三、高通量磷酸化蛋白质的鉴定方法

为了鉴定和定量磷酸化蛋白质，目前已实现使用胰蛋白酶对蛋白质进行酶解，产生肽段混合物。再利用TiO_2柱或IMAC柱富集磷酸化肽段，并将洗脱获得的磷酸化肽段进行质谱分析（图9-12）。通过二级谱图，不仅可以确定肽段的序列，还可以鉴定磷酸化修饰位点。此外，使用同位素标记法或非标记方法可以实现磷酸化肽段的定量分析。

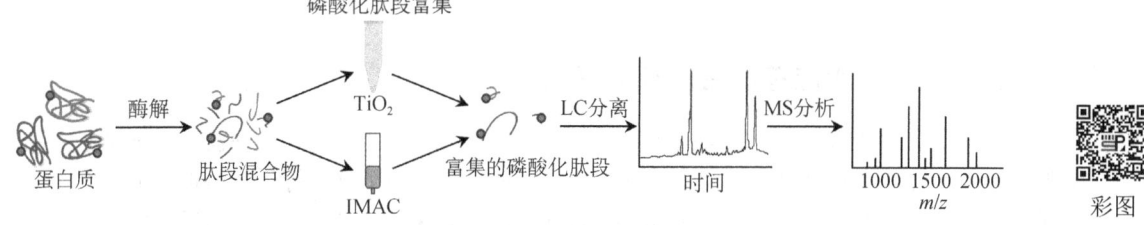

图9-12 磷酸化蛋白质组学研究的实验流程

◆ 第四节 蛋白质组学在植物研究中的应用

自20世纪50年代提出"中心法则"以来，科学家利用多种技术不断阐释和完善这一法则。在植物科学研究领域，学者以模式植物如拟南芥、水稻及其他重要的农作物和林木为材料，应用正向和反向遗传学策略，从认识单个基因功能到解析基因表达调控通路，深入研究植物生长、发育、生殖及逆境应答的分子调控基质。

进入21世纪后，表观遗传学和结构生物学研究迅速发展。高通量测序、生物质谱和生物信息学等领域的理论和技术也在不断完善，使得人们开始从系统生物学的角度，更加精准和全面地理解基因、蛋白质和代谢物的结构及其互作关系。在此过程中，定量蛋白质组学技术迅猛发展，特别是生物质谱的灵敏度和扫描速度不断提高，各种质谱仪及其配套的应用分析软件的性能不断优化，这使得由生物质谱获得的蛋白质（多肽）信息正在接近植物基因组与转录组数据的数量级。目前，已经公开发表近千种植物基因组的序列，基于此，开展高通量的蛋白质丰度、翻译后修饰和蛋白质互作分析，为获得植物信号与代谢通路的全息图谱提供了可能。

各国学者最初主要关注以拟南芥和水稻等模式植物为代表的植物组织（器官）、细胞、亚细胞结构的蛋白质表达谱特征。随后，科学家利用蛋白质组学技术，对植物生长、发育、生殖及各种生物与非生物逆境应答过程中蛋白质丰度和翻译后修饰的变化开展研究。

一、模式植物蛋白质组图谱

2020年，德国慕尼黑工业大学的Kuster团队在*Nature*上发表了拟南芥30个组织的转录

资源 9-1

资源 9-2

组、蛋白质组和蛋白质磷酸化修饰组的图谱（资源 9-1）。该研究更新了拟南芥基因组与蛋白质数据库信息，揭示了基因表达与蛋白质丰度在各器官间的动态变化，以及蛋白质复合体的组织特异性和磷酸化调控的信号通路。

同年，美国得克萨斯大学的 Macotte 团队在 Cell 上报道了 13 种植物的蛋白质互作图谱，利用共分馏质谱分离与定量蛋白质组学技术，大规模鉴定了其中约两百万种蛋白质，构建了大规模的蛋白质互作网络（资源 9-2）。这些研究建立了高通量的植物整合组学分析策略，大大丰富了植物蛋白质丰度与互作关系数据库，为研究其他植物的发育与逆境应答过程奠定了基础。

二、植物生长发育蛋白质组学研究

蛋白质组学技术被广泛应用于植物细胞分裂、伸长、分化及器官形成过程的调控机制研究。例如，中国科学院植物研究所王台研究员团队利用 2-DE 电泳结合质谱技术，从水稻成熟花粉中鉴定出 322 种蛋白质，不仅新发现了大量在花粉中表达的蛋白质，还揭示了花粉中表达蛋白质的功能类群特征，为认识花粉发育、萌发和花粉管生长的分子机制提供了重要信息。

三、植物逆境应答蛋白质组学研究

蛋白质组学技术广泛应用于揭示植物逆境应答机制研究，为深入认识盐碱、干旱、高温、低温、养分等非生物胁迫，以及真菌、细菌、病毒、线虫和菟丝子等生物胁迫的调控网络和分子机制提供了重要信息。例如，应用 2-DE、iTRAQ 和稳定同位素二甲基标记等蛋白质组学技术，研究禾本科盐生植物星星草（Puccinellia tenuiflora）在 Na_2CO_3 胁迫下叶片和叶绿体中蛋白质丰度和磷酸化水平的变化。结合叶绿素荧光动力学、活性氧清除途径等生理特征及分子遗传学分析，揭示了星星草响应 Na_2CO_3 胁迫的分子生理策略，为理解植物盐碱应答的分子机制提供了重要信息。

小　　结

蛋白质组学已成为生命科学研究的前沿领域。蛋白质组是指一个功能单位（如蛋白质复合体）、细胞器、细胞、组织、器官或个体所具有的所有蛋白质，包括其种类和功能信息。

蛋白质分离与鉴定包括蛋白质样品的制备（细胞破碎、蛋白质沉淀与溶解）、分离技术（电泳和色谱）及生物质谱技术（MALDI 和 ESI 及其配套的质量分析器）。这些技术共同支撑起蛋白质组学研究的技术框架。

定量蛋白质组学技术主要包括标记定量技术（如 iTRAQ、TMT、SILAC、^{15}N）、非标记定量技术、SWATH-MS 技术及靶向蛋白质组学技术（如 SRM、PRM）。这些技术的应用推动了蛋白质组学研究的深入和精准。

PTM（如磷酸化修饰）是细胞调控蛋白质功能的关键机制。研究者使用亲和富集和质谱技术高通量地鉴定修饰位点，并分析样本中 PTM 水平的变化。这些方法进一步推动了对 PTM 功能和调控机制的深入理解。

植物蛋白质组学研究初期主要聚焦于模式植物如拟南芥和水稻的蛋白质表达谱特征分析，后期扩展到植物的生长、发育和逆境响应过程中蛋白质丰度与翻译后修饰的变化和功能的研究。这些研究为深入理解植物生长发育和逆境应答的分子机制提供了宝贵信息。

复习思考题

参考答案

1. 在蛋白质组学研究中，如何在样品制备过程中最大限度地减少蛋白质的降解？
2. 比较分析 SDS-PAGE、2-DE、液相色谱这三种分离技术在蛋白质组学研究中的原理及应用。
3. 阐述 MALDI 和 ESI 这两种质谱电离技术的基本原理及其在蛋白质组学研究中的应用，包括各自的优势和局限。
4. 阐述液相色谱与质谱联用分离和鉴定蛋白质的实验流程。液相色谱在该组合中扮演何种角色？为何常与电喷雾电离（ESI）质谱技术配合使用？
5. 说明串联质谱仪实现蛋白质序列的高通量鉴定的工作原理。
6. 阐述 iTRAQ 和 TMT 标记定量技术的工作原理，并讨论这两种技术在蛋白质组学研究中的应用优势与局限性。
7. 阐述 SILAC 技术在蛋白质定量分析中的工作原理，并讨论为何该技术不适用于植物蛋白质组学研究。
8. 非标记定量技术相较于同位素标记定量技术有哪些优点和缺点？
9. SWATH-MS 技术如何克服传统数据依赖性采集技术的不足？讨论其在处理复杂样本时的优势。
10. 靶向蛋白质组学技术（如 SRM、MRM 和 PRM）与非靶向技术有何不同？
11. 探讨 IMAC 和 MOAC 在磷酸化肽段富集中的优缺点及此技术对研究结果的潜在影响。
12. 探索如何将蛋白质组学的数据与植物的生长、发育和逆境应答的理解结合。

主要参考文献

钱小红，贺福初. 2003. 蛋白质组学：理论与方法[M]. 北京：科学出版社.

王旭初，阮松林，徐平. 2022. 植物蛋白质组学[M]. 北京：科学出版社.

Dai S，Chen S. 2014. Understanding information processes at the proteomics level[M]. Berlin：Springer.

Dai S，Wang T，Yan X，et al. 2007. Proteomics of pollen development and germination[J]. J Proteome Res，6（12）：4556-4563.

Liu Y，Lu S，Liu K，et al. 2019. Proteomics：a powerful tool to study plant responses to biotic stress[J]. Plant Methods，15：1-20.

Ludwig C，Gillet L，Rosenberger G，et al. 2018. Data-independent acquisition-based SWATH-MS for quantitative proteomics：a tutorial[J]. Mol Syst Boil，14（8）：e8126.

Mcwhite CD，Papoulas O，Drew K，et al. 2020. A pan-plant protein complex map reveals deep conservation and novel assemblies[J]. Cell，181（2）：460-474.

Mergner J，Frejno M，List M，et al. 2020. Mass-spectrometry-based draft of the *Arabidopsis* proteome[J]. Nature，579（7799）：409-414.

Rozanova S，Barkovits K，Nikolov M，et al. 2021. Quantitative mass spectrometry-based proteomics：an overview [J]. Methods Mol Boil，2228：85-116.

Suo J，Zhang H，Zhao Q，et al. 2020. Na_2CO_3-responsive photosynthetic and ROS scavenging mechanisms in chloroplasts of alkaligrass revealed by phosphoproteomics[J]. Genom Proteome Bioinf，18（3）：271-288.

第十章

植物代谢组学

学习目标

①了解代谢组学的定义及研究领域。②掌握基于质谱的代谢组学原理及研究平台。③掌握代谢组学的数据预处理、统计学分析、数据库及代谢物的鉴定。④了解代谢组学在植物领域的应用。

引　言

植物代谢组学是一门研究植物体内所有代谢物的全貌和动态变化的学科，从而揭示植物在生长、发育、适应环境及应对生物胁迫等方面的代谢调控机制。植物代谢组学是现代植物科学研究中的重要分支，通过对植物体内代谢物的综合分析，可以获得关于植物生物学特性和适应性的分子基础，为植物遗传改良、农业生产和生态保护提供重要支持。

本章思维导图

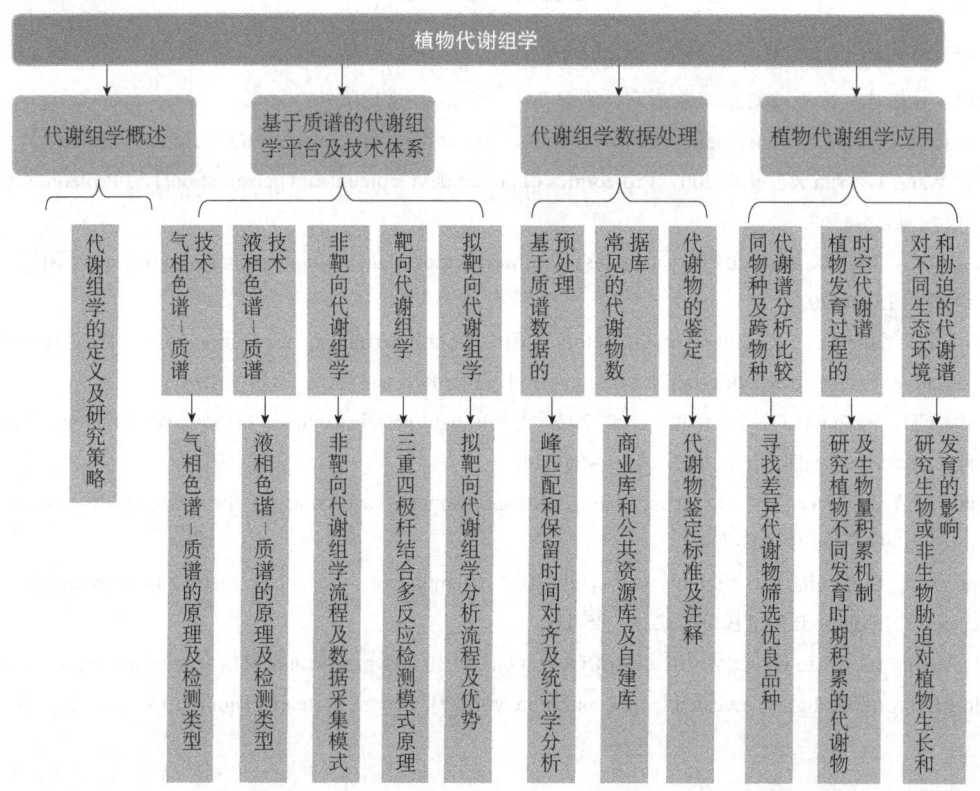

第一节 代谢组学概述

代谢组学是一个交叉学科领域，是生物学、物理学和化学等学科的融合，在系统生物学研究中扮演着重要的角色。系统生物学结合实验和计算方法，通过对生物系统中 DNA、RNA、蛋白质和代谢物等关键细胞组成的动态变化进行分析，研究它们在复杂的分子或生物网络中的相互关系。旨在不同分子层面定量解析复杂的生物学问题，系统理解生物个体的表型本质，并构建复杂生命系统的生物网络。基因组学关注可能发生的事件，蛋白质组学关注正在发生的事件，而代谢组学关注已经发生的事件。然而，这种系统生物学方法存在一个主要缺点，即基因表达、蛋白质表达和新陈代谢是在不同的时间尺度上发挥作用的，这增加了寻找因果联系的难度。在这些"组学"方法中，代谢物作为生物过程的最终产物，提供了生物系统中最明确的"最新"输出。与基因和蛋白质不同，基因和蛋白质的功能容易受到表观遗传调控和翻译后修饰的影响，而代谢物则是各种性状的直接分子基础，因此更容易与表型相关联。英国伦敦大学 Nicholson 教授和其同事使用核磁共振波谱技术来探究生命系统对病理生理刺激或遗传修饰的代谢反应，并且首次引入了代谢组学（metabolomics）这一术语。代谢组学的主要目标是定量分析生命个体对外界环境和疾病反应的代谢物，并绘制出代谢物随时间变化的整体谱图。该领域旨在描述复杂生物样本的组成，并对生物系统中所有代谢物进行无偏鉴定和定量分析。代谢物丰度的变化代表了各种生化反应、分子机制和生物途径所产生的化学通量的变化，更能直接反映细胞/有机体的生理状态及环境、基因表达和调节过程的级联效应。代谢分析目标代谢物通常小于 1500 Da，主要包括初生代谢物和次生代谢物。初生代谢物是生物体自身生长和繁殖所必需的物质，主要通过代谢活动产生，如氨基酸、核苷酸、多糖、脂类和维生素等。而次生代谢物则不直接参与生命的正常生长、发育或繁殖，只在生物体特定范围内的代谢过程中产生。次生代谢物可分为苯丙素类、黄酮类、单宁类、醌类、萜类、甾体及其苷、生物碱七大类。代谢小分子是新陈代谢过程中转化的化学物质，对于细胞生物化学的功能解读至关重要。

代谢研究应用于疾病生物化学、药理学、毒理学、环境暴露组学、功能基因组学、疾病标志物发现和整合系统生物学等领域。这些研究通过帮助我们理解生物的化学通量，去发现指示异常生物或环境干扰的代谢物。然而，由于代谢物数量巨大、结构多样性、不同的物理化学性质及不同生物样品中代谢物浓度的动态变化（大约跨越 9 个数量级），这些挑战对分析所用的仪器提出了更高的要求，如对代谢物稳定性好、强大的定性能力、高灵敏度和高分辨率、快速检测速度及宽广的动态范围等。然而，目前还没有一种分析仪器能够检测所有的代谢物。

近年来，先进的分析平台在代谢组学中得到应用，主要分为两个部分：分离设备和检测设备。常用的分离技术包括气相色谱（GC）、液相色谱（LC）和毛细管电泳（CE）。常用的检测技术包括质谱（MS）、光谱、核磁共振（NMR）或电化学（EC）。分离和检测相结合的技术产生了多种不同的代谢组学研究平台，如液相色谱-质谱联用仪（LC-MS）、气相色谱-质谱联用仪（GC-MS）、液相色谱-紫外检测器（LC-UV）和毛细管电泳质谱（CE-MS），这些平台极大地推动了代谢组学的发展。此外，傅里叶变换离子回旋共振质谱（FT-ICR MS）、基质辅助激光解吸电离质谱（MALDI-MS）、离子迁移质谱分析（IM-MS）等进一步的分析技术也已经发展起来，并且互补地检测各种类型的代谢物。目前，超高效液相色谱-质谱是代谢组学中常用的分析工具。

传统的代谢组学分析策略主要分为非靶向和靶向两种。非靶向分析通过使用高分辨率质谱来尽可能全面地检测样本中存在的化合物，这种方法可以提供具有物质偏向性和高覆盖度的代谢物分析，但样本组成复杂、重复性不佳，并且定量分析的线性范围有限。靶向分析的经典方法是使用三重四极杆质谱结合多反应监测（MRM）模式。它具有较高的灵敏度、特异性和优秀的定量分析性能，但所能检测的化合物数量受限于标准品的可用性，即需要相应的标准品来优化靶向分析的参数。这种方法通常用于验证，并可以对感兴趣的化合物进行绝对定量分析。为了兼具高通量代谢物检测和准确定量的优点，提高灵敏度，并整合非靶向和靶向分析的特点，研究人员开展了一种新方法，称为拟靶向代谢组学，目前已广泛应用于多个研究领域，包括生物标记物筛查、植物代谢组学、中医药和污染物暴露等研究。

近年来，各种代谢组学研究方法得到了发展，典型的分析流程包括样本收集、代谢物提取、数据采集、下机数据处理、代谢物鉴定和生信分析。代谢物鉴定是代谢组学研究的主要挑战之一，主要通过与商业数据库和公共数据库比对进行注释。目前，用于 GC-MS 分析的公共数据库包括 NIST、GMD，用于 LC-MS 分析的公共数据库包括 MassBank、METLIN、GNPS 等。尽管每次进样高分辨率质谱可以提供数万个碎片离子，但通常只有几百个代谢物能够被鉴定。为了应对这种情况，除了使用公共数据库，研究人员还努力建立针对不同平台的本地代谢组学数据库。由于分析检测平台生成大量数据点，多元数据分析方法对于减少数据量和简化复杂性至关重要。为了识别样本生物学上显著的差异，并提取与研究问题相关的信息，统计分析变得至关重要。常用的统计方法包括差异分析、主成分分析、相关分析和网络分析。

科学技术的进步推动我们进入了多组学时代，其中以代谢物为标志的代谢组学被视为最贴近生物表型的组学领域，通过对基因组、表观基因组、转录组、蛋白质组、表型组、微生物组、离子组和代谢组等不同水平的组学进行整合和分析，能够相互验证和补充，有助于深入研究代谢在合成、调控和进化过程中的多样性，从而促进对基因型与表型间关联性的理解。

◆ 第二节　基于质谱的代谢组学平台及技术体系

目前，代谢组学研究中，液相色谱和气相色谱是主要的代谢物分离技术，NMR 和 MS 是主要的检测技术。NMR 通常作为独立技术应用，而 MS 技术中质谱仪可以与液相色谱或超高效液相色谱相连接。其他检测器如紫外光谱（UVS）、荧光光谱和光电二极管阵列（PDA）适用于检测吸收紫外线或荧光的化合物。MS 常与 LC 或 GC 分离技术相结合。NMR 和 MS 代谢组学都有各自的优势和劣势。基于 MS 的方法具有高灵敏度，但需要标准品进行鉴定和定量。这些方法可以提供数千个化合物的定量信息，适用于研究药物诱导的代谢变化和酶底物。但仍具有局限性，如异构体和非对映异构体的分析是一个挑战，非对映异构体可以使用常规方法分离，而对映体需要复杂的分离方法。相比之下，NMR 可以进行无损分析和代谢物注释，但灵敏度较低，且可检测的动态范围较窄，难以同时检测样品中含量差异大的物质。目前，基于质谱技术的代谢组学研究居多，其中 LC-MS 是主要的分析平台。LC-MS 不需要衍生化即可分析热不稳定的代谢物，具有高灵敏度和高通量的优点，可分离上千种小分子代谢物，适用于痕量物质检测。GC-MS 通常作为 LC-MS 的补充，在挥发性有机物分析方面具有优势，对非挥发性化合物的分析需要复杂的衍生化预处理。气质和液质的主要区别在于真空系统和电离方式。气质的真空系统简单，液质的真空系统较大且需要两个分子涡轮泵。气质的电离方式主要有电子电离（EI）和化学电离（CI），液质的电离方式主要有电喷雾电离（ESI）、大气压化学电离（APCI）和大气压光电离（APPI）。根据研究目的不同，非靶向分析通常是首选，筛选感兴趣的化合物，然后通过靶向代谢组学对非靶向分析中找到的代谢标记物进行验证和定量分析。而拟靶向代谢组学则将非靶向和靶向的优势融合，既保留了高通量检测，又具有高灵敏度，成为目前主要的代谢组学研究技术。

一、气相色谱-质谱技术

气相色谱-质谱（GC-MS）是理想的用于鉴定和定量小分子代谢物的技术，适用于分析小分子酸、醇、羟基酸、氨基酸、糖、脂肪酸、甾醇等。GC-MS 通过气相色谱和质谱联用的方法，能够有效地分离和检测衍生化后的亲水性内源代谢物。气相色谱适用于分离易气化、稳定、不易分解、不易反应的样品，特别适合分离同系物和同分异构体。质谱利用电场和磁场对离子进行质荷比分离并进行检测。GC-MS 仪器由气相色谱仪和质谱仪组成，如图 10-1 所示，主要包括离子源、质量分析器及电子倍增管等。样品溶液经进样口汽化并由载气带入毛细管柱，挥发性化合物通过色谱柱涂层和载气的分配或吸附系数差异而被分离。保留时间为化合物在不同的时间被柱子保留的程度，根据不同化合物在柱子上的保留时间不同，各组分按洗脱顺序依次进入质谱仪，在离子源中，化合物受到电子轰击，被电离成分子离子和碎片离子，这些离子在质量分析器中按质荷比大小被分离，然后经过电子倍增器检测，得到化合物的质谱图。

电子电离（EI）、化学电离（CI）是 GC-MS 常用的电离方法。EI 是一种硬电离技术，使用标准的 70 eV 的高能电子与气相中的原子或分子相互作用产生离子，具有非选择性电离的特点，高离子化效率和丰富的碎片离子可提供重要的官能团信息。CI 产生的碎片较少，但能产生准分子离子（quasi-molecular ion），有助于分子量的测定。GC 和 MS 的结合使得气相色谱的高效分离能力和质谱的结构信息得以充分利用，具有高灵敏度、重复性好和分辨率高且受基体效应影响较小等优点，是分析挥发性或半挥发性小分子化合物的重要方法。然而，GC-MS 要求被检测物具有一定的热稳定性，并且样品前处理较为复杂，通常需要进行衍生化处理，如甲基化和硅烷化，这增加了样本制备的时间。

GC-MS 是一项成熟的技术，最大优势是其卓越的效率、色谱分辨率和高重复性。另外，在保留时间和碎裂谱等方面与商业和内部谱库进行比较，以获取双重信息，这也是 GC-MS 最有价值的属性之一。

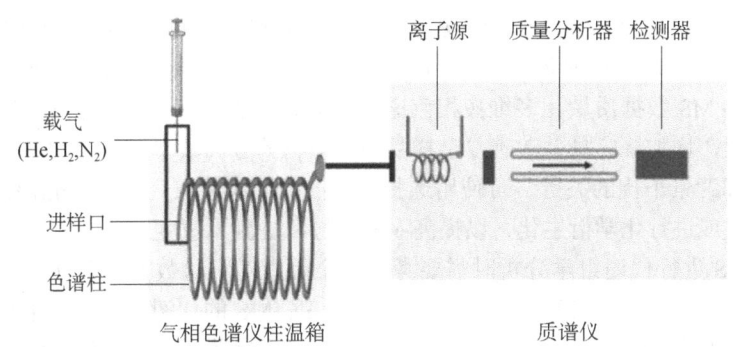

图 10-1　气相色谱-质谱仪装置示意图（图在 BioRender 网站绘制）

二、液相色谱-质谱技术

GC-MS 和 LC-MS 具有不同的离子源和工作模式，产生的数据形式也不同。LC-MS 根据不同的电离方式可分为电喷雾电离（ESI）、大气压化学电离（APCI）、大气压光电离（APPI）和快速原子轰击（FAB）。在基于 LC-MS 的代谢组学研究中，ESI 是首选方法，因为其通过溶液中的电荷交换产生大量离子，通常形成完整的分子离子，具有"软电离"能力。ESI 根据施加的毛细管电压的不同分为正离子模式 ESI+ 和负离子模式 ESI−：在 ESI+ 模式下，常见的离子包括质子化的[M+H]⁺、钠离子化的[M+Na]⁺和钾离子化的[M+K]⁺；在ESI−模式下，最常见的离子是去质子化的[M−H]⁻，当样品中含有氯（Cl）时，还可以检测到带负电荷的氯加合物。ESI可以同时分析挥发性和非挥发性代谢物，适用于离子型和极性化合物的鉴定分析，有助于初步鉴定。APCI和APPI通常不引起源内碎裂，主要产生[M+H]⁺或[M−H]⁻，被认为对高缓冲液浓度相对耐受。这些电离方法是对ESI的补充，用于分析非极性和热稳定的化合物，如脂类。图10-2总结了APPI、APCI和ESI在分子量和化合物极性方面的适用范围。

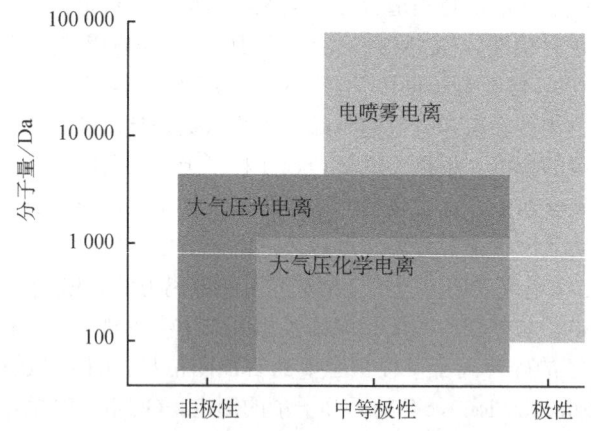

图10-2 电喷雾电离、大气压化学电离、大气压光电离的应用范围

代谢组学研究常在质谱分析前使用分离方法对目标化合物进行分离。高效液相色谱（HPLC）是一种常用的分离方法，可通过等度洗脱或梯度洗脱分离不同极性的化合物。常用的有机溶剂包括乙腈、甲醇和四氢呋喃（THF）。梯度洗脱相比等度洗脱具有更快的分析速度、更窄的峰和相似的分离度。LC-ESI-MS正成为复杂生物样品中代谢物分析的首选方法。色谱分离可降低样品复杂性，减轻基质效应。在LC-ESI-MS中，使用反相液相色谱（RPLC）分离半极性化合物，如酚酸、类黄酮、糖基化类固醇和生物碱。亲水作用液相色谱（HILIC）柱如氨丙基柱用于分离极性化合物，如糖、氨基糖、维生素和核苷酸。正相液相色谱（NPLC）可分离非极性脂质，如脂肪酰甘油、甾醇和脂肪酸酯。良好的色谱分离可提高MS检测的灵敏度，获得更好的MS数据质量。多维液相色谱（MDLC）是一种有效的分离方法，可结合多个独立的分离步骤，增加峰容量并改善复杂样品中代谢物的分离效率。样品制备也是解决目标代谢物丰度过低和背景干扰的关键，可使用选择性更高的固相萃取（SPE）柱浓缩和净化样品，改变离子化模式或进行化学衍生化，以提高MS信号和检测灵敏度。

使用LC-MS进行代谢组学分析时需要考虑多个因素对实验数据准确性的影响。选择适合的离子源是其中之一，而电喷雾电离（ESI）是基于LC-MS的代谢组学研究中最常用的检测小分子的方法。ESI是一种软电离技术，使质谱能够检测非挥发和高分子量的化合物。它的主要优点是在不进行衍生化的情况下能够检测非挥发化合物，减少碎片离子产生，并简化复杂化合物的谱图解释。然而，ESI也存在一些局限性，其中最突出的问题是在分析复杂生物样本时产生的离子抑制效应。因此，整个分析必须基于一个前提，即所有待检测样本中化合物的组成大致相同。LC-MS数据的变异性受多种因素影响。除了生物变异性外，样品制备、仪器条件和操作环境也可能引入变化。这些数据的变化包括保留时间漂移、强度值变化、检测器响应及质荷比漂移。为确保代谢组学结果的可靠性，建议采用多种方法，包括内部标准品、测试混合物和质量控制样本。测试混合物由商业可用的标准品组成，其成分数量有限，可用于快速评估整体性能特征，如保留时间稳定性、峰形状、检测器响应和质量准确性。对于小样本集，典型的是等量混合待分析样本制备成质量控制（QC，简称质控）样本，可广泛地代表整个样本集。然而，对于大规模样本集，使用测试样本本身制备混合样本的方法并不实际。在这种情况下，可以从具有代表性的样本集中制备大量的质量控制样本，并将其分成多份，并在最低可用温度下冷冻保存，直到需要时再使用，以减少冻融循环的影响。在整个分析过程中，按照规则的间隔（如每十个样品）插入QC样本，如图10-3所示，以确保分析的稳定性和一致性。QC样本的使用目的包括：在序列起始时进行进样、稳定和平衡LC-MS系统，根据所检测样本的不同进行不同的进样次数（通常为5～15次）和用于评估分析方法的稳定性和重复性。为了确保分析方法的可重复性，可以使用归一化策略来校正保留时间的差异，以及通过比较常用的LOESS回归法来校正由于分析平台的系统误差而导致的峰强度差异。此外，通过评估对稀释样本的响应来筛除不可靠的峰，以区分噪声信号，然而，这种方法可能会导致丢失一些本来浓度较低的化合物的信息。因此，在去除干扰峰时需要谨慎权衡。

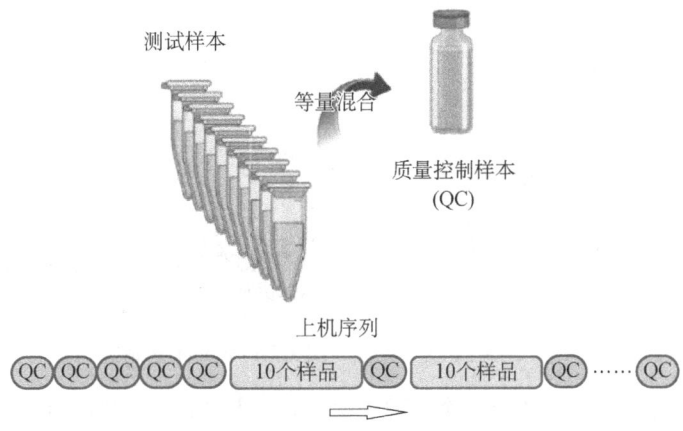

图10-3　QC样本制备和上机策略（图在BioRender网站绘制）

除了LC-MS数据的变化外，串联质谱（MS/MS）也会发生变化，特别是在不同类型的仪器或不同实验条件下生成的数据中。由于使用不同的电离源、碰撞能量、质谱仪和检测器组合，相同的代谢物可能会有不同的MS/MS光谱表示。例如，来自同一代谢物的两个MS/MS光谱可能由于峰的相对强度不同而不同，并且一些峰可能只出现在两个光谱中的其中一个。相对于EI谱，MS/MS谱的重现性较差，这是使用光谱匹配方法鉴定代谢物的主要挑战。通过扩大数据库或使用调谐点技术，可以使MS/MS谱库能够包含不同仪器生成的数据。

三、非靶向代谢组学

非靶向代谢组学是一种广泛应用于多个研究领域的强大技术，如用于发现疾病生物标志物、研究代谢途径、监测环境暴露及寻找具有生物活性的化合物来调节特定疾病表型。生命体系中预计存在超过100万种代谢物，而单个物种中有1000～40 000种代谢物。然而，单一检测方法所能覆盖的代谢物数量有限，因此开发了多种提取技术和分析方法的组合，以尽可能提高代谢物的覆盖率。此外，对代谢组学数据的注释方法也多种多样，使得代谢组数据的多样性极高。因此，对代谢组数据进行标准化是必要的。在大规模代谢组学研究中，常使用质量控制样品来监测仪器的性能和稳定性，以确保数据的质量。此外非靶向代谢组学与化学计量学方法结合，对复杂的信息进行整理，生成易于处理的较小数据集，然后对数据集中的信号进行注释，以解释机体生命活动的代谢本质。然而该方法仍面临一些挑战，包括处理大量原始数据的时间消耗、对未知小分子的鉴定仍存在困难、代谢物的检测覆盖范围依赖于所使用的分析平台及检测器对高丰度信号的偏向性。基于质谱的非靶向代谢组学涉及几个基本步骤（图10-4）：样品制备和提取、色谱分离代谢物（如 GC、LC 或 EC）、数据采集（根据目标代谢物类型选择仪器和离子分离）、数据分析（包括数据处理、代谢物鉴定、相关分析、主成分分析等统计分析）及挖掘生物学背景下的意义。

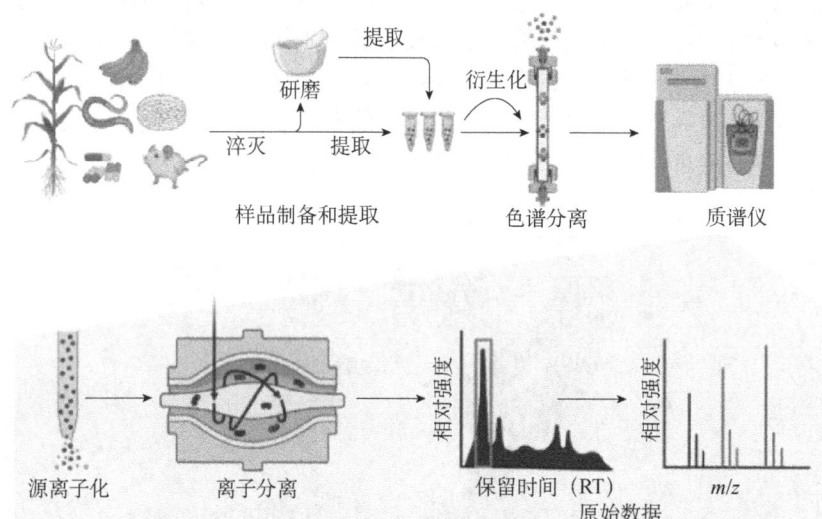

图 10-4　代谢组学基本流程（图在 BioRender 网站绘制）

代谢组学实验中的样本收集是一个关键步骤。研究人员希望尽量减少样本预处理步骤，因为步骤越多，越容易引入不可控的代谢物损失。提取方法应确保尽可能多地提取样本中的代谢物。生物样本应迅速取样，以减少代谢物浓度的变化。如果不能立即进行样本预处理，应将样本存储在 −80℃冰箱中以阻止代谢物降解。理想的淬灭溶剂应能够快速停止生物代谢过程，并不影响后续代谢物的高效提取。在代谢组学研究中，为确保结果的准确性和代表性，需要考虑生物重复、技术重复和分析重复。生物重复是指在研究中使用的样本组数（通常称为 N 值）。技术重复是指对同一样本进行多次重复实验操作和检测，用于评估实验过程中的批次误差。分析重复是指对完全相同的提取后样品进行重复测定，主要用于评估仪器的稳定性。在这些重复中，生物重复是最重要的，因为它反映了样本个体间的差异及技术重复的差异。

在 LC-MS 分析中，离子抑制是一个普遍存在的问题，因为基质效应会影响共洗脱的分析物的电离，从而影响定量结果的准确性和精度。评估离子抑制潜在影响的最佳方法是通过混合两种独立提取物进行重组实验，并评估检测到的代谢物的定量回收率。为了减小离子抑制的影响，可以采取以下方法。①改进样品制备方法：优化样本前处理步骤，包括超声处理、选择合适的溶剂、过滤、离心和蛋白沉淀等。其中，使用适当的吸附剂进行固相萃取是减少基质效应的有效方法。②选择适当的色谱条件：根据样品类型和分析物质的性质选择合适的色谱柱，并调节色谱条件，如改变流动相的组成或梯度条件，使得感兴趣的分析峰不在抑制区域洗脱。③选择合适的离子源：大气压化学电离（APCI）相较于电喷雾电离（ESI）更不容易受到基质效应的影响。在正离子模式下，化合物的电离较负离子模式更容易出现离子抑制现象。通过采取这些方法，可以有效减小离子抑制对 LC-MS 分析的影响，提高定量结果的准确性和可靠性。

非靶向代谢组学中的数据采集模式对于结果的准确性和分析性能具有重要影响。全扫描（full scan）、数据依赖性采集（DDA）和数据非依赖性采集（DIA）是基于高分辨率质谱的非靶向代谢组学中常见的三种数据采集模式（图 10-5）。在传统的非靶向代谢组学研究中，通常首先使用高分辨率质谱进行一级质谱信息采集（全扫描模式），然后对原始数据进行处理（包括峰提取、排列、归一化等），最后进行统计分析以筛选感兴趣的离子（生物标志物）。在鉴定代谢物时，需要再次分析样本，获取感兴趣离子的二级碎片信息，通常需要多次进样以获得全部生物标志物的碎片信息。这种方法的缺点在于代谢物鉴定过程烦琐，特别是在获取化合物碎片信息方面，需要耗费大量的时间和样本，并且依赖于人工进行数据分析。

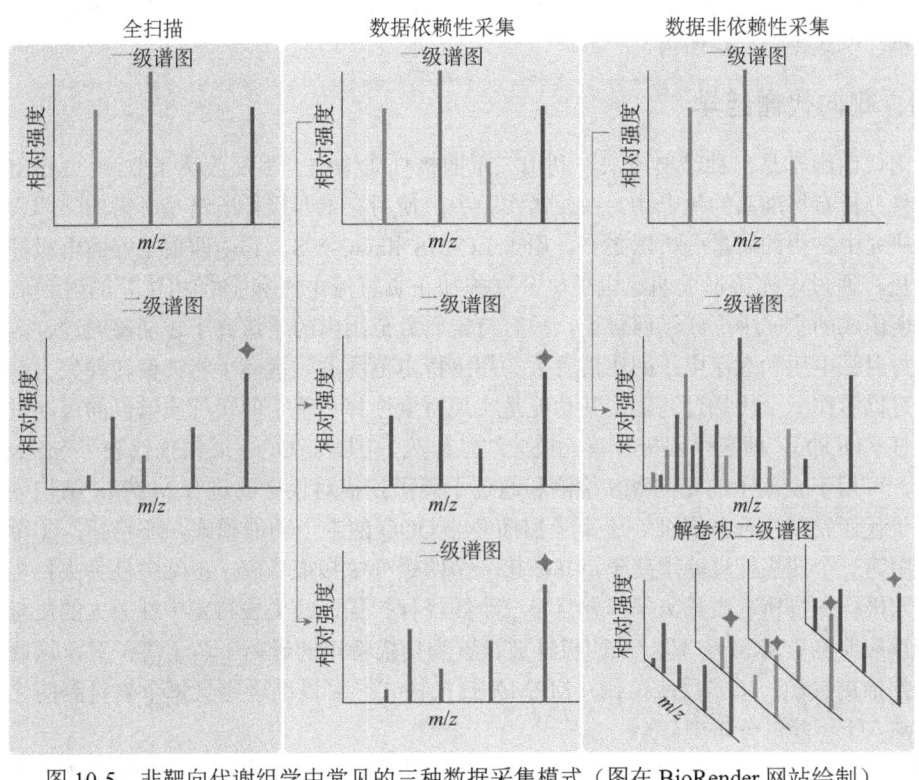

图 10-5 非靶向代谢组学中常见的三种数据采集模式（图在 BioRender 网站绘制）

彩图

全扫描模式将代谢物的一级和二级扫描分开，可以获得所有代谢特征的准确质荷比（m/z）和相对丰度，但所需的检测时间较长。数据依赖性采集（DDA）是指质谱仪进行全扫描，然后根据全扫描质谱选择强度依赖的离子列表进行二级扫描。然而，质量较低但重要的代谢特征可能永远不会被选择进行二级扫描，而且质谱仪将大部分时间分配给二级碎片（MS2）采集，使得一级质谱的信号强度降低。这为 DDA 模式下低丰度代谢物的检测和定量带来了根本问题，其最大的不足就是目标离子的筛选是一个随机的过程，强度较高的离子更容易被选择成为目标离子进行二级质谱信息获取。所以，当分析复杂样本时，该方法被认为分析的重复性较差，有时候会有采样不足的情况出现，即 MS/MS 信息的覆盖率较低。在此情况下，当有价值的离子不能满足目标筛选条件或者与很多强度较高的离子共流出时，这些感兴趣的离子便不能被选择进行碎裂。此外，如果母离子选择的数量太多，就会造成一级质谱的总离子流图采样不足，如果未使用高速扫描的高分辨率质谱进行分析，那么采样点不足就会导致无法较好地完成定量实验。数据非依赖性采集（DIA）对所有代谢物的 MS2 信息进行连续且无偏倚的采集。然而，由于 DIA 的 MS2 质谱信息复杂且母离子和子离子关联不紧密，数据处理存在困难。在 DIA 模式下，需要进行峰解卷积，找到每个子离子对应的母离子，并对由二级碎片组成的谱图进行鉴定和基于一级全扫数据的定量分析。缺点是无法直接观察到二级质谱图中的碎片来自特定母离子，解析数据通常需要专业的分析软件。每种数据采集模式都有其独特的特点和局限性，会显著影响代谢组学数据的质量。总体而言：①全扫描模式能够检测到最大数量的代谢特征，并提供最高的定量精度能力；②DDA 具有使用方便、自动化鉴定和缩短工作流程时间的特点，但可能导致代谢特征的缺失；③与 DDA 和 DIA 相比，DIA 的 MS2 谱图数量更多，但数据处理更具挑战性。质谱通过不同的采集方式获取原始数据，并对采集数据进行预处理，将其转换为适用于下一步数据分析的数据矩阵。在这个数据集中，每一行代表检测到的代谢物的峰面积，每一列对应于分析的样本。接下来，利用化学计量学方法对数据集进行具体的统计分析，以获得差异代谢物。

四、靶向代谢组学

靶向代谢组学是一种经典方法，利用三重四极杆质谱结合多反应离子监测（MRM）模式绝对定量分析有标准品的化合物。在质谱实验中，使用三重四极杆质谱是必需的。四极杆是代谢组学研究中常用的质量分析器之一，用于 LC-MS 和 GC-MS，它由四根平行的电极杆组成，这些电极杆通过电连接形成两组电极，分别施加正负直流电压和 180°相位差的射频信号。在四极杆所围成的空间中形成了四极场，只有特定质量范围内的质量离子才能够通过，具体通过的原理与射频电压和直流电压的比值有关。超出特定范围的质量离子将被偏转并失去。因此，四极杆可以看作一个质量过滤器，其功能是实现质量选择。基于四极杆质谱仪的最新发展是三重四极杆（QQQ），即三个四极杆单元彼此线性排列。因此，QQQ 质谱仪代表了 MS/MS 的一种形式，可用于全离子的靶向 MS 检测和通过子离子扫描对代谢物进行 MS/MS 结构分析，从而有助于代谢物的注释和表征。子离子扫描并非 QQQ 的唯一功能模式，还包括：①母离子扫描，其中第三个四极杆过滤子离子，并在第一个四极杆中扫描母离子；②中性丢失扫描，其中第一个四极杆扫描所有质量离子，并且第三个四极杆扫描已经失去特定中性丢失的质量离子；③选择反应监测（SRM），即一三四极杆被设置为扫描特定的母离子和子离子对，这比传统的子离子扫描更灵敏；④多反应监测（MRM）扫描模式，可以准确定义每个被检测的化合物，并将其纳入下一步的分析中。

如图 10-6 所示，代谢物在 ESI 中被电离并形成母离子，然后经过第一个四级杆 Q1 隔离，第二个四级杆 Q2 碰撞池中碎裂，产生子离子。最后，子离子经过第三个四级杆 Q3 进行选择并送入检测器进行检测。每个代谢物都有特定的母离子→子离子离子对（通道），以确保每个化合物的准确监测，结合保留时间信息可以进一步提高准确性。然而在进行靶向分析之前，需要优化所要检测的化合物的监测通道、保留时间、浓度动态范围和碰撞能量等参数，这是一项烦琐但必要的工作。为了获得更有意义的结果，需要进行生物学重复试验，并对结果进行统计分析，以确定不同组别之间化合物差异是否具有统计学意义。

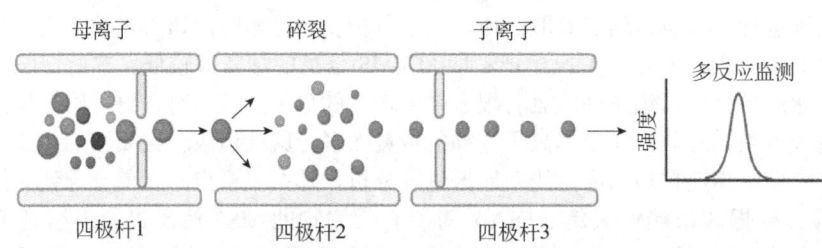

彩图

图 10-6　多反应监测质谱（MRM-MS）（图在 BioRender 网站绘制）

五、拟靶向代谢组学

拟靶向分析的工作流程主要包含两个部分：第一部分是使用高分辨率质谱仪获取碎片信息；第二部分是使用三重四极杆质谱在 MRM 模式下进行离子对监测。拟靶向代谢组学整合非靶向分析和靶向分析优点。在非靶向分析中，使用高分辨率质谱仪获取精确分子量和串联质谱信息，通常一次分析可以获得几千个特征信息。但是，非靶向分析方法的定量效果远不及基于三重四极杆质谱的靶向分析方法。在靶向分析中，通常使用标准品获得 MRM 通道，这就意味着如果没有对应的标准品，则无法进行靶向分析。目前也有一些公共的数据库提供可用的 MRM 离子通道信息，但是如果使用不同的分析仪器或分析不同类型的样本，其兼容性通常较差。而拟靶向分析方法可以作为一种替代的方法，相比于非靶向分析，拟靶向可以提供更高的灵敏度和较宽的动态范围，而且不需要进行复杂的数据预处理，如峰提取、对齐等；相比于靶向分析，拟靶向分析可以提供更高的检测覆盖度、更广的应用范围。目前，拟靶向分析方法还有一些不足：由于 MRM 离子通道来自真实样本而非化学标准品，所以不能对所有被检测的化合物进行鉴定；所检测的代谢物的数量受限于色谱分离和质谱的扫描速率。拟靶向代谢组学作为一种半定量的方法，可应用于对绝对定量没有特殊要求的发现阶段。

◆ 第三节 代谢组学数据处理

代谢组学数据处理主要包括以下三个主要的步骤：峰检测、统计分析和结构鉴定，每一步都有其自身的挑战，都需要特定的工具辅助完成。在代谢组学研究中，需要对一级质谱和二级质谱数据进行多层次且有效的分析，用于对有调控差异的特征分子进行剔除和优先排序，特别是当研究是以发现为目的且侧重于未知化合物的识别时。峰检测是代谢组学数据处理的第一步，它的目的是从原始质谱数据中准确地识别出代谢物的峰。然而，由于峰形的复杂性和噪声的存在，峰检测常常面临着误检和漏检的问题。因此，需要使用专门的峰检测算法和参数设置来提高准确性和召回率。统计分析是代谢组学数据处理的核心步骤之一，它的目的是对代谢物的相对丰度进行比较和分析，以发现有调控差异的分子特征。常用的统计方法包括 t 检验、方差分析和多重检验校正等。然而，由于代谢组学数据的高维性和复杂性，统计分析中存在着多重假设检验问题和数据的多样性处理问题，需要谨慎选择合适的统计方法和参数设置。结构鉴定是代谢组学数据处理的关键步骤之一，它的目的是对代谢物的质谱数据进行解析，确定其化学结构。结构鉴定涉及质谱图谱的解释和匹配，常用的方法包括质谱图谱库检索和碎片识别。然而，由于代谢物的结构多样性和未知化合物的存在，结构鉴定常常面临着结构复杂度高、碎片匹配不确定性和结构推断困难等挑战。

一、基于质谱数据的预处理

非靶向代谢组学相对于靶向和拟靶向更复杂，处理更烦琐。LC-MS 是代谢组学中常用的分析平台之一。然而，LC-MS 数据处理仍存在问题，其中原始数据处理是一个关键瓶颈。数据预处理包括异常值筛选、峰过滤、基线校正、峰检测、峰匹配和保留时间校正等多个步骤。随后，对预处理后的数据进行统计分析以进行差异代谢物筛选。非靶向代谢组学分析的关键方面是峰值过滤，以减少无效信息并改善数据质量。目前已有多种软件工具可根据给定数据集的特征进行数据过滤。

峰匹配和保留时间对齐是基于 LC-MS 的代谢组数据的关键步骤。保留时间在不同样品间可能存在漂移，即使是生物学重复样品也是如此。漂移往往不均匀且无法完全控制。在大规模研究中，保留时间校准用于纠正漂移和在不同的样品间比较相同的离子。一种保留时间校准的方法是向样品中添加参考化合物，并使用这些化合物作为标志物来对齐其他峰。然而，选择标志性化合物时需要小心，以确保覆盖保留时间范围并避免与分析代谢物重叠。此外，过量的内标物存在可能导致分析化合物的离子抑制，从而影响定量结果的可靠性。

商业软件如基于 ThermoFisher LC-MS 系统的 mzCloud 可用于数据预处理、可视化和统计分析。开源软件工具包括 MZmine、XCMS 和 MetAlign 也可用于 LC-MS 数据的预处理和分析。这些工具支持多种标准文件交换格式，如 NetCDF、mzXML 和 mzML。它们将 LC-MS 数据预处理的各个步骤集成到一个平台，并通常具有模块化的设计。预处理结果可以导出以进行进一步的统计分析。

目前已经开发许多单变量或机器学习方法，如聚类、回归或分类，以帮助将组学数据转化为实际的临床应用。数据的前处理通常从质量控制（QC）步骤开始，通过利用质控数据来评估样本数据的质量。在非靶向代谢组学中，QC 样本是通过等量混合样品配制的；而在靶向代谢组学中，QC 样本是通过向样本中添加已知的标准品来创建的。在这一步骤中，不符合要求的变量（质谱信号）将从数据集中排除。接下来的预处理步骤是对缺失值进行填充，代谢组学数据集中大约有 20% 的缺失值，这些缺失值是由技术和生物原因造成的。缺失值填充方法已经发现会对下游数据分析结果产生较大影响。常用的缺失值过滤方法是采用"80% 规则"。预处理阶段还包括一系列按行和按列的操作，这些操作包括归一化、缩放、居中和转换，以使数据更易于分析、去除噪声和减少不必要的技术误差和人为误差。数据输出的分析非常复杂，多维变量分析方法如主成分分析（PCA）、偏最小二乘法判别分析（PLS-DA）和正交偏最小二乘法判别分析（OPLS-DA）可以减少数据量、简化模型，以便对观察到的现象进行简单和清晰的解释。这些方法能够降低数据的维度，并可对数据中所观察到的差异提供解释。高质量的数据对于代谢组学研究至关重要，因此数据清洗是必不可少的。

此外，统计分析可以帮助我们从谱图中进行信息挖掘。单变量统计分析和多元统计分析是常用的两种互补的数据分析方法。前者用于评估单个代谢物的重要性，后者广泛应用于处理非靶向代谢组学数据集，以解释代谢物与不同组别之间的潜在联系。

单变量方法用于比较不同组别之间某一化合物的强度差异，并考察其差异是否具有统计学意义。数据结果可以以箱线图形式展示原始数据的分布特征，并进行多组之间数据分布的比较，通常用星号标注显著性。火山图也可用于展示单变量分析结果，同时可视化代谢物在不同组别之间的变化幅度和显著性，常用于大规模代谢物的比较分析。多元统计分析旨在发掘隐藏在多个变量背后的样本模式结构。由于代谢组学数据集中变量的数量远远超过观测量，通常需要对数据进行降维处理后再进行分析，可以基于不同的实验条件或可变性标准构建模型，然后将其用于计算代表性变量和筛选潜在生物标志物。无监督分析方法用于展示数据的主要变化趋势，具有探索性质，而有监督分析方法则利用实验设计中的分组构建预测模型。在代谢组学数据分析中，建议先进行无监督分析来评估数据的一致性并检测异常值或系统性变异因素。

PCA 是一种常用的无监督模型，用于代谢组学数据分析在起始阶段查看数据的一致性。从得分图可观察到由代谢物变化引起的样本在空间中的分组情况，而载荷图可评估不同变量对分组的贡献程度。PLS-DA 和 OPLS-DA 是常用的两种有监督模型，结果解释与 PCA 类似，得分图可查看分组情况，载荷图展示变量对分类的贡献程度。通过非监督分析可直观观察样本是否自然分组、发现异常样本（在置信区间之外的点）、揭示研究中存在的隐藏偏向性和展示样本分类的细节信息。这一步分析可视为数据质量控制的过程，如果根据样本分组的样本点在得分图呈现一定程度的聚集，则说明数据质量可信。此外，观察质控样本点的空间分布也可用于判断数据质量，若质控样本点紧密聚集，则表明数据质量高。在 PCA 分析后，需要删除异常值（样本和变量）。在分析过程中，由于操作误差引起的异常值需要从数据集中删除，但有时这些异常值可能代表了数据中的新发现，因此需要保留以进一步分析。接下来进行单变量统计分析，用来筛选在不同组别中具有统计学意义差异的变量。最后是有监督的多元统计分析，如 PLS-DA，用于选择对样本分类贡献较大的变量，即筛选标志物。以上是一个常用的数据分析流程，代谢物的鉴定和标记可以在数据分析结束后进行，也可以在数据分析之前进行。

二、常见的代谢物数据库

质谱数据面临的主要挑战之一是将许多质谱数据转化为生物功能信息，如代谢物注释和通路富集，这些都依赖于化合物和通路数据库。准确鉴定代谢物是后续生物学解释的先决条件。经过验证的推测代谢物需要进行基于代谢数据库的代谢途径分析，以发现变化的代谢物与相应的代谢途径的关联。目前，已建立大量商业或免费的代谢组学研究数据库，这些数据库主要分为两类：用于代谢物鉴定和代谢途径分析。非靶向代谢组学研究需要鉴定代谢物，而靶向代谢组学研究中感兴趣的代谢物或代谢物类别是已知的。为了应对代谢物注释的挑战，在代谢组学领域开发了一系列数据库，接下来重点介绍用于质谱数据匹配的数据库。

（1）NIST：NIST（https://webbook.nist.gov/chemistry/）是一个包含 30 余万种代谢物的数据库平台，是目前应用最广泛、最全面的质谱数据库之一。该数据库包含了植物和人体代谢物的标准品谱图，以及药物和对工业和环境具有重要作用的化合物的标准谱图。此外，该数据库还重点关注使用衍生化方法获得的谱图。NIST 数据库提供了 387 463 个保留指数（retention index，RI）测量值及相应的 GC 方法和色谱柱型号。对于没有测量 RI 值的化合物，数据库提供了一个预测值，但是其误差较大。数据库中的记录除了质谱图外，还包括化合物名称、分子式、分子结构、CAS 号码、贡献者的姓名、峰的列表及其他常用名和 RI 值。

（2）MassBank：MassBank（https://massbank.eu/MassBank/）是一个网络开放的代谢物质谱数据库，旨在通过共享化学标准品的质谱图来帮助用户进行代谢物的鉴定。它包含了代谢物在不同的质谱仪设置（包括 ESI、EI、CI、APCI 和 MALDI 等不同的电离技术）下产生的质谱信息及采集情况。其显著特点之一是采用了称为"合并谱图"（merged spectra）的信息，人为地将来自相同代谢物但具有不同碰撞能量或碎裂方式的碎片离子合并成一张质谱图。这样做的目的是使鉴定结果不再依赖于特定的仪器设置或特定厂家的仪器。

（3）METLIN：METLIN（https://metlin.scripps.edu/）是一个网络开放的电子数据库，旨在帮助研究者进行代谢物的相关研究和质谱分析的代谢物注释和鉴定。包含超过 240 000 个化合物，包括来自不同来源（如植物、菌类、人体样本等）的内源性代谢物和外源性代谢物（如药物代谢物）。METLIN 数据库还提供了超过 13 000 种化学标准品的高分辨率串联质谱信息，涵盖了 10 V、20 V 和 40 V 三种碰撞能量及超过 68 000 张高分辨率的二级质谱图。这使得 METLIN 成为基于质谱的代谢组学研究中最大的质谱数据库之一。METLIN 数据库还提供了串联质谱信息匹配检索、碎片离子搜索和中性丢失搜索等功能。研究者可以上传自己实验中获得的串联质谱数据，并与数据库中的数据进行自动比对。

（4）人类代谢组数据库（The Human Metabolome Database）：人类代谢组数据库（http://www.Hmdb.ca/）是世界上最大、最详细的生物体特异性代谢组数据库之一。作为一个免费的在线资源，它提供了包括代谢物、酶和转运蛋白的相互作用等全面的信息。数据库中包含了代谢物的化学性质、生物学作用、疾病相关性质、代谢途径和参考谱图等丰富注释的信息。该数据库的不足之处在于串联质谱信息库中的碰撞能量和所使用的仪器类型缺乏一定的系统性。

（5）GNPS：GNPS（https://gnps.ucsd.edu/）是一个基于 Web 的质谱生态系统，旨在成为社区范围内组织和共享原始、处理或注释的碎片质谱数据（MS/MS）的开放访问知识库。该库已扩展至包含来自全球 55 个贡献者的 1325 种化合物的 2224 个 MS/MS 谱图。

（6）脂质代谢途径研究计划（LIPID MAPS）：脂质是影响人体生理和病理生理状态的重要代谢物，LIPID MAPS（https://www.lipidmaps.org/）是一个包含生物相关脂质结构和注释的数据库，拥有超过 4 万个脂质结构，是全球最大的公共脂质数据库。

（7）mzCloud：mzCloud（https://www.mzcloud.org/）是一个商业数据库，包含高分辨率和低分辨率的多级质谱（MS^n）光谱。它用于使用串联质谱法鉴定小分子化合物，并解决了光谱重现性的问题。在 mzCloud 中，用户可以自由搜索光谱、光谱树、化合物结构、碎片、母离子、色谱数据和相关参考文献等内容。

三、代谢物的鉴定

非靶向代谢组学实验中，高分辨率质谱可检测到大量的特征峰，但也会出现加和离子峰和干扰离子峰，导致离子峰的误判。造成误判的原因如下：①同分异构体的存在，如己糖磷酸盐/肌醇磷酸盐、柠檬酸盐/异柠檬酸盐、葡萄糖/果糖、丙氨酸/肌氨酸等，高分辨率质谱难以区分这些异构体；②重叠化合物的存在可能会阻碍某些代谢物的检测，当色谱无法有效分离分析物时，低分辨率会导致化合物信号重叠；③源内降解物的形成，在 ESI 电离中，由于水、二氧化碳或磷酸氢的损失、复杂的分子重排和其他离子的附着，从而产生副产物离子，源内降解降低了代谢物母离子的信号强度，产生的碎片离子可能会干扰其他共洗脱化合物的分析。

代谢组学的主要挑战之一是对不同分子的注释。由于小分子表现出巨大的理化多样性，代谢物的鉴定应根据多个 MS 的匹配，包括保留时间、碰撞截面积（CCS）、MS/MS 谱图与标准品的匹配。作为注释指南，代谢组学标准倡议（MSI）推荐了四个置信度：级别 1，使用真实标准品鉴定代谢物；级别 2，使用公共/商业光谱库推定注释的代谢物；级别 3，基于诊断离子和/或与已知化学类别化合物的部分光谱相似性推断表征的代谢物；级别 4，未知代谢物，尽管它们仍然可以根据 MS 谱进行区分和定量。

后来，研究人员提出了更合理的 LC-MS/MS 的高分辨率代谢组学和暴露组学标准：1 级，与 MSI 级别 1 定义相同；2a 级，假定注释的代谢物与文献或文库光谱匹配，且光谱结构明确匹配；2b 级，当没有其他结构符合实验信息时假定注释的代谢物与诊断 MS2 片段和/或电离行为匹配；3 级，暂定候选代谢物，有可能的证据表征结构，但确切结构的信息不足；4 级，使用光谱信息可以明确指定分子式的代谢物；5 级，代谢物，它的精确质量可以在生物样品中测定出来。值得注意的是，MSI 指南预计将在不久后为包括离子淌度在内的最新 MS 进展考虑制订合适的代谢物注释指南。

根据分析技术的不同，代谢物鉴定工作流程存在差异。GC-EI-MS 具有高度可重复的分子碎裂模式，可以通过保留时间计算保留指数。基于 GC-MS 的代谢物鉴定方法较为完善，使用的数据库包括 NIST、Wiley、MoNA 和 Fiehn 等商业化数据库，以及 GOLM 和自建库等开源数据库。LC-ESI-MS 在代谢物鉴定方面的重现性不如 GC-MS，这主要是由于 ESI 源可能产生加合物、二聚体和碎片（包括源内裂解），导致了一种本质上不同的代谢物鉴定方法。由于标准品的数量有限，不可能获得数据库中存在的大多数化合物的实验数据，因此化学信息学和生物信息学工具在未知化合物鉴定方面发展迅速。例如，基于代谢反应网络的代谢组学技术 MetDNA，可以大规模鉴定已知代谢物，提升了代谢物注释的准确性，该技术的基本原理是借助代谢反应网络中产物和底物存在结构相似性和二级质谱图存在相似性，首先利用理论代谢反应构建包含已知和未知代谢物的扩展代谢反应网络；其次以标准谱图库注释出的种子代谢物为基础，基于扩展代谢反应网络和"谱图借用"策略，构建二级质谱图相似性网络。通过多次迭代和循环扩增的算法，将质谱数据中的所有已知和未知代谢物关联，直至无新的注释代谢物，打破标准二级质谱图库的覆盖度限制，大大扩展了代谢物注释。然而该技术仍然存在如下局限：仅基于已知代谢反应网络的代谢物鉴定传递过程无法用于发现新的未知代谢物；质谱数据比较复杂，大量冗余信号（如同位素峰、加合物峰、中性丢失和源内裂解等）会导致代谢物的鉴定产生假阳性。

对未知的或者未被报道的化合物来说，代谢物的鉴定通常需要研究者来合成标准品或者分离纯化目标化合物，因为代谢组学生物样本量的问题，很难像植物化学研究那样去分离纯化获得足够量的目标化合物做光谱质谱的分析。

第四节　植物代谢组学应用

植物是光合作用为主的真核生物，已知超过 391 万种。植物具有独特的代谢系统，产生调节人类健康和疾病的具有生物活性的复杂分子。每种植物都会产生次生代谢物，总计超过 100 万种代谢物，其中约 30 万种已被编入天然产物词典。然而，商业化标准品的种类仍然有限。多组学和跨组学数据的系统生物学研究可以加深对代谢物的理解。基于质谱的非靶向代谢组学成为探索植物代谢物多样性、研究植物代谢和高通量筛选代谢物的有力工具。代谢物的分析可应用于植物基础科学研究、健康、农业和食品科学等领域，如区分植物品种、探索代谢物积累特点、识别生物活性化合物、构建时空代谢图谱和监测植物对环境和胁迫的代谢响应等，图 10-7 为其中 3 个主要的应用方向。

一、同物种及跨物种代谢谱分析比较

代谢物在植物生长发育、环境适应和进化中起着重要作用。每个物种都具有独特的代谢途径，产生特定的代谢物。同物种及跨物种代谢谱分析比较是一项关键的研究领域，它可以帮助我们了解不同物种的代谢过程和代谢物的变化。同物种代谢谱分析比较通常涉及对同一物种不同个体或不同组织样本的代谢物进行测量和比较。这种分析可以揭示出个体之间的代谢差异，有助于了解个体间的代谢异质性及与个体特征相关的代谢变化。而跨物种代谢谱分析比较可以帮助我们了解不同物种之间的代谢差异，并揭示出物种间的代谢演化和适应策略。通过比较不同物种的代谢谱，我们可以发现共同的代谢途径和代谢物，也可以鉴别出物种特有的代谢特征。

二、植物发育过程的时空代谢谱

功能基因组分析提供了基因和蛋白质的时空表达模式信息，代谢图谱建立了植物表型和基因型之间的联系。利用代谢组学方法研究同一植物不同发育阶段和组织器官中代谢物的种类和含量，有助于寻找特定发育阶段的特征代谢物（代谢标记物），并对生物量积累机制提供新的认识。因此，靶向和非靶向代谢组学策略被广泛应用于植物的时空代谢谱研究。植物表型受特定器官、发育阶段和环境中代谢物的合成和积累影响。特定代谢物在特定组织或器官中富集，如苄基异喹啉生物碱（如吗啡）在罂粟的乳胶管中积累。近年来，空间代谢组学结合质谱成像和代谢组学技术，可以准确确定植物细胞和组织中代谢物的类型、含量和空间分布，为传统代谢组学分析提供了新的视角和多维信息。

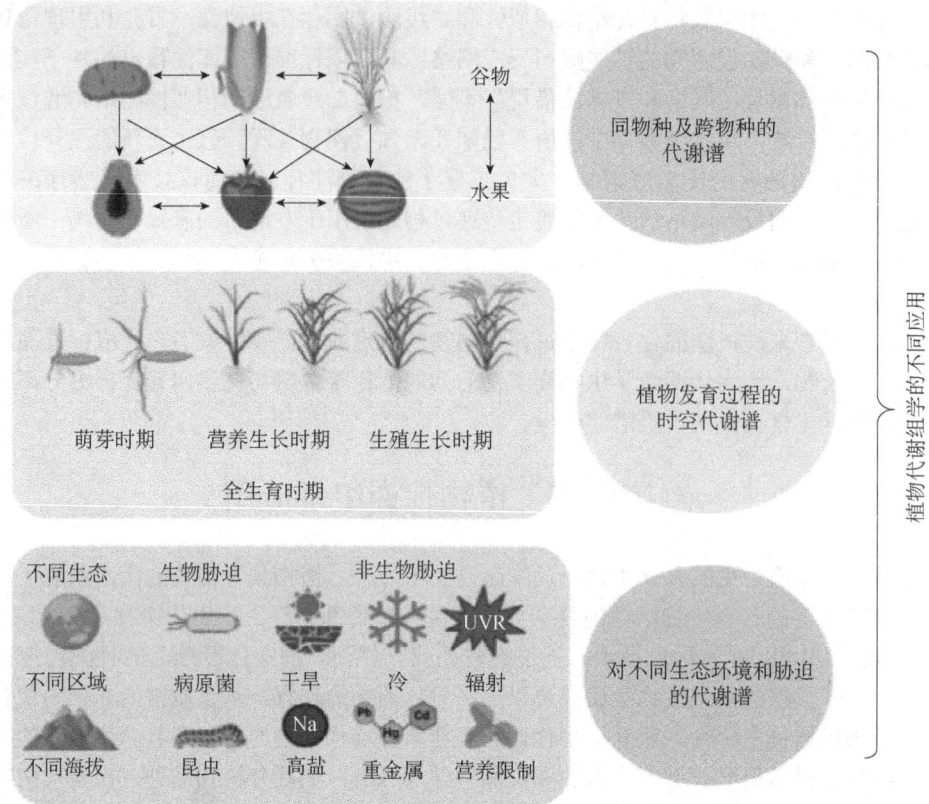

图 10-7　不同应用方向的代谢谱分析（图在 BioRender 网站绘制）

三、对不同生态环境和胁迫的代谢谱

植物的地理位置或原产地对其植物化学成分有重要影响，这是由于植物在生长过程中受所处环境和气候影响。通过代谢组学研究植物在不同地区或不同海拔的代谢物差异，不仅可深入了解植物与环境间的相互作用，还可以揭示植物表型与生长和生物多样性的关系。例如，在青藏高原，强烈的紫外线辐射和低温极端地理环境可能促使植物在驯化和自然选择过程中产生适应机制。研究表明，苯丙烷代谢途径在适应极端环境条件方面起着重要作用。

逆境包括非生物胁迫和生物胁迫两种类型，它们对植物的生长和发育产生不利影响。非生物胁迫由干旱、洪水、极端温度、辐射、金属离子胁迫、营养限制和氧化胁迫等环境因素引起，而生物胁迫主要由病原菌和害虫引起。在长期的进化过程中，植物逐渐形成了各种适应逆境的策略，其中，代谢物的积累是一种有效的策略。植物响应非生物胁迫的代谢物种类繁多，包括氨基酸等初生代谢物和类黄酮、花青素等次生代谢物。其中，一些物质在应激过程中具有氧化还原作用（如类胡萝卜素、花青素、维生素 E），而另一些物质在渗透调节方面发挥作用（如脯氨酸、海藻糖）。在生物胁迫的情况下，植物进化出一系列防御策略，如激活防御基因、合成抗病蛋白、加强细胞壁和产生防御化合物。许多防御策略基于植物的次生代谢物，包括木质素、萜类、酚类、生物碱、氰苷和挥发性有机代谢物。代谢组学通过表明植物在胁迫下代谢物丰度的变化，揭示植物对胁迫的反应机制。这有助于我们更直观地了解植物对胁迫的应对机制，并筛选出耐受胁迫的个体。

小　　结

总体而言，植物代谢组学利用先进的高通量色谱-质谱及核磁共振等技术，全面、高效地分析植物体内代谢物的组成和变化，这些变化可能与不同的生长环境、生长周期及病虫害等有关。此外，数据处理和统计学方法也是代谢组学研究的重要组成部分，如主成分分析、偏最小二乘法等，用于从海量数据中提取有效信息。代谢组学仍面临一些挑战，如数据处理和解释的复杂性、代谢物鉴定的准确性等。未来将进一步优化分析技术，提高数据质量和分析效率。开发多组学数据整合和交叉应用的方法，融合代谢组学、基因组学等数据，揭示生命活动的更多细节。加强与生物信息学、计算生物学等领域的交叉合作，推动代谢组学在理论和应用上的进步。系统地研究植物体内代谢物的组成和变化，深入理解植物的生物学特性、适应性和遗传机制，这将对农业生产的提升、植物保护的改进及生态环境的维护等方面产生重要影响，为未来的农业可持续发展和生物多样性保护做出贡献。

复习思考题

1. 什么是代谢组学？为什么研究代谢组学？
2. 常见的质谱检测扫描模式有哪些？
3. 代谢组学的研究流程一般包括哪些？
4. 代谢物的鉴定原理和方法是什么？
5. 什么是非靶向代谢组学和靶向代谢组学？
6. 进行代谢组学研究是否可以分批次送样、分批次上机？
7. 目前代谢组学主要检测技术 NMR、GC-MS、LC-MS 分别有哪些优缺点？
8. 哪些因素会影响代谢物的鉴定？

主要参考文献

Alseekh S，Aharoni A，Brotman Y，et al. 2021. Mass spectrometry-based metabolomics：a guide for annotation，quantification and best reporting practices[J]. Nat. Methods，18（7）：747-756.

Cui MY，Lu AR，Li JX，et al. 2022. Two types of *O*-methyltransferase are involved in biosynthesis of anticancer methoxylated 4′-deoxyflavones in *Scutellaria baicalensis* Georgi[J]. Plant Biotechnol J，20（1）：129-142.

Das PR，Darwish AG，Ismail A，et al. 2022. Diversity in blueberry genotypes and developmental stages enables discrepancy in the bioactive compounds，metabolites，and cytotoxicity[J]. Food Chem.，374：131632.

Dussarrat T，Prigent S，Latorre C，et al. 2022. Predictive metabolomics of multiple Atacama plant species unveils a core set of generic metabolites for extreme climate resilience[J]. New Phytol，234（5）：1614-1628.

Guijas C，Montenegro-Burke JR，Domingo-Almenara X，et al. 2018. METLIN：a technology platform for identifying knowns and unknowns[J]. Anal Chem，90（5）：3156-3164.

Kim S，Chen J，Cheng T，et al. 2021. PubChem in 2021：new data content and improved web interfaces[J]. Nucleic Acids Res，49（D1）：1388-1395.

Kind T，Tsugawa H，Cajka T，et al. 2018. Identification of small molecules using accurate mass MS/MS search[J]. Mass Spectrom Rev，37（4）：513-532.

Sica VP，Krivos KL，Kiehl DE，et al. 2020. The role of mass spectrometry and related techniques in the analysis of extractable and leachable chemicals[J]. Mass Spectrom Rev，39（1-2）：212-226.

Tsugawa H, Cajka T, Kind T, et al. 2015. MS-DIAL: data-independent MS/MS deconvolution for comprehensive metabolome analysis[J]. Nature methods, 12 (6): 523-526.

Wang L, Cheng H, Xiong F, et al. 2020. Comparative phosphoproteomic analysis of BR-defective mutant reveals a key role of GhSK13 in regulating cotton fiber development[J]. Sci China Life Sci, 63 (12): 1905-1917.

Wen W, Li D, Li X, et al. 2014. Metabolome-based genome-wide association study of maize kernel leads to novel biochemical insights[J]. Nat Commun, 5: 3438.

Yang C, Shen S, Zhou S, et al. 2022. Rice metabolic regulatory network spanning the entire life cycle[J]. Mol. Plant, 15 (2): 258-275.

Zheng J, Johnson M, Mandal R, et al. 2021. A comprehensive targeted metabolomics assay for crop plant sample analysis[J]. Metabolites, 11 (5): 303.

Zheng Y, Wang Y, Xia M, et al. 2022. Investigation of the hemostatic mechanism of *Gardeniae* Fructus praeparatus based on pharmacological evaluation and network pharmacology[J]. Ann Transl Med, 10 (20): 1093.

第十一章

植物基因工程技术

学习目标

①理解植物基因克隆的概念与基本操作流程。②掌握植物转基因过程中常用的载体系统及其应用。③熟悉植物转基因技术与方法。④掌握植物基因工程中分子检测的常用技术，了解植物基因工程的安全性评价。

引 言

在过去的 20 年间，随着 DNA 重组技术、基因组编辑技术及植物组织培养技术的飞速发展，植物基因工程技术也随之兴起。该技术的核心目标是通过向植物中引入外源基因，从而优化和提升植物的性状和品质。这包括增强植物对病虫害的抵抗力、提高植物对环境逆境的适应能力、增加作物产量及改善作物的营养价值等，进而使人们更合理、更高效地利用植物资源，满足人类对食物、药物和其他植物产品的需求。植物基因工程的兴起不仅为基因的表达调控和遗传研究提供了理想的实验体系，极大地推动了基因功能研究和遗传学的发展，更为重要的是为农作物的精准改良和现代分子育种提供了一个有效的途径和方法。

本章思维导图

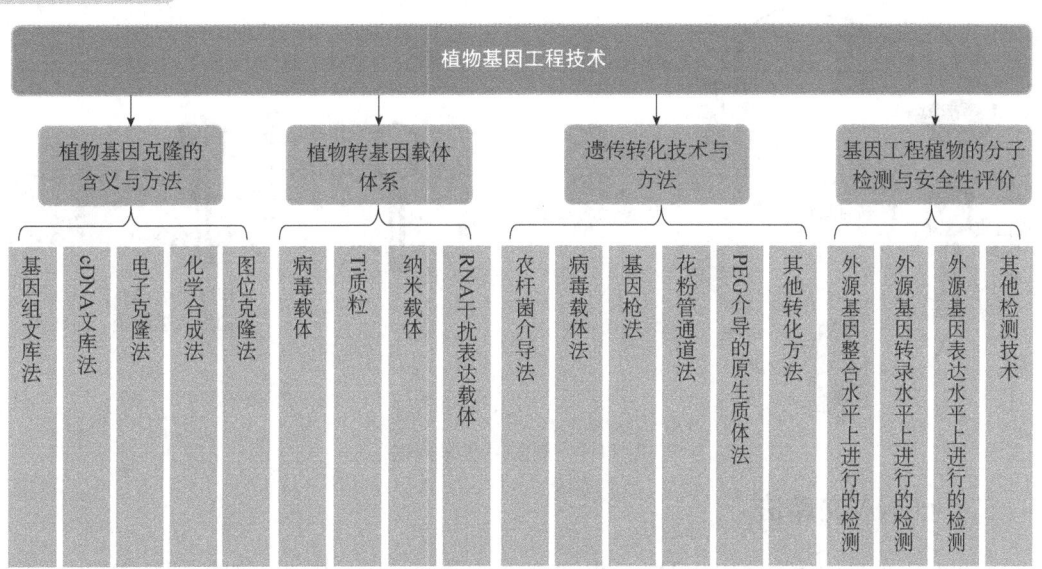

第一节　植物基因克隆的含义与方法

植物基因克隆（gene cloning）是一种分子生物学技术，它涉及使用多种方法从植物体内提取并复制特定的功能基因。这些方法包括基因组文库法、cDNA 文库法、电子克隆法、化学合成法及图位克隆法。通过这些技术，能够精确地识别、分离和复制目的基因，进而在基因工程、功能基因组学及农业生物技术等领域中进行进一步的研究和应用。

一、基因组文库法

基因组文库（genomic library）是一种包含了特定生物全部基因组 DNA 序列的重组 DNA 集合。在构建高等真核生物的基因组文库时，通常采用噬菌体作为载体，以下是一个简化的操作流程（图 11-1）。①DNA 提取：从目标生物的组织或细胞中提取染色体 DNA，这一步骤要确保 DNA 的质量和纯度，为后续操作打下基础。②DNA 切割：使用两种识别序列为 4 个核苷酸的限制性内切酶对提取的 DNA 进行全基因组酶切，这样可以得到大小为 10～30 kb 的 DNA 片段。通过凝胶电泳技术，可以从这些片段中分离出大约 20 kb 的 DNA 片段，构建一个随机片段库。③DNA 重组：选择合适的限制性内切酶处理噬菌体载体 DNA，以便与基因组 DNA 片段相匹配。然后，将这些基因组 DNA 片段与噬菌体载体进行体外重组，形成重组 DNA。④噬菌体颗粒制备：利用体外包装系统，将重组 DNA 导入噬菌体颗粒中，制备出完整的噬菌体颗粒。⑤基因组文库构建：重组噬菌体颗粒侵染大肠杆菌，在培养皿上形成大量的噬菌斑，每个噬菌斑实际上包含了该生物基因组的全部 DNA 序列，从而构成了一个完整的基因组文库。⑥筛选目的基因：使用特定的探针，从众多噬菌斑中筛选出含有目的基因的重组噬菌斑，通过扩增和提取这些重组噬菌斑中的重组 DNA，便可以获得所需特定目的基因片段。

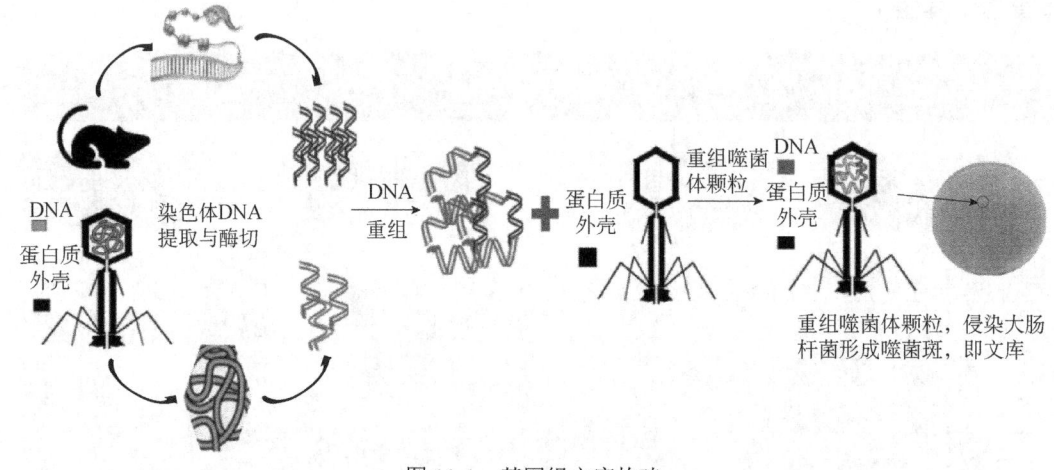

彩图

图 11-1　基因组文库构建

二、cDNA 文库法

cDNA 文库（complementary DNA library）是指某一时空下某一生物的所有 mRNA 经逆转录所得到的片段与某种载体连接而形成的克隆的集合。cDNA 文库法较为简单，不含内含子，可被大肠杆菌表达。因此，在基因工程中，cDNA 文库法是从真核生物细胞中分离目的基因的常用方法。首先提取总 RNA 并从中分离 mRNA，再通过反转录得到 cDNA 并与载体连接，接着同基因组文库法相似，利用噬菌体完成目的基因的筛选与获取。

三、电子克隆法

电子克隆法的核心在于利用生物信息学技术对已知的同源基因序列进行比对分析，以识别和筛选出目的基因的表达序列标签（EST）。这些 EST 是通过对 cDNA 进行部分测序得到的短 DNA 片段（通常在 300~500 bp）。通过构建 cDNA 文库并对其进行大规模测序，可以生成大量的 EST 序列，从而形成一个全面的 EST 库。这个库反映了在特定条件、特定组织或细胞类型下基因的表达情况。在电子克隆法中，首先通过序列比对软件，将目的基因的同源基因序列与其他生物中的已知 EST 序列进行比对。通过这种比对，可以识别出与目的基因具有高度相似性的 EST 序列。一旦找到这些相似的 EST 序列，便可以根据它们的序列信息设计特异性引物。利用这些特异性引物，通过 PCR 技术扩增 cDNA 文库，获得与目的基因片段或全长 cDNA 相对应的 DNA 片段。随后，可以采用染色体步移技术或 cDNA 末端快速扩增法（rapid amplification of cDNA end，RACE）进一步获取目的基因的全长序列。电子克隆法的优势在于其快速、准确和成本效益高。它不仅能够用于验证特定基因在特定组织中的表达情况，还能够用于推导出全长 cDNA 序列，甚至作为标记，帮助确定基因组中特定位点的基因。

四、化学合成法

除了上述基因组文库或转录组文库的方法外，还可以采用直接合成的方法来获得目的基因。这种方法不依赖于自然存在的基因序列，而是通过化学合成的方式，使用 4 种基本的脱氧核苷酸（dATP、dCTP、dGTP 和 dTTP）来构建所需的基因序列。目前绝大部分 DNA 自动合成仪所使用的方法为固相亚磷酸酰胺法，该方法大致可分为五步。第一步是分别固定和保护核苷酸链 3′端核苷（N1）的 3′-OH 和 5′-OH；第二步用苯磺酸去保护暴露的 5′-OH；第三步为偶联反应，即经过激活的核苷与前一个核苷的 5′-OH 偶联；第四步为加帽反应，即使未参加反应的核苷酸链（2%以下）乙酰化；第五步为氧化反应，使三价的磷酸转变为更为稳定的五价磷酸。第五步完成后继续从第二步开始下一循环。每一次循环结束，过量的未反应物或分解物则通过过滤或洗涤除去，当达到预定长度后，长链从固相载体上切下，脱去保护基团，并经过分离纯化得到最终产物。对于分子量较大的基团，则需要分段合成，再进行组合。

五、图位克隆法

图位克隆法是一种用于分离编码未知目的基因的有效方法。在植物中许多重要的功能基因都是通过此方法获得的，如水稻中编码与耐冷启动相关的基因、苹果中与虫害相关的基因、拟南芥中与表型突变有关的基因等。图位克隆法的成功依赖于下面两个核心要素。第一个核心要素为构建大片段 DNA 的基因组文库：为了有效地进行图位克隆，首先需要构建一个包含目标生物基因组中大片段 DNA 的文库。这些大片段 DNA 能够覆盖足够广泛的基因组区域，从而提高定位和克隆目的基因的可能性。第二个核心要素为识别与目的基因紧密连锁的分子标记：这些标记通常是特定的 DNA 序列，它们在遗传上与目的基因紧密相关，因此可作为追踪和定位目的基因的工具。通过结合这两个要素，研究人员可利用遗传连锁和物理映射技术来缩小目的基因位置，最终实现对该基因的分离和鉴定。

◆ 第二节 植物转基因载体体系

基因载体是一种基于分子遗传学理论的技术，它运用现代分子生物学和微生物学的先进方法，将来自不同生物体的基因片段按照特定的设计方案，在体外环境中进行拼接和重组，构建出新的杂种 DNA 分子。典型的基因载体通常包括以下几个关键组成部分：启动子、编码区、终止子及标记基因。启动子负责启动目的基因的转录过程，编码区包含待表达的基因序列，终止子用于结束转录过程，标记基因用于筛选转化成功的细胞。

一、病毒载体

病毒载体是一种利用病毒的天然感染和复制能力来传递和表达外源基因的生物技术工具。病毒是一类只具有蛋白质外壳和核酸的非生命体，它们无法独立生存，必须依赖于寄主才能存活。它们除了编码自身复制及转录所需的酶之外，还需要编码一些可以改变寄主功能的蛋白质产物，通过这种特殊的修饰作用，利用寄主的产物使自身进行复制和表达。病毒感染可以获得较高的基因转化率，又可以使克隆的外源基因随着病毒基因的复制而扩增。因此，植物病毒有希望被发展成为在植物细胞内复制和表达外源基因的克隆载体。尽管目前植物病毒载体尚未得到广泛应用，但已有一些植物病毒载体的研究取得显著进展，如花椰菜花叶病毒（CaMV）。CaMV 的基因组为双链 DNA，可以通过分子生物学技术将外源基因插入 CaMV 的基因组中。重组后的 DNA 分子在体外包装成具有侵染能力的病毒颗粒，进而高效转染植物原生质体，进一步通过原生质体得到转基因植株。虽然外壳蛋白对病毒复制不是必需的，但它对病毒的远距离传播至关重要。因此，在构建病毒载体时，可以将外源基因置于外壳蛋白基因的启动子控制之下，通过病毒感染实现外源基因的高效表达。此外，还可以通过构建外壳蛋白-外源蛋白的融合基因，将外源基因插入到外壳蛋白基因的 C 端，形成融合蛋白，进一步提高表达效率。

除了直接利用病毒基因组构建载体外，还可以利用病毒的强启动子和 polyA 信号，结合 Ti 质粒片段等分子生物学工具，构建新型的病毒源载体。这些新型载体结合了病毒和质粒载体的优点，具有更高的灵活性和表达效率。病毒载体作为一种高效的基因传递和表达工具，在植物基因工程领域具有巨大的潜力和应用前景，未来有望开发出更多高效、安全的病毒载体系统。

二、Ti 质粒

Ti 质粒（tumor-inducing plasmid，肿瘤诱导质粒）是存在于农杆菌（*Agrobacterium tumefaciens*）中独立于染色体外的一个环状质粒，与植物根瘤的生成有关。当植物受到创伤时会在伤口处分泌酚类物质，可以吸引农杆菌移向植物细胞。一旦接触到植物细胞，农杆菌会通过其细胞表面的受体蛋白与植物细胞建立特异性的联系，随后 Ti 质粒中的转移 DNA（transfer DNA，T-DNA）片段会被转移到植物细胞内，并整合到植物的基因组中，导致植物细胞无序增殖，形成肿瘤或根。从结构上看，Ti 质粒包括 T-DNA 区、毒性区（*Vir*）、接合转移区（*Con*）和复制起始区（*Ori*）4 个部分。T-DNA 区是 Ti 质粒中最重要的部分，它包含了能够诱导植物细胞形成肿瘤的基因。在植物肿瘤细胞中，虽然未发现完整的 Ti 质粒，但可以检测到 T-DNA 片段已经整合到了植物的 DNA 中。这一发现为植物遗传工程提供了重要的启示：可以利用 Ti 质粒的这一特性，将外源基因通过 T-DNA 片段的形式转入植物细胞中。

研究发现，Ti 质粒中的 T-DNA 区具有编码合成冠瘿碱的能力，这种物质能够促进植物细胞的无序增殖，形成肿瘤。T-DNA 区域可以随机整合到植物染色体的特定位置，其左右边界由 25 bp 的重复序列界定，这一特征使得 T-DNA 区域成为 Ti 质粒中最关键的部分。除了 T-DNA 区域，毒性区也在 Ti 质粒的转化过程中发挥着重要作用。毒性区编码的蛋白质负责形成接合纤毛蛋白，通过接合纤毛将 T-DNA 有效转入植物细胞中，从而实现基因的转化。尽管 Ti 质粒在自然界中具有转化植物细胞的能力，但天然的 Ti 质粒并不适用于直接携带外源基因进行转化。为了适应实验室的应用，科学家对 Ti 质粒进行了一系列改造，开发出了多种基于 Ti 质粒的载体系统。这些载体系统包括双元载体（binary vector）和共整合载体（co-integrate vector）。常用载体构建方法有酶切-连接法、同源重组法和 Gateway 技术。

双元载体由两个改造的 Ti 质粒组成：①含有 T-DNA 区但不含 *Vir* 基因，可以整合外源基因的质粒，称为微型 Ti 质粒；②含有整套 *Vir* 基因，但缺失 T-DNA 区的质粒，称为辅助 Ti 质粒。采用一定的方法将它们转入同一农杆菌中，构成双元载体系统就可以使 T-DNA 整合到植物基因组中。共整合载体需要衍生中间载体的协助将外源基因转移到去除致瘤基因的 T-DNA 区形成一个携带目的基因的 T-DNA 序列。T-DNA 区编码致瘤基因的序列被 pBR322（一种常用的大肠杆菌载体）DNA 所取代，但保留 T-DNA 的两个边界序列。外源基因被克隆到 pBR322 中形成衍生中间载体后被导入农杆菌，而改造的 Ti 质粒也同样被导入农杆菌中。依据同源重组法则，改造的 Ti 质粒和衍生中间载体的部分同源 pBR322 序列会发生同源重组，因此外源基因也就被转移到缺失致瘤基因的 T-DNA 区，形成一个共整合载体。

在上述载体构建过程中用到的方法有传统的酶切-连接法和同源重组法。酶切-连接法（图 11-2）是比较常用的载体构建方法。该方法首先涉及对目的基因和原始载体进行酶切位点的比对分析。通过精心选择一个在载体上存在而目的基因中不存在的特异性酶切位点，使用 PCR 技术在目的基因的末端引入与载体相匹配的酶切位点。这样，经过酶切和末端修复后的目的基因就可以与载体 DNA 通过连接酶（如 T4 DNA 连接酶）连接起来，形成一个重组 DNA 分子。同源重组法则是一种依赖于同源序列特异性配对的技术。首先获得两端带有同源序列的目的基因片段。然后，将这些片段与同样两端带有同源序列的载体混合转化至含有重组酶的大肠杆菌内，利用该重组酶实现目的基因片段的同源序列与载体的同源序列进行特异性配对和重组，从而将目的基因和载体连接起来。

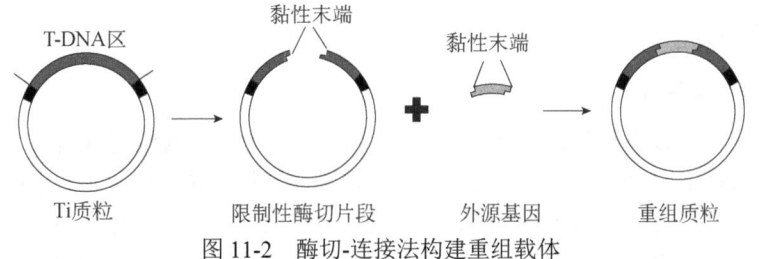

图 11-2 酶切-连接法构建重组载体

彩图

Gateway 技术是一项基因克隆和表达的新技术，克隆效率可达到 95%。该技术是利用噬菌体和大肠杆菌的染色体之间发生的位点特异性重组整合与切除反应，来实现目的基因与表达载体的连接。通过 PCR 或传统的克隆方法将目的基因插入入门载体，然后将目的基因的入门载体、合适的目的基因载体和 Gateway LR Clonase 混合，室温反应 60 min 后即可得到所需的表达克隆载体，用于下一步的转化。

三、纳米载体

纳米载体是指由高分子聚合物或无机材料制备围成的处于纳米尺度的基因载体，其直径为

10～1000 nm，体积极小，所以具有极强的生物膜穿透能力。根据制备材料和结构的不同，可将其分为纳米微囊载体和纳米微球载体，前者是将外源基因包裹于高分子脂质材料形成的外壳中，而后者是将外源基因散布于高分子基质骨架中。与传统型载体、病毒载体相比，纳米载体具有较强的生物膜穿透能力、无毒或低毒、不易引起受体细胞的死亡、靶向运输外源基因、保护外源基因免受溶酶体（资源11-1）破坏的优点，有利于提高转化效率。

资源 11-1

四、RNA 干扰表达载体

RNA 干扰（RNAi）指一些小的双链 RNA 高效、特异地阻断体内特定基因表达，促使 mRNA 降解，使细胞表现出特定基因缺陷表型的过程。RNAi 技术广泛应用于验证未知基因功能和改良作物品质，并在水稻、玉米、小麦等多种农作物中取得了成功应用。要诱发植物中的 RNA 干扰机制就要求导入的外源基因片段具有正反相连的 RNA 干扰结构，这与构建常规转基因载体有很大的不同，其操作更为复杂烦琐，给 RNAi 技术在植物中的应用带来了一定困难。

目前构建 RNAi 载体常用方法有 Gateway 技术和重组 PCR 技术。应用 Gateway 技术构建植物 RNA 干扰表达载体具有简便快捷、成功率高、对原载体和导入的目的片段的限制少等优势，可避免制备基因沉默载体时存在的烦琐的酶切和连接步骤。重组 PCR 技术是将两个或多个基因片段通过一个基因片段的 3′端与另一个基因片段的 5′端的互补，利用重叠延伸的方法进行高效和快速的体外基因片段拼接和突变。重组 PCR 载体的构建原理与经典重组 PCR 技术相似，首先通过 PCR 反应构建一个含有功能性间隔序列的 RNAi 构件，其目的基因和功能性间隔序列可以从 cDNA 或基因组 DNA 上任意选取，然后将这一构件通过一次酶切-连接与表达载体连接，即可形成 RNAi 表达载体。

◆ 第三节　遗传转化技术与方法

自 1983 年第一个转基因植物问世以来，目前植物基因工程硕果累累。经过多年探索，基因转化技术日臻成熟，已经形成以农杆菌为载体转化和基因枪转化技术为主的两大植物基因转化体系。根据转化对象不同，植物遗传转化可分为间接转化与直接转化两种。

一、间接转化

（一）农杆菌介导法

农杆菌介导法是以农杆菌为中间载体将 T-DNA 随机地整合到植物基因组中的一种方法。在自然界中，农杆菌的寄主是双子叶植物，因此植物的农杆菌转化也就由双子叶植物开始，先后在烟草、马铃薯、番茄、拟南芥等植物中成功实现转化。在单子叶植物中的转化相对来说发展得较为缓慢，直到 20 世纪 90 年代之后才取得一系列成就。目前常见的农杆菌介导的转化方法有叶盘转化法（图 11-3）、蘸花法（图 11-4）和超声波辅助法等。

（二）病毒载体法

病毒载体法是利用植物病毒载体，借助于农杆菌介导法、基因枪法、电击法等将外源基因转入受体植物。其中农杆菌介导法是最常用的，通过侵染植物伤口，将 T-DNA 区的病毒全长侵染性克隆拷贝到植物细胞中，启动病毒的复制并在整个植物中系统性侵染。病毒载体包括从已感染的植株中分离得到病毒的核酸，接着将外源基因与病毒核酸重组，重组后借助于农杆菌介导法、基因枪法、电击法等将外源基因转入受体植物。此方法的侵染效率受到病毒自身基因组末端结构和碱基突变的影响，还受到接种方式和载体的影响。

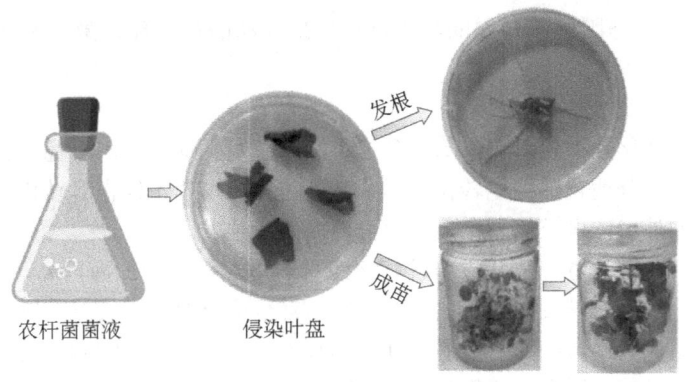

图 11-3　叶盘转化法

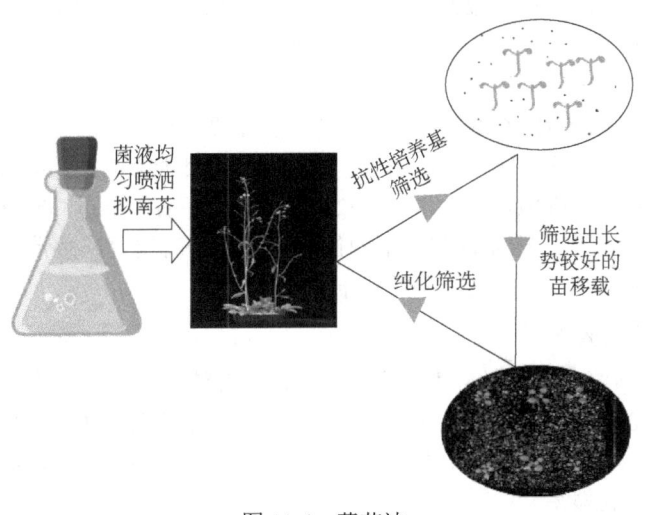

图 11-4　蘸花法

二、直接转化

（一）基因枪法

1. 原理　　基因枪法又称为微观粒子轰击法，是一种以金属颗粒（金、钨粉等）为载体，将外源 DNA 包被在金属颗粒上，在高压环境中，通过加速装置（火药或高压气流）使其穿过细胞壁和细胞膜直接进入受体细胞，从而将外源 DNA 整合到受体的染色体上，进而实现外源基因转化的方法（图 11-5）。

基因枪法一共经历了三个发展阶段，第一阶段的基因枪包括火药式、气动式和放电式三种类型，存在高污染率、低转化率、使用不便等缺点。经过改良，基因枪进入了第二阶段——手持

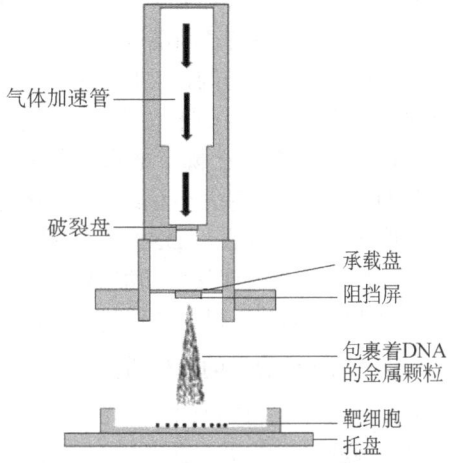

图 11-5　基因枪法原理示意图

式基因枪，可以应用于多种实验场所，但转化效率仍然不高。进入 21 世纪后，第三代基因枪迅速发展，该基因枪基于航空动力学及流体力学理论，利用氦气产生超音速气体，为生物离子加速从而完成基因传递，具有便携手持、低压力、低噪声和高效率的特点。

2. 转化过程　　基因枪法介导的转化过程包括样品的预处理、微粒子弹的制备及装备基因枪与轰击等。

3. 影响因素

（1）外植体对转化效率的影响：除了分生组织和胚发生细胞常用于稳定转化外，由植物组培得到的愈伤组织十分适合基因枪转化。另外，外植体的培养条件也对转化效率有一定影响，如经过高渗培养的外植体再经基因枪轰击后可以提高瞬时表达效率。

（2）DNA 用量：在一定范围内，表达率会随着 DNA 用量增加而提高，但是 DNA 含量过高时会使金属颗粒结块，导致微弹无法穿透细胞，甚至杀死细胞，从而降低转化效率。

（3）微弹的组成和用量：高密度的惰性金属颗粒会更容易穿透细胞，且给细胞造成较小的伤害；同时不同直径的金属颗粒所携带的外源基因含量不同，对受体细胞的损害程度也不同。其次是微弹的用量，一般来说，微弹用量越大，单位面积上的受体细胞接受的金属颗粒增多，DNA 进入受体细胞的概率就越高，然而过多的微弹反而会使受体材料细胞壁和细胞膜损伤较大，影响细胞恢复和转化效果。

（4）仪器参数：基因枪的参数，如氦气压力、真空度或样品在腔室的位置都能明显影响转化效率，甚至是转化能否成功的关键。氦气压力和真空度都能影响微弹的速度，两者之一过低都可能会使微弹无法到达细胞表面，从而导致转化失败，两者之一过高时又会使受体细胞受损甚至死亡。轰击距离取决于样品在腔室中的位置，轰击距离越短，微弹速度越快，分布越集中，但可能会损伤受体细胞，反之，微弹分布越分散。

（二）花粉管通道法

1. 原理　　花粉管通道法又称为子房注射法，此方法的原理是植物自花授粉后外源基因能沿着花粉管经珠心通道进入囊胚，而此时受精卵或生殖细胞类似于未形成细胞壁的原生质体的状态存在。此时的细胞生理最为旺盛，其 DNA 的复制、分离和重组等细胞生长活动非常活跃，可以大大增加转化概率。

2. 转化过程　　花粉管通道法常用技术有三种。第一种为微注射法，即利用微量注射器将基因溶液注射进入受精子房，一般适合于花较大的农作物如棉花等。第二种为柱头滴加法，即在授粉前后，将转基因溶液滴加在柱头上。第三种为花粉粒携带法，即用基因溶液处理花粉粒，让花粉粒吸入基因，然后授粉。常用的为柱头滴加法，转化操作完成后立即套袋，挂标记牌。待玉米成熟后晒干脱粒，后期根据标记进行种植、筛选。

3. 影响因素　　除了植物自身花器构造、开花习性和受精的影响，最主要的影响因素为外源 DNA 片段自身大小和纯度及与受体基因组的整合。外源 DNA 片段过大容易断裂，过小则遗传功能会丧失。DNA 不纯则会引起当代性状的变异。外源基因能否与受体基因整合取决于目的基因的性状与功能是否与受体基因 DNA 和细胞代谢相容。如果是不受单基因或单基因片段 DNA 控制的多基因性状，则不能或很难通过这一技术导入植株。

（三）PEG 介导的原生质体法

1. 原理　　植物原生质体指脱去细胞壁、被细胞膜包裹、具有生命活力的原生质团，是组成细胞的形态单位。它可从不同的植物组织或器官中分离得到，其在适当的培养条件下可以再生为完整的植株。由于原生质体没有细胞壁的保护，外源遗传物质如 DNA、染色体、细胞器、病毒颗粒等更容易进入，因此它便成为遗传转化的理想受体。

1982 年，Krens 等首先建立起 PEG 介导转化法，主要是借助细胞融合剂诱导原生质体摄取外源 DNA。植物原生质体能够结合沉淀状态的外源 DNA，而 PEG 与适宜的二价阳离子

（如 Ca^{2+} 或 Mg^{2+}）共存时能有效地发生共沉淀，从而将外源 DNA 沉积在原生质体表面，促使转化的进行。目前认可度较高的转化机制有两种，一是 PEG 与外源 DNA 形成免受细胞核酶伤害的复合物，并与磷酸进一步结合。随后在 PEG 的帮助下，促进 DNA 以内吞的方式进入细胞内，细胞内外跨膜电势及 Ca^{2+} 浓度差为这种内吞作用提供动力。另一种是 PEG 直接作用于细胞膜，扰乱磷脂双分子层，在 DNA 和细胞膜之间形成分子桥，通过两者之间的互相接触和黏接，使细胞膜表面的电荷紊乱，进而干扰细胞的识别功能，最终达到细胞膜间的融合与外源 DNA 进入原生质体的实验目的。

2. 转化过程　　PEG 介导的原生质体的转化主要包括原生质体的制备、转化及转化后共培养。

3. 影响因素

（1）原生质体的质量：原生质体质量越高，转化效率也越高。

（2）PEG 浓度：高浓度的 PEG 处理会使细胞黏附于管壁，不利于重悬和及时终止 PEG 对原生质体的伤害，同时高浓度的 PEG 溶液会加剧原生质体细胞脱水，甚至丧失生物活性，导致转化效率降低。

（3）PEG 处理时间：理论上随着 PEG 处理时间的增长，外源 DNA 更多地进入原生质体。然而长时间与 PEG 接触会增加 PEG 对原生质体的毒害作用，反而降低转化效率。

（4）外源基因的浓度和构象：在一定浓度范围内，转化频率随外源基因浓度的提高而增加，呈线性关系，线性 DNA 的转化能力可能高于环状质粒 DNA。

三、其他转化方法

（一）电击法

20 世纪 90 年代人们发现，当外界施加一定的电压时，在细胞膜的表面会形成一些可逆的微小孔洞，孔足够大时，外源遗传物质可以通过并进入细胞内。如果维持孔边缘的能量比恢复双分子层的能量高，则形成可逆小孔，否则孔会继续扩大，直至细胞破裂死亡。该方法易受到多种因素的影响，如电场强度、脉冲时间与次数、电击前后冰浴时间、缓冲液及外源 DNA 等。

（二）显微注射法

通过显微操作仪将外源基因直接用注射器注入受体细胞的方法称为显微注射法。外源基因将整合到受体细胞的 DNA 中，最后发育成转基因植株。该方法可直接转移目的基因，不需要载体且导入整合效率较高，但是需要贵重精密仪器，操作难度系数较高，并且外源基因的整合位点和整合的拷贝数都不可控制，易导致寄主植物基因组的插入突变。

（三）纳米载体介导的转化法

纳米载体介导的转化法是一种先进的基因转移技术，它利用纳米级载体复合物与细胞表面的受体通过静电作用或化学键进行有效结合。这些载体复合物可以通过细胞的内吞作用进入细胞内部，随后释放载有的目的基因，实现基因的转化。将纳米载体与花粉介导法相结合也是目前比较有效的一种转基因方法。花粉介导法是指以花粉为受体材料，将外源基因导入花粉后，通过人工授粉直接得到转基因种子的方法。然而已知的电击、超声或基因枪法等物理手段及采用农杆菌侵染花粉等，都会产生一系列问题。而花粉本身较厚的细胞壁与花粉萌发产生的核酸酶也会严重阻碍外源基因的导入和整合。纳米载体对外源基因具有保护、靶向输送和高效介导的功能，并且具有高度的生物相容性与安全性。与花粉介导技术相结合后，可以很好地避免上述问题的出现，有利于开发构建多基因高效转化的新技术。

第四节 基因工程植物的分子检测与安全性评价

一、基因工程植物的分子检测

转基因技术打破了自然界中的生殖隔离，促进了不同物种间的基因交流，极大地丰富了变异类型，增大了遗传多样性，为植物新品种的培育提供了丰富的育种资源。判断外源基因是否成功转入受体细胞可以通过抗生素或者除草剂抗性来选择，然而这些检测方法并不能排除假阳性的出现，因此需要从分子水平进一步鉴定阳性转化体，明确目的基因在转基因植株中的拷贝数和转录与表达情况。目前常用的分子检测与鉴定的方法可分为三类：整合水平上、转录水平上及表达水平上的检测。一般是联合使用多种检测方法来鉴定转基因植物。

（一）外源基因整合水平上进行的检测

1. PCR 检测 聚合酶链反应（PCR）是 20 世纪 80 年代中期由 Mullis 发展起来的体外核酸扩增技术，广泛用于外源基因检测、目的基因标记、功能基因分离和克隆等。该技术以目的基因 DNA 为模板，在目的基因特异性引物和 DNA 聚合酶的作用下，经历由高温变性、低温退火及适温延伸等反应周期，经过多次循环后，使目的基因 DNA 片段得以迅速扩增（图 11-6）。PCR 检测极其灵敏，只需要少量的低浓度 DNA 片段就可以进行检测，然而检测时也会出现假阳性现象。因此，PCR 检测只能作为初筛，需要联合其他方法共同鉴定。

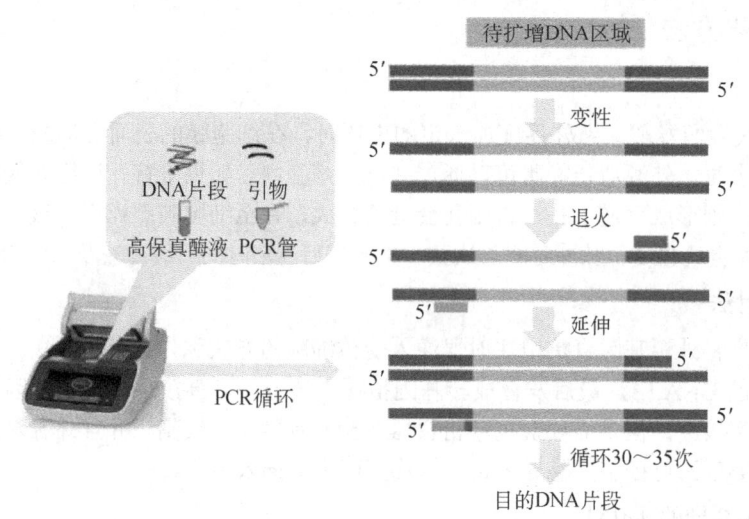

图 11-6 PCR 检测

2. DNA 印迹检测 DNA 印迹（Southern blot）是由 Southern 等于 1975 年提出的 DNA 印迹转移技术。经限制性内切酶消化后的 DNA 片段进行琼脂糖凝胶电泳，变性处理，然后在高盐缓冲液中通过毛细管作用将凝胶中的 DNA 片段转移到硝酸纤维素膜上，变性的单链 DNA 与膜结合，烘干后即固定在膜上，然后与放射性标记的探针杂交，检测与探针具有同源性的 DNA 片段。该方法灵敏性高、特异性强，并且可以排除操作过程中的污染及转基因愈伤组织中的质粒残留引起的假阳性信号，但是检测过程复杂且成本较高。

3. 染色体原位杂交检测 染色体原位杂交技术是从 DNA 印迹和 RNA 印迹（Northern blot）技术衍生而来，是重复 DNA 序列和多拷贝基因家族物理作图、低拷贝及单拷贝 DNA 序列定位的常规方法，是分子生物学、组织化学和细胞学相结合的产物。该方法是以核酸分子碱基互补配对为理论基础，用同位素和荧光素等标记的 DNA 片段作为探针与经过变性处理的染色体 DNA 杂交，依据同源互补配对原则，目的 DNA 在染色体上的具体物理位置即可直观显示出来。在转基因表达中，位置效应是一个重要的影响因素，外源基因的转入不仅影响自身的表达，也会影响受体基因的表达。通过染色体原位杂交技术就可以判断外源基因是否已转入受体植物中，且可以判断其整合的位置，并对其位置效应进行分析。

（二）外源基因转录水平上进行的检测

1. Northern blot 检测　　Northern blot 是由斯坦福大学的 George Stark 教授于 1975 年发明的。与 Southern blot 不同的是，Northern blot 是对 RNA 样品进行琼脂糖凝胶，后续转膜和探针杂交与前者没有区别。Northern blot 是检测、定量 mRNA 大小及在组织中表达水平的标准方法，它不仅可以直接提供有关 RNA 完整性、不同的剪接信息及 mRNA 大小等信息，还可以在同一张膜上直接比较同一信息在不同样品中的表达丰度。

2. RT-PCR 检测　　RT-PCR（reverse transcription PCR）即逆转录 PCR，是将 RNA 的逆转录与 cDNA 的 PCR 相结合的技术。该方法首先需要提取转基因植物的 RNA，逆转录出 cDNA，然后再以 cDNA 为模板进行 PCR 检测，并通过限制性酶消化、杂交和核苷酸测序进一步证实 PCR 产物。RT-PCR 可根据用于逆转录的已知 RNA 用量、用于 PCR 的已知 cDNA 量、在琼脂糖凝胶上可显带的 PCR 循环估算出所研究基因的表达程度。

（三）外源基因表达水平上进行的检测

1. 酶联免疫吸附测定　　酶联免疫吸附测定（enzyme linked immunosorbent assay，ELISA）最先用于 IgG 定量检测，后来用于测定液体样品中微量物质的含量。ELISA 是把抗原抗体的免疫反应和酶的高效催化作用相结合的检测方法（图 11-7）。其原理首先是将抗原（抗体）结合到某种固相载体表面并保持其免疫活性，然后将抗体（抗原）与酶结合并保持免疫活性和酶活性，接着将结合物与固相载体表面的抗原（抗体）反应，组成结合物的酶具有催化活性，可催化底物生成有色物质，从而根据颜色的深浅来判断抗原（抗体）的含量。

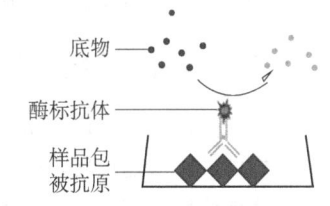

图 11-7　ELISA 简图

彩图

2. 蛋白质印迹　　蛋白质印迹是一种检测固定在基质上的蛋白质的免疫化学方法（图 11-8）。蛋白质样品通过聚丙烯酰胺电泳按分子量大小分离，再转移到杂交膜上，然后通过一抗/二抗复合物对靶蛋白进行特异性检测。此方法可有效鉴定目的蛋白的性质、定量分析小分子抗原、筛选纯化抗体、分析蛋白质的结构域、检测（转）基因表达结果。

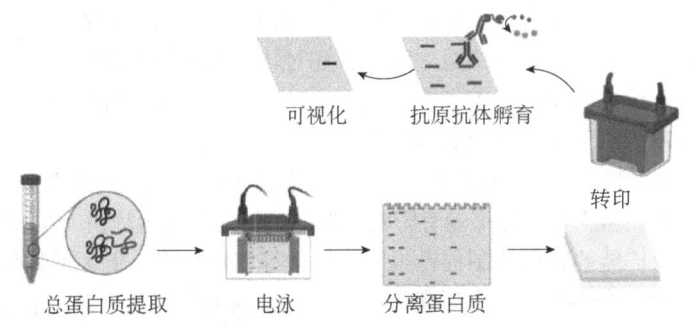

图 11-8　蛋白质印迹示意图（Meftahi et al.，2021）

彩图

3. 植物组织化学染色检测　　植物组织化学染色检测是通过检测报告基因的表达来判断外源基因的表达。在植物中最常用的报告基因为 GUS 基因，它的表达产物为 GUS（β-葡糖醛酸糖苷酶），可以催化 5-溴-4-氯-3-吲哚葡糖醛酸苷的水解反应，在植物组织内产生深蓝色、难溶解的化合物。根据蓝色斑点的数量、深浅和频率可以判断转化效果或转化效率。

4. 荧光显微检测　　用于检测的报告基因的表达产物为荧光蛋白。绿色荧光蛋白（green fluorescent protein，GFP）目前是一种常见的报告基因的产物。GFP 是一种天然的发光蛋白，野生型 GFP 发光较弱，经过改造后的 GFP 能在植物中正常表达并且增强了荧光信号，不需要任何底物和外源辅助因子就能显现，在荧光显微镜下清晰可见。

（四）其他检测技术

1. 生物芯片技术　　生物芯片是指高密度固定在固相支持介质上的生物信息分子（如寡核苷酸、基因片段、cDNA 片段或多肽、蛋白质）的微列阵。目前应用潜力较大的是用于检测转基因植株中外源基因整合及不同整合方式所引起的表达差异的 cDNA 芯片。而将不同样品的 mRNA 分别用不同的荧光物质标记，各种探针等量混合后与同一列阵杂交，就可以得到外源基因表达强度的差异，从而实现外源基因表达调控的对比研究。与常规技术相比，生物芯片技术实现了多样品多基因的高度并行及微型化和自动化。

2. 试纸条技术　　与 ELISA 原理相似，不同之处是以硝酸纤维素膜代替聚苯乙烯反应板为固相载体，同样利用抗原抗体的特异性结合的免疫反应使吸附在膜上的特异性抗体与样品溶液中的蛋白质发生抗原-抗体反应，通过阴性对照筛选阳性结果，并给出转基因成分含量的大致范围。此方法快速简洁，操作简便，适合于田间和现场检测。

二、基因工程植物的安全性评价

转基因技术的出现打破了不同物种间的生殖壁垒，增加了不同物种间的基因交流频率，促进了物种进化。通过转基因技术使植物获得一种新的优良性状，最大限度地满足人类的需求。然而这种非自然的选择与变异会给自然界和人类带来哪些危害还未可知。经过合理的实验设计和严密科学的实验程序，积累足够的数据来判断转基因植物是否安全，并且根据已有的法律法规对已证明安全的转基因植物进行规范，以避免给人类生存和生态环境造成危害。

（一）基因工程植物的安全性评价内容

1. 转基因植物的环境安全性

（1）转基因植物可能会演变为农田杂草：当转基因植物对人类行为或利益有害或有干扰时就可能会被视为杂草。在其授粉过程中，某些转基因可能会漂入野生近缘种或近缘杂草时也可能会形成难以控制的杂草。

（2）基因漂流：在自然生态条件下，有些栽培植物会和周围生长的近缘野生种发生天然杂交，而将栽培植物中的基因导入近缘野生种中。在对转基因植物进行安全性评价时要考虑转基因种植区是否存在近缘的野生种，若存在近缘野生种时，可能导入野生种的基因是否会影响其生存竞争力，避免基因漂流带来"超级植物"的产生。

（3）对自然界中动物的影响：在植物中导入的基因多与抗虫或抗病有关，它对昆虫的影响最显著，对环境、土壤、微生物等也可能有影响。例如，转入苏云金杆菌（*Bacillus thuringiensis*，*Bt*）杀虫基因的抗虫棉能够有效控制棉铃虫和红铃虫等植物害虫，但大面积种植或长期种植时会导致以棉铃虫为食的金小蜂数量有所变化。另外，昆虫可能对抗虫棉产生适应性或抗性，这不仅会使抗虫棉的产量受到影响，而且会影响 *Bt* 农药控制的防虫效果。

2. 转基因植物的食品安全性　　转基因植物的出现多是为了服务于人类的生存与利益，最常见的转基因农作物便是如此。为了获得性状更为优良的农作物品种，除了通过自然的杂交手段集中优良性状外，转基因技术的出现大大缩减了育种的时间。这些转基因作物最终直接或间接地被人类食用，对人类的身体是否会产生影响，这是非常值得关注的问题。

首先是外源基因水平转移是否会发生。不同种植物之间会发生基因漂流，那在人体内这些外源基因是否会转移至肠道微生物或上皮细胞中呢？在转基因操作过程中都会使用选择性标记基因，在转基因作物中常用的标记基因有 *NPTII* 和 *APH(3′)IIa*，目前的研究表明这两个标记基因不具备在人体内水平转移的机制和条件，但是其他的外源基因是否会转移还需要更多的研究。其次是转基因植物的毒性问题。人类传统食物中的 DNA 并不会对人体产生危害，外源基因在组成上与普通基因没有差别，是否会对人体造成伤害，还要看其分子及化学特性，以及其在体内降解吸收情况。由不同食物引起的过敏现象常常出现，也一直困扰着人们。在判断转基因植物是否会引发过敏时，需要对外源基因的表达产物与已知的过敏原进行同源性比对，接着需要检测与已知过敏病人血清中的 IgE 能否发生反应，另外对已经批准商业化生产的转基因食品还需要在动物中进行模拟实验，最终需要在转基因食品上标注过敏原，以便购买者自行选择。

（二）基因工程植物的安全性评价方法

《农业转基因生物安全评价管理办法》中按照对生物和生态环境的潜在危险程度，将农业转基因生物分为尚不存在危险、具有低度危险、具有中度危险和具有高度危险 4 个安全等级。目前转基因植物安全性评价的总原则为：转基因植物及其产品能够促进植物基因工程的发展，同时保障人类身体健康和生态平衡；面对转基因植物种类及环境的多样性，应采取个案分析的原则；在积累数据和科学分析的基础上，应坚持监控管理宽松化和简单化的原则。

小　　结

本章详细介绍了植物基因工程的基本概念、操作流程、常用技术及其应用，并对植物基因工程的安全性进行了评价。植物基因克隆：是植物基因工程的基础，涉及多种方法如基因组文库法、cDNA 文库法、电子克隆法、化学合成法和图位克隆法等。这些方法使得研究者能够从植物体中成功获得目的基因，为后续的基因工程操作打下坚实基础。转基因载体体系：植物转基因过程中，载体的选择和构建是关键步骤。本章介绍了病毒载体、Ti 质粒、纳米载体和 RNA 干扰表达载体等多种载体系统，每种载体都有其独特的优势和应用场景，为植物基因工程提供了多样化的选择。植物转基因技术与方法：植物转基因技术包括间接转化（如农杆菌介导法和病毒载体法）和直接转化（如基因枪法、花粉管通道法、PEG 介导的原生质体法等）。这些方法各有特点，适用于不同类型的植物和目的基因，极大地扩展了植物基因工程的应用范围。分子检测技术：验证外源基因的成功整合和表达有多种分子检测技术，包括 PCR、Southern blot、Northern blot、RT-PCR 等，这些技术能够从不同层面上检测外源基因的整合、转录和表达情况，确保基因工程的成功实施。综上所述，本章全面地介绍了植物基因工程技术的各个方面，通过掌握这些技术和方法，研究者可以更有效地进行植物基因工程研究，为改良植物品种、提高作物产量和品质、增强植物抗逆性等目标做出贡献。

复习思考题

参考答案

1. 简述农杆菌介导法的类型及特点。
2. 直接转化法有哪几种方法?
3. 电击法的影响因素有哪些?
4. 花粉管通道法的特点是什么?
5. 基因枪法的影响因素有哪些?
6. 植物转基因载体有哪些?
7. 基因工程植物的分子检测方法有哪些?
8. 简述基因工程植物安全性评价的必要性。

主要参考文献

王安琪,朱华新,赵翔,等. 2018. 基于纳米基因载体的动植物遗传转化研究进展[J]. 生物技术进展,8:293-301.

王慧远,贾维薇,陈庆河. 2016. 转基因植物检测技术研究进展[J]. 福建农业科技,1:71-74.

叶文兴,孔令琪. 2019. 影响根癌农杆菌转化效率的因素综述[J]. 中国草地学报,41:142-148.

Meftahi GH, Bahari Z, Zarei MA, et al. 2021. Applications of western blot technique: from bench to bedside[J]. Biochem Mol Biol Educ, 49: 509-517.

Pouresmaeil M, Dall'Ara M, Salvato M, et al. 2023. Cauliflower mosaic virus: virus-host interactions and its uses in biotechnology and medicine[J]. Virology, 580: 112-119.

Small I. 2007. RNAi for revealing and engineering plant gene functions[J]. Curr Opin Biotech, 18: 148-153.

Su W, Xu M, Radani Y, et al. 2023. Technological development and application of plant genetic transformation [J]. Int J Mol Sci, 24 (13): 10646.

Townsend JA, Wright DA, Winfrey RJ, et al. 2009. High-frequency modification of plant genes using engineered zinc-finger nucleases[J]. Nature, 459: 442.

第十二章

植物基因组编辑

学习目标

①了解基因组编辑的概念及原理。②掌握各种基因组编辑工具的发展历程。③熟悉各种常用基因组编辑工具的用途与功能。④了解各种基因组编辑工具在植物上的应用进展。

引　言

基因组编辑是一项具有革命性潜力的生物技术，通过对生物体的遗传物质进行精确修改，能够实现特定目的基因的改变。在农业领域，基因组编辑技术被广泛应用于植物育种，为我们提供了改进重要植物性状的新途径。本章将从基因组编辑的概念及原理、常见基因组编辑技术和基因组编辑工具在植物上的应用进展三部分进行详细介绍。

本章思维导图

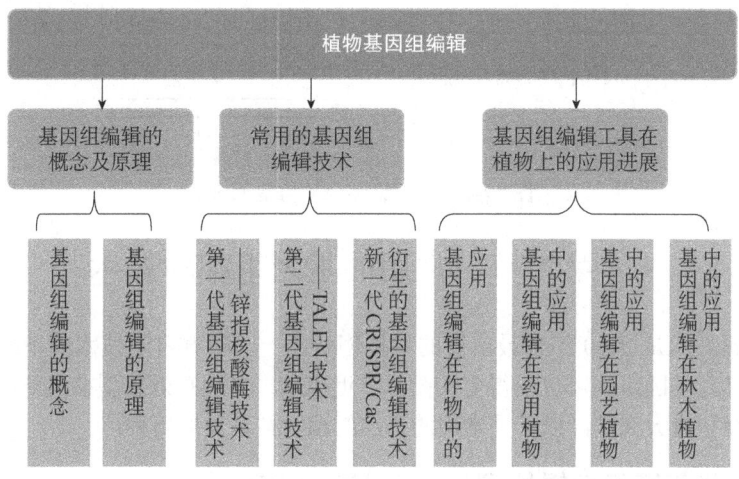

◆ 第一节　基因组编辑的概念及原理

一、基因组编辑的概念

基因组编辑（genome editing）又称为基因编辑，是一种对生物体基因组中目标 DNA 进行精确修改和编辑的工程技术。这些修改包括 DNA 片段的插入、删除，以及特定 DNA 碱基的缺失、替换等，以改变目的基因的序列。

二、基因组编辑的原理

基因组编辑利用经过基因工程改造的核酸酶作为"分子剪刀",在基因组中的特定位置引发位点特异性双链断裂(DSB)。这个过程会激活生物体内部的 DNA 修复机制,从而实现对指定基因组的有针对性的编辑(图 12-1)。在 DNA 修复过程中,通常存在两种机制:当不存在 DNA 修复模板时,生物体会启用非同源末端连接(NHEJ)修复途径。这种修复方式相对不精确,很大概率会产生随机的插入或缺失突变,导致整个基因发生移码突变,失去基因原有的功能。当存在 DNA 修复模板时,生物体会启用另一种修复途径,即同源定向修复(HDR)。HDR 途径依据提供的 DNA 模板来修复基因序列,因此可以将设计好的外源 DNA 模板插入目标位点区域。因此,HDR 途径相比 NHEJ 途径更为准确。通过利用这些修复机制,基因组编辑技术能够实现精确而有针对性的基因修改。然而,需要注意的是,基因组编辑并非完全准确和高效,可能会产生意外的副作用。因此,在进行基因组编辑时,需要仔细考虑实验设计和验证流程,以确保基因组编辑的准确性和安全性。

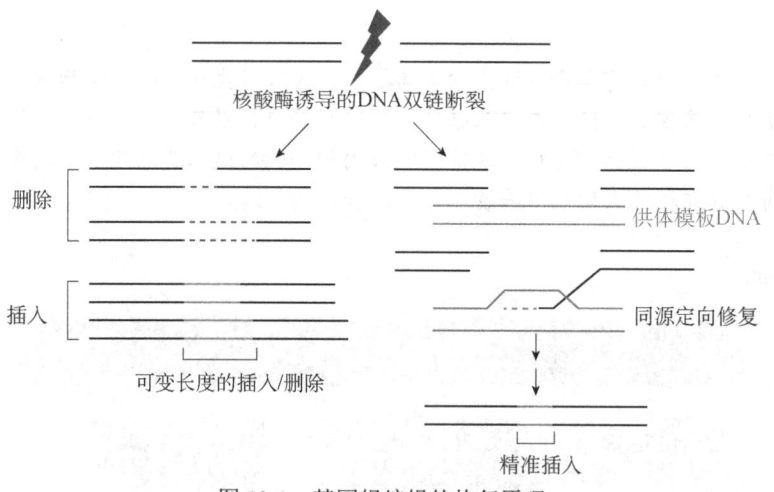

彩图

图 12-1 基因组编辑的修复原理

◆ 第二节 常用的基因组编辑技术

基因组编辑技术是近 30 年来最重要的科技创新之一,随着科学技术的不断进步,该技术变得越来越成熟,基因组编辑也变得更加简单。近年来,多种高效新型核酸酶的发现使得基因组编辑技术取得了重大突破。以下是常用的基因组编辑技术发展历程。

一、第一代基因组编辑技术——锌指核酸酶技术

锌指核酸酶(ZFN)是第一代基因组编辑技术,由结合 DNA 的锌指蛋白区域(负责识别 DNA 位点)和限制性核酸内切酶 *Fok* I 的核酸酶切活性区域(负责切割 DNA)组成,通过将经人工修饰的具有特异结合活性的锌指蛋白(ZNF)与具有非特异性切割活性的 *Fok* I 限制性核酸内切酶融合而成。锌指蛋白最初在非洲爪蟾中被发现,是一种在真核生物中广泛存在的蛋白质,它在锌离子的存在下会形成紧凑的 $\beta\beta\alpha$ 结构域,从而发挥其识别功能。具体来说,α 螺旋上的几个残基具有直接识别特定序列的作用,能够与靶位点上相连的碱基配对。例如,转录因子 Zif268 是一个经典的锌指蛋白,包含三个锌指,每个锌指的 α 螺旋与 DNA 双链的大沟相

吻合，α 螺旋上的-1、+3 和+6 位点可以直接识别并结合靶序列上的三个相连碱基。连续的锌指与 DNA 双链结合以实现蛋白质包裹在 DNA 周围。此外，*Fok* I 的结合结构域和切割结构域可以分离。当移除结合结构域后，*Fok* I 能够获得非特异性切割的功能。在 *Fok* I 二聚体的作用下，靶位点会被切割而产生 DSB。DSB 对于细胞来说是致命的，因此细胞会通过 NHEJ 或 HDR 途径修复双链断裂，从而实现基因序列修改（图 12-2）。ZFN 技术作为一种新型基因组编辑工具，近年来逐步应用于不同物种基因组编辑。相比其他基因组编辑技术，ZFN 的设计和构建较为复杂，限制了应用。

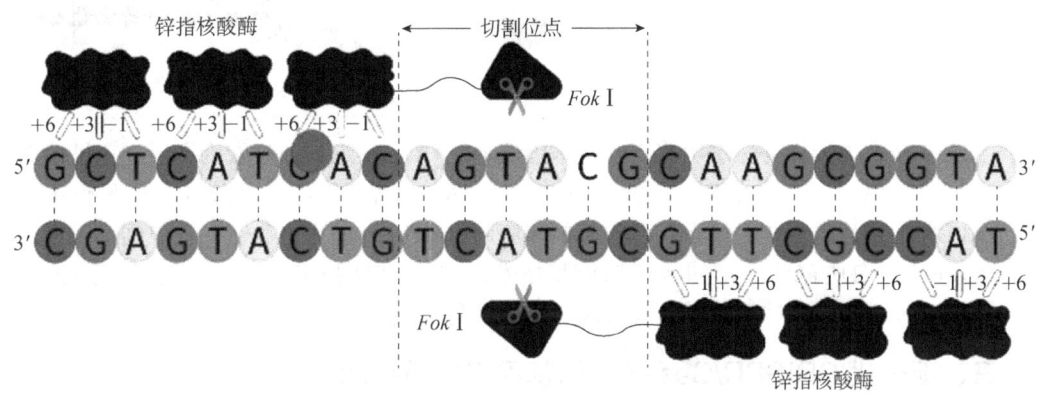

图 12-2　ZFN 技术作用原理

锌指核酸酶技术存在一些局限性。①可编辑的靶基因位点有限：由于锌指蛋白的类别和特异性受限，仅能识别有限的 DNA 序列，限制了可编辑的靶位点范围。②编辑效率低：ZFN 基因组编辑的效率通常只有 30%左右，这意味着只有少数细胞成功实现了目的基因的修改。③操作复杂、成本高：设计和构建 ZFN 所需的操作步骤较为复杂，需要进行大量的优化和验证工作，因此其研究和应用成本较高。④容易产生脱靶效应：ZFN 技术在特定位点之外的地方也可能发生非特异性修复，导致不可预测的脱靶效应。

二、第二代基因组编辑技术——TALEN 技术

转录激活因子样效应物核酸酶（TALEN）技术是第二代基因组编辑技术。TALEN 由识别特定 DNA 序列的转录激活样效应因子（TALE）和与 ZFN 类似的限制性核酸内切酶 *Fok* I 组成。TALE 最初是在一种名为黄单胞菌（*Xanthomonas* sp.）的植物病原体中发现的。通过将 *Fok* I 核酸酶与人工合成的 TALE 相连，就形成了 TALEN 工具，可以实现对特定基因组的编辑。TALEN 利用 TALE 的序列特异性结合能力，使得基因组编辑更加精确和高效。

TALEN 的技术原理是将特定的 DNA 与一个含有 DNA 结合域的转录激活因子融合，形成可以识别和结合目的基因的蛋白质。通过调整 DNA 结合域的序列，可使 TALEN 精准地结合到目标 DNA 序列上。一旦 TALEN 结合到目标 DNA 序列上，就会引导一个核酸酶结构域对该区域进行切割。这个核酸酶结构域可以是 *Fok* I 核酸酶的一部分，它是一种双链断裂酶，能够在与其结合位点靠近的特定区域切割 DNA。在 TALEN 技术中，切割 DNA 只是第一步。一旦 DNA 被切割，细胞会触发自身修复机制来修复这个断裂点。在自然情况下，修复机制会将 DNA 片段重新连接，但有时也会引入缺陷或突变。通过利用自然修复机制，可实现对基因组的编辑。为实现精确的基因组编辑，研究人员通常会将 TALEN 与外源的 DNA 序列一同引入细胞中。总的来说，TALEN 技术是一种基因组编辑工具，利用 TALE 结合特异性的 DNA 序

列，并结合核酸酶进行切割，从而实现对基因组的精确编辑（图12-3）。

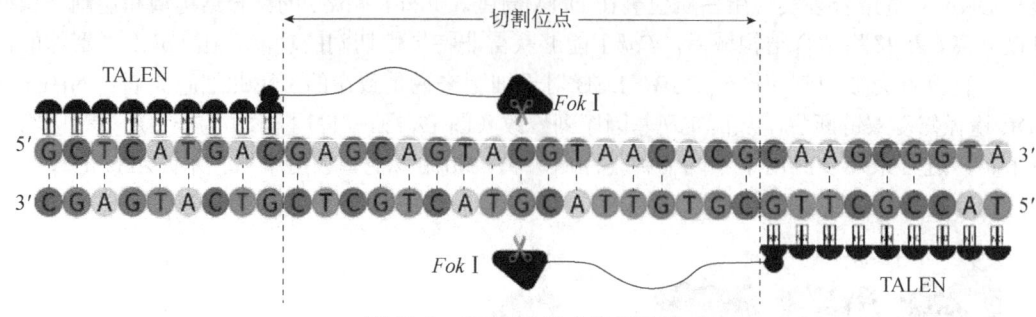

图12-3 TALEN技术作用原理

TALEN技术独特优势。①更广泛的靶基因选择：TALEN设计原理较为灵活，可以根据需要设计不同DNA序列的TALEN。②编辑效率高：TALEN表现出更高的效率。③操作相对简单：TALEN的构建过程相对简单，便于扩展和应用。TALEN技术也存在一些限制：①设计和合成TALEN蛋白质需要一定的专业知识和技术；②TALEN技术的设计和合成周期相对较长；③TALEN技术在某些情况下可能引入意外的突变。

三、新一代CRISPR/Cas衍生的基因组编辑技术

（一）CRISPR/Cas出现、分类及作用机制

CRISPR（成簇规律间隔短回文重复）/Cas（一种能降解DNA分子的核酸酶）系统是一种原核生物用来抵御外源遗传物质入侵的防御机制。它由CRISPR序列和邻近的Cas组成。CRISPR序列是一段重复出现的DNA序列，其中夹杂着来自外源基因组的短片段，称为间隔序列。这些间隔序列是先前受到噬菌体或质粒感染时记录下来的，相当于一个记忆库，用于识别和抵御类似的入侵。Cas基因编码了与CRISPR序列一起工作的蛋白质。这些Cas蛋白质在CRISPR序列识别到外源核酸后，会结合并引导sgRNA（single guide RNA）切割外源DNA分子，从而干扰外源基因的表达，保持自身系统的稳定。CRISPR/Cas系统的工作原理类似于分子的"剪刀"，它能够精确识别和切断外源核酸。这个系统具有高度特异性和灵活性，因此被广泛应用于基因组编辑领域。由于其简单易用的特点，CRISPR/Cas系统成为目前最受欢迎的基因组编辑工具之一。

CRISPR基因序列主要由前导序列、重复序列和间隔序列构成（图12-4）。前导序列：富含AT碱基，位于CRISPR基因上游，被认为是CRISPR序列的启动子。重复序列：长度为20～50 bp且包含5～7 bp回文序列，转录产物可以形成发卡结构，稳定RNA的整体二级结构。间隔序列：是被细菌俘获的外源DNA序列。这就相当于细菌免疫系统的"黑名单"，当这些外源遗传物质再次入侵时，CRISPR/Cas系统就会予以精确打击。Cas基因位于CRISPR基因的附近或分散在基因组的其他区域。这些基因编码的蛋白质与CRISPR序列区域共同发挥作用，因此称为CRISPR关联蛋白。Cas基因编码的Cas蛋白在CRISPR/Cas系统的防御过程中起着至关重要的作用。

1. CRISPR/Cas的出现　CRISPR/Cas系统的发现可以追溯到1987年，研究人员在大肠杆菌中观察到了一段重复序列，因为该发现纯属偶然，并未引起发现者的重视。1993年，在研究古细菌时，CRISPR首次被证实，随后越来越多的类似序列被发现和确认。2002年，相关研究人员通过生物信息学分析，发现一种新型DNA序列家族只存在于细菌及古细菌中，而在

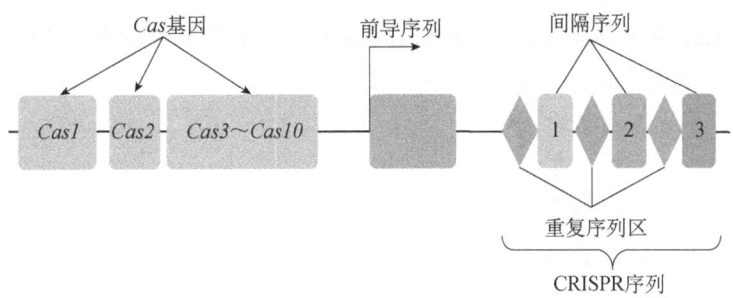

图 12-4 CRISPR 位点结构图

真核生物及病毒中没有被发现,并将这种序列称为 CRISPR。他们将邻近 CRISPR 基因附近的基因命名为 Cas,并发现了 4 个 Cas 基因(Cas1,Cas2,Cas3,Cas4)。2007 年,首次证实了 CRISPR/Cas 系统在细菌中对噬菌体的抗性作用,并发现其特异性取决于 CRISPR 序列中的间隔序列。这项研究揭示了 CRISPR 的免疫功能并提供了实验证据。这些研究成果为理解 CRISPR/Cas 系统的免疫机制和应用于基因组编辑提供了重要的指导。最重要的突破发生在 2011 年,Jennifer Doudna 和 Emmanuelle Charpentier 等科学家提出了将 CRISPR/Cas9 系统应用于基因组编辑的理论,并开发出了一种有效的靶向 DNA 的方法。他们提出使用 tracrRNA(trans-activating crRNA)与 crRNA(CRISPR-derived RNA)形成复合物来引导 Cas9 蛋白靶向 DNA 进行编辑。这一发现奠定了 CRISPR/Cas9 技术在基因组编辑中的关键原理,并引发了广泛的兴趣和后续研究。该技术后来获得了 2020 年诺贝尔化学奖。随后的里程碑性研究出现在 2013 年,研究人员成功地将 CRISPR/Cas9 系统应用于人类细胞中进行 DNA 编辑。这一突破标志着 CRISPR/Cas9 技术在真核生物基因组编辑领域的重要进展。自此以后,CRISPR/Cas 系统不断发展壮大,并为基因组编辑的广泛应用打下了坚实的基础。

2. CRISPR/Cas 的分类　　CRISPR/Cas 系统根据 Cas 蛋白的组成和效应复合物的性质可以分为两大类:Class 1 和 Class 2(表 12-1)。在 Class 1 系统中,包括 Ⅰ 型、Ⅲ 型和 Ⅳ 型三个亚型。Ⅰ 型是最复杂的类型,其特点是具有一个大型多蛋白复合物,用于识别和切割外源 DNA。Ⅲ 型也是一种复杂的系统,利用多蛋白复合物来降解外源 DNA 或 RNA,并具有干扰性功能。Ⅳ 型被认为是一个单蛋白的系统,功能和机制尚不完全清楚。在 Class 2 系统中,包括 Ⅱ 型、Ⅴ 型和 Ⅵ 型三个亚型。其中,Ⅱ 型是最著名和广泛应用的系统,其中 CRISPR/Cas9 系统作为最典型的代表。Ⅴ 型系统(也称为 Cpf1 或 Cas12 系统),由 Cas12a 和 Cas12b 蛋白组成,与 Ⅱ 型系统类似,依赖于 sgRNA 来指导特异性的 DNA 切割。Ⅵ 型系统(也称为 Cas13 系统)具有靶向 RNA 的能力,主要用于 RNA 干扰和 RNA 修饰。CRISPR/Cas 系统的分类体系正处于持续的演化之中。

表 12-1　CRISPR/Cas 系统的分类

大类	分型	包含的 Cas 蛋白
第一大类 (Class 1)	Ⅰ 型	Cas1、Cas2、Cas3、Cas4、Cas5、Cas6、Cas7、Cas8
	Ⅲ 型	Cas1、Cas2、Cas5、Cas6、Cas7、Cas10、Cas11
	Ⅳ 型	Cas1、Cas2、Cas5、Cas6、Cas7
第二大类 (Class 2)	Ⅱ 型	Cas1、Cas2、Cas4、Cas9
	Ⅴ 型	Cas1、Cas2、Cas4、Cas12
	Ⅵ 型	Cas1、Cas2、Cas13

3. CRISPR/Cas 的作用原理 CRISPR/Cas 系统的作用机制可以分为三个阶段：外源 DNA 的识别、CRISPR 基因座的表达和干扰阶段（图 12-5）。

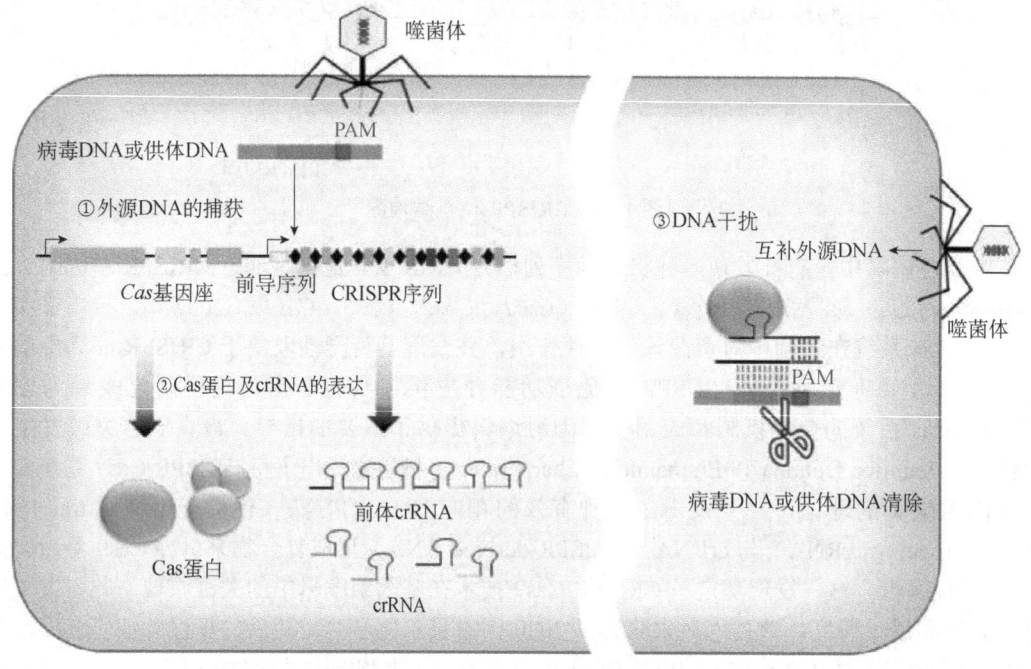

彩图

图 12-5 CRISPR/Cas 系统的作用机制

外源 DNA 的识别：当外源 DNA 入侵寄主细胞时，Cas 蛋白通过识别特定的序列，即原间隔序列邻近基序（PAM），将外源 DNA 整合到寄主的 CRISPR 基因座中的两个重复序列之间。这样，细菌细胞就能够"记住"外源 DNA 的信息。

CRISPR 基因座的表达：当同源 DNA 再次入侵时，寄主基因组中的 CRISPR 序列会被转录上调。CRISPR 序列经过转录起始位点位于前导序列末端的转录，形成前体 crRNA。前体 crRNA 经过与 tracrRNA 结合及 Cas 蛋白和 RNA 酶Ⅲ（RnaseⅢ）的加工和剪切，最终形成成熟的短链 crRNA。

干扰阶段：成熟 crRNA 与 tracrRNA 结合形成双链 RNA，进一步与 Cas 蛋白结合，形成 CRISPR 核糖核蛋白复合物。该复合物能够识别并切割与 crRNA 互补配对的外源 DNA，导致 DSB 的发生，这激活了细胞中的两种 DNA 修复机制：NHEJ 和 HDR 途径实现基因组编辑。

总的来说，CRISPR/Cas 系统通过识别和利用 CRISPR 序列记录外源 DNA 信息，最终实现对外源 DNA 精确切割和基因组编辑。这一革命性的技术为生物科学和医学研究提供了强大的工具。

（二）常见 CRISPR/Cas 衍生系统的建立

1. CRISPR/Cas9 系统 CRISPR/Cas9 基因组编辑技术作为生物医学史上第一种可高效、精确、程序化修改基因组的工具，极大地推动了基因组编辑的发展。CRISPR/Cas9 系统属于Ⅱ型 CRISPR/Cas 系统。为了简化 CRISPR/Cas9 系统的应用，目前已将 tracrRNA 和 crRNA 融合成一条 RNA，并把其命名为 sgRNA。CRISPR/Cas9 主要结构为行使 DNA 双链切割功能的 Cas9 蛋白和有导向功能的 sgRNA。Cas9 蛋白是 CRISPR/Cas 系统的核心组成部分，由两个主要结构域和一个连接桥螺旋组成。其中，核酸酶结构域（NUD）包括 RuvC 和 HNH 两个内切酶结构域，以及 PAM 互作结构域（PAM ID）。识别域（PAM RD）由多个 α 螺旋识别域（REC Ⅰ～ REC Ⅲ）组成，它促进 Cas9 与目标 DNA 结合（图 12-6）。Cas9 蛋白通过与 sgRNA 相结合来实现基因组靶向切割。通过 Cas9 蛋白与 sgRNA 结合，能精确识别和切割特定 DNA，从而实现基因组编辑。

图 12-6　Cas9 蛋白质组成示意图

数值代表蛋白氨基酸的位置

目前使用的 CRISPR/Cas9 系统均由人工构建而成，人工构建的 CRISPR/Cas9 系统包括两部分：sgRNA 和 Cas9 蛋白（图 12-7）。其中 sgRNA 是将 tracrRNA 和 crRNA 人工改造整合成为一个 RNA 转录本，相当于成熟的 crRNA。sgRNA 与靶位点结合，引导 Cas9 蛋白在靶位点产生 DNA 双链断裂，通过细胞自身的修复机制实现基因组编辑。

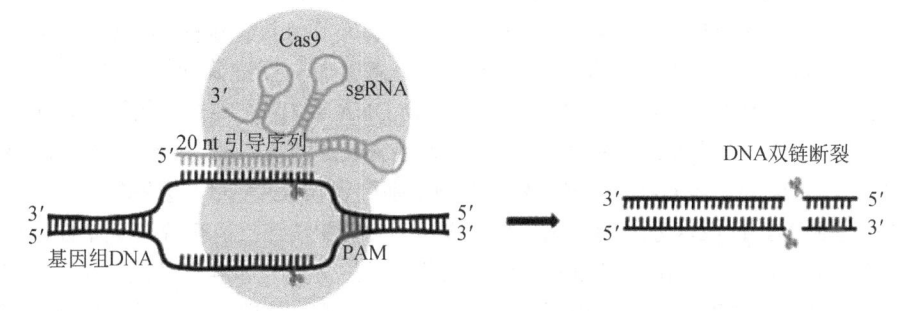

图 12-7　CRISPR/Cas9 系统结构

2. CRISPR/Cas12a 系统　　CRISPR/Cas12a 也称为 CRISPR/Cpf1，出现于 2015 年，由 Cas12a 蛋白和 crRNA 两个组成单元构成，是第一个被发现并应用于基因组编辑的 Cas12 蛋白，也是 Ⅴ-A 型 CRISPR 系统中一种用于基因组编辑的新型核酸酶。

相比于 Cas9，Cas12a 不需要 tracrRNA 辅助，而是通过 crRNA 直接引导。这简化了 Cas12a 系统的设计和应用。Cas12a 能识别并切割富含 T 的 PAM 序列（常为 TTTV）。Cas12a 蛋白由 1200～1300 个氨基酸组成，具有两个瓣叶结构：核酸酶瓣叶（NUL）和 α 螺旋识别瓣叶（REC）。CRISPR/Cas12a 系统实现基因组编辑的原理与 CRISPR/Cas9 系统相似。①RNA 合成和加工：CRISPR 序列在细胞中转录成前体 RNA，Cas12a 会自行处理该前体 RNA 并切割出成熟的 crRNA。这个 crRNA 与核酸内切酶结构域及两个镁离子相互作用，形成单核酸酶效应复合物。②靶向识别和切割：效应复合物先扫描 DNA，寻找特定的 PAM 位点。然后 crRNA 的间隔序列与目标 DNA 的同源序列通过碱基互补配对，使 Cas12a 能够特异性结合到目标位点。Cas12a 具有 RuvC 核酸内切酶结构域，它将 DNA 切割远离 PAM 位点，同时释放远端的 PAM 切割产物。这样切割产生一个具有 4～5 nt 突出的黏性末端缺口。③修复机制：细胞启动 NHEJ 和 HDR 等修复机制来修复 Cas12a 引发的 DNA 缺口，完成基因组编辑。与 CRISPR/Cas9 系统类似，CRISPR/Cas12a 系统也可通过将 crRNA 设计成 sgRNA 来构建人工系统。

3. CRISPR/Cas13a 系统　　CRISPR/Cas13a 也称为 CRISPR/C2C2 系统，由 Cas13a 蛋白和 crRNA 两个组成单元构成，是一种 Ⅴ-A 型基因组编辑工具。与其他 CRISPR/Cas 系统不同的是，它是一种能够靶向 RNA 进行编辑的 CRISPR/Cas 系统。CRISPR/Cas13a 系统的组成包括

Cas13a 蛋白和 crRNA。Cas13a 蛋白是一个球状蛋白，类似于其他 CRISPR Ⅱ 型系统中的核酸酶。Cas13a 蛋白不仅具有切割目标 RNA 的能力，还能切割前体 crRNA，产生成熟的 crRNA。同时，它能与成熟的 crRNA 形成复合物，保持稳定的作用。综上所述，CRISPR/Cas13a 系统的组成和作用机制使得它成为一种强大的基因组编辑工具，具有广泛的应用潜力。

CRISPR/Cas13a 系统的作用机制如下。①识别与结合：新转录的前体 crRNA 通过 crRNA 的 5′端的茎环结构与 Cas13a 发生识别和结合，形成了前体 crRNA 与 Cas13a 的复合物。②成熟 crRNA 的形成：在复合物中，核酸酶瓣叶（NUL）的保守残基发生构象变化，形成一个酸碱催化中心。这个催化中心能够催化酶切前体 crRNA，将其切割成成熟的 crRNA。③酶切活性的激活：靶单链 RNA（ssRNA）进入 crRNA-Cas13a 复合物并与 crRNA 发生碱基互补配对时，会引发 Cas13a 构象的变化，从而激活 crRNA-Cas13a 复合物的酶切活性。④靶 RNA 的降解：在 crRNA 的引导下，Cas13a 催化目标 ssRNA 的酶切，使其发生降解。总体而言，CRISPR/Cas13a 系统通过结合和识别前体 crRNA、成熟 crRNA 的形成、酶切活性的激活及靶 RNA 的降解，实现了对目标 RNA 的精确编辑和调控。

CRISPR/Cas13a 系统为现代分子检测技术做出了重要贡献。研究人员开发了一种操作简便、灵敏、快速且廉价的检测技术——SHERLOCK（specific high sensitivity enzymatic reporter unlocking），该技术得名于神探夏洛克的英雄形象，意味着高度准确和敏感能力（图 12-8）。SHERLOCK 技术的流程包括以下步骤：首先，底物 DNA 或 RNA 通过重组聚合酶扩增或逆转录重组聚合酶扩增，以提高底物浓度。然后，T7 转录酶将扩增后的 DNA 转录为 RNA，并与 Cas13a 和 crRNA 混合。当 Cas13a-crRNA 复合物识别到底物 RNA 时，会发生切割，导致体系内的报告分子断裂。该报告分子的 5′端连接有发光基团，3′端连接有荧光猝灭基团。因此，在报告分子未断裂时，不会发出荧光信号；而一旦断裂发生，荧光和猝灭基团分离，就能够发出荧光信号。总之，SHERLOCK 技术通过利用 CRISPR 技术的特性，实现了一种操作简便、灵敏、快速且廉价的分子检测方法。这为疾病诊断和监测提供了一种新的选择，并具有广泛的应用前景。

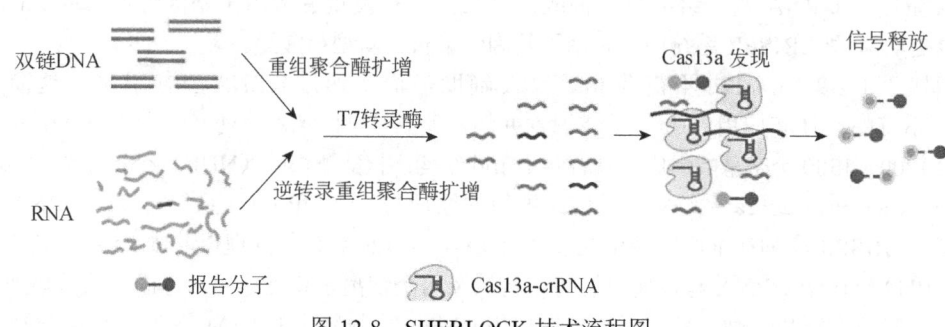

彩图

图 12-8　SHERLOCK 技术流程图

4. 胞嘧啶碱基编辑（CBE）系统　传统的 CRISPR/Cas9 技术通过引发靶点处的 DNA 双链断裂，进而激活细胞内的 NHEJ 和 HDR 修复途径，从而实现对基因组 DNA 的定点敲除、替换、插入等修饰。然而，由 DSB 引发的 DNA 修复结果往往不够准确和稳定，特别是对于单碱基突变的引入，存在挑战。自然界中存在的胞嘧啶脱氨酶大多数作用于 RNA，而载脂蛋白 B mRNA 编辑催化多肽（APOBEC）家族是目前报道的自然存在可作用于单链 DNA 的胞嘧啶脱氨酶。研究人员以 CRISPR/Cas9 为基础，将 sgRNA 和融合蛋白组合到一起，其中，融合蛋白则是由经过改造 Cas9 蛋白、APOBEC 和尿嘧啶糖基化酶抑制子（UGI）三部分构成的复合体，开发了可以实现单碱基替换的新系统——CBE 系统。通过将正常 Cas9 蛋白中 10 位色氨酸（Trp）突变为丙氨酸（Ala），使其失去 DNA 切割活性但仍具有 DNA 结合活性（称为 nCas9）。将 nCas9 与作用于单链 DNA 的 APOBEC1 及 UGI 进行融合，依靠人工设计的 sgRNA 将融合蛋白带至靶位点处，使其结合到基因组上，之后 sgRNA 和靶位点 DNA 通过碱基序列互补配对，产生局部单链 DNA（ssDNA），APOBEC 将 ssDNA 上一定范围内的胞嘧啶（C）经过脱氨基反应形成尿嘧啶（U），进而通过 DNA 修复或复制将尿嘧啶（U）转变为胸腺嘧啶（T），最终实现 C 到 T 的碱基替换。该工具的开发使 CRISPR/Cas 系统从切割特异 DNA 的分子"剪刀"变成可以重写碱基的"修正器"，打开了精准基因组编辑的大门（图 12-9）。

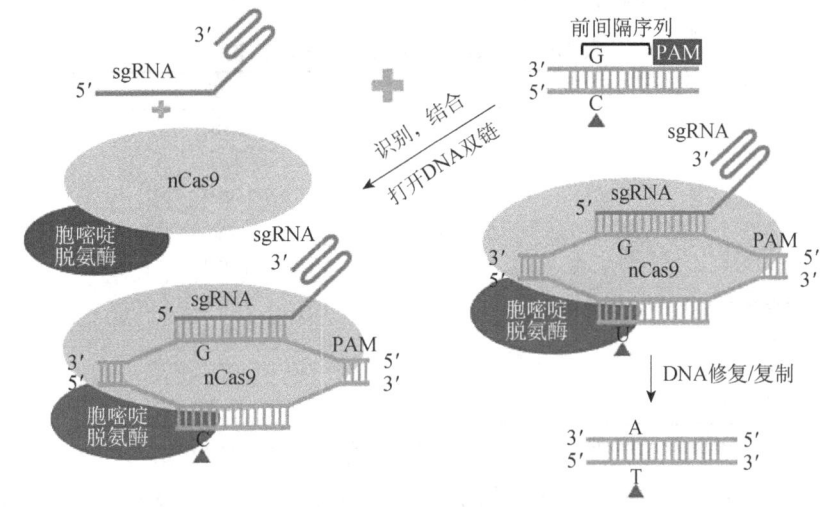

图 12-9　CBE 系统工作原理

5. 腺嘌呤碱基编辑（ABE）系统　　随后，科学家在 CRISPR/Cas9 基因组编辑技术框架内，研发出了 ABE 系统。ABE 系统的作用原理与 CBE 系统类似，即当融合蛋白在 sgRNA 的引导下靶向基因组 DNA 时，腺嘌呤脱氨酶可结合到 ssDNA 上，将一定范围内的腺嘌呤（A）脱氨变成肌苷（I），I 在 DNA 水平会被当作 G 进行读码与复制，最终实现 A-T 碱基对至 G-C 碱基对的直接替换。ABE 系统的开发打破了 CBE 系统仅能编辑 C 或 G 的限制，为碱基之间的相互转变提供了更多的可能性（图 12-10）。

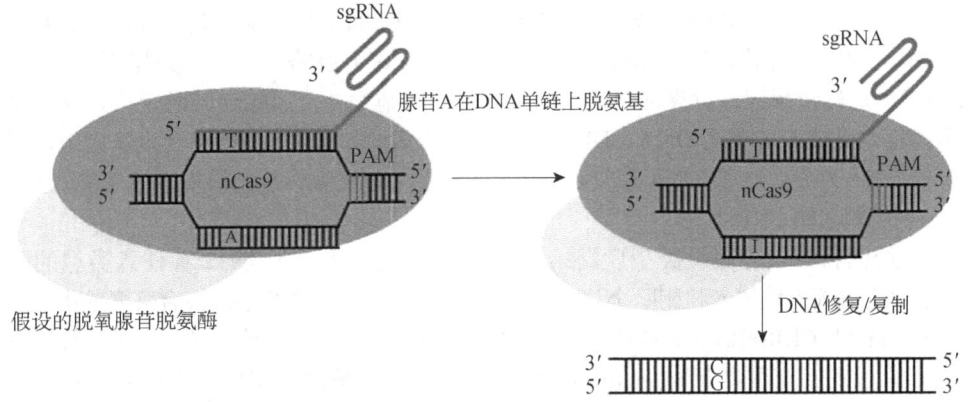

图 12-10　ABE 系统工作原理

CBE 系统和 ABE 系统与传统的基于 HDR 途径实现点突变的方法相比（表 12-2），主要优势如下。①不依赖 DSB 的产生：碱基编辑系统利用失去切割活性的 Cas 蛋白来实现靶位点处碱基的定点替换。这种方法避免了需要寻找和筛选高活性 sgRNA 或 Cas 核酸酶以产生有效的 DSB 的需求。②不需要供体 DNA 的参与：HDR 途径必须在提供外源供体 DNA 的前提下才能实现碱基的定点替换。如何将足量的供体 DNA 有效地递送到细胞中也是目前的一大难题，碱基编辑系统不需要提供供体 DNA，有效地避免了上述各种不确定性。③高效性和广适性：HDR 一般发生在分裂的细胞，使其很难被广泛地应用。而碱基编辑系统介导的碱基替换在动植物中均表现出高效的优势，且已被广泛地应用于各种物种中。碱基编辑系统的开发及不断的优化发展为生命科学领域带来了新的曙光。

表 12-2 CBE、ABE 和 HDR 的比较

比较项目	CBE	ABE	HDR
DNA 切割	SSB	SSB	DSB
编辑效果	C-T	A-G	任意
产物纯度	>90%	>99%	5%~50%
效率	高	高	低
供体 DNA	不需要	不需要	需要
细胞周期	不依赖	不依赖	依赖
基因组重排	否	否	是
全基因组脱靶	严重	否	否
RNA 水平脱靶	严重	严重	否

注：SSB 表示 DNA 单链断裂（single-strand break）；DSB 表示 DNA 双链断裂（double-strand break）

6. 引导编辑（PE）系统　　为提高基因组编辑系统的精准性和编辑范围，PE 系统应运而生，PE 系统包括效应蛋白及引导效应蛋白的 RNA（pegRNA）两部分。效应蛋白是莫洛尼鼠白血病病毒逆转录酶（MMLV RT）与具有单链切割活性的 nCas9（H840A）的融合蛋白。pegRNA 由 sgRNA、引物结合位点（PBS）及逆转录突变模板（RTT）三部分构成。pegRNA 是在 sgRNA 的基础上，对其 3′端进行延长，增加 RTT 和 PBS。RTT 序列携带人为设计的遗传突变信息。该系统可以在不引入 DSB 和供体 DNA 模板的前提下，实现靶标位点的插入、缺失和所有 12 种类型（A→T，A→C，A→G，T→A，T→C，T→G，C→T，C→A，C→G，G→T，G→A 和 G→C）的点突变。PE 系统的出现将精准基因组编辑推到新的高度，克服了 CRISPR/Cas9 系统介导的 HDR 效率低和碱基编辑系统不能实现多种碱基颠换的弊端。效应蛋白的靶向及切割：在 pegRNA 引导下，nCas9 靶向基因组目标位点催化其解旋，形成 R 环（R-loop）结构，从而暴露出单链 DNA，随后 nCas9 在 PAM 上游第 3 个碱基处切割 DNA 单链使 DNA 游离。逆转录反应：游离的单链 DNA 与 PBS 碱基互补，起始逆转录反应，逆转录酶以 RTT 为模板，合成新的单链 DNA。DNA 修复：新合成的单链 DNA 被整合进基因组，形成带有错配的 DNA 双链，内源 DNA 修复机制识别此错配并以被编辑链为模板，修复未编辑链，从而实现双链编辑（图 12-11）。

PE 系统的特点。①编辑类型广泛：PE 系统不仅能够完成所有 12 种任意类型的碱基突变，还能够精确高效地插入和删除小片段 DNA，以及进行多种复杂形式混合突变的组合。②高精准性：相较于 CRISPR/Cas9 系统通过 HDR 途径引入点突变和插入删除，PE 系统不依赖 DSB 的产生，避免产生副产物。③高特异性：PE 系统在基因组靶位点上引入目标编辑过程中，需要发生三种核酸杂交，这三种杂交的存在决定了 PE 系统在理论上很难脱靶。④受 PAM 的限制相对较小：RTT 长度可以较长，在 PAM 远端序列仍可编辑。

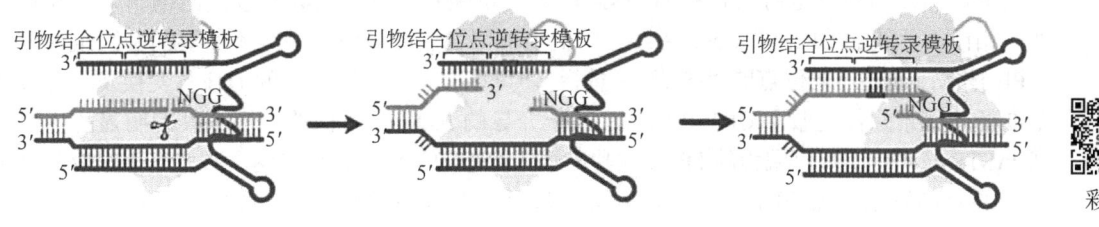

图 12-11 PE 系统工作原理图

7. PASTE 技术 研究者在 CRISPR/Cas9 的基础上开发了一种名为 PASTE 的新技术，能够以更安全、更有效的方式替换突变基因，可向哺乳动物及人类细胞中定点插入长达 36 000 个碱基的 DNA 长片段。PASTE 组成单元包括效应蛋白及 pegRNA 两部分。效应蛋白是具有单链切割活性的 nCas9（H840A）、逆转录酶 MMLV 及噬菌体丝氨酸 DNA 重组酶 Bxb1 三者的融合蛋白。pegRNA 的组分同 PE 系统。pegRNA 是在 sgRNA 的基础上，对其 3′端进行延长，增加 RTT 和 PBS。RTT 序列携带人为设计的遗传信息。具有单链切割活性的 nCas9（H840A），这个改造过的 Cas9 酶保留了能够与 sgRNA 结合的能力，并且保留了切断 DNA 的一条链的能力，但是失去了切断 DNA 第二条链的能力，这就避免了对 DNA 造成双链切割。逆转录酶 MMLV 的作用是以被引入的 RNA 为模板，来逆转录合成 DNA 序列，新合成出的 DNA 链将被编辑进基因组 DNA 中。Bxb1 整合酶在噬菌体中被发现，在自然条件下它的作用是把噬菌体的一大段基因序列插入到寄主细菌基因组的特定序列中。

PASTE 技术的核心原理：通过将 Bxb1 整合酶与 nCas9-MMLV RT 复合体融合在一起实现，该方法利用含有附着位点序列的 pegRNA（称为 atgRNA）作为靶向指导 RNA，在目标位点后通过 PE 系统的逆转录酶，将 atgRNA 插入基因组中，从而提供附着位点给 Bxb1 整合酶。同时，还提供含有附着位点环状双链 DNA 模板。Bxb1 会将含有附着位点的序列插入到基因组中的目标位点上，完成基因组编辑。这种方法可以在基因组的任何位置插入 Bxb1 所需附着位点，而不引起 DNA 双链断裂，实现大片段 DNA 序列插入（图 12-12）。

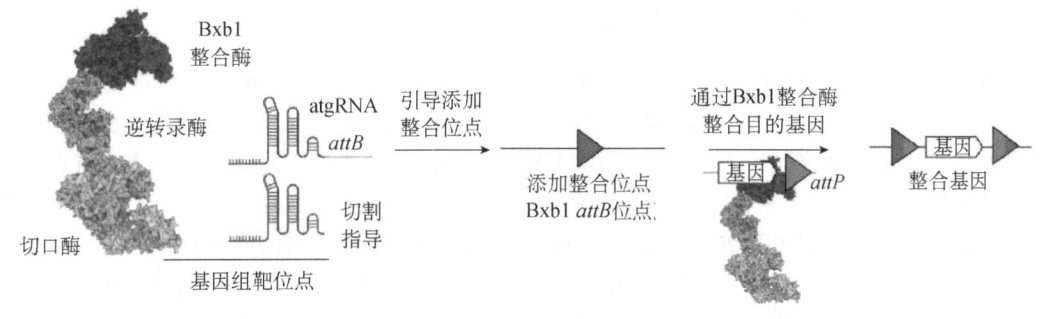

图 12-12 PASTE 技术工作原理图

atgRNA 为含有附着位点序列的 pegRNA

基因组编辑技术的基本总结如下。①ZFN 技术：锌指蛋白能够特异性地结合到目标 DNA 序列上，而核酸酶则具有剪切 DNA 的能力。通过将锌指蛋白与核酸酶结合在一起，可以实现在特定位点剪切 DNA 的目的。②TALEN 技术：其是由转录激活因子样效应物和核酸酶构建而成的基因组编辑工具。③CRISPR/Cas 系统：其是一种天然存在于细菌和古细菌中的免疫系统，能够识别并消除外源 DNA 序列。④单碱基编辑技术（CBE 和 ABE）：可以实现对基因组的精准修饰，而不只是剪切和粘贴 DNA 序列。单碱基编辑工具具有较高的编辑效率和精确性，相比于传统的 CRISPR/Cas9 系统，它们能够降低脱靶效应，减少不必要的基因组改变。
⑤PE 技术：通过对靶位点的"搜索""替换"，可以实现 4 种碱基之间的任意变换及小片段的精准插入和删除，克服了 CRISPR/Cas9 系统介导的 HDR 效率低的弊端，具有明显的优势。
⑥PASTE 技术：实现可编程的 DNA 大片段插入梦想的一大步，通过这一技术可以很容易地根据需要定制附着位点和整合 DNA 片段。总之，基因组编辑技术的发展经历了从 ZFN 到 TALEN 再到 CRISPR/Cas 系统的演进，不断提升了编辑效率、操作简便性和编辑精确度，为研究基因组功能提供了强大的工具（图 12-13）。PE 和 PASTE 技术则是对 CRISPR/Cas 系统的进一步改进和应用扩展，使得基因组编辑更加精确和可控。

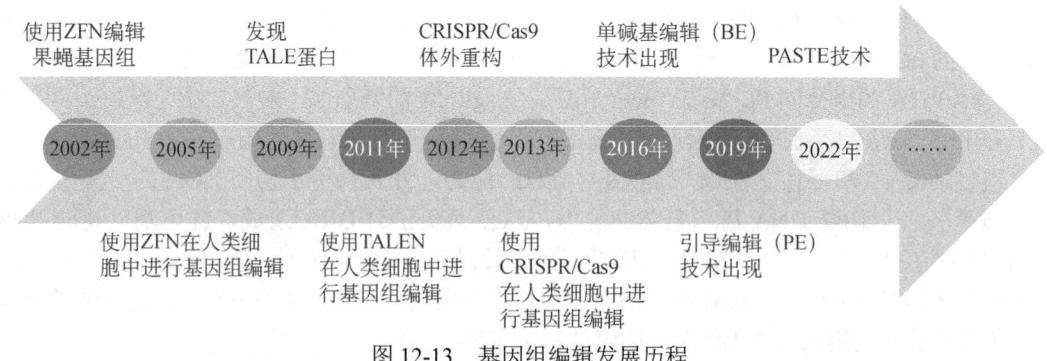

图 12-13　基因组编辑发展历程

◆ 第三节　基因组编辑工具在植物上的应用进展

近年来，基因组编辑技术在各种植物中得到广泛应用。这些植物包括双子叶植物如拟南芥、大豆、烟草、番茄、马铃薯，以及单子叶植物如水稻、小麦、玉米等，甚至还可以应用于低等植物如地钱，以及木本植物如毛白杨、甜橙和苹果等。

一、基因组编辑在作物中的应用

到 2050 年预计全球人口将达到 100 亿，随着人口增长，粮食需求已成为重要的战略问题。通过传统育种技术，目前农作物产量可以满足大多数人口的需求，但由于气候变化和有限的耕地资源，农作物产量仍不足。为了满足未来人口的需求，我们需要将农作物产量进行提升。因此，提高农业生产率和可持续性对全球粮食安全至关重要。为了实现目标，迫切需要科学突破和技术创新。CRISPR/Cas 系统已经成为作物基因组工程领域的先进技术之一。该技术得到了迅速发展，并在主要作物如水稻、小麦和玉米等及其他重要作物如马铃薯和木薯等中得到应用。此外，最近开发的与 CRISPR 相关的工具（如 ABE、CBE 和 PE 技术）极大地扩展了基因组编辑的范围，使得精确的核苷酸替换、DNA 缺失和插入成为可能。CRISPR/Cas 技术结合现代育种方法，将在作物改良计划中发挥重要作用。

（一）定向诱变和精确育种

可编程的定向诱变促进了所需性状向作物的转移，并大大减少了广泛的遗传杂交和大规模后代基因分型的需要。利用 CRISPR/Cas9 系统进行甜菜碱醛脱氢酶 2 基因（betaine aldehyde dehydrogenase 2，*BADH2*）的直接敲除可阻止 2-乙酰基-1-吡咯啉（香米中的主要香精化合物）的生物合成，从而产生香米品种。乙酰乙酸合成酶基因（acetolactate synthase，*ALS*）编码植物中支链氨基酸生物合成中的关键酶，并且是各种除草剂的目标蛋白，某些残基处的突变赋予除草剂耐受性。通过 CBE 单碱基编辑系统靶向 *OsALS* 的 P171 和 G628 密码子，产生了对 *ALS* 抑制性除草剂具有广谱耐受性的水稻植株，为大田生产提供了更优质种质资源。

（二）多重基因组编辑和性状叠加

CRISPR/Cas 系统的一个主要优点是可以同时编辑多个目标位点，进行多重基因组编辑，大大加速重要性状的基因堆叠。*DEP1*（DENSE PANICLE 1）和 *EP3*（elongated uppermost internode 3）突变可以改善穗形。*Gn1a*（grain number 1a）基因突变使每穗粒数增加。*GS3*（grain size 3）突变株的籽粒变长。*GW2*（grain weight 2）突变使籽粒变宽和千粒重增加。株型是形成高产水稻品种的重要参数，可选择株型相关基因 *IPA1*（lysophosphatidic acid receptor 1）进行编辑。为了获得有芳香且生长期发生变化的突变体，可选择另外两个基因 *BADH2* 和 *Hd1*（heading date 1）。通过 CRISPR/Cas9 系统获得了上述 8 个农艺性状共突变的植株，而且在 T_0 代创造出丰富的突变基因组合的突变体，获得的 8 个基因共突变的突变体中包括纯合基因型和杂合基因型。因此，转基因下一代将获得具有丰富表型的群体。群体多样性是育种工作的主要推动力，本研究为作物育种中快速引入遗传多样性提供策略。

（三）从头驯化

主要农作物都是从野生祖先驯化而来。驯化丰富了提高作物生产力的性状，如理想的植物结构、高产和易于收获等。但随着时间的流逝，遗传瓶颈的显现会导致遗传多样性下降和抗逆性下降。为改良耕种的作物品质，育种家将野生近缘种的有益特性融入现代栽培品种中。通过基因组编辑从头驯化野生物种，提供了一种有前途的替代育种策略。虽然异源四倍体野生稻种质资源优势明显，驯化潜力和开发空间大，但也存在致命不足，如种粒小、易脱落和花期短等，这些缺陷使其无法进行农业生产。野生稻受株型、花期和育性等影响，实验室驯化和改良困难重重。经过多年攻关，利用 CRISPR/Cas9 系统建立了异源四倍体野生稻快速从头驯化策略，破解关键技术难题，创造了世界首例重新设计与快速驯化的四倍体水稻材料（图 12-14）。

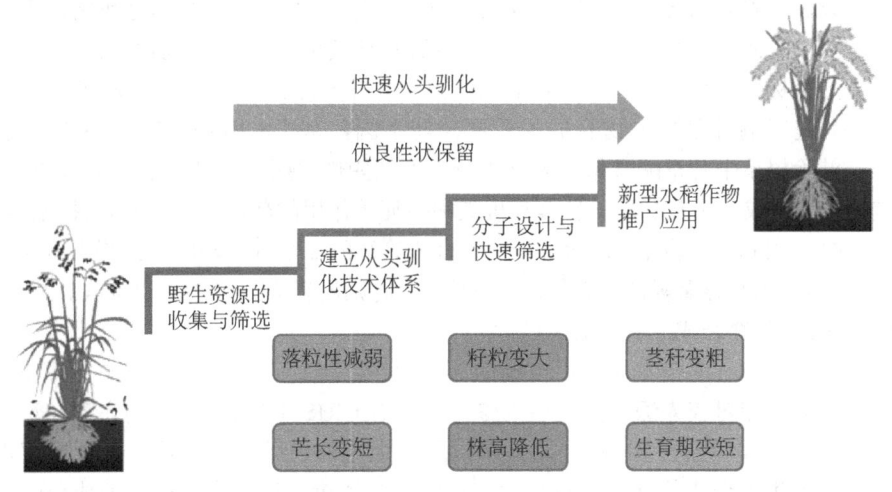

图 12-14 野生稻驯化示意图

彩图

（四）突变体库的建立

突变体库是进行功能基因组研究的重要工具。随着科学技术的不断发展，植物突变体库的创建方法也变得非常丰富多样。常用的方法包括转移 DNA（T-DNA）或（反）转座子插入、甲基磺酸乙酯（EMS）诱变、RNA 干扰（RNA interference）或基因组编辑等。每种方法都有其独特的优缺点。T-DNA 插入是一种常用的方法，通过将外源 DNA 片段导入植物基因组中，实现对目的基因的破坏或过表达。这种方法简单易行，适用于大规模的突变体筛选。但是，由于插入位置的随机性，可能导致一些突变体无法产生预期的效果。EMS 诱变是通过化学药剂或辐射对植物进行处理，引发遗传变异。这种方法可以产生多种类型的突变，但需要大量的后续筛选工作，以找到目的基因的突变体。RNAi 或基因组编辑是通过介导 RNA 干扰或 CRISPR/Cas9 系统，有针对性地抑制或编辑目的基因。这些方法在选择性和精确性上有一定优势，可以针对特定基因进行操作，从而更好地研究其功能。随着 CRISPR/Cas9 基因组编辑技术的不断成熟，利用 sgRNA 文库构建全基因组水平的 CRISPR/Cas9 突变系统，已成为新的突变体库创建方法。这种方法可以实现高效、高通量的基因敲除或编辑，为功能基因组研究提供了强大的工具。目前已经成功应用于水稻的全基因组筛选，并在番茄、大豆和玉米等植物中产生了突变种群。总之，随着技术的进步，植物突变体库的创建方法越来越多样化和精细化，为植物功能基因组研究提供了更多选择和可能性。

二、基因组编辑在药用植物中的应用

药用植物扮演着重要的角色。据估计，约有 80%的世界人口依赖药用植物来进行初级保健和治疗疾病。一些植物如青蒿、颠茄、人参和丹参等具有较好的生物活性，其次生代谢物被广泛认知和使用。尽管这些有效成分可以通过化学合成获得，但高昂的成本限制了规模化应用。CRISPR/Cas9 技术结合合成生物学在药用植物有效成分的生产中展现出巨大的潜力。由于 CRISPR/Cas9 系统具有多个位点编辑的能力，能够为药用植物育种提供全新的途径。目前已经取得一定的研究进展，包括在药用成分的生产、基因功能验证和定向改良药用植物性状等方面。丹参是药用植物基因工程研究的模式植物，因此丹参功能基因的研究相对深入。利用 CRISPR/Cas9 技术敲除丹参酚酸合成的旁路基因 4-羟苯基丙酮酸双加氧酶基因（*HPPD*），编辑株系中迷迭香酸和丹参酚酸 B 化合物含量均显著高于对照株系，丹参酮类物质则没有显著差异，结果表明敲除 *HPPD* 基因可有效增加酚酸类代谢物含量。甘草是我国常用的大宗药材之一，药用历史悠久，具有补脾益气、清热解毒和祛痰止咳等功效，其主要活性成分甘草酸是甘草质量的指标性成分之一。1-脱氧-D-木酮糖-5-磷酸合酶基因（*DXS*）和阿魏酸 5-羟化酶基因（*F5H*）是影响甘草酸生物合成的重要功能基因，基于 CRISPR/Cas9 系统进行 *DXS* 和 *F5H* 敲除，敲除根系中甘草酸含量显著高于野生型和阴性对照组，证实 *DXS* 和 *F5H* 基因负调控甘草酸的生物合成。聚合草是一种具有抗炎和镇痛等作用的药用植物，其毒性成分吡咯里西啶生物碱（PA）限制了其应用。敲除 PA 生物合成途径的 2 个等位基因，结果发现 2 个基因中只敲除 1 个时 PA 水平显著降低，2 个基因同时敲除时则没有检测到 PA，表明 CRISPR/Cas9 在非模式植物 PA 的生物合成改造中潜力巨大。

综上，CRISPR/Cas9 技术在药用植物的应用很多，但仍存在不足，发展空间和发展前景十分广阔。以研究相对较为深入的丹参为参考，随着 CRISPR/Cas9 技术的完善和深入发展，以及未来结合碱基编辑器和 PE 的应用，可以预见大量的药用植物遗传转化体系逐步建立，许多有效成分的生物合成关键基因及代谢途径将会被解析，进一步使得有效成分的生产效率提高、获取来源丰富、生产成本降低。同时药用植物的品种改良和种质创新更为便捷，育种周期大幅缩短，最终实现药用植物资源的可持续利用，为人类的医疗和保健提供丰富的物质基础。

三、基因组编辑在园艺植物中的应用

水果是营养物质的主要来源，在有些地区还可以作为主食。由于果实的产量非常依赖于外界环境，随着人口数量的增长及气候的变化，培育稳定高产的水果作物已是大势所趋。CRISPR 技术的发展为果实作物育种带来了新的蓝图。作为果实作物研究中的模式作物，番茄中 CRISPR 的应用自 2014 年便开启，自此之后，CRISPR/Cas9 系统已成功应用于柑橘、黄瓜、苹果、葡萄、西瓜、猕猴桃和香蕉等。除了对果实作物重要基因进行功能研究之外，CRISPR 技术还对作物抵抗生物胁迫与非生物胁迫、提高果实品质和帮助作物驯化方面做出较大的贡献。①抵抗胁迫方面：柑橘溃疡病是柑橘的重要病害之一，其病原菌是黄单胞杆菌柑橘致病变种（*Xanthomonas citri* subsp. *citri*，Xcc），利用 CRISPR/Cas9 技术敲除柑橘 *CsLOB1* 基因，赋予了突变体显著增强的溃疡病抗性。葡萄是世界上最重要的果树之一，中国葡萄产量和面积分居世界第一和第二位。灰霉病是由腐生真菌灰霉菌（*Botrytis cinerea*）引起的世界性病害。利用 CRISPR/Cas9 技术敲除葡萄转录因子 *WRKY52* 基因，赋予了突变体显著增强的灰霉病抗性。②品质提升方面：水果和蔬菜的颜色是园艺作物重要的外观品质，以全球产量最高的蔬菜作物番茄为例，我国南方的消费者喜欢红果番茄，而北方的消费者则更钟情于粉果番茄，利用基因组编辑敲除 *MYB12* 基因，可得到粉果番茄，果皮接近无色。番茄果实营养丰富，富含胡萝卜素、有机酸、维生素 C 等，是人们膳食营养摄入的主要来源之一。延长货架期新方法和技术，对番茄果实品质改良和果实采后产业都具有重要的基础理论和产业价值。利用基因组编辑敲除 *ALC* 基因，采摘的番茄果实更耐贮藏。③驯化方面：驯化是人们在生产生活实践当中出现的一种文明进步行为，是将野生动植物的自然繁殖过程变为人工控制下的过程，以适于人类的需要。改良作物抗逆性的方法之一是将野生品种中的抗逆基因引入栽培作物中，但利用传统育种方法需要经过多代杂交筛选才能使性状稳定，需要大量时间及劳动成本。随着基因组编辑技术的飞速发展，利用基因组编辑技术从头驯化野生植物从而获得高产高抗作物的新型策略或许可以弥补传统育种方式的不足之处。野生番茄品种改良为栽培品种需从开花周期、株型、果实形状及营养成分四个方面进行改造。在植物受到伤害时被激活的一种生长因子系统素前体（SP）的突变解除了野生番茄开花的光周期敏感性，并可使野生番茄开花晚、果实稀疏的无限生长型株型变成了"双有限"生长型的紧凑株型，提高了坐果率并提前了收获时期。通过编辑改变 *CLV3-WUS* 的顺势调控元件可适量增加果实子房数目，使番茄果实变大。同时可通过基因组编辑提高番茄维生素 C 含量，改善番茄品种的营养品质。

四、基因组编辑在林木植物中的应用

部分模式树种已经实现了基因组编辑，但由于林木多年生、世代周期长和基因组杂合性高等特点，导致在林木基因组编辑过程中，尚存在遗传稳定性差、遗传转化效率低及脱靶效应严重等问题。因此，需要针对林木基因组特性，持续开展基因组编辑体系的改造与优化。以 CRISPR/Cas9 系统为代表的基因组编辑技术，在林木分子设计育种工作中具有广阔的应用前景。目前，CRISPR/Cas 系统仅在少数林木物种成功应用，如白杨、麻风树、巴西橡胶树和柑橘等。欧洲山杨和银白杨的杂交种中成功编辑了木质素合成相关酶基因 *4CL1* 和 *4CL2*，为杨树基因组编辑打开了大门。敲除毛白杨中的八氢番茄红素去饱和酶 *PDS1* 基因（phytoene desaturase 1），获得了白化白杨材料。CRISPR/Cas9 目前被广泛用于杨树的遗传改良，并用于分析杨树的生长发育、非生物胁迫反应和生物胁迫反应。木薯是热带重要的食用植物之一，也是生产工业面粉的主要原料之一。CRISPR/Cas9 系统被用于培育抗木薯褐条病毒（cassava brown streak virus，CBSV）和非洲木薯花叶病毒（African cassava mosaic virus，ACMV）的木薯品种。麻风树种子可以提炼成生物柴油作为新的生物质能源。*JcCYP735* 是麻风树中细胞分裂素合成的限速酶基因，通过 CRISPR/Cas 编辑该基因获得了矮化麻风树。使用 CRISPR 基因组编辑系统培育出木质素含量降低的杨树，木质素是木纤维可持续生产的主要障碍，同时可改善它们的木材性能。该研究有望使从纸张到尿布的所有纤维生产更环保、更便宜和更高效。

小　　结

本章介绍了基因组编辑的概念、原理、发展历程及在植物中的应用。基因组编辑是一种通过对生物体的遗传物质进行精确修改，从而实现特定目的基因的改变的技术。目前，基因组编辑技术的发展经历了从 ZFN 到 TALEN 再到 CRISPR/Cas 系统的演进，不断提升了编辑效率、操作简便性和编辑精确度，为研究基因组功能提供了强大的工具。在植物中，基因组编辑技术被广泛应用于植物育种，为我们提供了改进重要植物性状的新途径。需要注意的是，基因组编辑并非完全准确和高效，可能会产生意外的副作用。因此，在进行基因组编辑时，需要仔细考虑实验设计和验证流程，以确保基因组编辑的准确性和安全性。随着基因组编辑技术的不断发展，我们可以期待基因组编辑工具的更多创新和应用。

复习思考题

参考答案

1. 简述基因组编辑的概念和原理。
2. 简述 ZFN 技术的出现时间、组成单元及作用原理。
3. 简述 TALEN 技术的出现时间、组成单元及作用原理。
4. 简述 CRISPR/Cas9 系统的出现时间、组成单元及作用原理。
5. 比较 ZFN、TALEN 和 CRISPR/Cas9 三种系统。
6. 简述 CRISPR/Cas12a 系统的出现时间、组成单元及作用原理。
7. 简述 CRISPR/Cas13a 系统的出现时间、组成单元及作用原理。
8. 简述 PE 技术的出现时间、组成单元及作用原理。
9. 简述 PASTE 技术的出现时间、组成单元及作用原理。

主要参考文献

Anzalone AV，Randolph PB，Davis JR，et al. 2019. Search-and-replace genome editing without double-strand breaks or donor DNA[J]. Nature，576（7785）：149-157.

Gaudelli NM，Komor AC，Rees HA，et al. 2017. Programmable base editing of A•T to G•C in genomic DNA without DNA cleavage[J]. Nature，551（7681）：464-471.

Kellner MJ，Koob JG，Gootenberg JS，et al. 2019. SHERLOCK：nucleic acid detection with CRISPR nucleases[J]. Nat Protoc，14（10）：2986-3012.

Pickar-Oliver A，Gersbach CA. 2019. The next generation of CRISPR-Cas technologies and applications[J]. Nat Rev Mol Cell Biol，20（8）：490-507.

Ran FA，Hsu PD，Wright J，et al. 2013. Genome engineering using the CRISPR-Cas9 system[J]. Nat Protoc，8（11）：2281-2308.

Rananaware SR，Vesco EK，Shoemaker GM，et al. 2023. Programmable RNA detection with CRISPR-

Cas12a[J]. Nat Commun，14（1）：5409.

Sulis DB，Jiang X，Yang C，et al. 2023. Multiplex CRISPR editing of wood for sustainable fiber production[J]. Science，381（6654）：216-221.

Yarnall MTN，Ioannidi EI，Schmitt-Ulms C，et al. 2023. Drag-and-drop genome insertion of large sequences without double-strand DNA cleavage using CRISPR-directed integrases[J]. Nat Biotechnol，41（4）：500-512.

Yu H，Lin T，Meng X，et al. 2021. A route to *de novo* domestication of wild allotetraploid rice[J]. Cell，184（5）：1156-1170.

Zhao H，Sheng Y，Zhang T，et al. 2024. The CRISPR-Cas13a Gemini System for noncontiguous target RNA activation[J]. Nat Commun，15（1）：2901.

第十三章

植物合成生物学

学习目标

①了解合成生物学和植物合成生物学的发展。②了解植物合成元件、遗传线路和合成模块。③掌握常用的 DNA 组装、植物基因组编辑和遗传转化方法。④了解植物合成生物学的应用。

引言

合成生物学领域的研究已逐步从单细胞生物拓展到复杂高等生物体系。植物具有丰富的遗传性状，是合成生物学研究的理想载体，即植物底盘。在合成生物学"设计-构建-测试-学习"（DBTL）的逻辑指导下，植物合成生物学的研究主要聚焦重要作用元件，如转录因子的调控机制阐释、标准化遗传元件（如启动子、功能基因）的挖掘和鉴定、植物天然产物合成与代谢通路解析、基因组编辑技术/多组学分析技术等关键技术开发等。随着基础研究的进步，植物合成生物学将指导构建功能更加复杂多样的工程植物，以应对严峻的环境和经济需求。

本章思维导图

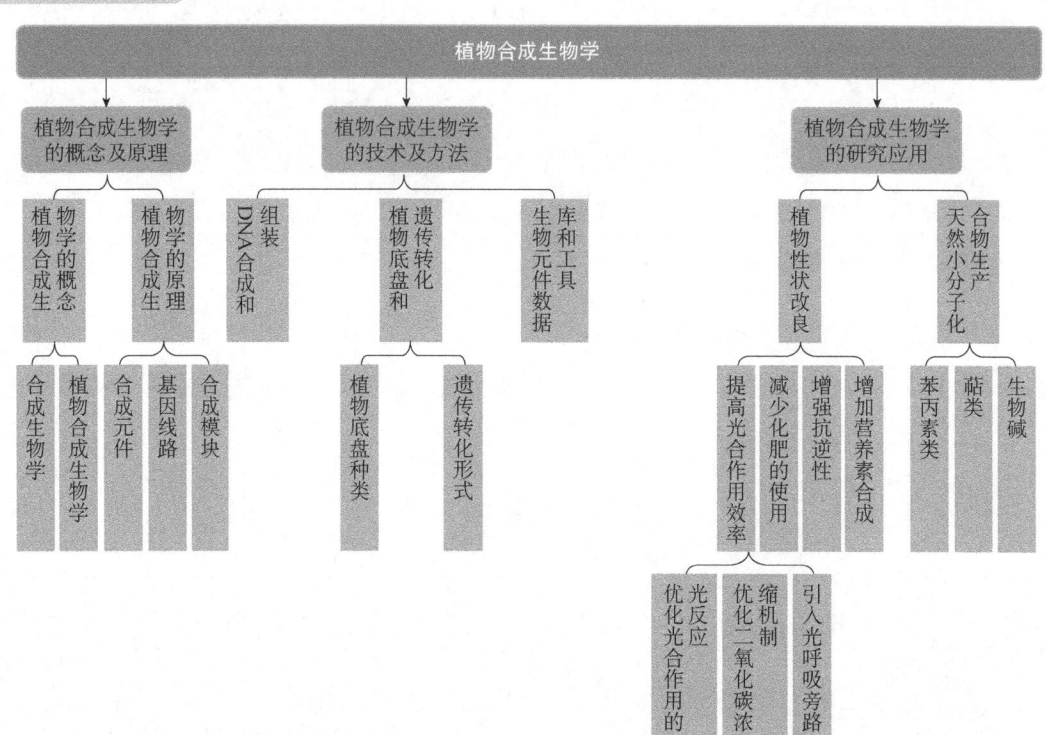

第一节 植物合成生物学的概念及原理

一、植物合成生物学的概念

（一）合成生物学

合成生物学是一门包括生物学、数学、物理学、化学、工程及信息科学等多学科交叉的前沿学科，旨在人工设计下，采用正向工程学"自下而上"的原理，利用"自下而上"的系统生物学，并整合分子生物学、信息技术和工程学等融合分析，对现有的、天然存在的生物系统有目的地进行重新设计和改造，或者通过人工方法，创造出自然界不存在的活性生物分子、系统、细胞，甚至是"人造生命"。合成生物学可通过对元件的快速组装和编程，使底盘细胞能够在精确的时间、空间等条件下控制基因表达，赋予天然底盘细胞所不具备的功能。

（二）植物合成生物学

植物合成生物学是以植物为载体底盘的合成生物学，旨在将工程原理应用于植物系统的设计和改变，以及从头构建人工生物途径，这些途径在植物中的行为可以被预测、调控并最终被编程。除了依赖基因重组技术和植物组织培养技术操纵基因表达之外，植物合成生物学更强调借助计算机、数学、化学、物理学等多种交叉学科和工程化的思维，从系统层面实现对植物体系的从头设计与改造，以达到预设的目标。过去十年中，随着基因组编辑、元件标准化、区室化表达等技术和策略的不断创新，植物合成生物学迎来了快速发展，图13-1介绍了植物合成生物学近年来的发展历程。

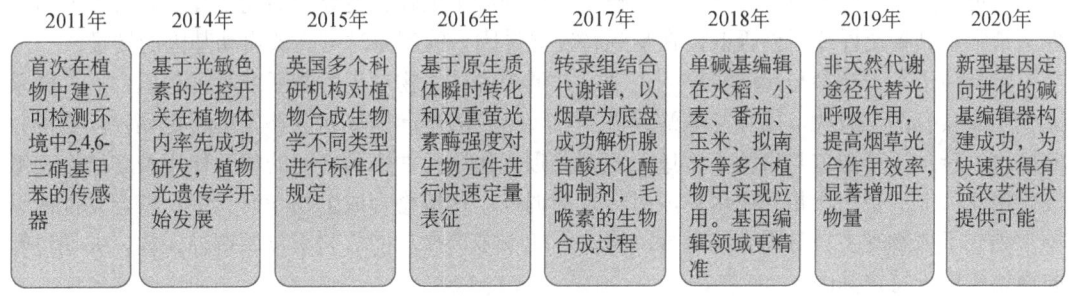

图 13-1　植物合成生物学近年的发展

二、植物合成生物学的原理

植物合成生物学旨在从头合成或者改造已有的合成元件，对其进行组装和组合，形成具有特定功能的遗传线路和合成模块，最终实现改造生命体或者创造生命体。三大基石如下。

（一）合成元件

元件是合成生物学构建人工合成生物系统最基本的设计单元，它包含一些具有特定功能的氨基酸序列或者核苷酸序列。通过对元件的设计和组装，可以获得特定条件下发挥功能的回路或模块系统。底盘细胞要获得随时空变换的复杂性状，可以通过对元件的设计来实现。

元件也是植物合成生物学基本要素，深入挖掘和鉴定植物合成生物学元件是该领域的重要工作。植物合成生物学的核心思想是基于标准化的生物元件进行工程化改造以获得新型生物功能。在植物中，生物合成元件主要分为三类：①催化元件（如氧化还原酶、转移酶、水解酶、裂解酶、异构酶和连接酶等）；②转运元件（从胞外向胞内转运和运输的相关蛋白，如膜电化学梯度的转运蛋白、离子通道蛋白等）；③调控元件（如启动子、核糖体结合位点、终止子、转座子、核酸开关、转录因子和 CRISPR/Cas9 系统等）。

功能多样的植物调控元件，特别是启动子和转录因子是构建植物功能系统的关键。二者可以共同作用，实现催化元件和转运元件的特定表达，从而完成植物合成生物学设计的复杂任务。植物启动子是位于编码基因上游的一段 DNA 序列，由核心启动子序列及分散在启动子上游、中间和下游的顺式作用元件组成。高等植物中大部分的启动子由 RNA 聚合酶 II 识别，称为 II 型启动子，一般包括启动子核心区和近端区两部分。启动子核心区包括转录起始点（TSS）和 TATA 框等顺式元件。TATA 框是富含 AT 的保守序列区，位于转录起始上游 30~20 bp 的位置，几乎存在于绝大多数真核生物启动子中，其保守序列为 TATAA(T)AA(T)，与 DNA 双链的解链有关，并决定转录起始点的选择。近端区位于核心区上游，由多个保守序列组成，往往决定启动子的类型及启动强度，这些保守序列在不同启动子中的位置、种类及拷贝数存在较大差异。在核心启动子序列内部及周边存在着各式各样顺式作用元件，能够与特定蛋白质或者核酸序列发生相互作用。植物启动子就是通过这些特异的顺式作用元件募集转录因子，在转录水平上精确调控植物在特定组织、特定时间内表达特定的基因，赋予其在生长发育不同阶段中结构和形态各异的表型，来应对复杂的生长环境。因此，多样的启动子是合成生物学实现特异功能的重要基础。植物启动子根据转录模式可分为组成型、组织特异型和诱导型启动子。这些不同类型的启动子的主要区别在于启动子区域中的顺式作用元件受不同因素调控。组成型启动子控制基因在植物体中所有组织和器官中几乎无差异地持续性表达，mRNA 及蛋白质表达量也是相对恒定的。组织特异型启动子可以驱动目的基因在特定组织或者器官中表达，并表现出发育调节的特性。该类启动子通过组织特异型相关顺式作用元件将基因表达限定在特定组织中，避免基因的不必要表达，从而节约植物整体的能量损耗。诱导型启动子在植物正常发育条件下常常不具备活性或活性极低，在受到特定诱导因素的刺激时可高效启动基因的转录。

转录因子是一类参与启动子序列识别，并调控各种生物过程的激活或者抑制蛋白质。转录因子至少具有两个模块，能够与核酸或者蛋白质结合的靶向模块和能够发挥特定调控功能的效应模块。转录因子通过与启动子区域上的相关顺式作用元件序列之间的相互作用及与结合在顺式作用元件上的蛋白质相互作用完成对转录的调控。在植物合成生物学研究中，特定功能的调控常独立于植物寄主自身固有的调控网络，因此很多调控功能需利用异源调控元件，并通过靶向模块作用于特定基因。

植物合成生物学的发展从根本上受限于元件的可用性。元件的表现有时依赖于表达环境，无法完全预测。将元件整合到植物寄主中可能会引起兼容性问题，包括密码子优化、遗传不稳定性、基因位置效应和调控不相容性等。为了克服这些障碍，需要改进并加速植物合成生物学的设计周期，通过野生元件挖掘、突变库筛选、定向进化、理性设计等方式，开发更大规模的植物合成生物学正交元件库。植物合成生物学常用一些对环境响应的元件如表 13-1 所示。

表 13-1 植物合成生物学常用的一些对环境响应的元件

开关类型	底盘植物	蛋白质元件
氧传感器	拟南芥	pVHL：植物微管相关蛋白 VHL Gal4-AD：Gal4 和转录激活域 AD 融合蛋白 Gal4-BD：Gal4 和转录结合域 BD 融合蛋白
激素响应因子	拟南芥	dCas9：失去 Cas9 的核酸酶活性，只能识别但无法切割 DNA degron：一段特定氨基酸序列，可以作为信号，引导蛋白质发生泛素-蛋白酶体或自噬途径进行降解

续表

开关类型	底盘植物	蛋白质元件
温度调控开关	拟南芥、本氏烟草	It-N-degron：Ub：出现异亮氨酸-苏氨酸（It）的 N 端降解序列（N-degron），作为信号引导发生泛素化降解的蛋白质表达调控系统 DHFR：二氢叶酸还原酶
绿光响应系统	拟南芥原生质体	CarH-VP16：CarH 感知响应绿光并通过转录激活域 VP16 激活基因的表达
远红光调控开关	烟草原生质体	E-PIF6：与远红光响应的关键因子 EIN/EIN3-LIKE 互作的蛋白质 6 PhyB-VP16：PhyB 感知响应远红光并通过转录激活域 VP16 激活基因的表达

（二）基因线路

元件可以在植物中组装成复杂程度不同的、具有特定生物功能的基因线路。这些定制的基因线路可以感知输入信号并对其进行处理，然后做出合适的响应。设计基因线路依赖环境变化响应元件所构成的传感器。传感器根据原理可以分为直接传感器和间接传感器。直接传感器通过输入的分子与蛋白质结合，直接引起信号输出；间接传感器则在转录层次上调控输出信号。通过控制外源信号的输入，可以使植物产生符合人们预期的响应，产生理想的性状。植物基因组相较于微生物和动物普遍更加庞大复杂，信号通路繁复众多，且很多尚未阐明，这使得植物的合成基因线路设计更加困难。使用多样的传感器进行组合设计，能够构建出复杂的合成调控系统，如一些诱导开关和 AND、OR、NOT 逻辑门开关。在此基础上进一步对两个或两个以上基因进行整合，可构建出具有正负反馈调控功能的基因环路。这些开关主要通过诱导剂与蛋白质分子，或调控因子的 DNA 结合域和启动子上瞬时调控元件的结合与解离来控制下游目的基因的转录表达，并根据诱导剂或调控因子的浓度来调控转录的强弱。在拟南芥中通过不同元件组成基因线路，可以对内源和外源信号的诱导做出反馈，实现了 OR、AND、NOT 等一系列激活和抑制作用的逻辑门。进一步，通过基因线路在拟南芥中实现了用布尔运算操控基因的空间表达模式以改变根系形态。调控基本流程如图 13-2 所示，转录因子接收相应的信号，并作用于相应的调控元件调控目的基因表达，从而调节代谢合成与信号网络。

（三）合成模块

植物合成生物学的重要目标是建立合成代谢途径，用于大规模生产有价值的天然产物，这些代谢物通常难以通过自然方式获得。利用植物细胞重新编程以生产高价值天然产物具有以下优点：①绿色生产。植物生长过程将光能转化为化学能，固定 CO_2 并释放 O_2，生长过程中完成天然产物的合成，是一种真正绿色环保的生产方式。②生产方式灵活。植物底盘对生产环境的要求要低于微生物，生产过程更容易，放大过程中的工艺变化制约较少。③安全性高。植物底盘比微生物更加安全，不存在类毒素和抗生素等有害物质，主要是植物蛋白质和黄酮类化合物等成分。④细胞环境适合。大多数天然产物源自植物，生物合成途径的催化酶对植物细胞更加适配。多细胞器和植物组织器官的时空表达能完成更复杂的合成任务。

对植物内源代谢途径的调整和重新布线能够改变内源生物分子的积累水平，也可以构建完整异源生物合成途径生产新型化合物。这需要将设计的基因线路以新的形式组合成模块，完成复杂的生物合成。合成模块主要包括：①合成乙酰辅酶 A、莽草酸和氨基酸等初生代谢物的初级合成模块；②合成苯烷类、萜类、糖、脂肪酸、含氮和硫等次生代谢物的基本骨架合成模块；③对多种代谢物进行修饰（如甲基化、酰基化、糖基化和磷酸化等）的修饰模块。

植物合成生物学中常用的初级合成模块包括莽草酸模块、乙酰辅酶 A 模块和氨基酸模块，它们与下游的骨架合成模块和修饰模块相连接，可实现复杂多样的分子合成（图 13-3）。

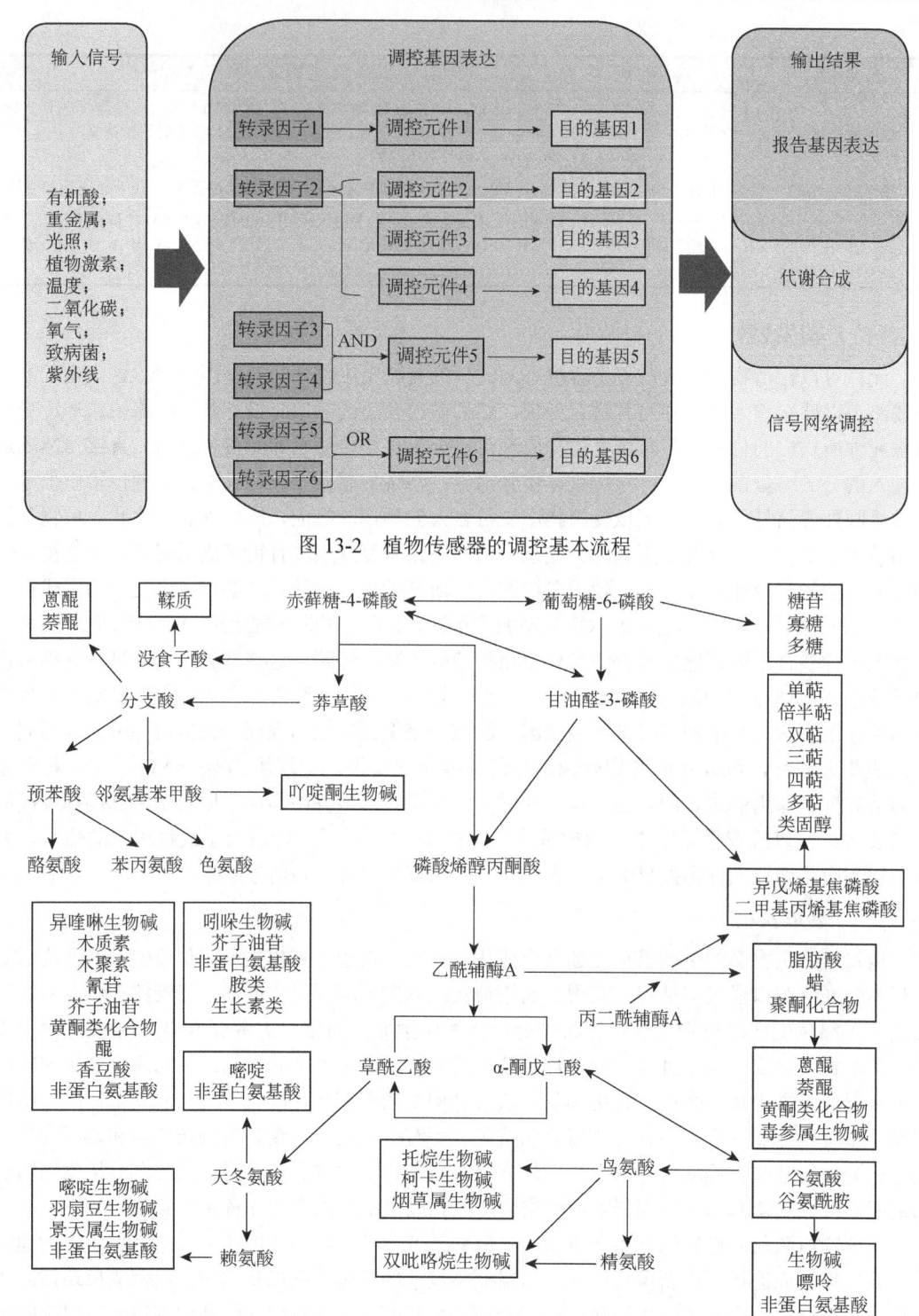

图 13-2 植物传感器的调控基本流程

图 13-3 植物代谢物的合成模块

莽草酸模块起始于赤藓糖-4-磷酸和磷酸烯醇丙酮酸的缩合,赤藓糖-4-磷酸是磷酸戊糖途径和卡尔文循环的代谢中间体,而磷酸烯醇丙酮酸则源自糖酵解过程。莽草酸模块可用于合成下游的芳香氨基酸和其他多种芳香族化合物,如分支酸、酪氨酸、苯丙氨酸和色氨酸等,这些植物固有的初生代谢物可进一步用于醌类、苯丙素类、苄基异喹啉类生物碱类和吲哚生物碱类的复杂分子合成。乙酰辅酶 A 是能源物质代谢的重要中间代谢物，在体内能源物质代谢中是一个枢纽性的物质。糖、脂肪、蛋白质三大营养物质通过乙酰辅酶 A 汇聚成一条共同的代谢通路——三羧酸循环和氧化磷酸化，经过这条通路彻底氧化生成二氧化碳和水，释放能量用以 ATP 的合成。乙酰辅酶 A 是合成脂肪酸、酮体等能源物质的前体，也是合成胆固醇、萜类及其衍生物等生理活性物质的前体。合成氨基酸的初级合成模块，如天冬氨酸、赖氨酸、谷氨酸、鸟氨酸和精氨酸等，起始于更加上游的初级代谢过程。三羧酸循环中的草酰乙酸、α-酮戊二酸等是多种植物氨基酸的前体。当与下游模块组合时，可实现多种生物碱的合成，如哌啶生物碱、托品烷生物碱和双吡咯烷生物碱等。这些多样的模块为生产各类物质的合成生物学设计提供了基础。

第二节 植物合成生物学的技术及方法

植物合成生物学的快速发展主要得益于系统生物学和分子生物学等多方面技术的发展，如 DNA 合成和组装、基因组编辑技术、植物底盘与遗传转化体系及数据库等技术层面的探索。

一、DNA 合成和组装

DNA 是生物体储存和传递遗传信息的载体，如果生物体需要进行特定的设计、修饰和合成，就需要了解 DNA 的合成和组装，所以 DNA 的合成和组装也是合成生物学中的一项关键技术。传统 PCR 技术可以对已知 DNA 序列进行合成，但如果要合成的 DNA 序列未知或是自然界中并不存在的 DNA，则需要使用 DNA 从头合成技术，即寡核苷酸合成。随着寡核苷酸合成链的延长，合成产量会逐渐降低，效率也会降低。获得 DNA 片段后需要对其进行组装，常见的体外组装方法主要分为三大类：重叠定向组装（如 In-fusion 克隆、Gibson 组装）、利用噬菌体整合的位点特异性重组（如 Gateway 克隆）和基于Ⅱ型限制性核酸内切酶的策略。体内组装方法分为两类：由 λ-Red 重组酶系统介导的同源重组方法，以及 Cre/loxP（如 TGS Ⅱ 系统）和 Flp/Frt 介导的位点特异性重组。TGS Ⅱ系统是一种基于 Cre/loxP 重组酶介导的组装方法，因其操作简单、多基因组装效率高而在植物中得到广泛应用。Cre/loxP 重组酶系统中 Cre 重组酶不仅具有催化活性，而且与限制性内切酶相似，能识别特异的 DNA 序列，即 loxp 位点，介导 loxp 位点间的基因序列删除或重组，达到在 DNA 特定位点上执行删除、插入、易位及倒位的作用（表 13-2）。研究人员使用 Cre/loxP 重组技术在水稻胚乳中表达 8 个花青素合成相关基因，创制了高花青素积累的"紫晶米"。

表 13-2 常用的 DNA 克隆组装技术

分类	克隆组装技术	工具名称	注释
体外组装	重叠定向组装	In-fusion 克隆	旨在将一个或多个 DNA 片段快速定向克隆到任何载体中
		Gibson 组装	使用等温条件组装含有同源突出端的 DNA 或 PCR 片段，以进行简单的无限制性酶组装
	利用噬菌体整合的位点特异性重组	Gateway 克隆	允许通过位点特异性重组整合基因片段，而不需要担心限制位点，尽管这种方法会留下重组疤痕
	基于Ⅱ型限制性内切酶	Golden Gate 组装	使用Ⅱ型限制性内切酶和 DNA 连接酶无缝、无疤痕地组装多个 DNA 分子的方法。DNA 部分不得包含冲突的限制性内切酶切点
		Golden Braid	基于分层 Golden Gate 的一种目前专门应用于植物的组装方法
		MoClo	一种基于分层 Golden Gate 的方法，可通过一锅法同时高效组装多个 DNA 片段

续表

分类	克隆组装技术	工具名称	注释
体内组装	基于重组酶系统	λ-Red 重组酶系统	利用 λ 噬菌体同源重组系统在大肠杆菌细胞中实现外源线性 dsDNA 与染色体 DNA 同源序列之间发生重组的简单高效方法
		Cre/loxP 介导的位点特异性重组	Cre/loxP 重组是一种用于在细胞 DNA 的特定位点上进行删除、插入、易位和倒位操作的位点特异性重组酶
		Flp/Frt 介导的位点特异性重组	Flp/Frt 系统是 Cre/loxP 系统在真核细胞内的同源系统,也是由一个重组酶和一段特殊的 DNA 序列组成

二、植物底盘和遗传转化

植物合成生物学在"设计阶段"的关键之一是选择合适的寄主生物,即"底盘"。目前已经开发的常用底盘植物主要包括烟草、水稻、番茄、拟南芥等。

1. **植物底盘种类** 烟草:烟草作为植物界的"分子生物学工作室",目前可以实现大量的遗传转化操作,并且该物种有大量公开的基因组、转录组和代谢组资源,使多质粒组合转化、瞬时转化、稳定转化、底盘改进、基因工程改造等技术手段在烟草中得到了充分的发展。通过工程改造的烟草,可作为合成生物学的底盘植物,用于生产大部分重组蛋白。

水稻:拥有丰富的基因组学、代谢组学、遗传学资源及完善的遗传改良技术手段,是合成生物学理想的底盘植物。利用合成生物学的手段不仅可以将水稻改造成高价值的天然产物生产工厂,还可以对水稻的产量、营养品质进行改良和优化。

番茄:番茄拥有广泛的遗传资源和系统性的数据库,基因的稳定表达、瞬时表达和表达沉默的转化方法成熟。同时,番茄果实较大,对于各组织表型的研究十分方便。

拟南芥:拟南芥是目前研究最深入的模式植物之一,存在许多合成途径及成熟的异源表达工具。作为合成生物学的底盘植物,可用于生产天然产物、检测环境及合成药物相关化合物。

其他植物:除上述植物外,目前还陆续开发出许多植物底盘生产工厂,如甜菜素高度积累的马铃薯、茄子和矮牵牛花、富含虾青素的玉米及其他有前景的植物底盘如杨树、油菜等。

2. **遗传转化形式** 再生植株:在植物组织培养过程中,所采用的外植体经过诱导能够重新进行器官分化,长出芽、根、花等器官,最后形成完整植株,这种经离体培养的外植体重新形成的完整植株叫作再生植株。一旦基因组编辑试剂进入体细胞,就需要随后的组织培养和植物再生来获得编辑过的植物。一般有两种方式,一是直接再生,即由外植体直接发育成植株,不经过脱分化过程;二是间接再生,即外植体经过愈伤组织脱分化后再分化成完整植株。

毛状根:毛状根(hairy root)是植物寄主经过发根农杆菌侵染后,在植株的创伤表面被诱导而出现的一种特殊表现型。目前,发根农杆菌已被广泛应用于植物分子育种、植物代谢工程与合成生物学生产等领域,具有很强的应用价值和研究意义。目前发现,该技术适用于几乎所有双子叶植物及少数单子叶植物,如黄芪、曼陀罗、人参等物种。

悬浮细胞:植物细胞悬浮培养(plant cell suspension culture)是一种在受到不断搅动或摇动的液体培养基里培养单细胞及小细胞团的培养系统。可以通过悬浮细胞体系进行植物细胞水平上的遗传操作,植物的根、茎、叶、下胚轴、子叶、叶柄等组织均能通过组织培养诱导出愈伤组织,并且能够通过器官发生途径或胚状体途径再生植株。

瞬时转化:瞬间表达是指导入植物细胞后的外源基因作为一种基因组外的遗传物质转录和翻译一定时间(几天到十几天降解之前),并在转化细胞内积累表达产物。根据转化媒介的不同,瞬时表达的主要方法可分为农杆菌介导法、基因枪法、聚乙二醇介导原生质体转化法、植物病毒载体介导法、电击法等,其中农杆菌介导法和基因枪法研究应用较为广泛。

三、生物元件数据库和工具

由于生命体系本身高度动态、调控灵活,且具有非线性和难以预测的特点,作为其最基本单元的生物元件,序列结构与功能也呈现高度的多样性。如何获得功能表征明确的最适生物元件,用来构建目标人工生命系统,是合成生物学的核心科学问题之一。通过收集、整理和保存各类生物元件,构建生物元件库,可以实现元件信息和实物的充分共享,从而大幅度提高研究者利用合适的生物元件进行重新设计和工程化构建的效率。

国外先后出现了标准生物元件登记库等多个元件库,通过制定 OpenMTA 协议实现了元件实物的免费分发共享,并通过制定"合成生物学开放语言"(SBOL)实现了多个元件库之间的数据交换;进而通过 Bionet 项目对元件数据和实物的去中心化管理做了进一步尝试。国内多家科研单位合作建设了合成生物学元件数据库(RDBSB, https://www.biosino.org/rdbsb/)。目前,仍需在调控元件的收集整理和共享机制创新等方面取得更多的突破,加速生物元件数据、实物和设计工具的汇聚,并进一步服务合成生物学研究。

用于计算机辅助设计(CAD)的植物元件软件包括 Gene Designer、Geno CAD 等;用于设计植物拓扑结构和网络的软件包括 OptCircuit、SynBioSS、e-Cell 等;用于模拟分析植物形态发生过程中细胞间相互作用的软件包括 CellModeller 等。但考虑到植物系统输出的多样性和目前可用资源的有限性,这些工具仍需要持续开发改进,以适应植物合成生物学发展的需求。

第三节 植物合成生物学的研究应用

随着植物合成生物学的快速发展,对植物的设计和改造能够满足更多的生产和生活需要(图 13-4),如使其生物量提高、抗逆性增强、营养成分积累增加,以获得更加优质的植物产品。甚至使用植物作为载体,形成"植物底盘",对高附加值的小分子天然产物或大分子蛋白质进行高效合成。

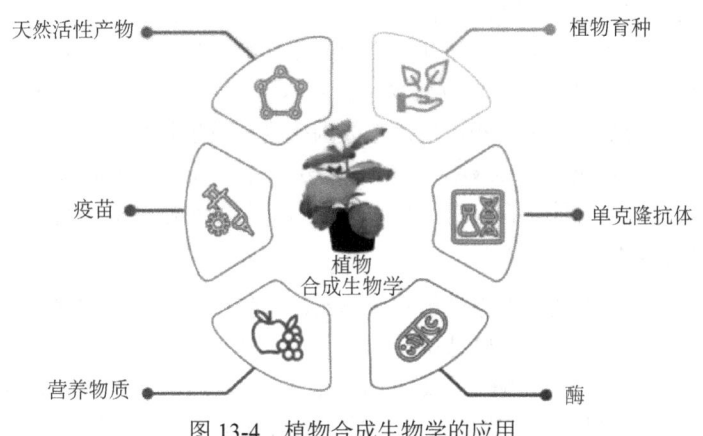

图 13-4 植物合成生物学的应用

彩图

一、植物性状改良

改良作物的首要目标是提高生物量,提高生物量可以通过提高光合作用效率,促进植物与根际微生物之间有益的互动,从而提升营养物质和水分吸收,减少化肥使用量。

（一）提高光合作用效率

光合作用是植物生长和生物量生产的主要动力。提高光合作用效率主要有以下几个策略。

（1）优化光合作用的光反应：光合植物在光合电子转移和光磷酸化过程中将光能转化为三磷酸腺苷（ATP）和还原型辅酶Ⅱ（NADPH），并在还原型戊糖磷酸循环（又称卡尔文-本森循环）中合成碳水化合物。通过过表达电子传递链（资源13-1）中关键酶可以增强光电子转移、光磷酸化和二氧化碳同化效率，从而快速积累生物量。

资源13-1

（2）优化二氧化碳浓缩机制：提高植物固定大气中二氧化碳的效率是改善光合作用并增加生物量的有效方案。在光合生物中，核酮糖-1,5-双磷酸羧化酶/加氧酶催化光合作用中卡尔文-本森循环里第一个主要的碳固定反应，是光合作用将大气中二氧化碳同化到生物体的关键酶，同时也是植物光呼吸的关键酶。由于羧化和氧化反应在该酶的同一活性位点被催化，氧气成为二氧化碳的竞争性底物，抑制光合作用，促进光呼吸作用，释放出先前固定的二氧化碳和能量，造成浪费。在植物中引入能够高效固定二氧化碳的同工酶可以提高植物固定二氧化碳的效率。

（3）引入光呼吸旁路：光呼吸与光合作用存在竞争关系，但其涉及多种重要生理功能，不能单纯进行光呼吸抑制。已有研究在烟草叶绿体中引入了三条光呼吸旁路以减少光呼吸的损失：①使用大肠杆菌乙醇酸氧化途径的5个基因；②使用植物来源的乙醇酸氧化酶和苹果酸合酶及大肠杆菌来源的过氧化氢酶；③使用植物来源的苹果酸合酶和绿藻来源的乙醇酸脱氢酶。在田间试验中，转化植株相对于野生型的生物量最高增加了24%。

（二）减少化肥的使用

农作物高效生产离不开使用化肥。将微生物来源的固氮基因簇引入植物，通过优化异源表达的适配性和简化调控通路，在植物体内建立有功能的固氮酶系是重要的研究方向。研究人员已在酵母线粒体内表达了维氏固氮菌的9个固氮基因，为固氮基因的异源表达打下了基础。

（三）增强抗逆性

由于固着生长的特性，植物通常在生命周期中会受到多种因素的逆境胁迫，包括非生物胁迫和生物胁迫。非生物胁迫包括干旱、盐度、洪涝、极端温度和光照等。在田间实验中，光系统Ⅱ亚基S过表达植株与野生型植株相比水分损失平均减少25%，增强了植株抵御干旱的能力。除了非生物胁迫，植物面临着病原体感染和植食性害虫攻击的生物胁迫。此外，许多非生物胁迫能够削弱植物的防御机制，导致植物对病原体感染的易感性增强。由于植物miRNA广泛参与对胁迫的响应和抵御，因此相应技术也成为植物合成生物学的常用方法。研究人员设计靶向小麦矮缩病毒保守序列的miRNA，并转入大麦以建立稳定的抗病毒转基因株系。合成生物学通过设计和表达抗逆元件培育抗逆品种，可以满足我国农业可持续发展的重大战略需求。

（四）增加营养素合成

类胡萝卜素是一大类重要的脂溶性植物营养素，在促进人类营养和健康方面发挥着重要作用。将β-胡萝卜素生物合成的关键酶基因，来自水仙花的八氢番茄红素合成酶（Psy）基因和来自欧文氏菌的胡萝卜素去饱和酶（CrtI）基因在水稻中表达，获得富含胡萝卜素的"黄金大米"，有望改善水稻作为单一主食因缺乏维生素A可能引起夜盲症的隐患。表达一个或多个涉及叶酸（维生素B_9）生物合成和稳定性的关键酶基因，能增加水稻、玉米、马铃薯和番茄中叶酸的含量。例如，共表达 *GTPCHI* 和 *ADCS* 可以使水稻叶酸含量提高100倍。

二、天然小分子化合物生产

天然产物作为生物活性物质和发现药物的重要来源。随着天然产物生物合成途径逐渐被解析，可以通过合成生物学方法绿色高效生产药用天然产物。植物拥有丰富的内膜系统和细胞器、高度特化的生物合成基因簇、精细的代谢调控网络，为开展相关研究提供了理想体系。

（一）苯丙素类

苯丙素类化合物是芳香环上含有羟基的化合物的总称，主要包括简单苯丙素类（如香豆酸、阿魏酸）、木脂素类（如鬼臼毒素）、香豆素类（如香豆素）和黄酮类（如花青素、白藜芦醇）等。白藜芦醇是一种植物抗毒素。通过构建葡萄悬浮细胞系，通过组成型启动子过表达白藜芦醇合成路径关键酶二苯乙烯合成酶（STS）基因，并使用环糊精和茉莉酸甲酯进行诱导，转基因细胞系中白藜芦醇的积累量比对照细胞系提高了一倍。

（二）萜类

青蒿素是一种倍半萜内酯化合物，具有高效的抗疟活性。屠呦呦因发现青蒿素及青蒿素在疟疾治疗方面的巨大贡献，获得了2015年诺贝尔生理学或医学奖。通过过表达青蒿素生物合成途径关键酶，可构建高青蒿素转基因株系（青蒿素含量达到干重的3.2%）。

（三）生物碱

蒂巴因（thebaine）是麻醉镇痛药物吗啡和可待因等生物碱（alkaloid）的重要前体。研究人员将拟南芥来源的转录因子转化为罂粟愈伤组织，可以激活蒂巴因合成途径中关键酶基因的表达，在转化愈伤组织再生的成熟植株中，蒂巴因的含量提升了3倍。

三、大分子生产

除合成小分子物质外，合成生物学也可以合成大分子蛋白质（表13-3）。目前，大部分重组蛋白药物生产底盘为哺乳动物细胞，但存在局限性。哺乳动物细胞无法生产免疫毒素和调节因子（如人类磷酸酶和肌动蛋白调节因子1）等药物，因为这些蛋白质本身具有毒性或干扰正常的哺乳动物细胞功能。另外，植物细胞培养基中不含易于传播哺乳动物病毒的成分，降低了植物细胞系统被人类或其他动物病原体感染或传播的风险。与基于哺乳动物细胞表达系统相比，这些因素在安全性方面很重要，且显著降低了操作成本。

表13-3　植物底盘合成蛋白质大分子

产品	病原体/疾病	表达系统
Covifenz®疫苗	新型冠状病毒	烟草
乙型肝炎表面抗原疫苗	乙型肝炎	马铃薯
新城疫病毒融合蛋白	新城疫病毒	玉米
自体FL疫苗	非霍奇金淋巴瘤	烟草
Pfs25病毒样颗粒疫苗	疟疾	烟草
流行性感冒病毒（H1N1）疫苗	流行性感冒	烟草
胃脂肪酶	胰腺炎	玉米
乳铁蛋白	肠胃感染	玉米
P2G12 IgG抗体	人类免疫缺陷病毒	玉米
重组葡萄糖脑苷脂酶	戈谢病	胡萝卜细胞悬浮液
抗肿瘤坏死因子	关节炎	胡萝卜细胞悬浮液
重组血纤维蛋白溶酶	血栓预防	花生
牛疱疹病毒糖蛋白	牛疱疹病毒	本氏烟草

小　　结

　　植物合成生物学是以植物为载体底盘的合成生物学，旨在将工程原理应用于植物系统的设计和改造，以及从头构建人工生物途径，这些途径在植物中的行为可以被预测、调控并最终被编程。植物合成生物学的三大基石是合成元件、遗传线路和合成模块。植物合成生物学的技术及方法主要包含DNA合成和组装、基因组编辑技术、植物底盘与遗传转化体系及数据库和工具等方面。植物合成生物学在"设计阶段"的关键之一是选择合适的寄主生物，即"底盘"。目前已经开发的常用底盘植物主要包括烟草、水稻、番茄、拟南芥等。植物的遗传转化形式包括再生植株、毛状根、悬浮细胞和瞬时转化等；遗传转化方法包括农杆菌介导法、基因枪法、纳米材料介导等。由于植物合成生物学设计该过程中涉及大量元件选择、参数改进、网络层系结构优化，因此需要强大的计算机辅助设计软件。这些数据库和工具仍需要持续开发改进，以适应植物合成生物学发展的需求。植物合成生物学的研究应用主要包括两方面：一是通过改良植物性状来获得更加优质的植物产品；二是使用植物作为载体合成高附加值的小分子天然产物或大分子蛋白质。改良作物的首要目标是提高生物量，包括提高光合作用和化肥利用的效率、增强植株抗逆性及增加植株营养物质的积累量。植物可以作为载体合成苯丙素类化合物、萜类、生物碱等小分子天然活性产物；也可以合成大分子蛋白质，如抗体等重组蛋白药物。

复习思考题

参考答案

1. 植物合成生物学的概念是什么？
2. 植物合成生物学的原理是什么？
3. 植物合成生物学的三大基石是什么？
4. 常见的DNA组装技术有哪些？
5. 用于植物合成生物学的常见植物底盘种类有哪些？
6. 植物遗传转化中常见的转化形式有哪些？
7. 植物性状改良的方法有哪些？

主要参考文献

刘婉，严兴，沈潇，等. 2021. 生物元件库国内外研究进展[J]. 微生物学报，61（12）：3774-3782.

刘旭，仲祉霖，钟涛. 2022. 碱基编辑器的研发及其应用[J]. 中国细胞生物学学报，44（12）：2294-2304.

邵洁，刘海利，王勇. 2020. 植物合成生物学的现在与未来[J]. 合成生物学，1（4）：395-412.

鲜彬，徐翔铭，吴清华，等. 2022. 农杆菌和基因枪介导的瞬时表达方法研究综述[J]. 中药与临床，13（5）：110-117.

张博，马永硕，尚轶，等. 2020. 植物合成生物学研究进展[J]. 合成生物学，1（2）：121-140.

Brophy J, Magallon KJ, Duan L, et al. 2022. Synthetic genetic circuits as a means of reprogramming plant roots[J]. Science, 377（6607）：747-751.

Lin MT, Occhinalini A, Andralojc PJ, et al. 2014. A faster Rubisco with potential to increase photosynthesis in crops[J]. Nature, 513（7519）：547-550.

Lloyd J, Ly F, Gong P, et al. 2022. Synthetic memory circuits for stable cell reprogramming in plants[J]. Nat Biotechnol, 40（12）：1862-1872.

Ochoa-Fernandez R, Abel NB, Wieland FG, et al. 2020. Optogenetic control of gene expression in plants in the presence of ambient white light[J]. Nat Methods, 17 (7): 717-725.

Rizzo P, Chavez BG, Leite Dias S, et al. 2023. Plant synthetic biology: from inspiration to augmentation[J]. Curr Opin Biotech, 79: 102857.

Ye X, Al-Babili S, Kloti A, et al. 2000. Engineering the provitamin A (beta-carotene) biosynthetic pathway into (carotenoid-free) rice endosperm[J]. Science, 287 (5451): 303-305.

Zhao Y, Han J, Tan J, et al. 2022. Efficient assembly of long DNA fragments and multiple genes with improved nickase-based cloning and Cre/loxP recombination[J]. Plant Biotechnol J, 20 (10): 1983-1995.

Zhu Q, Wang B, Tan J, et al. 2020. Plant synthetic metabolic engineering for enhancing crop nutritional quality[J]. Plant Commun, 1 (1): 100017.

Zhu X, Liu X, Liu T, et al. 2021. Synthetic biology of plant natural products: From pathway elucidation to engineered biosynthesis in plant cells[J]. Plant Commun, 2 (5): 100229.

第十四章
植物毛状根培养技术

学习目标

①了解毛状根培养的概念及其在植物生物技术中的意义。②学习并掌握毛状根诱导与筛选。③了解毛状根在植物次生代谢物生产中的运用。

引 言

自40年前科学家首次揭示了自然界中的天然基因工程专家——发根农杆菌的秘密以来，关于毛状根在植物生物技术领域的研究已显著增加。值得注意的是，这一研究领域的论文产出量的大部分，都发表于过去的20年中，这无疑反映了该领域的快速发展与日益增长的重要性。研究人员先后从人参、短叶红豆杉、杜仲等200多种植物中成功诱导出毛状根，多数集中在菊科、十字花科、茄科、豆科、旋花科、伞形科、石竹科、蓼科等植物。毛状根已被证实对多个生物技术领域产生了深远影响，涵盖了次生代谢物和重组蛋白的生产及生物修复等多个关键领域。在本章节中，我们将聚焦于毛状根形成的机制及毛状根的诱导与培养。也将剖析一系列成功应用毛状根的研究实例，以展示其在现代植物生物技术中的实际应用和广阔前景。

本章思维导图

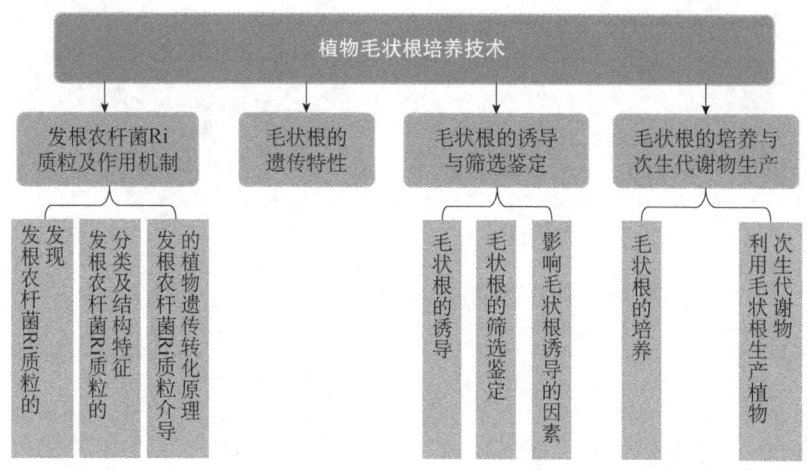

◆ 第一节 发根农杆菌 Ri 质粒及作用机制

发根农杆菌（*Agrobacterium rhizogenes*）在植物生物技术研究中发挥了举足轻重的作用。它的发现给生物技术带来了一场革命，在遗传育种和植物基因工程研究中已得到广泛的应用，产生了巨大的经济效益和社会效益。

一、发根农杆菌 Ri 质粒的发现

发根农杆菌是根瘤菌科（Rhizobiaceae）农杆菌属（*Agrobacterium*）的一种革兰氏阴性土壤细菌，它能够感染大多数双子叶植物和少数单子叶植物及个别裸子植物。1907 年，Smith 和 Townsend 两位科学家首次发现发根农杆菌可以诱导植物五倍子生成毛状根的现象；1934 年，Hildebrand 首次报道用发根农杆菌感染苹果树能诱导产生毛状根；1982 年，Chilton 也报道发根农杆菌能诱导植物毛状根的生成。后来人们逐渐发现毛状根是由发根农杆菌感染植物细胞后产生的一种病理状态，是发根农杆菌 Ri 质粒上的一部分 DNA（称为 T-DNA）片段插入寄主植物细胞基因组后得到的表型。

二、发根农杆菌 Ri 质粒的分类及结构特征

（一）Ri 质粒分类

当发根农杆菌感染植物时，菌体本身不会进入细胞内，而是一种被称为根诱导质粒（root inducing plasmid，Ri 质粒）中的 T-DNA 片段进入植物细胞中，在植物细胞中进行随机整合，并利用植物体内的酶系统进行转录和表达，产生大量分支的不定根，称为毛状根或发状根。在具有完整 T-DNA 的 Ri 质粒诱导植物转化的细胞中，能检测到一类特殊的非蛋白态的氨基酸——冠瘿碱（opine）。Ri 质粒大小为 200~800 kb，它含有负责发状根自主性生长和冠瘿碱合成的基因，在结构上有致毒区（*Vir* 区），转移进入植物细胞核的 T-DNA 区及其内部的冠瘿碱合成功能区等。根据其合成冠瘿碱的不同，可将 Ri 质粒分为 4 种类型（表 14-1）：①甘露碱型（mannopine type），合成甘露碱及其酸、农杆碱酸与农杆碱素 A；②黄瓜碱型（cucumopine type），合成黄瓜碱；③农杆碱型（agropine type），合成农杆碱及其酸、甘露碱及其酸、农杆碱素 A；④米奇矛型（mikimopine type），含农杆碱型 Ri 质粒的发根农杆菌较甘露碱型、黄瓜碱型和米奇矛型有更为广泛的寄主范围。

表 14-1 Ri 质粒类型及其代表菌株

发根农杆菌类型	合成的冠瘿碱种类	代表菌株	质粒
农杆碱型	农杆碱 农杆碱酸 甘露碱 甘露碱酸 农杆碱素 A	1855	pAr15834a
		15834	pAr15834a pRi15834 pAr15834c
		A4	pArA4a pRiA4 pArA4c
		HRI	pRiHRI
		TR105	Ri105
甘露碱型	甘露碱 甘露碱酸 农杆碱酸 农杆碱素 C	8916	pAr8196a pRi8196 pAr8196c
		TR107	Ri107
黄瓜碱型	黄瓜碱	NCPPB2659	pRi2659
		NCPPB2657	pRi2657
米奇矛型	米奇矛碱	MAFF0-301724 MAFF0-301725 MAFF0-301726 A13	pRi1724

(二)发根农杆菌的结构特征及功能

发根农杆菌 Ri 质粒是独立于细胞染色体之外的共价闭合环状 DNA，具有独立的遗传复制能力，是自然界中天然存在的大型侵入性质粒。Ri 质粒通过 T-DNA 转移到被侵染植物中，使其生成毛状根。在对发根农杆菌的研究中发现，其发根功能主要集中在体内的 Ri 质粒上，根据 Ri 质粒的各个结构的功能不同将其分为 4 个功能区：T-DNA 区、*Vir* 毒性蛋白区、Ori 区和 OPCA 区。

（1）T-DNA：是 Ri 质粒上唯一整合到植物基因组的 DNA 片段，大小为 10～30 kb。农杆碱型发根农杆菌 Ri 质粒的 T-DNA 区由两段不连续 DNA 片段组成，即 T_L-DNA 和 T_R-DNA 区。编码农杆碱合成酶与生长素合成酶的基因在 T_R-DNA 区；决定毛状根生成及再生植株形态特征的 *rol* 基因（*root oncogenic loci*）分布在 T_L-DNA 区，它包含 *rolA*、*rolB*、*rolC*、*rolD* 4 个基因群，又称为核心 T-DNA 区。*rolA*～*rolC* 可单独诱导生成毛状根，*rolD* 则与植物愈伤组织形成有关。其他三型发根农杆菌 Ri 质粒的 T-DNA 区是连续的 DNA 片段，且 T-DNA 区上没有生长激素合成酶基因序列（图 14-1）。因此，农杆碱型农杆菌是激素自养型，而其他三种类型发根农杆菌诱导的毛状根对生长素有依赖性。各发根农杆菌 Ri 质粒 T-DNA 两端都含有 25 bp 重复序列，它是限制性内切酶对 T-DNA 区进行特异性识别的酶切位点。

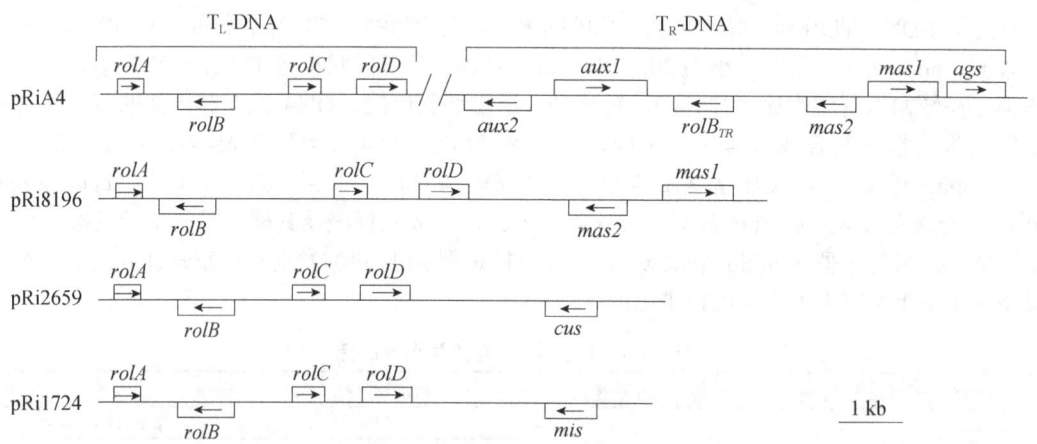

图 14-1 4 种诱导根质粒基因位置示意图

ags. 农杆碱合成酶基因；*mas.* 甘露碱合成酶基因；*cus.* 黄瓜碱合成酶基因；*mis.* 米奇矛碱合成酶基因

（2）*Vir* 毒性蛋白区：所有 Ri 质粒 *Vir* 的保守性很高，在转化过程中，*Vir* 上的基因不发生转移，但它对 T-DNA 的转移起着极为重要的作用，是发根农杆菌实现高效侵染所必需的区域，大小约 20 kb。它由 *VirA*～*VirG* 7 个操纵子组成。当 *VirA* 编码的跨膜蛋白感受酚类信号后，激活 *VirB*～*VirG* 基因的转录与表达，各基因区编码不同的蛋白质发挥作用（表 14-2）。通常状态下，*Vir* 的基因处于抑制状态，当发根农杆菌感染植物时，受损伤植物合成小分子酚类化合物，如乙酰丁香酮、羟基乙酰丁香酮等，使 *Vir* 的基因被激活，产生限制性核酸内切酶，使 T-DNA 从 Ri 质粒上进行分离，并引导 T-DNA 与细菌细胞膜上的特定部位结合，然后向植物细胞转移，进入植物细胞核内，随后整合进入植物细胞基因组。

表 14-2 *Vir* 操纵子/基因的功能

操纵子/基因	基因数	功能
VirA	1	被酚类化合物（乙酰丁香酮）激活，功能为自激酶（磷酸化自身和 VirG）

续表

操纵子/基因	基因数	功能
VirB	11	膜蛋白，形成用于 T-DNA 运输的管道（Ⅳ型分泌系统），VirB11 具有 ATP 酶活性
VirC	2	作为解旋酶，参与 DNA 的解绕
VirD	4	VirD1 具有拓扑异构酶活性，VirD2 具有核酸内切酶活性，VirD4 作为管道形成的连接体
VirE	2	VirE2 在 T-DNA 转移过程中作为单链 DNA 结合蛋白（ssDNA-binding protein，SSB）与 T-DNA 结合，并保护 T-DNA 免受核酸外切酶活性的影响
VirF	1	尚不清楚
VirG	1	DNA 结合蛋白；通过 VirA 活性形成自身二聚体，诱导所有其他操纵子的表达

（3）Ori 与 OPCA：Ori 为复制起始区，OPCA 为功能代谢区，研究表明这两个基因区对发根农杆菌 Ri 质粒的 T-DNA 转移不起主要作用。Ri 质粒最重要的两个功能区是 T-DNA 转移区和 Vir，最终使含有目的基因的 T-DNA 片段整合到植物基因组，使植物产生毛状根。

三、发根农杆菌 Ri 质粒介导的植物遗传转化原理

对毛状根进行组织培养可获得愈伤组织乃至于再生苗，同时，在植物学研究中，毛状根可用于根生理研究（如根发育过程、激素的运输等）、根-病原生物互作（如大豆根与线虫互作等）、花卉育种（如菊花的育种）及次生代谢物生产（如丹参酮生产）等领域。近年来，毛状根培养技术作为药用植物的次生代谢物开发新途径受到人们的重视，已经成为继组织培养和细胞培养体系之后的又一培养体系。

（一）发根农杆菌 Ri 质粒介导的遗传转化机制

发根农杆菌介导的植物细胞遗传转化是农杆菌和植物细胞相互作用的结果。农杆菌侵染植物时，首先是在发根农杆菌染色体上的毒基因 Chv 的参与下吸附到植物细胞的细胞壁上。VirA 和 VirG 是两个主要的组成操纵子，它们编码一个双组分（VirA-VirG）系统，激活其他 Vir 基因的转录。VirA 的产物（一个具有自磷酸化功能的跨膜蛋白，能感受植物损伤细胞所传达的信号），其自身磷酸化后将磷酸基团转移到 VirG 蛋白保守的天冬氨酸残基上，使 VirG 蛋白活化。活化的 VirG 蛋白以二体或多体的形式结合到其他 Vir 基因启动子的特定区域，从而激活其他基因转录和表达。VirD2 蛋白可专一性切割松弛状态的 T-DNA 两端 25 bp 的重复序列，使 T-DNA 成激活状态。之后，VirD2 蛋白结合在 T-DNA 的 5′端，保护该端不被核酸外切酶降解，并通过 C 端含有的细胞核定位信号，引导 T-DNA 穿过农杆菌细胞膜上的特定"孔道"进入寄主植物细胞核，进而使 T-DNA 整合到植物基因组当中，经转录与翻译，发挥其功能。

（二）发根农杆菌 Ri 质粒介导的基因组转化策略

作为植物遗传转化的载体必须是能进入寄主细胞，并进行复制和表达的核酸分子。无论是发根农杆菌的 Ri 质粒还是根瘤农杆菌的 Ti 质粒都含有可以转移进入植物基因组的 T-DNA，均可以作为植物遗传转化载体。Ti 质粒的 T-DNA 区具有致病性，其表达与植物再生是不相容的，所以必须解除"武装"后才能用于植物遗传转化。而 Ri 质粒上的 T-DNA 基因表达不影响植物再生，所以野生型 Ri 质粒可以直接用于转化。根据这一原理，可以只使用含有 Ri 质粒的发根农杆菌诱导植物产生毛状根，也可以通过基因工程，将目的 DNA 片段（包含启动子、目的基因和终止子等）转移进入植物细胞，获得表达目的基因的毛状根。Ri 质粒与 Ti 质粒在转化程序上基本上是相同的。一般包括以下几个步骤：①构建中间表达载体，将目的基因导入 T-DNA 区；②构建 Ri 质粒转化载体，将中间载体导入发根农杆菌；③用发根农杆菌工程菌液

转化植物受体细胞，诱导毛状根；④对毛状根进行除菌、筛选和检测；⑤从毛状根诱导转基因植株。对于构建转化载体通常有以下两种转化策略。

1. 共整合载体系统　　共整合载体系统又称一元载体系统，该方法操作较为复杂、效率较低，目前很少使用。其主要原理是将含有已导入目的基因的中间载体（如pBR322、pBI121和pBI101等）的大肠杆菌作为供体菌，含有天然Ri质粒的野生型发根农杆菌作为受体菌，同时还需一种协助供体菌质粒进行接合转移大肠杆菌，称为helper菌。三种菌混合共培养，helper菌中的质粒进入大肠杆菌内，提供游动和转移功能，把供体的重组质粒转移进农杆菌中。

2. 双元载体系统　　双元载体（binary vector）系统是目前T-DNA转化植物细胞的标准方法。其构建流程与Ti质粒基本相同。原理主要是Ri质粒的*Vir*基因在反式条件下同样能驱动T-DNA转移，即*Vir*基因和T-DNA分别在两个质粒上同样能执行上述功能。双元载体系统包含两个质粒（这也是"双元载体系统"名字的来源），一个是用于克隆外源基因片段的表达载体质粒，可在大肠杆菌及农杆菌中复制，容易操作，并可在二者间转移，也是一种穿梭质粒。在T-DNA序列外，还有细菌选择标记基因，在T-DNA的LB至RB内有一个多克隆位点及植物选择标记基因。例如，由廖志华团队改造构建的pCAMBIA1304表达载体，它具有原核生物的卡那霉素抗性基因（*Kan*）作为细菌选择标记，真核生物的潮霉素抗性基因（*hyg*）作为植物的选择标记。双元载体系统的另一个质粒，是非致病Ri质粒，该质粒没有T-DNA序列，具有Ri质粒的毒性基因。毒性基因表达的产物以反式调控方式控制穿梭质粒上T-DNA的转移，如由廖志华等改造的发根农杆菌C58Cl（disarmed and harboring pRiA4）中的pRiA4质粒。将上述两质粒分别导入速冻的发根农杆菌感受态细胞，经发根农杆菌介导，表达载体中的T-DNA区转移到植物基因组中。相比之下，双元载体系统构建的操作过程比较简单，而且对植物外源基因的转化效率也高于一元载体。

（三）发根农杆菌Ri质粒介导的转化方法

植物遗传转化方法在本书第十一章已有详细讲述，本章不再赘述。对于发根农杆菌而言，最常用的是用叶盘法进行遗传转化。值得注意的是，发根农杆菌还可以进行植物体直接接种法，这种方法最为简便。首先对植物种子消毒处理后，接种到合适的培养基让其萌发并长出无菌幼苗。取茎尖继续培养，直到无菌植株生长到一定时期，将其茎尖和叶片切去，剩下茎秆和根部作为侵染材料，在茎秆上用针刺一些伤口，将带Ri质粒的农杆菌接种在伤口处，接种后继续培养所侵染的植株。培养一段时间后，在接种部位会产生毛状根。最近有研究团队利用该原理，开发了一种不需要组织培养等过程即可方便快速获得转基因及基因组编辑植株的方法。该方法只需要切-浸-芽三个步骤，因此又称为CDB法（cut-dip-budding）。该系统利用发根农杆菌侵染切开后的根茎交界处，进而产生转化根，再通过根转化产生转化芽。该方法成功实现了多个植物物种的遗传转化，包括两种草本植物[橡胶草（*Taraxacum koksaghyz*）和多变小冠花（*Coronilla varia*）]、一种块根植物（甘薯）和三种木本植物[臭椿（*Ailanthus altissima*）、楤木（*Aralia elata*）和重瓣臭茉莉（*Clerodendrum chinense*）]。在此之前，这些植物均是很难或不可能转化的，CDB法能够在非无菌条件下，在不需要组织培养的情况下，使用非常简单的外植体侵染方法对其进行高效转化或基因组编辑。

第二节　毛状根的遗传特性

由于毛状根在植物学研究和植物生物技术中具有巨大的应用价值，研究人员对毛状根的遗传特性开展了详细的研究。毛状根能够应用在多个领域,与其遗传特性息息相关。

首先,毛状根有大量的分枝和根毛,因此具有生长迅速、生长周期短的特点。很多研究表明,多数植物毛状根的诱导只需要 14～21 d 就可出根,而在进行毛状根的液体培养时,其生长速度更会成倍增加,而且一般没有明显的生长迟滞期,一个月可增殖数倍到数百倍,使得其生产效率高,易于大量培养,因此有很大的工业化潜力。

其次,一条毛状根来源于一个转化细胞,是细胞分化而来的根组织,属于单克隆,可以避免嵌合体,遗传性状稳定,不像非器官化的培养物那样易发生染色体及基因的各种变异而引起的次生代谢物下降,易于筛选出高产稳定的毛状根无性繁殖系。毛状根的生化特性也不易改变,通常培养多年,其生长速度和合成能力不变。

再次,毛状根中的 T-DNA 片段上有生长素合成酶基因,因此其具有激素自主型生长的特点,培养基中不需要外加生长调节物质,从而克服了植物细胞培养中外源植物激素的依赖性,因此降低了生产成本。

最后,转化的毛状根,分化水平高。一般认为,植物次生代谢物易于在分化水平高的组织中产生并积累,且植物的根又是多种次生代谢物合成的场所,因此转化的毛状根是生产次生代谢物较理想的组织。

◆ 第三节　毛状根的诱导与筛选鉴定

一、毛状根的诱导

植物被发根农杆菌(*Agrobacterium rhizogenes*)感染后,在伤口处就会形成不定根,不定根除菌后能迅速生长,并产生多个分枝,呈毛发状,该不定根又称为毛状根。常见发根农杆菌有 A4、R1601、R1000、Ar Qual、MSU440、C58C1、K599 等菌种,能侵染多种植物,诱发被感染植物的受伤部位长出毛状根。毛状根诱导的要点如下。

(1) 选择及培养合适的发根农杆菌菌株。

(2) 获得植物外植体材料,主要包括叶片、茎段、子叶、愈伤组织等。研究表明,植物材料的幼嫩部位,特别是用种子萌发直接获得的无菌苗更易获得毛状根。这是因为幼嫩的生长旺盛的组织对农杆菌更敏感,被感染后,伤口附近的细胞易脱分化形成较多的感受态细胞,从而有利于农杆菌的诱导而产生毛状根。

(3) 采用适当的发根农杆菌感染植物的方法。方法主要分为三类:直接注射法是用活化细菌反复注射受体,受体一般是无菌苗的茎秆、叶及叶柄处;原生质体共培养法是将愈伤组织制备成原生质体,然后将悬浮细胞与农杆菌菌液共培养;接种感染法是一段时间内将外植体浸泡在活化好的菌液中,或将外植体包埋在事先在菌液中浸泡过的滤纸之间并停留相应的时间,这种方法操作简单易行,较为常用。利用该方法将感染后的外植体置黑暗条件下培养,温度控制在 (25±2) ℃,25～30 d 后外植体上可长出毛状根。

(4) 毛状根离体培养系的建立。利用发根农杆菌诱导毛状根,必须尽快除去吸附的微生物,使毛状根在无菌条件下快速生长。常用除菌方法为抗生素除菌法,将发根农杆菌感染后暗培养 2～3 d 后的外植体转移至含有抗生素的培养基上,继代培养直到完全无菌为止,常用的抗生素有羧苄青霉素、利福霉素和头孢霉素等。

毛状根诱导的过程大致分为以下几个步骤:①外植体的预培养。在无菌条件下,将合适大小的外植体置于不含激素的 MS(或 1/2 MS)固体培养基上培养,(25±2) ℃ 培养 2～3 d。

②侵染与共培养。使用含 100 μmol/L AS 的 MS（或 1/2 MS）液体培养基重悬农杆菌菌液并侵染外植体，用无菌滤纸吸干外植体表面菌液，并将外植体接种到 MS（或 1/2 MS）固体培养基平板上，于（25±2）℃暗培养 2～3 d。③除菌培养。暗培养 2～3 d 后转接至含有抗生素的 MS（或 1/2 MS）培养基上脱菌继代培养直至完全除菌。切取外植体上长出的 3～4 cm 长的毛状根，将一部分转接至 MS（或 1/2 MS）固体培养基上，置于（25±2）℃培养室中光照培养；另一部分转接至 MS（或 1/2 MS）液体培养基中，于（25±2）℃黑暗下振荡培养。

二、毛状根的筛选鉴定

（一）形态鉴定

首先根据毛状根的形态及生长特性来进行初步鉴定，毛状根通常具备根丛生、多分枝、多根毛、无向地性的特点。

（二）基因组 PCR 检测

目前，最常用的毛状根检测方法是基因组 PCR 检测。使用 CTAB 等方法提取被侵染植物的毛状根基因组总 DNA，用 *rolB* 基因设计引物进行发根农杆菌 Ri 质粒 *rolB* 基因的 PCR 检测。

（三）冠瘿碱检测

高压纸电泳可以测定毛状根中特定的成分冠瘿碱来进行化学鉴定，这也是目前较为常用的一种方法。冠瘿碱的检出证明 Ri 质粒已感染植物，并且 T-DNA 片段已整合进植物的基因组中得以转录和表达。

（四）报告基因检测

DNA 分子杂交技术已广泛地用于植物分子生物学的研究，分子杂交是最直接和最确定的方法。用 Southern 分子杂交法检测 T-DNA 能有力地证明培养的根组织是否被转化。

三、影响毛状根诱导的因素

毛状根的诱导是一个连续的过程，多种因素都会影响毛状根的诱导效果。常见的因素包括农杆菌菌株类型、外植体类型、培养方法及培养基成分等。

（一）农杆菌菌株差异对毛状根诱导的影响

前文讲到根据农杆菌的 Ri 质粒，可以将农杆菌分为 4 个类型，它们对同一植物毛状根的诱导效率通常不同。所以在建立植物毛状根诱导体系时，可以先尝试使用不同的菌株，比较其诱导效率。例如，研究人员比较了 6 种发根农杆菌诱导罗勒毛状根的效率，发现诱导效率最高的菌株是 R1601，达到 94%。

（二）植物基因型及外植体对转化的影响

大量研究表明，毛状根诱导频率与植物基因型及外植体的选择有很大关系。同一植物因基因型和外植体选择部位不同，毛状根的诱导频率差异也很明显，这可能与植物细胞受伤后的生理反应、细胞内源激素水平、细胞壁的结构等有关，同时还受接种部位的影响。所以，在转化之前必须对植物的基因型和外植体进行选择。在基因型选择上，可以根据已有遗传材料，开展筛选工作。在大豆和人参等物种中均发现基因型对毛状根诱导效率影响极大。对外植体选择而言，一般选择幼嫩组织作为外植体。

（三）培养方法对转化的影响

培养方法对于转化至关重要。为优化发根农杆菌介导的遗传转化过程，需考虑以下关键因素。①活化处理：确保用于感染的农杆菌菌液经适当的活化处理，未经活化或长时间培养的菌液可能导致转化效率下降。②接触时间：外植体与农杆菌菌液的接触时间需根据植物种类和外植体类型进行调整，过长的接触可能引发组织褐变或损伤，而过短则可能影响转化的完全性。③生长调节剂：在外植体接种前，预置于含有特定植物生长调节剂的培养基上可提升其对农杆菌的敏感度，提高转化效率。④除菌：在外植体与菌液接触后，需清除多余菌液，将其置于无抗生素的培养基中进行约 2 d 的培养以确保充分转化，随后进行除菌处理。⑤抗生素浓度：选择适当的筛选标记基因和相应的抗生素及其浓度，以有效筛选出转化体。

（四）化学因素对转化效率的影响

对于毛状根诱导最重要的化学因子是 pH。在农杆菌与植物细胞进行共培养时，较低的 pH 有利于提高转化频率。其原因可能是在偏酸的条件下，有利于农杆菌 Vir 基因的表达。但在较低 pH 条件下，培养基的凝固状态较差，不利于实验操作，容易污染。pH 在 4.8～6.2 时内对转化效率的负面影响较小，所以一般在这个范围内进行 pH 的选择。

除了 pH 外，植物受伤细胞分析的某些酚类化合物对于 Vir 基因的表达有诱导作用。现在发现的受伤植物细胞释放的信号分子大多是酚类化合物。目前广泛使用乙酰丁香酮来诱导农杆菌 Vir 基因的表达。此外，用儿茶酚、原儿茶酚、没食子酸、焦性没食子酸和香草酸等处理农杆菌也可以提高 Vir 基因的表达。

（五）物理因素对转化效率的影响

光照对毛状根的诱导有影响。大多数毛状根的诱导是在黑暗下进行，但是有些植物在光照条件下，毛状根的诱导效果好于在黑暗条件下。例如，短叶红豆杉在全天光照下，毛状根诱导效果最佳。

第四节　毛状根的培养与次生代谢物生产

常见的农杆碱型发根农杆菌诱导的毛状根属于激素自养型，具有有效成分含量高、生理生化和遗传性稳定、易于进行操作控制等特点，可在离体培养条件下表现出次生代谢物的合成能力，还能够合成许多悬浮细胞培养所不能合成的物质。可见，毛状根培养系统无论在生物量的增加、药用有效成分的积累还是生产稳定性方面，都显示了其独特的优越性，使得利用毛状根培养生产植物次生代谢物具有极大的生产潜力。

一、毛状根的培养

（一）毛状根的除菌培养

将毛状根的根尖部分放在含有抗生素的培养基上继代培养 2～3 个星期后，转入没有抗生素的培养基上进行观察，确定没有农杆菌存在后可以开展后续的增殖培养和选择培养等。

（二）毛状根的增殖培养

去除农杆菌的毛状根可在不含激素的培养基上迅速增殖。例如，在恒温黑暗条件下，在 White 液体培养基中进行振荡培养，毛状根在一个月内可增殖上千倍。1/2 MS 培养基也适用于毛状根的培养。但是高盐浓度的 MS 培养基上毛状根根端和后部可能形成瘤状突起和愈伤组织，从而使毛状根停止生长。

（三）毛状根的选择培养

转化外植体所产生的毛状根在生长速度、分枝形态和天然产物含量方面均会出现较大差异,这可能是由 T-DNA 插入位置和拷贝数不同导致的。所以有必要对诱导出的毛状根进行筛选,选择生长迅速且天然产物含量高的毛状根单克隆开展后续研究与生产。

(四)毛状根的分化再生培养

毛状根具有再生成植株的能力,如烟草毛状根在无激素的 MS 培养基上能产生大量的不定芽,再由芽产生完整植株。多数植物的毛状根植株再生需要在培养基中添加相应的激素才能实现,如马铃薯和油菜等需要在培养基中添加 NAA 和 6-BA。

二、利用毛状根生产植物次生代谢物

(一)利用毛状根生产植物次生代谢物的研究现状

植物次生代谢物在药物、香料、化妆品及染料等多个行业中展现出广泛应用的潜力。然而,这些天然产物在植物体内的含量通常相对有限。若依赖对资源性植物活性成分的传统分析,并尝试通过化学合成途径进行规模化生产,往往会遭遇工艺流程烦琐、经济效益低下,以及伴随产生的环境负担等多方面挑战。因此,深入探究植物次生代谢物的分子生物学机制,已经成为生命科学研究领域中备受瞩目的焦点。

在深入探究植物次生代谢物生物合成途径及其调控机制的基础上,科研工作者正不遗余力地开发代谢工程与合成生物学的方法论,巧妙融合生物技术手段,以期实现这些化合物的定向制备。这一研究领域不仅蕴含着突破自然资源局限的可能性,更预示着绿色、高效生产方式的实现,展现出广阔且极具探索价值的应用前景。

当前,借助植物作为生物反应器平台,通过应用先进的生物技术手段来生产植物次生代谢物的主要策略包括基因工程植株的构建、植物细胞与组织培养系统。随着合成生物学领域的蓬勃发展,研究者日益聚焦于利用植物作为"生物制造工厂",通过精准的基因组编辑等分子工具对植物细胞内的代谢途径及元件进行改造,以期高效地生产目标性次生代谢物。随着对烟草、水稻等模式植物的遗传学与代谢过程深入理解,这些物种及单细胞微藻正逐渐被开发用作定制化生物生产的底盘细胞。

转基因植株作为次生代谢物生产平台的优势在于其成本效益高、安全性保障及操作灵活性强。然而,植物合成生物学的发展在很大程度上受限于次生代谢途径的解析程度和成熟的遗传转化技术的建立。对于众多药用植物而言,这两个关键要素往往尚未充分满足。此外,转基因作物的大面积商业化种植还面临一系列法规与政策的挑战。

植物细胞悬浮培养是在液体培养基中规模化生成细胞群体,进而获取丰富的植物次生代谢物的技术。然而,值得注意的是,当前仅有个别种类的植物次生代谢物能够通过大规模化的植物细胞培养手段进行生产,如红豆杉。限制这一技术广泛应用于工业生产的瓶颈主要包括细胞生长速率缓慢、次生代谢物积累量偏低及生产过程中的稳定性不足等问题。这些因素共同导致了生产成本高昂,从而阻碍了其工业化进程的推进。因此,当前研究与开发工作亟须聚焦于优化和调控细胞培养环境及工艺流程,以期降低成本并提升生产效率。

国内外研究人员对于提升产量与降低成本的核心议题展开了深入探究,已发展并实施了一系列创新技术。其中,毛状根培养技术尤为展现出显著的应用前景。毛状根因其独特的特性而备受关注,这些特性包括内源激素自给、生长速率快、生命周期短、遗传稳定性高等,这些特点使其非常适合工业化生产的要求。更重要的是,作为高度分化的组织,毛状根包含完整的代谢途径,特别是对于特定次生代谢物的高效合成展现出良好的稳定性和高次生代谢物含量,从而为大规模生产次生代谢物提供了有力的方案。

相较于细胞培养,毛状根培养在遗传学和生物化学层面表现出更高的稳定性。它们能够在无激素的培养基中迅速生长，并积累大量具有经济价值的次生代谢物。此外，与常规的稳定遗传转化过程相比，毛状根的诱发通常展现出更高的操作简易性。据现有的研究成果统计，已有超过 200 个植物物种被证实能够有效地诱导产生毛状根，显示出这一技术的广泛适用性和潜力。综上所述，毛状根被认为是获取植物次生代谢物的理想原料（资源 14-1）。

（二）影响毛状根生产次生代谢物的因素

1. 培养基营养和盐强度　　研究表明，毛状根培养的生物量积累和次生代谢物生产可以通过操纵营养培养基来改善。基础培养基中大量和微量营养素的强度[全强或半强（1/2）]、培养基的物理状态（固体或液体）及培养基的单个盐强度会影响毛状根中次生代谢物的生长和产量。但是不同植物毛状根对于培养基营养和盐离子强度的响应均不同。

例如，与不同半强 MS、全强和半强 B5、NN 和 LS 培养基相比，在补充 3%蔗糖的 MS 培养基上培养的云南木鳖毛状根表现出最佳的生物量积累。在 MS 培养基中培养的云南木鳖毛状根的生物量和黄酮醇、羟基肉桂酸、羟基苯甲酸等酚类物质积累量显著高于对照。

同样，在 MS 液体基础培养基中，何首乌毛状根的生长和蒽醌产量达到了最佳水平。虽然在正常根和毛状根培养中均能定性检测到 23 种多酚类化合物，但在优化条件下，何首乌毛状根与未转化根相比，总酚含量更高（包括邻苯三酚、橙皮苷、柚皮苷和刺芒柄花素等）。在 MS 培养基中生长速率也更高，是在其他培养基（半强 MS、B5 和 White 培养基）中的 19.30 倍左右。此外，相比未转化根，何首乌毛状根中蒽醌类化合物含量也发生显著变化，如大黄酸含量提高了 2.55 倍。

2. 碳源　　植物组织培养基中碳源的性质及其浓度会影响毛状根的生长和次生代谢物的积累。因此，一些研究人员研究了不同类型的碳源及其在优化培养基中的不同浓度对毛状根培养中次生代谢物生长和/或积累的影响。在植物组织培养中，通常使用单一单糖或单糖的组合，如葡萄糖、果糖、麦芽糖和蔗糖，作为无组织细胞培养和器官培养的碳源。蔗糖是植物组织培养中最重要的碳源，作为主要的能量来源和次生代谢物生物合成的重要成分。Liu 等验证了培养基中所含蔗糖、葡萄糖、果糖和半乳糖等不同糖类对三分三毛状根培养物生物量和生物碱产量的影响，并报道了在添加 3%蔗糖的培养基中获得的生物量和生物碱产量最好。在黄芪毛状根培养中，研究了不同碳水化合物和不同浓度蔗糖对黄芪毛状根培养的影响，发现蔗糖是产生生物量和积累黄芪甲苷的理想碳源。

在全强 MS 培养基中，采用不同浓度的蔗糖、D-葡萄糖和 D-果糖，研究其对白芨毛状根转化生物量生长的影响。含有浓度为 20 g/L 蔗糖的培养基有利于毛状根的最大生物量积累，而添加 D-葡萄糖和 D-果糖的 MS 培养基对根生物量积累有负面影响。

因此，在优化培养基的配制过程中，不同碳源及其不同浓度对毛状根培养的生长和/或次生代谢物的积累都有影响，因此需要评估不同碳源及其浓度的影响。利用这些策略可以提高生物量积累和次生代谢物产量。

3. 氮源　　虽然在 MS、LS、SH 和 B5 等最常见的植物组织培养基中，硝态氮和铵态氮都是氮源，但氮源、总氮浓度及培养基中铵态氮（NH_4^+）与硝态氮（NO_3^-）的比例已被证明会影响少数植物毛状根培养的生长、生物量积累和次生代谢物的产生。培养基中总氮浓度对三分三毛状根的生长和生物碱产生有显著影响。在氮浓度为 90 mmol/L（NH_4^+/NO_3^- 比例为 4∶1）时，生物量最高，生物碱产量最高，而低或高总氮浓度对生物量和生物碱产量均有抑制作用。然而，在液体 MS 培养基中，NH_4^+/NO_3^- 比例为 20∶10 时，更有利于大红罂粟毛状根的生长。同样，在 MS 培养基中添加 20∶10 的 NH_4^+ 和 NO_3^-，补骨脂毛状根培养中大豆苷元和染料木素的生物量积累最高，异黄酮产量最高。

培养基中总氮含量和 NH_4^+ 与 NO_3^- 的比值对次生代谢物的最佳生长和产量有不同的影响。但增强的实际机制尚不清楚，需对特定代谢途径涉及的关键酶的表达进行更系统的研究。

4. 生长素　　毛状根的一个特性是它们可以在没有植物激素补充的基础培养基上生长，而不像正常根需要在培养基中供应外源生长素。然而，不同类型的生长素对毛状根生长、形态和 SM 生产的影响不同。

不同浓度的生长素（IAA、IBA 和 NAA）对两种黄芩［北美黄芩（*Scutellaria lateriflora*）和黄芩（*S. baicalensis*）］毛状根生长和黄酮（黄芩苷、黄芩素和汉黄芩素）含量均有影响。生长素处理刺激黄芩毛状根黄酮的产生，对毛状根生长无显著影响。在添加 1 mg/L IAA 的培养基中，毛状根中的黄芩苷积累量最高。同时，在添加 1 mg/L IBA 的培养基中观察到汉黄芩素的含量最高。与对照相比，在添加 0.1 mg/L IBA 的半强 MS 培养基中，北美黄芩毛状根培养的生物量积累最高提高 8%，黄芩苷积累最高提高 1.64 倍，而在添加 0.1 mg/L NAA 的 1/2 MS 培养基中，黄芩素含量最高，比对照高 2.38 倍。

资源 14-2

5. 诱导子　　添加诱导子是刺激毛状根培养中次生代谢物合成的最常见和最有效的策略之一。诱导子一般是指能够诱导植物次生代谢生物合成和防御反应的因子或刺激物。根据其来源将诱导子分为非生物类和生物类（资源 14-2）。即使在毛状根培养基中添加极少量的诱导子，也可能触发化学防御系统，刺激生理和形态反应，从而增加次生代谢物的生物合成和积累。鉴于诱导子对次生代谢物产生的刺激作用，它们在具有商业价值的次生代谢物的生物技术生产中具有重要意义。尽管毛状根培养基是有价值的次生代谢物积累的有希望的来源，但许多植物的毛状根培养基并不产生高含量的次生代谢物。因此，在这些毛状根培养基中添加诱导子可能会显著提高次生代谢物的产生。

茉莉酸（JA）及其酯衍生物茉莉酸甲酯（MeJA）在多个生理过程中发挥了重要作用，并触发各种防御反应（包括次生代谢物的生物合成）。JA 及其酯衍生物是植物组织培养研究中最常用的激发子，用于提高有价值的次生代谢物的产生；当外源施用时，茉莉酸盐刺激完整植物和细胞悬浮培养中次生代谢物的产生。在几种植物的毛状根培养中，用 MJ 及其衍生物处理导致有价值的次生代谢物显著增加。

水杨酸（SA）是一种能诱导植物对多种病原菌产生系统获得性抗性（SAR）的小分子物质，在植物防御系统中起着关键作用。在植物与病原菌相互作用过程中，积累 SA 在感染部位产生超敏反应。由此引发的信号转移到植物的其他部位，并诱导一系列涉及次生代谢物产生的防御反应。然而，SA 仅诱导某些类别的次生代谢物的积累，因为它不是全局激发子。

一氧化氮（NO）是非传统的植物激素，在植物和动物中都有广泛的生理意义。它还在各种应激反应中作为信号分子。在培养基中加入人工 NO 供体，即 SNAP（*S*-亚硝基-*N*-乙酰-DL-青霉胺）和 SNP（硝普钠），可以产生 NO，引发毛状根的响应。SNP 释放的 NO 具有光敏性，并且 NO 的释放在黑暗中被完全抑制。在植物水平上，NO 促进了植物的生长和次生代谢物的产生。NO 已被证明可能是通过活性氧（ROS）和植物激素如赤霉素和茉莉酸等信号途径促进植物次生代谢物的生物合成。

赤霉素（GA）也被证明在某些植物毛状根中可以促进次生代谢物的生物合成。在紫锥菊毛状根培养物中添加 0.025 μmol/L 的赤霉素（GA_3），可导致毛状根形态发生变化，生物量、咖啡酸衍生物产量、苯丙氨酸解氨酶活性、细胞活力和自由基清除活性均有所提高。与对照相比，添加低水平和高水平的 GA_3 导致所有参数都降低。

光对植物生长和次生代谢物的生物合成有巨大的影响。除了提供能量来源外，光还被植物的光感受器感知为一种信号，调节植物的生长、分化和代谢。在植物中，UVB 被特定的 UVB

感受器感知。UVB 辐射通过调节苯丙素途径关键基因影响植物次生代谢物的产生。在植物中，黄酮类化合物的产生和积累是对 UVB 胁迫的响应物质。在愈伤组织和细胞悬浮培养中，光影响次生代谢物，如黄酮类化合物、花青素、姜黄素和姜辣素的积累。

渗透胁迫是增加次生代谢物的有效促发因子。山梨醇和聚乙二醇是代谢惰性物质，常用于渗透研究。高渗胁迫诱导丹参酮在丹参毛状根中的生物合成。在培养基中添加不同浓度的山梨糖醇均可提高总丹参酮含量。丹参酮在山梨醇含量为 70 g/L 时的最高产量为对照的 4.5 倍。

除了上述非生物诱导子外，一些重金属如镍、铁等是植物生长发育所必需的微量元素，因为这些重金属是许多金属酶的辅助因子。在毛状根培养中，重金属具有刺激次生代谢物合成和积累的潜力。源自病原体或植物本身的生物激发子，要么具有确定的组成，如壳聚糖、果胶、几丁质、海藻酸盐和卵磷脂，要么具有复杂的组成（具有各种不同的分子类别），如酵母提取物和真菌匀浆。用于毛状根处理的真菌激发子大多是真菌菌丝体的粗提物或来自病原真菌或内生真菌的培养滤液。近年来，将真菌固定在海藻酸钙凝胶中是一种利用真菌激发子的新方法。该策略可以提高黄芪毛状根中多种次生代谢物的产量。壳聚糖是一种乙酰化的 β-1,4-连接 D-氨基葡萄糖聚合物，是许多真菌病原体（如镰刀菌）的结构成分。壳聚糖是促进植物次生代谢物产生的重要诱导子。使用壳聚糖处理青蒿毛状根，可将青蒿素含量提高 6 倍。

近年植物次生代谢物生产呈显著增长态势。各种生物技术手段被广泛应用，以解析关键次生代谢物的生物合成途径及其调控机制。利用毛状根作为生产平台具备安全、连续及高产等优势。全球科研工作者已积极探索多种生物技术干预策略，旨在提升次生代谢物的产量。此类研究强调了对深入探究毛状根次生代谢物生物合成调控机制的重要性，特别是相对于正常根系的独特性，这一过程具有重要的学术价值和实践意义。总之，毛状根系统为制药、化妆品、食品、纺织、橡胶、杀虫剂和农业化学等行业生产关键次生代谢物提供了一个颇具潜力的选项。

小　　结

自 30 年前发现毛状根以来，毛状根一直是研究植物行为、生物化学和生理学中许多基本现象的分子机制的工具。毛状根研究的一个重点应该是保护生物多样性和从濒危植物物种中生产高价值稀有次生代谢物。植物在天然化合物方面具有巨大的潜力，但在很大程度上仍未得到充分利用。特别是对于许多药用植物来说，许多次生代谢物的生物合成途径仍有待解析，而毛状根为途径解析提供了一个很好的平台。毛状根生物技术的主要挑战仍然是相对较低的产量导致的高成本。当谈到大规模生产天然产物时，生物反应器技术起着至关重要的作用。尽管毛状根技术已经得到深入的研究，但毛状根生产的商业产品还没有标志性案例。新型生物反应器和人工智能工具的应用，如建模、神经网络和人工智能，将会提高对毛状根技术相关过程的理解，从而大幅度提高天然产物的产量。

本章系统地介绍了毛状根的生物学特性、诱导与培养技术，以及其在次生代谢物生物合成中的应用。首先，我们概要地阐述了毛状根的基本概念、形成机制及其药用植物研究中的优势，如快速生长、高细胞密度和高次生代谢物产量。接着，详细讲解了毛状根的诱导过程，包括外植体选择、植物激素调控及发根农杆菌介导的遗传转化技术。讨论了不同植物种类对毛状根诱导条件的需求差异，并强调了优化培养条件对于提高毛状根生长效率和代谢物产量的重要性。此外，本章着重阐述了毛状根在次生代谢物合成中的应用，如生物碱、皂苷和黄酮类化合物等。通过研究发根农杆菌 Ri 质粒介导的基因工程手段，调控特定基因表达，以提高目标产物的生物合成效率。最后，我们列举了一些最新的研究成果，展示了毛状根在植物次生代谢物生产领域的研究进展和应用前景。尽管毛状根培养技术已经取得显著进步，但仍面临一些挑战，如基因表达的稳定性、转化效率的提升及成本控制等，这些都为未来的研究指明了方向。综上所述，本章旨在全面展现毛状根在植物生物技术领域的研究进展与应用。通过深入理解和掌握毛状根培养及其代谢物调控策略，期望能为药用植物次生代谢物的生产提供新的思路和方法，为植物源药物开发和生物技术产业的发展贡献力量。

参考答案

复习思考题

1. 概述毛状根的概念及其在药用植物研究中的应用优势。
2. 描述外植体选择与培养基设计对诱导毛状根生长的影响。
3. 详细解释发根农杆菌介导的遗传转化过程。
4. 影响毛状根诱导效率的因素有哪些？
5. 分析毛状根在药用植物研究中面临的主要挑战，并提出可能的解决方案。
6. 影响毛状根生产次生代谢物的因素有哪些？
7. 比较和分析不同转基因植株和毛状根生产次生代谢物的优缺点。
8. 四种不同类型的发根农杆菌主要区别体现在哪里？
9. 简述农杆碱型发根农杆菌 Ri 质粒的主要功能区及其作用。
10. 简述毛状根培养的主要过程。

主要参考文献

邝贤婷，谭笑，陈思仪，等. 2020. 药用植物离体培养技术的研究进展及其应用前景[J]. 北方农业学报，48（1）：102-106.

齐敏杰，梁娥，张来. 2020. 诱导子在药用植物毛状根生产次生代谢产物中的作用机理与应用[J]. 生物学杂志，37（5）：99.

孙敏. 2011. 药用植物毛状根培养与应用[M]. 重庆：西南师范大学出版社.

郑敏敏，柳洁，赵清. 2023. 药用植物黄芩的生物学研究进展及展望[J]. 生物技术通报，39（2）：10.

郑淇尹，黄鹏，曾建国. 2021. 毛状根生产次生代谢产物研究进展[J]. 农业生物技术学报，29（5）：995-1006.

Biswas D. 2023. Hairy root culture：a potent method for improved secondary metabolite production of *Solanaceous* plants[J]. Frontiers in Plant Science，14：1197555.

Desmet S. 2020. *Rhizogenic agrobacteria* as an innovative tool for plant breeding：current achievements and limitations[J]. Applied Microbiology and Biotechnology，104（6）：2435-2451.

Shreni A，Esha R. 2022. A review：agrobacterium-mediated gene transformation to increase plant productivity[J]. The Journal of Phytopharmacology，11（2）：111-117.

Srivastava V，Shakti M，Sonal M，et al. 2018. Hairy Roots：an Effective Tool of Plant Biotechnology[M]. Berlin：Springer.

Swamy MK，Ajay K. 2023. Phytochemical Genomics：Plant Metabolomics and Medicinal Plant Genomics[M]. Singapore City：Springer Nature.

第十五章

植物代谢调控

学习目标

①了解植物代谢物的种类及生物合成途径。②掌握生物合成途径的解析方法。③掌握植物代谢调控的研究策略。

引　言

植物代谢物分为初生代谢物和次生代谢物。初生代谢物贯穿植物生命全程，用于维持植物基本的生命活动，次生代谢物是植物体中一类并非生长发育所必需的小分子有机物，但在植物生长发育及与环境或其他生物相互作用过程中起重要作用。药用植物活性成分多为次生代谢物，如人参皂苷、丹参酮等，具有广泛的药理作用。但次生代谢物在植物体中的含量非常低且具有组织特异性，极大限制了其在临床中的应用。因此，研究植物次生代谢物的生物合成路径及调控方式，以此推动有价值的次生代谢物的高产，是植物研究的重要内容之一。代谢物的产生受生物胁迫和非生物胁迫的诱导，植物在长期进化过程中形成了一套复杂的调控网络。掌握植物代谢调控的研究策略，促使植物生产更多的有价值的代谢物，是分子生物学关注的焦点。

本章思维导图

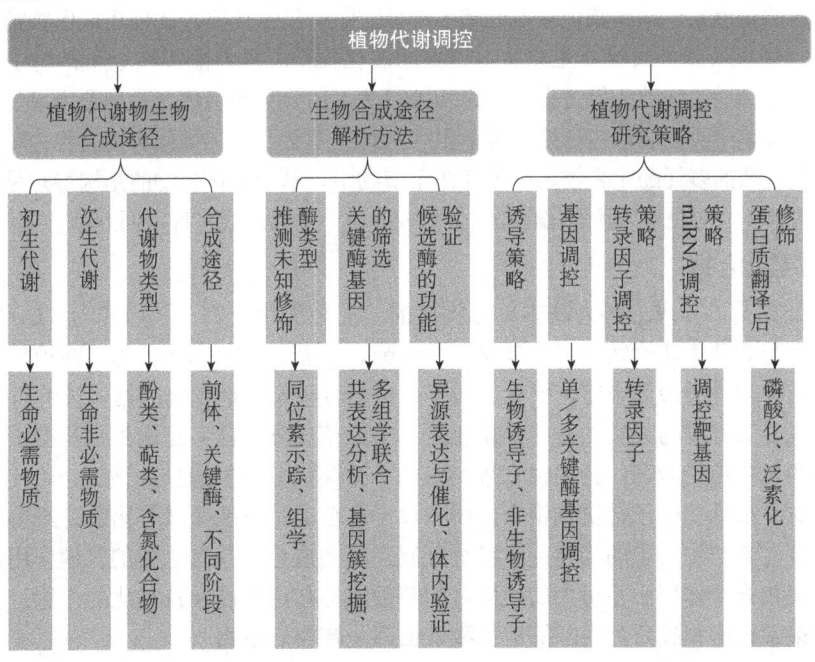

第一节 植物代谢物生物合成途径

植物代谢分为初生代谢和次生代谢。初生代谢是植物体内叶绿素、糖、氨基酸、脂肪酸、核酸等生命必需物质的代谢，直接参与植物的生长发育和繁殖；次生代谢是植物合成并储存生命非必需物质的过程。次生代谢物主要包括酚类、萜类和含氮化合物等类型。

一、植物次生代谢物的主要类型

（一）酚类化合物

酚类化合物是指芳香烃中苯环上的氢原子被羟基取代而生成的一类代谢物，大多具有芳香气味，呈弱酸性，在环境中容易被氧化。酚类化合物在植物中广泛存在，目前已报道的苯丙烷类代谢物多达 8000 余种。

酚类化合物一般可以分为两大类：一类是多酚单体，即非聚合物，主要包括苯丙烷类和黄酮类。苯丙烷类是以一个或多个 C_6—C_3 结构单元连在一起构成的天然产物。根据其含有的 C_6—C_3 结构单元分子数又可以分为香豆素类（含 1 分子 C_6—C_3 结构）、木脂素类（含 2 分子 C_6—C_3 结构）和木质素类（含多分子 C_6—C_3 结构）。香豆素类主要分布在伞形科、豆科、菊科、芸香科、茄科、瑞香科、兰科等植物中，如奥斯脑是来源于蛇床子和毛当归的一种香豆素类活性成分，具有抑制乙型肝炎表面抗原的药理活性。木脂素是多样性十分显著的一类天然产物，作为先导物已经开发出的药物较多，如鬼臼毒素及其衍生物、联苯双酯等。木质素类在维管植物和一些藻类的支持组织中形成重要的结构材料，特别是在木材和树皮中，它们被赋予刚性且不易腐烂，常用作橡胶工业中的增强剂。黄酮类以 C_6—C_3—C_6 为碳链骨架，该结构基本上由两个具有酚羟基的芳香环 A 和 B 组成，并由一个三碳桥进行连接，可分为花青素类、黄酮和黄酮醇类及异黄酮类等。花青素类广泛存在于开花植物中，如蓝莓、草莓等水果和天竺葵、矢车菊等，具有显著的抗氧化作用，主要应用于食品着色和医药等方面。黄酮和黄酮醇类可作为花青素的辅色素，增强花色稳定性和多样性，吸引昆虫传粉，此外还能保护植物细胞免受干旱、盐碱、低温及紫外线等非生物胁迫诱发的氧化损伤。异黄酮类在豆科植物中含量较为丰富，帮助植物抵御逆境胁迫、促进根瘤发育和固氮等。另一类酚类化合物则是由单体聚合成低聚或多聚体，统称单宁类物质，包括缩合型单宁和水解型单宁。单宁类化合物又称为鞣质或鞣酸，是一类结构较复杂的多元酚化合物，广泛存在于植物中。单宁类化合物的结构特点是含有多个羟基苯环，这些苯环上的羟基与其他化合物结合形成酯键，从而形成多种不同的单宁类化合物。

（二）萜类化合物

萜类化合物是以异戊二烯为基本单元构成的一类烃类化合物，其通式为 $(C_5H_8)_n$。根据异戊二烯的数目，萜类化合物可分为单萜、倍半萜、二萜、三萜和四萜等。在植物次生代谢物中，萜类的结构与种类最为丰富，已有 5 万多个萜类分子及其衍生物的结构被解析。

单萜类成分芳樟醇与果实的香味密切相关；倍半萜成分青蒿素是诺贝尔奖得主中国科学家屠呦呦发现的抗疟疾特效药；药用植物丹参中的二萜类成分丹参酮具有预防、治疗心脑血管疾病的功效；血小板活化因子拮抗剂银杏内酯也属于二萜类；三萜类成分甾醇是细胞膜结构中重要的组成成分，参与生物膜的构建；人参皂苷属三萜类成分，具有重要的保健作用；四萜类的胡萝卜素是植物光合作用必不可少的色素，起着吸收与传递光能及抗氧化的作用；而赤霉素、脱落酸、油菜素内酯和独角金内酯等植物激素也都是萜类衍生物。

(三) 含氮化合物

大多数含氮化合物是由普通氨基酸合成的，主要有胺类、生氰苷非蛋白质氨基酸和生物碱等。胺类通常分布于植物的花器官中，参与植物的生长发育。生氰苷在豆类、禾谷类和玫瑰一些种类分布较多。非蛋白质氨基酸是除组成蛋白质的 20 种常见氨基酸以外的含有氨基和羧基的化合物，多分布于豆科植物中。生物碱是含氮有机物中研究最为广泛的一类，具有显著的药理活性和临床作用。

生物碱类成分结构多样，主要分为有机胺类、吡啶类、异喹啉类、吲哚类和莨菪烷类等。大多数分布在双子叶植物中，其中以毛茛科、防己科、罂粟科和茄科等分布较为广泛。有机胺类中麻黄碱可用于预防支气管哮喘发作和缓解轻度哮喘发作、秋水仙素可用作痛风抑制剂；吡啶类中槟榔碱可用于治疗青光眼，半边莲碱有加强呼吸的作用；异喹啉类中有镇痛药吗啡和可待因、广谱抗菌药小檗碱；吲哚类中有抗癌药长春新碱，用于控制血糖的蛇根碱；莨菪烷类中有镇静剂莨菪碱、抗胆碱药阿托品。

二、植物次生代谢物合成途径

(一) 酚类化合物合成途径

在大多数植物中，酚类代谢物往往是通过苯丙烷代谢途径产生的（图 15-1）。苯丙烷途径的共同步骤为上游糖酵解途径和莽草酸途径共同产生的苯丙氨酸经苯丙氨酸氨裂合酶（PAL）催化生成肉桂酸，在肉桂酸-4-羟化酶（C4H）作用下生成 4-香豆酸，再由 4-香豆酰辅酶 A 连接酶（4CL）催化生成 4-香豆酰辅酶 A。这些化合物作为底物被催化合成不同的苯丙素类化合物。莽草酸/奎宁酸羟基肉桂酰转移酶（HCT）以 4-香豆酰辅酶 A 为底物，能够将苯丙烷代谢引入木质素单体的合成，肉桂酰辅酶 A 还原酶（CCR）是催化木质素合成途径的限速酶，能够催化包括对香豆酰辅酶 A 等一系列中间酶促反应途径，最后由肉桂醇脱氢酶（CAD）参与木质素合成途径的最终反应，生成一系列木质素单体。类黄酮的生物合成途径属于苯丙烷途径中除木质素合成途径外的另一个分支：一分子 4-香豆酰辅酶 A 与三羧酸循环来源的三分子丙二酰辅酶 A 在查耳酮合酶（CHS）作用下，生成柚皮素查耳酮。柚皮素查耳酮经过查耳酮异构酶（CHI）的催化生成类黄酮途径重要的中间产物——柚皮素，黄烷酮-3-羟化酶（F3H）是引导碳流向 3-羟基化类黄酮生物合成的关键酶，能够将柚皮素转化为二氢黄酮醇，最终合成类黄酮类化合物。

(二) 萜类化合物合成途径

萜类化合物生物合成途径主要包括 3 个阶段，第一阶段：生成异戊烯基二磷酸（IPP）及其双键异构体二甲基烯丙基二磷酸（DMAPP）C5 前体。第二阶段：法尼基二磷酸（FPP）、牻牛儿基二磷酸（GPP）及牻牛儿基牻牛儿基二磷酸（GGPP）等直接前体的生成。第三阶段：萜类化合物的生成及修饰。

通用前体 IPP 和 DMAPP 主要通过两条途径合成，分别是位于细胞质的甲羟戊酸（MVA）途径及位于质体中的甲基赤藓醇-4-磷酸（MEP）途径（图 15-2）。在 MVA 途径中，两分子的乙酰辅酶 A 在乙酰乙酰 CoA 硫解酶（AACT）的作用下缩合形成乙酰乙酰辅酶 A，随后 HMG-CoA 合酶（HMGS）催化乙酰乙酰辅酶 A 与乙酰辅酶 A 缩合形成羟甲基戊二酸单酰辅酶 A（HMG-CoA），HMG-CoA 被羟甲基戊二酸单酰辅酶 A 还原酶（HMGR）还原生成甲羟戊酸，再经过两步磷酸化作用及一步脱羧反应，最终生成 IPP。在 MEP 途径中，丙酮酸与甘油醛-3-磷酸在第一个关键酶 1-脱氧-D-木酮糖-5-磷酸合成酶（DXS）的催化下生成 1-脱氧-D-木酮糖-5-磷酸（DOXP），随后 DOXP 在第二个关键酶 1-脱氧-D-木酮糖-5-磷酸还原酶（DXR）的作用下生成 MEP，再经过一系列的酶促反应生成 IPP。在异戊烯基焦磷酸异构酶（IDI）的催化下，IPP 与 DMAPP 可相互转化。

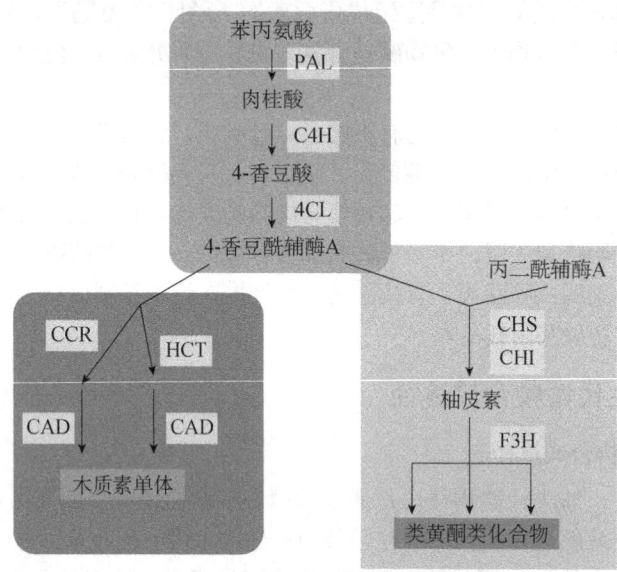

图 15-1　酚类化合物合成途径

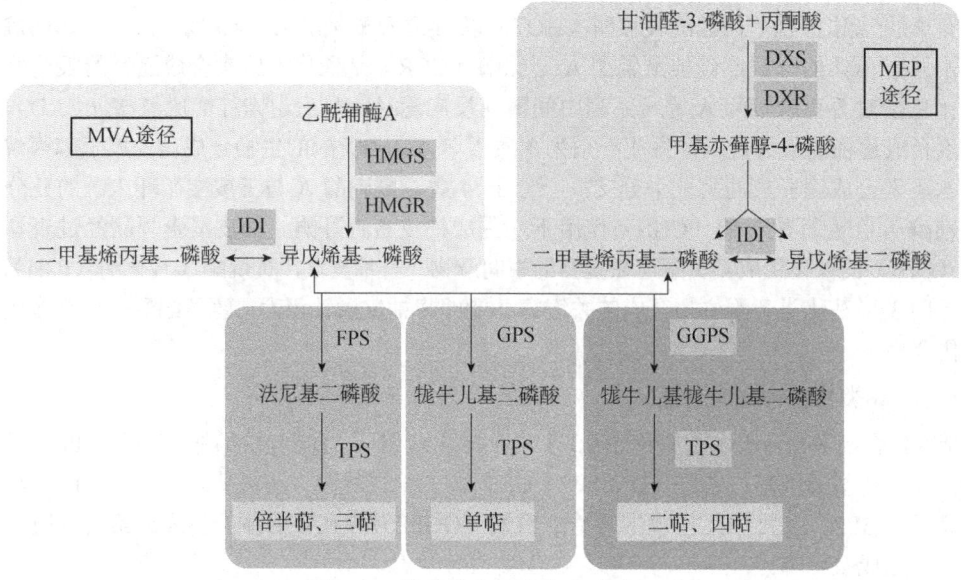

图 15-2　萜类化合物生物合成途径

在异戊烯转移酶的催化下，不同数量的 IPP 与一分子的 DMAPP 结合生成 GPP、FPP、GGPP 等直接前体。其中，一分子的 IPP 和一分子的 DMAPP 在牻牛儿基二磷酸合酶（GPS）催化下生成 GPP，作为单萜的前体；法尼基二磷酸合酶（FPS）催化两分子的 IPP 和 1 分子的 DMAPP 缩合生成 FPP，成为倍半萜和三萜的前体；3 分子的 IPP 和 1 分子的 DMAPP 经过牻牛儿基牻牛儿基二磷酸合酶（GGPS）催化反应生成 GGPP，作为二萜和四萜的前体。直接前体在不同萜类合酶（TPS）的催化下生成不同的萜类物质。

(三) 生物碱类代谢物合成途径

植物源生物碱是传统和现代药物的重要来源，目前临床上使用的很多药物，如吗啡、可卡因、马钱子碱、莨菪碱、秋水仙素等均源于植物。根据核心骨架的结构特征，植物源生物碱可分为异喹啉类、吲哚类、托品烷类、哌啶类、吡咯类等 10 多种类型，起始于苯丙氨酸、酪氨酸、色氨酸、赖氨酸、鸟氨酸、天冬氨酸等 α-氨基酸，经过一系列反应生成。

苄基异喹啉生物碱的代表成员——吗啡，可谓是家喻户晓。吗啡首次从罂粟（*Papaver somniferum*）中提取获得，吗啡生物合成以酪氨酸为前体，经多巴胺、全去甲劳丹碱、S 和 R 构型的牛心果碱、沙罗泰里啶、氢化沙罗泰里啶、蒂巴因、可待因，最终生成吗啡。然而，研究人员在对牛心番荔枝（*Annona reticulata*）和罂粟开展同位素标记实验后，证实（S）-去甲乌药碱才是合成（S）-牛心果碱的前体，由此排除了全去甲劳丹碱的中间体作用。

托品烷类生物碱的代表性成员莨菪碱和东莨菪碱主要分布在曼陀罗（*Datura stramonium*）、颠茄（*Atropa belladonna*）、天仙子（*Hyoscyamus niger*）等茄科植物中。有关莨菪碱和东莨菪碱生物合成路径的研究有着近百年的时间。托品烷类生物碱以 L-鸟氨酸和 L-精氨酸为初始前体，经系列酶促反应后生成托品酮，托品酮在托品酮还原酶（TRI）的作用下生成托品碱，与由苯丙氨酸经系列酶催化途径生成的苯乳酰葡萄糖酯结合，在海螺碱合成酶（LS）的催化下生成重要前体海螺碱，随后在海螺碱变位酶（CYP80F1）等酶的作用下生成莨菪碱，莨菪碱 6β 羟化酶（H6H）催化莨菪碱经山莨菪碱最终达到东莨菪碱的生物合成。

单萜吲哚类生物碱结构多样性，目前已报道的该类生物碱约有 3000 个，在医疗领域应用广泛，例如，长春花中的长春碱是应用最为广泛的天然植物抗肿瘤药物之一，广泛应用于恶性肿瘤的治疗。长春花单萜吲哚类生物碱生物合成途径分为上游途径和下游途径，上游途径包括生成裂环马钱子苷的环烯醚萜途径和生成色胺的吲哚途径，以及由色胺和裂环马钱子苷缩合生成异胡豆苷的过程。下游途径是指以异胡豆苷为前体经酶促反应生成最终单萜吲哚生物碱的过程。目前，已鉴定的长春花萜类吲哚生物碱合成途径关键酶已超过 30 个。

◆ 第二节　生物合成途径解析方法

20 世纪下半叶，初生代谢的生物合成途径已基本解析，且大多数次生代谢物有共同的上游代谢途径，因此对于某个或某类特定天然产物生物合成途径的解析通常指对其下游特异性分支代谢途径的解析。尽管已经在一些具有重要价值的植物次生代谢物合成途径解析方面取得了显著进展，但仍有许多合成途径尚未被充分解析。解析生物合成的策略通常为：①根据中间产物和目标产物的骨架和构型推测修饰酶类型，并利用同位素示踪法进一步验证；②对合成途径中的关键酶进行筛选和挖掘；③对选定的关键酶进行功能验证，以推动生物合成途径的破译。

一、推测未知修饰酶类型

初生代谢物往往是次生代谢物的合成前体，如糖代谢途径的产物甘油醛-3-磷酸、丙酮酸和乙酰辅酶 A 是萜类的合成前体；氨基酸代谢的苯丙氨酸和酪氨酸是苯丙烷类代谢物的合成前体。随着初生代谢途径的解析基本完成和组装化学原理的呈现，可获得次生代谢物的合成前体结构。1917 年，Robinson 以丁二醛、甲胺、丙酮二羧酸为前体成功合成了托品酮，并由此提出了一个大胆的推测——在植物体内可能也存在类似的反应：鸟氨酸经氧化和甲基化后生成丁二醛和甲胺，然后再与乙酰乙酸、丙酮二羧酸或者柠檬酸等缩合，由此生成莨菪碱和东莨菪碱的前体化合物托品酮。据此，莨菪碱和东莨菪碱生物合成途径初步形成。根据目标次生代谢物的骨架和构型，利用化学反应原理和已分离鉴定的中间产物推测出可能的生物合成途径，已成为解析生物合成途径的基础。进一步采用同位素示踪对推测途径进行进一步的确认和校正。

同位素示踪法，即通过稳定重原子标记初生代谢物或中间产物作为底物进行饲喂，利用标记物和非标记物具有相同生物学、化学性质，但具有不同质量的原理，借助核磁共振或者高分辨率质谱，对含有重原子的物质流向进行动态检测并追踪，被检测到的带有同位素标记的化合物被认为是代谢途径的中间产物或终产物。例如，用[2-^{14}C]标记鸟氨酸喂养曼陀罗，结果分离到了^{14}C特异性标记在托品烷骨架上的莨菪碱，首次通过实验证实了鸟氨酸是合成莨菪碱的生物前体；用^{13}C标记的苯丙氨酸作为底物饲喂丹参毛状根，发现多个同位素标记的化合物可能是丹参酚酸生物合成的中间物质，根据出现的先后顺序，推测出丹参酚酸的生物合成途径，并鉴定出细胞色素P450（CYP98A14），其可催化迷迭香酸的生成。

研究表明同一类型的代谢物大多共用一套生物合成途径。随着生物信息学的发展，基因组学、转录组学、蛋白质组学和代谢组学可提供高通量信息助力解析目标化合物的生物合成途径，基于同位素饲喂推断代谢物合成途径的方法也不再是主流，但对于基因组复杂、多组学研究较为困难的物种，同位素标记仍然发挥着极其重要的作用。

二、关键酶基因的筛选

在生物体内，将一种物质转化为另一种物质通常需要酶的参与。尽管可以推测代谢物可能的生物合成途径，但前体如何进一步转化成最终产物的过程仍不明晰。因此，挖掘和筛选合成途径中的作用酶是解析生物合成途径的关键一环。受检测手段和检测技术的限制，早期科研工作者多采用分离和纯化植物体内蛋白质的方法筛选目标酶，但整体进程十分缓慢且效率低下。以解析吗啡的生物合成途径为例，自1967年提出吗啡的生物合成途径假说以来，科学家通过蛋白质分离和纯化，成功鉴定出了数种关键催化酶。1995年，Rainer从罂粟细胞悬液中分离得到了沙丁胺醇-7-O-酰基转移酶，解析了吗啡前体蒂巴因的生成过程。随着分子生物学的快速发展，组学使得快速获得一个物种的基因信息成为可能。仅十几年的时间，吗啡的生物合成途径便已经基本阐明，甚至成功在酵母中进行了前体的异源合成。

高通量测序技术能高速高效地获得一个物种的基因信息，但从数万个基因中筛选出可能参与特定天然产物生物合成的候选基因依然是具有挑战性的工作。基于转录组测序的共表达分析，借助同一个代谢物生物合成途径中的基因往往具有共同表达的趋势，通过对参与某个特定途径的基因进行筛选，缩小候选基因的范围。同一代谢物的酶基因在基因组中往往是成簇存在的，通过寻找已知基因的成簇基因，使高效定位新的功能基因成为可能，但是多数植物次生代谢途径的基因并不形成基因簇使其局限性较大。大多数药用植物次生代谢物种类复杂，积累和调控受到的影响因素较多，因此，通过复杂通路进行关联的多组学联用手段，整合了不同层次的数据和调控关系，对研究药用植物次生代谢物的生物合成过程提供更为系统和全面的理解。

（一）共表达分析挖掘关键酶

共表达分析是基于组学测序，分析大量基因表达数据构建基因间相关性，从而筛选目标功能基因的一种方法。研究表明，在受到体内或体外刺激后，植物体内同一代谢通路上的基因会呈现相似的表达模式，即同时上调或下调，这种现象称为共表达，是生物对外界刺激最经济的应答反应方式之一。运用高通量的转录组测序分析获得该生物样本在某个时刻的所有基因的表达信息（基因表达量、注释和归类等），然后通过分析对比多个样本间基因表达的关联性，利用共表达对参与某个特定途径的基因进行筛选，缩小候选基因的范围。例如，对石仙桃中根、根茎、假鳞茎等多个器官的转录组和代谢组进行联合分析，筛选差异表达基因和差异积累代谢物，结合同源性分析和共表达分析，获得参与天麻素生物合成的候选糖基转移酶基因。对银离子诱导的丹参毛状根转录组进行测序和分析，发现有 6 个细胞色素 P450 基因与已鉴定的合成丹参酮骨架的 2 个酶柯巴基焦磷酸合酶 SmCPS 和类贝壳杉烯合酶 SmKSL 共表达，经功能验证发现其中一个细胞色素 P450（CYP76AH1）能对次丹参酮二烯进行羟基化生成铁锈醇。

（二）基因簇挖掘关键酶

真菌和放线菌中同一代谢途径上的酶基因常成簇存在。近年来，研究发现高等植物中某些代谢物合成途径中的酶基因以基因簇的形式分布，使得通过基因组测序分析基因簇进而寻找关键酶基因成为可能。对于基因组较小的物种，全基因组测序和组装是发现基因簇的有效方法。但是对于基因组较大或遗传背景不清晰的药用植物，通过构建细菌人工染色体（BAC）文库，利用途径中已知基因为靶点，筛选可能含基因簇的 BAC 并进行测序是一种经济可行的快速获得基因簇的方式。例如，King 等通过对蓖麻的基因组数据分析，发现有 8 个细胞色素 P450、2 个乙醇脱氢酶、1 个 BAHD 乙酰转移酶与蓖麻烯和五针松素合成酶位于同一个基因簇上，通过在烟草中共表达蓖麻烯合成酶与发掘出的细胞色素 P450，发现其中 3 个细胞色素 P450（CYP726A14、CYP726A17、CYP726A18）能催化蓖麻烯生成 5-羟基-蓖麻烯或者 5-酮基-蓖麻烯。细胞色素 P450 基因 *CYP76AH1* 和 *CYP76AH3* 与丹参中丹参酮生物合成途径关键二萜催化酶基因 *SmCPS1*、*SmCPS2*、*SmKSL1* 以基因簇的方式存在于 6 号染色体上；丹参中明显扩张的 4 个 *CYP71D* 亚族基因构成另一个基因簇，从而高效催化丹参酮的合成。

（三）多组学联合挖掘关键酶

多组学是结合 2 种或 2 种以上组学的研究方法，如将基因组学、转录组学、蛋白质组学和代谢组学等组学数据加以整合，关联分析并深入挖掘其生物学意义。无论是通过转录组分析基因表达量，还是基因组分析基因簇，在分析遗传背景复杂的植物时往往具有局限性。转录组学与代谢组学联用可以从基因与代谢物两个角度综合分析，从次生代谢网络的开始和终止两个层次深入诠释次生代谢物产生积累的作用机制，相比于单组学研究，克服了单一转录组学无法完全体现次生代谢物质量和积累量问题，同时单一代谢组学不能动态反映基因表达的问题。因此，通过转录组挖掘差异基因，快速圈定核心调控网络和关键候选基因；通过代谢组寻找目标化合物的差异累积，将候选基因与表型进行关联；通过基因组对候选基因进行定位，结合序列的多态性全面对目标基因进行描述；通过酶表征数据，对酶基因的性质进行确认，多组学联合达到高效、快速挖掘、鉴定植物代谢物生物合成途径中的关键催化酶的目的。例如，基于穿心莲的基因组数据，鉴定出 3 个 CPR（细胞色素 P450 还原酶）基因（*ApCPR1*、*ApCPR2*、*ApCPR3*），并发现 MeJA 可诱导 *ApCPR2* 的表达，其表达模式与穿心莲内酯的积累相匹配，表明 ApCPR2 参与了穿心莲内酯等次生代谢物的生物合成。黄酮类化合物是三叶青中最主要的生物活性成分，通过对两种来自广西和浙江的三叶青进行了代谢组和转录组综合分析，转录组测序共鉴定出 30 多个差异表达基因，这些基因存在于苯丙烷生物合成途径当中，使用代谢组进行验证，发现大多数差异表达基因的表达量上调和下降与绿原酸的含量有关，结果表明绿原酸的积累促进了黄酮类化合物的产生。

三、候选酶的功能验证

对于挖掘到的可能参与代谢物生物合成途径的候选酶基因，如何验证其功能是解析生物合成途径最为重要的一步。根据目标代谢物存在的植物不同，酶的功能验证也不尽相同。直接分离、纯化得到目标酶或设计特异性引物获得目标酶的全长基因后，利用原核表达的方法在体外验证其催化功能,从理化性质,催化底物特异性和酶促动力学分析来表征酶的催化特性,并采取体内验证(根据植物自身有无遗传转化体系分为异源验证和同源验证)证实。

(一)酶的异源表达与催化

将目标酶通过分离、纯化的方法获得是最基础的方法,但局限性较大且效率很低。因此将候选基因在异源表达系统中进行表达获得,已成为分子生物学和基因工程的常用手段。异源表达是指通过载体构建的方式将一段基因构建于另一生物体的 DNA 中进行表达,成功表达的酶蛋白可以催化内源性或外源性底物生成产物,通过 LC-MS 或 GC-MS 等技术对产物进行分析鉴定,从而确定酶的催化活性。常用的异源表达寄主包括大肠杆菌、酵母等。

作为原核生物,大肠杆菌具有遗传背景清晰、繁殖速度快、操作技术简单等特点,常作为酶蛋白异源表达的首选,许多植物代谢物合成相关的酶都能在大肠杆菌中进行表达和鉴定。在大肠杆菌中表达颠茄苯乳酸 UDP-糖基转移酶 UGT1 蛋白,体外酶催化实验证实其可催化苯乳酸和 UDP-葡萄糖生成苯乳酰葡萄糖酯。但由于大肠杆菌中并不具备内质网和高尔基体等细胞器,因此在原核表达中也存在着一些局限,如分泌表达能力弱、二硫键形成困难导致蛋白折叠错误、无翻译后修饰等缺点,限制了其在复杂酶表达中的应用。

酿酒酵母和毕赤酵母是应用最广泛的真核表达系统。相较于原核表达寄主,酵母表达系统具有高发酵密度、外源基因整合稳定、易于调控表达等特点。此外,酵母表达系统还具备将重组蛋白在胞内积累或胞外分泌、翻译后修饰等优势。因此,对于一些在大肠杆菌中无法成功表达的酶蛋白,可以尝试在酵母系统中进行表达。由于细胞色素 P450 酶的膜蛋白性质,很难在大肠杆菌中表达,因此常选择酵母细胞进行表达。例如,在酿酒酵母中表达雷公藤细胞色素 P450 单加氧酶 TwCYP728B70,其可催化雷公藤甲素中间体脱氢枞酸的生成。

(二)体内验证

通过对候选基因进行表达,体外催化实验明确了目标酶的催化功能,但在植物体内能否发挥催化功能仍不能保证。酶的体内功能研究策略通常是通过基因组编辑技术在植物体内对目标酶基因进行过表达、敲除或抑制操作,从而使目标酶基因的表达量发生变化,结合转录、代谢、表型等数据,研究酶在植物体内的功能。但是对于没有遗传转化体系的物种,可以借助瞬时转化技术将目标酶基因在相似物种或模式物种中进行验证。

1. 基因过表达 基因过表达技术主要有两种:一种是将目的基因克隆到携带有强启动子和抗性筛选标记等元件的载体上并转入植物体内,这样寄主细胞会获得较高量的目标 mRNA 转录水平和蛋白质表达水平;另一种是病毒介导的过表达系统(VMGO)瞬时转化技术,也可将外源基因在植物体内大量表达。通过分析目的基因过表达后转基因植物的表型或检测相关数据等,便可以研究该基因的功能。在黄花蒿(*Artemisia annua*)中过表达青蒿素生物合成途径链烯双键还原酶 2 基因(*AaDBR2*)可提高青蒿素及其前体二氢青蒿酸的含量。在丹参毛状根中过表达 MEP 途径关键基因,可促进丹参酮的生物合成。

2. 基因敲除 基因敲除技术是基于 CRISPR/Cas9 系统,在 sgRNA 引导下靶向基因组特定区域并指导 Cas9 蛋白切割基因双链形成移码突变或片段敲除的方法,该技术可以使基因永久性的表达沉默。利用 CRISPR/Cas9 技术敲除丹参中酚酸生物合成的关键酶——迷迭香酸合成酶 SmRAS 导致迷迭香酸和丹酚酸含量显著降低,证明了 SmRAS 在丹酚酸途径中发挥重要作用;利用 CRISPR/Cas9 技术敲除丹参酮生物合成途径中丹参二萜合酶——SmCPS1,显著降低纯合敲除株系丹参酮ⅡA、隐丹参酮的含量,证明了 SmCPS1 在丹参酮生源途径中的作用。

3. 基因沉默 基因沉默的方法主要有 RNA 干扰(RNAi)和病毒诱导的基因沉默

（VIGS）两种方法。RNAi 是指利用同源性的 RNA 双链（dsRNA）诱导与之互补的同源目标序列 mRNA 降解，阻断体内靶基因的表达，使植物出现目的基因缺失的表型，该技术一般用于转基因体系成熟的物种研究。VIGS 是指携带目的基因片段的病毒侵染植物后，可诱导植物内源基因沉默、引起表型变化，该方法一般用于未建立转基因体系的物种研究。例如，病毒诱导的基因沉默 *UGT1* 与 RNAi-*UGT1* 颠茄株系中莨菪碱含量均显著降低，证明了 UGT1 参与脱品烷生物碱的生物合成。紫草素及其衍生物是紫草的主要活性成分，同时也是一种天然色素，致使紫草呈现紫红色。为研究软紫草中紫草素的生物合成途径，构建 *CYP76B74*-RNAi 紫草毛状根体系，结果表明 RNAi 毛状根系颜色明显变淡，紫草素的积累显著减少，证明了 CYP76B74 在紫草素生物合成中的关键作用。

第三节　植物代谢调控研究策略

次生代谢物是维持植物生存、生长发育及应对环境变化的重要物质，其合成过程受到严格而精准的调控，以适应不断变化的环境。大多数次生代谢物在植物体内的含量相对较低，仅在某些部位或某个时期存在。为满足对这些次生代谢物日益增长的需求，研究者利用分子生物学手段解析它们的生物合成途径，挖掘更多参与生物合成的关键酶，为采用代谢工程策略提高目的产物的含量提供更多的靶标。常用的代谢工程策略包括诱导、单/多关键酶基因调控、转录因子调控、miRNA 调控及蛋白质翻译后修饰调控策略等。

一、诱导策略

诱导子是一类特殊的触发因子，它能调控植物代谢过程中酶的活性，诱导植物对胁迫做出一系列的防御反应，促使植物细胞中的物质代谢朝着某些次生代谢物生成的方向进行，从而促进植物次生代谢物的生物合成。根据来源不同，诱导子可分为两种类型，即生物诱导子与非生物诱导子。生物诱导子是指来源于动植物细胞或微生物中的物质，包括多糖、酵母、细菌及真菌提取物。非生物诱导子不是植物细胞中的天然成分，但能触发植物形成抗毒素信号，包括物理、化学和激素等三类，其中物理诱导子有光照、干旱、高低温等；化学诱导子以重金属胁迫为主；常用的激素包括茉莉酸甲酯、水杨酸、脱落酸、油菜素内酯等。研究发现茉莉酸甲酯、脱落酸处理丹参毛状根可诱导丹参酮和丹酚酸的生物合成；环糊精应用于水飞蓟培养时增加了白藜芦醇和柚皮素产量。

重金属会引起植物生理代谢活动的紊乱，当其在植物体内过度积累时会对植物造成毒害作用甚至导致植物死亡，然而使用适宜浓度的重金属能增强植物细胞产次生代谢物能力以提高其经济效益。多数研究表明，金属盐对植物次生代谢物的积累也有促进作用。例如，重金属离子（Co^{2+}、Ag^+、Cd^{2+}）能显著增加葡萄悬浮培养细胞中次生代谢物含量，尤其是花青素和酚酸。此外，不同稀土元素也可作为外源诱导因素刺激次生代谢物的合成，如铈（Ce）、镧（La）或镨（Pr）不仅能诱导丹参不定根的形成，还提高了丹参次生代谢物含量。

二、单/多关键酶基因调控策略

次生代谢物生物合成起源于初生代谢物，经一系列具有特异性催化活性的酶（关键酶基因）连续催化得来。利用农杆菌的介导作用在植物体内人为过表达某个/某些基因或者沉默基因是一种常用且行之有效的手段。青蒿素是来源于黄花蒿的一种倍半萜内酯，用于治疗疟疾。位于质体中的 MEP 途径和位于细胞质的 MVA 途径产生 IPP/DMAPP，二者在 FPS 的催化下形成倍半萜前体FPP，FPP在ADS等酶的催化下形成青蒿素。过表达MVA途径的限速酶基因 *HMGR*，青蒿素生物合成有所增加，但效果甚微。如若同时共表达*HMGR*和*ADS*，青蒿素的生物合成能产生7倍的显著增加。鲨烯合酶（SQS）作用于FPP时，会将代谢流引向三萜物质的合成，是倍半萜合成的主要竞争途径。利用RNA干扰（RNAi）技术干扰黄花蒿中的*SQS*基因表达，导致转基因植株中青蒿素含量增加，最高可达对照的3.14倍。

三、转录因子调控策略

转录因子也叫作反式作用因子，可以通过结合关键酶基因启动子中的顺式作用元件来调控关键酶基因的表达，进而调控代谢物的积累。目前研究最为广泛的转录因子家族包括MYB、bHLH、WRKY、AP2/ERF和NAC等。

（一）MYB类转录因子

MYB类转录因子因其N端具有高度保守的MYB结构域（由1~4段串联且不完全重复的序列R组成）而得名，可分为1R、R2R3、R1R2R3、4R四个亚组，其中R2R3是数量最多的一组。MYB类转录因子可以通过结合基因启动子区域中的MBS、MRE等顺式作用元件，调控基因的转录。丹参MYB转录因子SmMYB1和SmMYB2转录激活丹酚酸生物合成关键基因*SmCYP98A14*的表达，促进丹酚酸的生物合成。

（二）bHLH类转录因子

bHLH类转录因子是植物中第二大转录因子家族，依据结合区域不同，可将其分为A~F 6类。bHLH类转录因子有两个功能不同但却十分保守的结构域：位于N端的碱性区域是DNA结合区域，可识别E-box和G-box顺式作用元件；位于C端的HLH区域用于同源或异源二聚体的形成。水稻bHLH转录因子DPF分别通过结合关键酶基因*CPS2*和*CYP99A2*启动子中的N-box，正向调控两种二萜植保素稻壳酮和植物卡生（phytocassanes）的积累，进而抵御稻瘟病菌感染或紫外线胁迫等。

（三）WRKY类转录因子

WRKY类转录因子因其N端保守的七肽序列WRKYGOK而得名，根据WRKY结构域的数量及C端锌指结构类型可分为Ⅰ、Ⅱ和Ⅲ三个亚族，该家族成员可以特异性结合靶基因启动子中的W-box。绿原酸是一类酚酸类物质，具有心血管保护作用。蒲公英TaWRKY14可以结合*TaPAL1*启动子中W-box，增加绿原酸生物合成的前体，在蒲公英中过表达*TaWRKY14*可以使绿原酸含量达到（1.14±0.054）mg/g FW（FW指鲜重）。

（四）AP2/ERF类转录因子

AP2/ERF类转录因子均含有1~2个AP2/ERF结构域，根据结构域不同可分为AP2、ERF、DREB、RAV和soloist 5个亚家族，能够与GCC-box顺式作用元件结合调控靶基因表达。青蒿中两个AP2/ERF类转录因子AaERF1和AaERF2能够结合关键酶基因*ADS*和*CYP71AV1*启动子中的RAA和CBF2元件，过表达*AaERF1*和*AaERF2*的转基因植株中青蒿素和青蒿酸含量显著上升。

（五）NAC类转录因子

NAC类转录因子是植物特有的一类转录因子，N端存在1个高度保守的NAC结构域，C端是转录调控区。木瓜在果实成熟期间会积累类胡萝卜素，研究发现，木瓜CpNAC1可以通过结合并激活*CpPDS2/4*启动子中的NACBS元件，正调控类胡萝卜素的积累。

四、miRNA 调控策略

miRNA 是一类内源性的由 22 个核苷酸编码的非编码单链 RNA 分子，可以通过切割 mRNA 或者抑制 mRNA 翻译来使靶基因沉默，从而调控靶基因的功能。miRNA 不同于 RNAi 技术，是一种内源性的、转录水平的调控，广泛参与植物的调控过程。miRNA 可以通过靶向代谢通路关键酶的 mRNA，使其降解或翻译抑制来干扰基因转录，进而无法行使基因功能。miRstv-11 能上调参与甜菊糖苷生物合成的 *KAH* 基因的表达，而 miR319g 则靶向 *KO*、*KS* 和 *UGT85C2* 进而抑制其基因表达。在甜叶菊中共表达 miRstv-11 和 anti-miR319g 导致甜叶菊苷和莱鲍迪苷 A 分别增加 24.5%和 51%。

miRNA 也可以通过靶向转录因子的 mRNA，干扰转录因子翻译成正常蛋白质，进而破坏转录因子的功能。一些在代谢调控过程中行使负调控功能的因子，如果能被内源性 miRNA 干扰，则有利于代谢物的积累。*VvMYB114* 被认为是花青素积累的抑制因子，miR828 和 miR858 通过靶向 *VvMYB114* 的 mRNA 序列中特定螺旋基序的编码序列使其 mRNA 降解，从而抑制 *VvMYB114* 的表达。而 *VvMYB114* 的沉默增强了葡萄中花青素和黄酮醇的产生。

五、蛋白质翻译后修饰调控策略

植物细胞主要通过蛋白质行使复杂的生理功能，而蛋白质修饰是通过修饰现有的功能基团或引入新的基团，从而调控蛋白质的结构、功能和定位等，进而使同一种蛋白质能发挥多样的功能。目前研究较为广泛的蛋白质翻译后修饰包括磷酸化、泛素化、乙酰化等，这些修饰参与植物的生长发育、胁迫响应和代谢调控等过程。促分裂原活化的蛋白质激酶（MAPK）级联由 MAPK 激酶激酶（MAPKKK）、MAPK 激酶（MAPKK）和 MAPK 三部分组成，通过蛋白质磷酸化修饰不同的底物，包括关键酶和转录因子等，将胞外刺激信号传递到胞内下游不同的信号支路。泛素化是由泛素激活酶 E1、泛素结合酶 E2 和泛素连接酶 E3 共同参与的多级反应：E1 利用 ATP 水解产生的能量将自己与泛素分子结合，随后活化的泛素被转移到 E2 上，最后由 E3 将泛素分子连接到特定的底物上，经过泛素化的底物蛋白通常会被 26S 蛋白酶体降解。E3 泛素连接酶的多样性使泛素化蛋白翻译后修饰介导植物多个生理过程。

小　　结

植物为了维持生长、运动、繁殖等生命活动，不断与外界环境进行物质交换，在这个过程中发生的物质合成、转化和分解的化学变化就称为代谢。根据需求不同，植物代谢被划分为初生代谢和次生代谢。绿色植物及藻类将二氧化碳和水经光合作用生成糖类，而糖类经过糖酵解、磷酸戊糖途径、三羧酸循环等初生代谢途径产生丙酮酸、磷酸烯醇丙酮酸、三磷酸腺苷等植物生长发育必不可少的物质。而初生代谢物莽草酸、乙酰辅酶 A、氨基酸等可作为次生代谢的底物经过不同次生代谢途径合成生物碱类、苯丙烷类和萜类等次生代谢物。

地球现存的植物种类 50 万余种，产生的代谢物为 20 万～100 万种，其蕴藏着巨大的经济价值和医疗价值。分子生物学的迅速崛起为人类探索植物的奥秘提供强有力的工具。黄花蒿究竟如何产生抗疟疾药物青蒿素？抗癌药物紫杉醇为何在红豆杉属植物的树皮中产生？测序技术的发展使得科研人员得以破译植物的生命密码。基因组为理解基因之间的相互作用和调控机制、认识植物的起源和进化历程提供了一个全面的基因信息数据库。转录组代表了基因表达的中间状态，不同阶段或组织之间的转录组比较便于筛查差异基因，了解是哪些基因造成了不同阶段或组织之间代谢物含量的差异。植物蛋白质组学专门研究植物体在不同生长时期、生存环境中植物基因组表达的所有蛋白质，通过分析蛋白质的种类和含量等信息揭示了其在不同条件下某项生命活动的生理机制。植物代谢组学是研究植物的基因型和表型之间的桥梁，基因表达的微小变化在代谢层面得以放大，通过检测代谢物种类和含量的变化可以推断出基因表达水平变化甚至挖掘出新的功能基因。

利用多组学技术我们可以了解植物的起源与进化、解析代谢物的生物合成与调控，在过表达、RNAi 和 CRISPR/Cas9 技术的帮助下，即可实现目标代谢物的高效生物合成。过表达将已知功能的目的基因的全长序列与高活性组成型启动子融合构建成质粒载体，通过遗传转化获得高产某种/某些代谢物的转基因株系。利用过表达的手段，可以实现在普通植物中 2 个或 2 个以上正调控功能基因表达量的增加，进而使代谢物含量显著增加。利用 RNAi 技术干扰植物中某些负调控因子，使其无法正常翻译成有活性的蛋白质，进而无法行使功能，同样能提高代谢物的含量。CRISPR/Cas9 技术是细菌和古细菌在长期演化过程中形成的一种适应性免疫防御，sgRNA 可以靶向目的基因指导 Cas9 蛋白对其序列进行切割，造成目的基因序列的替换/插入/缺失，从而丧失功能。利用 CRISPR/Cas9 技术可以对植物中的某个/某些负调控因子造成基因序列破坏，无法正常转录和翻译从而提升代谢物的含量。

探索植物代谢调控的奥秘，就要理解植物合成代谢物质的意义，掌握解析代谢物生物合成的方法，熟悉植物进行自身代谢调控的策略，并加以分子生物学技术实现植物代谢物的自动、稳定且持续性高产，这将为人类的生存及健康做出巨大贡献。

复习思考题

参考答案

1. 什么是初生代谢？
2. 简述植物次生代谢物的概念、类型。
3. 简述萜类化合物的特点及类型。
4. 简述萜类化合物的生物合成途径。
5. 解析植物代谢合成途径的常用策略。
6. 什么是多组学连用方法？
7. 什么是诱导子？主要分为哪几类？
8. 什么是转录因子？主要包括哪些家族？

主要参考文献

周正，李卿，陈万生，等. 2021. 药用植物天然产物生物合成途径及关键催化酶的研究策略[J]. 生物技术通报，37（8）：25-34.

邹丽秋，匡雪君，孙超，等. 2016. 天然产物生物合成途径解析策略[J]. 中国中药杂志，41（22）：4119-4123.

An JP，Wang XF，Zhang XW，et al. 2019. MdBBX22 regulates UV-B-induced anthocyanin biosynthesis through regulating the function of MdHY5 and is targeted by MdBT2 for 26S proteasome-mediated degradation[J]. Plant Biotechnol J，17（12）：2231-2233.

Boke H，Ozhuner E，Turktas M，et al. 2015. Regulation of the alkaloid biosynthesis by miRNA in opium poppy[J]. Plant Biotechnol J，13（3）：409-420.

Di P，Zhang L，Chen J，et al. 2013. ^{13}C tracer reveals phenolic acids biosynthesis in hairy root cultures of *Salvia miltiorrhiza*[J]. ACS Chem Biol，8（7）：1537-1548.

Fu Y, Guo H, Cheng Z, et al. 2013. NtNAC-R1, a novel NAC transcription factor gene in tobacco roots, responds to mechanical damage of shoot meristem[J]. Plant Physiol Biochem, 69: 74-81.

Hao X, Xie C, Ruan Q, et al. 2021. The transcription factor OpWRKY2 positively regulates the biosynthesis of the anticancer drug camptothecin in *Ophiorrhiza pumila*[J]. Hortic Res, 8 (1): 7.

Lin H, Wang J, Qi M, et al. 2017. Molecular cloning and functional characterization of multiple NADPH-cytochrome P450 reductases from *Andrographis paniculata*[J]. Int J Biol Macromol, 102: 208-217.

Liu Q, Zhou W, Ruan Q, et al. 2020. Overexpression of *TaWRKY14* transcription factor enhances accumulation of chlorogenic acid in *Taraxacum antungense* Kitag and increases its resistance to powdery mildew[J]. Plant Cell Tiss Organ Cult, 43: 665-679.

Lu S, Li Q, Wei H, et al. 2013. Ptr-miR397a is a negative regulator of laccase genes affecting lignin content in *Populus trichocarpa*[J]. Proc Natl Acad Sci U S A, 110 (26): 10848-10853.

Ma Y, Cui G, Chen T, et al. 2021. Expansion within the CYP71D subfamily drives the heterocyclization of tanshinones synthesis in *Salvia miltiorrhiza*[J]. Nat Commun, 12 (1): 685.

Qiu F, Zeng J, Wang J, et al. 2020. Functional genomics analysis reveals two novel genes required for littorine biosynthesis[J]. New Phytol, 225 (5): 1906-1914.

Reddy VA, Wang Q, Dhar N, et al. 2017. Spearmint R2R3-MYB transcription factor MsMYB negatively regulates monoterpene production and suppresses the expression of geranyl diphosphate synthase large subunit (MsGPPS.LSU) [J]. Plant Biotechnol J, 15 (9): 1105-1119.

Saifi M, Yogindran S, Nasrullah N, et al. 2019. Co-expression of anti-miR319g and miRStv_11 lead to enhanced steviol glycosides content in *Stevia rebaudiana*[J]. BMC Plant Biol, 19 (1): 274.

Shi M, Gong H, Cui L, et al. 2020. Targeted metabolic engineering of committed steps improves anti-cancer drug camptothecin production in *Ophiorrhiza pumila* hairy roots[J]. Ind Crop Prod, 148: 112277.

Sun Q, Jiang S, Zhang T, et al. 2019. Apple NAC transcription factor MdNAC52 regulates biosynthesis of anthocyanin and proanthocyanidin through MdMYB9 and MdMYB11[J]. Plant Sci, 289: 110286.

Tu L, Su P, Zhang Z, et al. 2020. Genome of *Tripterygium wilfordii* and identification of cytochrome P450 involved in triptolide biosynthesis[J]. Nat Commun, 11 (1): 971.

Wang S, Wang R, Liu T, et al. 2019. CYP76B74 catalyzes the 3″-hydroxylation of geranylhydroquinone in shikonin biosynthesis[J]. Plant Physiol, 179 (2): 402-414.

Xiong C, Luo D, Lin A, et al. 2019. A tomato B-box protein SlBBX20 modulates carotenoid biosynthesis by directly activating PHYTOENE SYNTHASE 1, and is targeted for 26S proteasome-mediated degradation[J]. New Phytol, 221 (1): 279-294.

Yamamura C, Mizutani E, Okada K, et al. 2015. Diterpenoid phytoalexin factor, a bHLH transcription factor, plays a central role in the biosynthesis of diterpenoid phytoalexins in rice[J]. Plant J, 84 (6): 1100-1113.

Yin S, Cui H, Zhang L, et al. 2021. Transcriptome and metabolome integrated analysis of two ecotypes of *Tetrastigma hemsleyanum* reveals candidate genes involved in chlorogenic acid accumulation[J]. Plants (Basel), 10 (7): 1288.

Yu ZX, Li JX, Yang CQ, et al. 2012. The jasmonate-responsive AP2/ERF transcription factors AaERF1 and AaERF2 positively regulate artemisinin biosynthesis in *Artemisia annua* L[J]. Mol Plant, 5 (2): 353-365.

Yuan Y, Liu W, Zhang Q, et al. 2015. Overexpression of artemisinic aldehydeΔ11 (13) reductase gene-enhanced artemisinin and its relative metabolite biosynthesis in transgenic *Artemisia annua* L[J]. Biotechnol Appl Biochem, 62 (1): 17-23.

第十六章

植物倍性育种技术

学习目标

①掌握倍性育种的基本原理和方法，理解染色体组倍性与药用植物性状之间的关系。②学习倍性育种在药用植物育种中的应用实例，分析其在改良药用植物品质、提高产量和适应性等方面的效果。③了解倍性育种技术的优缺点，探讨其在实际应用中的潜力和限制。

引 言

随着生物技术的飞速发展，药用植物育种技术也在不断取得突破。其中，倍性育种技术作为一种重要的遗传改良手段，为药用植物产业的发展注入了新的活力。倍性育种，即根据育种目标人为地改变染色体倍性而选育新种质、新品种的技术，达到优化植物性状、提高药用成分含量、增强抗逆性等目的。这一技术的应用，不仅可以加速优良药用植物品种的选育，还能为药用植物资源的可持续利用提供有力支持。

本章思维导图

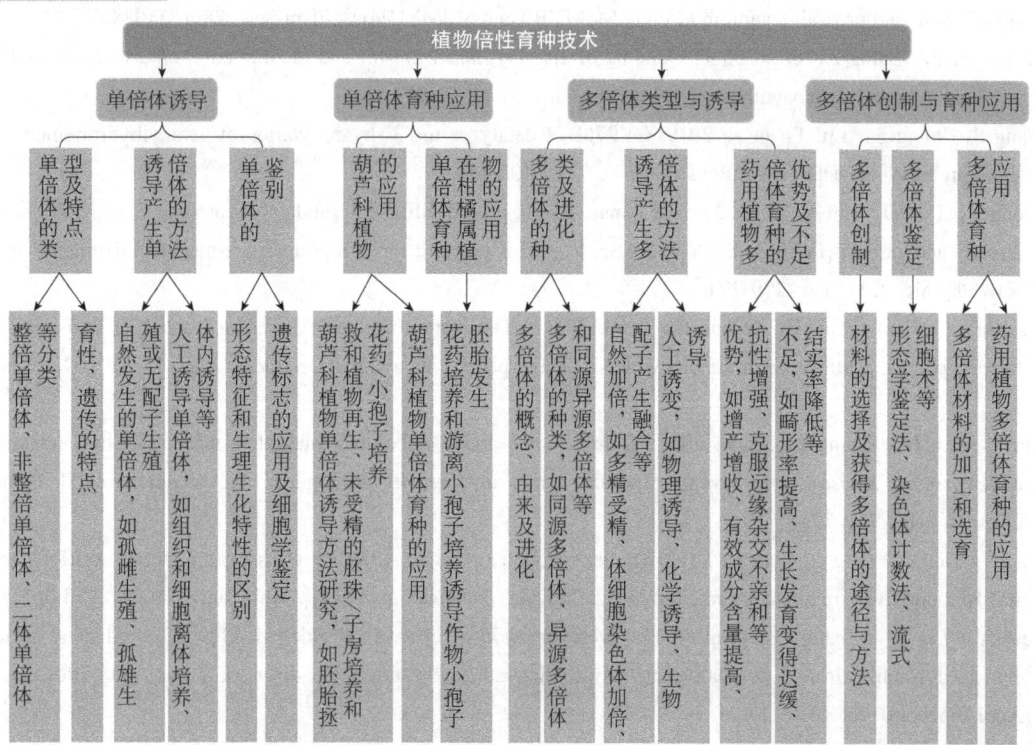

第一节 单倍体诱导

一、单倍体的类型及特点

（一）单倍体的类型

高等植物的世代交替存在孢子体（sporophyte）和配子体（gametophyte）两种转换形式。雄配子或雌配子由孢子体形成，细胞染色体数目（n）为孢子体（$2n$）的一半。单倍体（haploid）是指仅含有本物种配子染色体数的细胞或个体。二倍体（diploid）的染色体数目和孢子体一致。双单倍体（dihaploid，DH）是由单倍体经染色体加倍得到的二倍体。

根据染色体的平衡与否，把单倍体分为整倍单倍体和非整倍单倍体两类。整倍单倍体染色体是平衡的，根据其物种的倍性水平可分为一倍体或单元单倍体。来自二倍体（$2n=2X$）的单倍体细胞中只有一组染色体（X），叫作单元单倍体，简称一倍体。由多倍体物种产生的单倍体，称为多元单倍体，如普通小麦、陆地棉等的单倍体。也可根据多倍体植物的起源分为同源多元单倍体和异源多元单倍体。

非整倍单倍体与整倍单倍体不同，其染色体数目可额外增加或减少，而并非染色体数目的精确减半，所以是不平衡的。增加染色体是自身物种配子体时，称为二体单倍体（$n+1$）；若源于不同物种或属，则为附加单倍体（$n+1$）；若比该物种正常配子体的染色体组少一条染色体，则称为缺体单倍体（$n-1$）；若用外来的一条或数条染色体代替单倍体染色体组的对应染色体时，称为置换单倍体（$n-1+1$）；此外还有错分裂单倍体。

（二）单倍体的特点

1. **育性** 一倍体和异源多元单倍体中染色体在形态、结构和遗传上均有差别。减数分裂时不能联会，无法形成可育配子。例如，油菜的单倍体植株生长瘦弱，不能形成配子，几乎无法结实。但经过人工处理或自然加倍后能产生染色体数平衡的可育配子，可正常结实。

2. **遗传** 一倍体每个同源染色体只有一个成员，每一等位基因也只有一个成员。因此通常控制质量性状的主基因不管原来是显性或隐性，都能在发育中得到表达。单倍体一经加倍就能成为全部位点都是同质结合、基因型高度纯合、遗传上稳定的二倍体。

二、诱导产生单倍体的方法

产生单倍体的途径可分为两类：一类是利用自然发生的单倍体，如通过孤雌生殖、孤雄生殖或无配子生殖等途径产生；另一类是人工诱导单倍体。植物自然产生单倍体的频率很低，难以获得育种所需要的各种遗传组成的单倍体。因此，需人工诱导产生单倍体。人工诱导产生单倍体分为体外诱导和体内诱导。体外诱导主要通过雄核发育（androgenesis）和雌核发育（gynogenesis）两种方式，前者主要有花药培养、小孢子（花粉）培养，后者主要包括离体子房、胚珠培养；体内诱导包括种间或远缘杂交和生物诱导法等多种方式。

（一）组织和细胞离体培养产生单倍体

早期诱导单倍体由于缺少切实有效的诱导方法而进展缓慢。首次成功地用毛叶曼陀罗的花药经组织培养诱导出单倍体以来，通过花药/小孢子培养产生单倍体得到了迅速发展。

1. **花药/小孢子培养** 花药培养是以未成熟的花药（anther）为外植体进行离体培养形成愈伤组织或胚，最终获得再生植株的组织培养技术。小孢子培养又称为花粉培养，是以游离的小孢子（microspore）为外植体进行离体培养获得再生单倍体或加倍单倍体植株的细胞培养技术。我国在小麦、水稻、玉米等多种作物上应用花药/小孢子培养技术获得了单倍体植株，并将这一技术与杂交育种等方法相结合，选育出了一系列优良新品种。

2. 未授粉子房、胚珠培养　雌核发育途径主要是通过离体培养未授粉子房或胚珠等单倍体组织获得单倍体植株，如从裸子植物银杏的未受精子房得到单倍体愈伤组织，利用大麦未授粉子房培养得到单倍体植株。

（二）体内诱导产生单倍体

在孢子体减数分裂后形成了配子且正处于开花期的植株上，进行人工诱导促使配子单性生殖可获得单倍体。按诱导的方法不同，大致分为生物、物理、化学方法三类。

1. 生物方法

（1）远缘杂交诱导：远缘杂交诱导包括属间杂交和种间杂交，通过染色体选择性消除产生母本单倍体（图16-1A）。

（2）花粉诱导：由于延迟授粉，花粉管即使到达胚囊，只有极核可能受精，形成三倍性的胚乳和单倍性的胚（图16-1B）。花粉诱导法最关键的环节在于对花粉的处理，延迟授粉时间要根据不同物种开花规律掌握，如使用辐射处理的剂量需要适中，剂量偏低花粉生殖核部分受损但能与卵细胞结合产生杂交种，剂量偏高胚胎形成率降低但多为单倍体。

（3）诱导系直接诱导和遗传修饰间接诱导：玉米自交系 Stock6 作为父本诱导系能诱导母本植株产生单倍体种子。通过诱导基因介导可以获得单倍体。细胞质特异性磷脂酶（matrilineal，MTL）诱导系诱导是目前玉米产生单倍体的主要方式（图16-1C）。编码着丝粒特异性组蛋白的基因 *CENH3* 是利用诱导系诱导单倍体的另一个研究热点（图16-1D）。利用 *CENH3* 着丝粒介导和RNAi技术可用于多倍体作物的单倍体诱导。

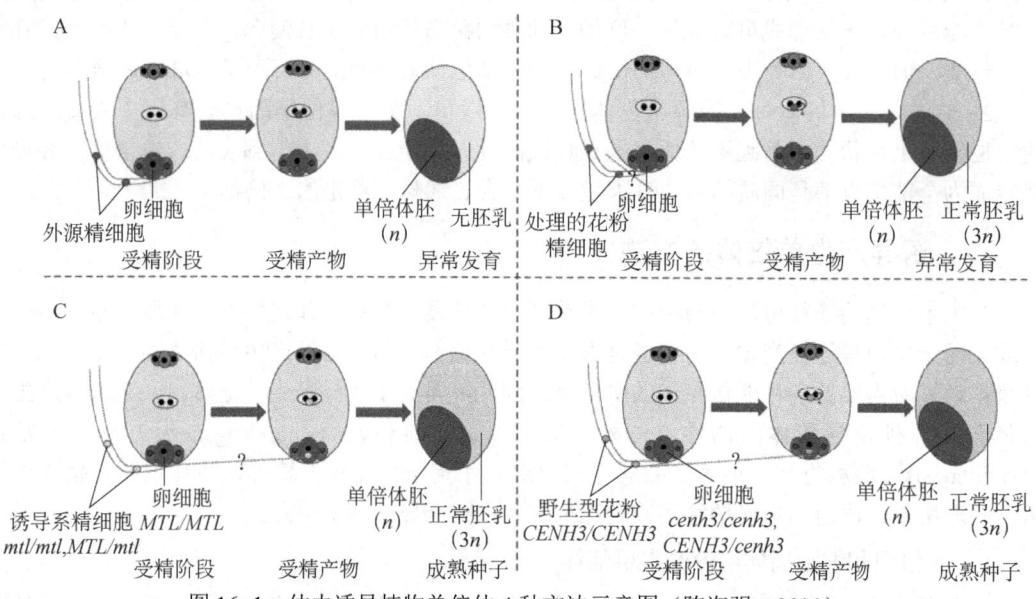

图 16-1　体内诱导植物单倍体 4 种方法示意图（陈海强，2020）
A. 远缘杂交诱导；B. 花粉诱导；C. 诱导系诱导（MTL）；D. 诱导系诱导（CENH3）

彩图

2. 物理方法　从开花前到受精过程中，用射线照射花可以影响受精过程，或将父本花经射线处理后再给母本授粉，或者使花粉的生殖核丧失活力，仅能刺激卵细胞分裂发育，而不能起到受精作用；或者影响花粉管萌发和花粉管的生长，延迟受精，起到和延迟授粉一样的诱导效果，从而诱导单性生殖产生单倍体。

3. 化学方法

（1）与授粉相结合的药剂处理：用 50 g/L 马来液处理玉米花丝，单倍体诱导频率提高 2.6 倍；以无毛的欧洲山杨为母本，以有毛的白杨为父本，在授粉的同时在柱头上喷甲苯胺蓝水溶液，1192 个实生苗中有 282 个（23.7%）是母本型。

（2）单独药剂处理：用植物激素类、二甲基亚砜等处理授粉后的子房，诱导单性生殖。

三、单倍体的鉴别

（一）形态特征上的区别

单倍体细胞染色质的量为二倍体细胞的一半，其细胞核变小，如烟草、番茄的单倍体根尖细胞比二倍体小一半。细胞变小导致营养器官和生殖器官的变化及植株矮化；烟草单倍体植株矮小，叶片、花、花药、气孔均较小，花序紧密，花丝比柱头短，对应的二倍体则相反。此外，单倍体植物的特点是：开花时间较早，延续时间长；花不正常、败育，结的果实少而小。因此，可从形态特征上容易区分单倍体。

（二）生理生化特性的区别

根据形态特征和解剖结构来鉴别单倍体时会产生误差。单倍体减数分裂不正常，花粉败育率高，所以检查花粉的质量来鉴别单倍体更准确，不育性是很可靠的标志。对不能无性繁殖而又不能保存植株的一年生种子植物来说，要等到生育后期如开花期才能初步鉴定出单倍体。因此，从育种的角度考虑，需利用遗传标志及细胞学方法在早期鉴别出单倍体。

（三）遗传标志的应用

许多遗传标志系统可用来早期识别玉米单倍体。用具有遗传标志基因紫色性状的玉米（紫粒玉米）为父本，给白粒玉米授粉，后代中玉米无紫粒，它不同于显现出紫色的杂种，可能是母本单性生殖产生的单倍体，同时结合细胞学方法鉴别染色体数最终确定真假。

（四）细胞学鉴定

形态特征、生理生化指标、遗传标志初步选出单倍体后，必须经过细胞学鉴定，检查染色体数目才能真正确定。例如，检查根尖染色体数目，由于单倍体植株根尖细胞具有二倍化的倾向，即染色体组可能自然加倍，因此有必要对植株的幼芽或茎尖生长点也检查染色体的数目。方法与多倍体鉴定中的染色体计数方法相同。

第二节　单倍体育种应用

纯系创制是作物育种的核心内容，常规育种一般需要 8 个世代以上才能获得遗传上高度纯合的自交系。单倍体育种技术只需两个世代即可获得纯系，极大地缩短了育种周期和时效。单倍体育种是常用的植物育种手段之一，其核心是为了充分利用杂种优势，基本流程可以简单概括为三个阶段，即单倍体诱导、单倍体鉴别及单倍体加倍。这一育种方式也常被称为单倍体育种技术。单倍体育种最早在小麦和玉米中进行试用（图 16-2）。此后单倍体现象在植物界不同科的近 400 种植物中发现，并在作物育种工作中被利用，但在药用植物育种研究中应用较少。

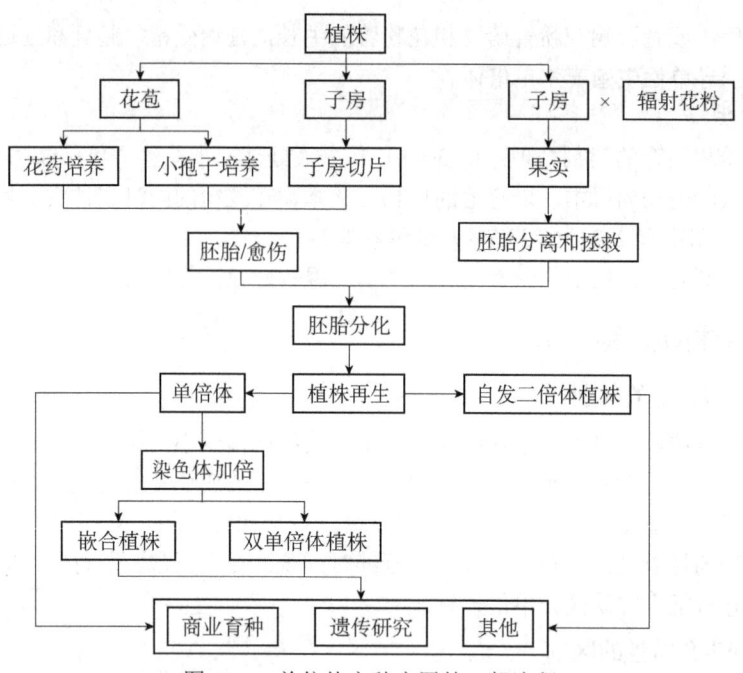

图 16-2 单倍体育种应用的一般流程

一、单倍体育种在葫芦科植物的应用

葫芦科植物家族包括许多重要的农作物及药用植物。单倍体育种在葫芦科蔬果类中研究较多，而在同科药用植物育种中研究较少。

（一）葫芦科植物单倍体诱导方法研究

葫芦科中，常用的单倍体诱导方法包括胚胎拯救和植物再生，未受精胚珠/子房培养和花药/小孢子培养。

1. 胚胎拯救和植物再生　包含三个阶段，即胚胎分离、胚胎拯救和再生。
2. 未受精胚珠/子房培养　通过离体未受精胚珠/子房培养首次获得了南瓜单倍体胚和植株，随后雌核发生已被证明可以作为甜瓜、黄瓜及其他植物产生单倍体的替代来源。
3. 花药/小孢子培养　花药/小孢子培养可以获得雄性来源的单倍体植株，这是大麦、油菜和烟草中获得花粉/小孢子来源的单倍体胚发生常用途径。

1）花药和小孢子培养方法

（1）供体植株取材。小孢子所处的发育时期是影响培养成功的关键。一般大麦花药培养要求小孢子处于单核靠边早期，小麦和玉米则要求单核中期。供体植株生长条件，如光温、日照时数、氮饥饿、生长物质处理等因素均能影响花药/小孢子的起始状态和培养质量。

（2）预处理。花药和小孢子接种前对其进行物理、化学措施预处理，可以有效改变小孢子发育的命运，启动胚胎发育途径。一般物理预处理方法包括冷、热激、饥饿、干旱、渗透压胁迫等，化学预处理方法包括使用秋水仙素、重金属、脱落酸（ABA）等。

（3）灭菌接种。小孢子培养接种前需要对材料进行严格消毒，如水稻消毒可用乙醇（70%）浸泡 1~2 min，次氯酸钠（6%）浸泡（15 min），无菌蒸馏水冲洗 3~5 次。

（4）小孢子游离。将小孢子从花药中游离最常见的三种方法为自然散粉法、挤压法和机械旋切法。自然散粉法是将花药漂浮在预处理液或液体培养基上，待花粉自动散落后收集培养。

挤压法是用玻棒或研钵挤压花药获得花粉进行培养。机械旋切法是利用搅拌匀浆机器刀片高速旋切破碎幼穗小花或花药游离出小孢子，该法使用最为广泛。

（5）花药/小孢子培养方式。花药/小孢子培养方式主要有固体、液体和双层培养等。固体培养是小孢子置于琼脂固化培养基上培养，诱导产生胚状体，进而分化成植株；液体培养是小孢子悬浮在液体培养基中；双层培养是小孢子置固体-液体双层培养基上培养。

（6）脱分化和再分化。花药/小孢子一般经过脱分化过程形成多细胞结构和胚性愈伤组织，然后经过再分化过程形成再生苗，两个过程受不同发育机制调控。

（7）染色体加倍。由小孢子发育而来的单倍体植株常株型矮小、生长势弱且不能结实，须经自然或人工加倍才能正常发育。通常使用化学试剂处理早期单倍体植株从而使染色体加倍。秋水仙素为最早、最常用的加倍处理试剂，氨氟乐灵、氨磺乐灵等是目前秋水仙素的替代品。

（8）炼苗和移栽。花药/小孢子培养获得的再生植株移栽过程中因存活率不高而损失较大，需通过炼苗采取逐步过渡的方式，使其适应从异养到自养，从而提高移栽成活率。

2）影响花药和小孢子培养效率的因素

（1）基因型。植物的基因型是制约花药/小孢子培养成功与否的关键。水稻中花药培养力的大小为糯稻＞粳稻＞粳籼杂交稻＞籼型杂交稻＞籼稻。

（2）取材时期。不同材料需结合品种特性、取材地的气候条件等多方面因素来确定取材标准，最有效的方式是通过镜检确定小孢子发育时期。

（3）培养基成分。合适的培养基是花药和小孢子培养成功的关键。常用的基本培养基有MS、N6等，培养基中的激素、碳源、氮源和pH等都会影响愈伤诱导和绿苗分化效率。

（4）花药或愈伤组织褐化。褐化现象是由于培养材料花药或者愈伤组织中酚类化合物被氧化形成褐色的醌类物质，会引起其他酶失活最终导致生长受阻。选择合适时期的花药，并给予适宜的光照和培养条件。过高浓度的糖和无机盐均可能导致愈伤组织发生褐化。

（5）白化苗。由于白化苗一般都缺乏叶绿体，不能进行正常的光合作用，因此容易早衰甚至死亡。在花药/小孢子诱导培养基中添加硫酸铜、硫酸锌，以及缩短低温预处理时间等方法，有助于降低白化苗的发生频率。

（二）葫芦科植物单倍体育种的应用

双单倍体系的主要优势是其完全的纯合性，这使得对定性和定量特征进行表型选择变得更加容易。通过雌核发育或雄核发育生产单倍体植株是培育抗病害葫芦科植物的一种可复现且可靠的方法。例如，在两个供体甜瓜系通过体外胚珠培养培育的双单倍体和混合多倍体植株中，筛选出对西瓜花叶病毒（WMV）、烟草花叶病毒（CMV）、小西葫芦黄化病毒（ZYMV）等具有多重病毒抗性的材料。

二、单倍体育种在柑橘属植物的应用

柑橘属植物是一类常见的药食两用植物。枳壳、枳实、佛手、枳雀、化橘红和广陈皮是6种常见的柑橘属药食两用植物。其果实含有丰富的类黄酮、香豆素、生物碱、类柠檬苦素和挥发油等活性成分，具有抗氧化、抗炎、抗菌和抗癌等多种生物活性物质。柑橘属和相关属（枳属、金橘属等）的大多数栽培品种都是二倍体，但自然界中也存在较罕见的柑橘三倍体和四倍体。小孢子胚胎发生是配子体胚胎发生的一种类型，涉及雄性未成熟配子（减数分裂分离的产物），其在诱导后偏离自然配子体发育方向成为孢子体发育方向，产生纯合生物体（胚胎和植物）。这种达到单倍化的生物技术方法不同于雌核发育。因此，单倍体是具有配子体染色体数目的孢子体，而加倍单倍体或三单倍体是以自然或促进的方式（主要通过秋水仙素或氨磺乐灵）进行染色体加倍的单倍体。在柑橘和其他水果、作物中，通过常规育种方法，如连续多代自交并不能用于产生纯合系，因为其通常是自交不亲和的。因此单倍体技术和配子体胚胎发生对于多年生柑橘育种是非常有价值的。在柑橘中也有一些诱导小孢子胚胎发生的，如通过花药培养，从两个甜橙'早金'品种中获得了单倍体胚胎及纯合植株。

第三节　多倍体类型与诱导

一、多倍体的概念

一个属内的各个物种都具有一组特定的染色体，用以维持其生理功能的最低限度，这组染色体称为染色体组（genome）。染色体组中所包含的染色体数目称为染色体基数 X。多数植物属内的物种染色体含有共融基数。例如，小麦属的基数为 7，稻属为 12，天门冬属为 10，玉米属为 10。药用植物属内的物种染色体也含有共融基数，如鼠尾草属的基数为 8，黄芪属为 9。有些植物属内存在多个染色体基数不同的种，如芸薹属包括 3 个二倍体基本种，分别有 8 对染色体的黑芥、9 对染色体的野甘蓝和 10 对染色体的芸薹。此外，同一科或同一属的植物种或变种在染色体数上还呈现出倍性的变异，如茄属的马铃薯存在二倍体（$2n=2X=24$）、三倍体（$2n=3X=36$）、四倍体（$2n=4X=48$）和五倍体（$2n=5X=60$）等。药用植物北柴胡多倍体类型有四倍体（$2n=4X=24$）和八倍体（$2n=8X=48$）。

二、多倍体的种类

多倍体是指体细胞染色体组在两个（2X）以上的生物个体。根据多倍体染色体组的来源，植物多倍体可分为同源多倍体（autopolyploid）、异源多倍体（allopolyploid）和同源异源多倍体（autoallopolyploid）。基本染色体组来自同一物种的多倍体称为同源多倍体，其同一个基本染色体组重复 3 次以上。常见的同源多倍体包括甘蔗、甘薯、苜蓿等。同源多倍体形态特征：①倍数越高，细胞体积、核体积越大，组织和器官也越大；②气孔增大，气孔数减少；③成熟期延迟；④育性降低等。同源多倍体多存在于多年生植物中，并且无性繁殖植物同源多倍体出现的频率高于有性繁殖植物。染色体组来自不同物种的多倍体称为异源多倍体。异源多倍体又可以分为两类：①染色体组异源多倍体，染色体组来自不同的祖先物种，相互之间无亲缘关系，如八倍体小黑麦（AABBDDRR）；②节段异源多倍体，染色体组之间有部分亲缘关系，具有相当数目的同源染色体区段甚至整个染色体，但相互间又有大量不同基因或染色体区段。六倍体或更高水平的多倍体中还存在同源异源多倍体类型，它融合了同源多倍体和异源多倍体两种类型的特征。梯牧草（*Phleum pratense*）是同源异源六倍体，其染色体组型为（aaaabb, 6X=42），a 组染色体类似于节节梯牧草（*P. nodosum*），b 组染色体类似于高山梯牧草（*P. alpinum*）。这种多倍体类型具有同源和异源多倍体特性，结合了两者的遗传特征（图 16-3）。

自然同源多倍体多由环境剧烈变化引起，这导致了物种整个基因组的倍增。大多数双子叶植物可能会经历一个或两个全基因组加倍（WGD）事件，被标记为 α、β、γ 事件；而在单子叶植物中，它们可能会经历全部或一个或两个 WGD 事件，分别被表示为 ρ、τ 和 σ 事件。此外，异源多倍体通常起源于近缘种的杂交，但这种杂交后代往往表现出较低的育性。为克服这一问题，杂交后代在进化过程中可能会经历全基因组加倍事件，以提高生育率。自然界中同源多倍体相对较少，绝大多数是异源多倍体，如普通小麦、陆地棉和海岛棉都属于异源多倍体。

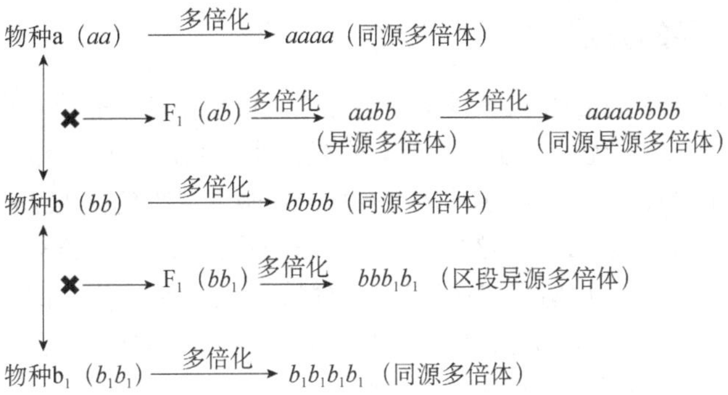

物种a (aa) —多倍化→ aaaa (同源多倍体)

× → F₁ (ab) —多倍化→ aabb —多倍化→ aaaabbbb
　　　　　　　　　　　(异源多倍体)　　　(同源异源多倍体)

物种b (bb) —多倍化→ bbbb (同源多倍体)

× → F₁ (bb₁) —多倍化→ bbb₁b₁ (区段异源多倍体)

物种b₁ (b₁b₁) —多倍化→ b₁b₁b₁b₁ (同源多倍体)

图 16-3　不同类型多倍体关系

异源多倍体的染色体由两个或两个以上不同物种的染色体组成，减数分裂时同源染色体能正常联会，不会出现多价体，使得减数分裂行为正常，高度可育。同源多倍体由于无性繁殖而表现出较差的育性，但由于无性繁殖的特性，可以通过无性繁殖来固定和传递其有利的性状。

三、多倍体的由来与进化

多倍体在植物界中普遍存在，被子植物中约有一半的物种是多倍体，其中以蓼科、景天科、蔷薇科、锦葵科、五加科最多，常见的是四倍体和六倍体。染色体加倍几乎出现在所有真核生物的进化过程中，这一点在比较基因组学及基因组全序列的测定中已经被证明。多倍体化是促进植物进化的主要机制，也导致了被子植物的高度多样化。杂合性是多倍体的基本特征，多倍体相比二倍体具有更多的杂合位点和更多的互作效应。多倍体的一个基本特征是其杂合性，即其基因组中存在多个不同等位基因。相比之下，二倍体只有两套等位基因，分别来自两个亲本。多倍体由于有更多的拷贝，可以包含更多的杂合位点，这意味着在其基因组中有更多的不同等位基因。此外，多倍体还具有更复杂的互作效应。在多倍体中，来自不同亲本的基因可能相互影响，产生一些不同于单倍体或二倍体的互作效应。这种互作效应可以在多倍体中创造新的表型，使其在适应性和进化中发挥重要作用。多倍体形成的细胞学机制可以归因于细胞分裂时染色体未能分离，一是在减数分裂过程中，全组或部分染色体未经减数而停留在一个细胞核中，形成二倍性的生殖细胞。这些未减数的 $2n$ 雄配子与带有 $2n$ 的雌配子结合，发育成四倍体。二是在有丝分裂时，染色体虽然复制了一份，但细胞本身未发生相应的分裂，这导致细胞核中包含比原来多一倍的染色体，形成二倍体与多倍体的嵌合体。由多倍性细胞发育而来的个体就是多倍体。因此，除了在生殖细胞中，体细胞的染色体也可能发生加倍。任何外界条件的激烈变化都可能导致减数分裂行为异常，使形成的生殖细胞染色体未经减数。

染色体自然加倍可能与细胞分裂时受到的环境条件的影响有关。多项研究认为，在自然条件下，温度的剧变、紫外线辐射及恶劣多变的气候条件是导致多倍性细胞产生的重要原因。例如，紫矮牵牛（*Petunia violacea*）在夏季其花粉中通常混杂更多的巨大花粉粒，其染色体数目比通常多一倍。类似的现象也常在农作物中发生，夏季往往可以发现自然产生的单倍体、三倍体或四倍体植株。杜鹃属（*Rhododendron*）和醉鱼草属（*Buddleja*）植物的多倍体主要分布在我国西南部，这些地区的海拔较高、温度变化剧烈、紫外线辐射较强。相反，二倍体种主要分布在平原地区。在接近植物分布边缘的地区，植物多倍体的比例较高，这表明多倍体的产生容易受到环境因素的影响。同时，这也说明多倍体的产生是植物对不利条件的一种适应，是自然选择的结果，从而有助于进化发展成新变种或物种。

四、多倍体诱导的方法

多倍体的形成包括自然加倍和人工诱变两种方式。自然加倍有多种方式，主要包括多精受精、体细胞染色体加倍、$2n$ 配子产生融合等。自然界中的药用植物天然多倍体也普遍存在，如草麻黄染色体为 $2n=28$，中麻黄染色体为 $2n=28$，木贼麻黄染色体为 $2n=14$。其中，草麻黄和中麻黄是四倍体，而木贼麻黄是二倍体。黄连和云连均为二倍体（$2n=2X=18$），三角叶黄连为同源三倍体（$2n=3X=27$）。自然多倍体的形成缓慢、突变率低，短时间内获得多倍体可以采用人工诱变，即物理诱导、化学诱导、生物诱导。有效的多倍体诱导取决于多种因素，如抗有丝分裂剂的类型和浓度、暴露时间和外植体类型。

五、药用植物多倍体育种的优势

（一）多倍体使药用植物增产增收

染色体的加倍导致细胞核物质与细胞体积的增大，从而引起药用植物的农艺性状发生显著变化。这种变化主要表现在营养器官的巨大化，包括叶片变大变厚、花器变大、果实和种子变大及根类药材的增大增粗。这些变化对采集药用植物的不同器官具有重要意义。以苦参四倍体为例，其叶片面积是二倍体叶片面积的 2.04 倍。多倍体植物不仅具有较高的获得率，还可能具有较高的活性化合物含量，对于活性化合物的提取和临床应用具有重要意义，这为药用植物的育种和生产提供了潜在优势。

（二）多倍体使药用植物有效成分含量提高

细胞核中遗传物质的增加可以引起植物生理方面的许多变化，这些变化在药用植物中可能引起生理生化水平的调整，进一步影响次生代谢物的生成，而药用植物的药效作用主要源于这些次生代谢物。半夏的多倍体中草酸钙含量是单倍体的 1 倍以上。丹参四倍体植株的丹参酮含量较正常植株更高。秋葵的四倍体产生了较高水平的总黄酮和天麻素。这些研究结果表明，多倍体有望通过影响植物的代谢通路，提高药用植物中药效物质的含量，从而增加其药效，这对于植物育种和药物开发具有潜在的重要意义。

（三）多倍体使药用植物抗性增强

多倍体药用植物通常具有更强的环境适应性，在面对不利环境条件时更具有生存优势。通过创制泡桐四倍体新种质，在 0.6% NaCl 胁迫下，四倍体泡桐表现出比二倍体更强的抗盐胁迫性。这说明多倍体药用植物在面对盐胁迫时表现出更强的适应性和生存能力。因此，多倍体药用植物的优势不仅体现在生物活性物质的增加，还表现在其更强的环境适应性和抗逆性上，这为提高药用植物的产量和质量提供了重要的育种途径。

（四）多倍体使药用植物克服远缘杂交不亲和

两个物种之间亲缘关系较远时，易导致远缘不亲和杂种不育。通过染色体加倍形成异源多倍体，可以克服远缘杂交的不结实，提高结实率，并形成永久的双二倍体。这种方法在克服物种间远缘杂交不亲和性方面具有显著的应用潜力。例如，采用诱导多倍体的方法成功地克服了菊花脑和栽培菊花之间的物种间远缘杂交不亲和，即使用秋水仙素浸泡的方法诱导出四倍体的菊花脑。这种技术的成功应用为解决远缘不亲和性问题提供了一个实用的案例，同时为改善结实率和培育永久的双二倍体提供了新的途径。

六、药用植物多倍体育种的不足

(一) 多倍体导致药用植物畸形率提高

多倍体地黄的特征包括子叶较厚而小，茎秆粗短，根部呈圆锥形。而正常地黄植株的子叶较薄而较大，茎秆较细长，根系生长良好。这些特征变化可能是由多倍体状态引起的细胞结构和生长模式的改变。对枸杞进行秋水仙素处理后，观察到四倍体枸杞的株高和叶片数呈减少的趋势，这表明多倍体状态对于枸杞的植株生长和发育产生了一定的影响。

(二) 多倍体导致药用植物生长发育变得迟缓

多倍体药用植物由于生长素含量降低，其细胞分裂强度通常会减弱。加之细胞体积的增大，其在生长发育阶段可能表现出种子发育迟缓、营养生长减缓、开花期推迟、生育期延长等现象。通过秋水仙素诱导柴胡多倍体，发现其形态出现变化。在变异的幼苗中，真叶生长受到明显抑制，第一对真叶的出现较迟，株高显著低于对照组，叶片也相对较厚。这些变异可能是多倍体状态导致生长素含量下降，从而影响了植物的生长发育。

(三) 多倍体导致药用植物结实率降低

多倍体药用植物常表现出育性降低的特征，这是由于多倍体在联会过程中形成多价体或单价体，导致不均衡分离，最终导致部分不育和种子结实率降低。具体而言，多倍体植物在有性生殖的过程中可能形成不同染色体组合，影响了染色体的平衡与分离。以潞党参为例，潞党参四倍体株系的结实率很低，且结实的种子出苗率比常规种子低50%左右。这种低结实率可能是由于多倍体状态导致染色体不均衡分离，造成了育性的降低。

◆ 第四节 多倍体创制与育种应用

一、材料的选择

显花植物中自然多倍体物种比例与其在进化中的地位密切相关。裸子植物中多倍体物种占13%，双子叶植物为42%，而单子叶植物高达69%。这表明随着植物进化程度的提高，多倍体物种所占比例也逐渐增大。单子叶植物中，不同科的多倍体物种比例存在显著差异。芭蕉科多倍体物种比例为10.7%，而龙舌兰科多倍体物种比例为100.0%。因此，了解所在的科和属中的倍性分布对规划人工培育多倍体具有重要参考价值。

(1) 选择主要经济性状优良的品种。在进行多倍体育种时，优先选择那些在经济上具有良好表现的品种，以确保新的多倍体保持原有品种的经济特征。

(2) 选择染色体组数较少的种类。通常认为染色体数目较少的植物对染色体加倍反应更好。因此，在进行多倍体育种时，应当考虑物种染色体最适宜的数量。对于已经是异源多倍体的植物，再次加倍染色体数目可能并不具有明显意义。因此，实际工作中更多地以优良的二倍体材料进行诱导产生多倍体。

(3) 最好选择能够单性结实的品种。由于染色体多倍化后，植物的育性通常会下降，因此最好选择那些具有单性结实能力的品种，以确保后代的正常繁殖。

(4) 选择多个品种进行处理，扩大诱导多倍体的范围。由于不同的种、品种和类型具有不同的遗传基础，多倍化后的表现也会有所不同。因此，选择多个品种进行处理，扩大诱导多倍体范围，确保包含有丰富基因型。这样的多倍体群体更容易选择出优良的变异。

二、获得多倍体的途径与方法

多倍体的产生可分为自然加倍和人工诱变两种方式。自然多倍体的生成速度相对缓慢，突变率也较低。为了在短时间内获得多倍体，人们常采用人工诱变的方法，主要如下。

（一）物理方式诱导多倍体

物理方式诱导植物染色体加倍主要应用于早期的植物多倍体育种研究，主要包括非电离辐射处理、温度骤变处理、机械创伤和低温高温的极端温度处理及电离辐射。应用最广泛的物理方法是辐射诱变，通过低能离子束诱导了蒙古黄芪多倍体，将 N^+ 注入蒙古黄芪的种子后显著提高了秋水仙素诱导蒙古黄芪多倍体的效果。

（二）化学方式诱导多倍体

化学诱导是当前应用最广泛的多倍体形成方式，这种方法通过使用化学药品与植物体内的遗传物质发生一系列生化反应，从而实现染色体的加倍。常用的诱导剂包括秋水仙素、生物碱、富民农、吲哚乙酸及异生长素等，其中秋水仙素应用最为普遍。

1. 秋水仙素诱导多倍体的原理　秋水仙素是从秋藏红花或草甸藏红花（秋水仙）的鳞茎和种子中提取的一种生物碱，其诱导染色体加倍的原理为在植物细胞分裂时抑制纺锤丝的形成，阻止染色体在正常复制后被拉到细胞两端，导致细胞无法分裂，最终实现染色体的加倍。秋水仙素溶液通常直接溶于冷水中或以少量乙醇为溶媒后再加冷水，其浓度可根据需要进行稀释。

2. 秋水仙素诱发多倍体的原则

1）处理植株部位的选择　秋水仙素对处于分裂活跃状态的组织才能发挥有效的诱变作用。因此，常使用处于萌发或萌动状态的种子、幼苗的生长点、腋芽等活体，以及茎段、茎尖、原球茎等组织作为诱变的材料。例如，在进行种子处理时，对于发芽迅速的种子，可以直接将其浸泡在 0.001%～1.6%的秋水仙素溶液中。

2）药剂浓度和处理时间　秋水仙素通常会被配制成水溶液或羊毛脂制剂等。常见质量分数一般在 0.01%～1%，其中 0.2%是最常用的浓度。处理的浓度、时间和方法因植物的种类、部位、生育期等而不同。一般来说，可采用低浓度长时间或高浓度短时间处理。

3）秋水仙素诱导多倍体的方法　活体处理通常有浸渍法、琼脂法、涂抹法、套罩法、棉花球滴浸法、滴渗法、注射法等，离体处理通常为共培法、浸泡法、点滴法等。实际应用中，可根据植物种类、处理部位等进行灵活选择，也可不同方法组合使用。此外，二甲基亚砜（dimethyl sulfoxide，DMSO）可促进秋水仙素浸透到植物组织中，将其与一定浓度的秋水仙素混合使用，可提高染色体加倍效率。

（1）浸渍法：适用于浸渍幼苗、插条、接穗甚至种子。在处理过程中，水溶液避光。对于插条和接穗，一般处理 1～2 d。处理幼苗时，可以将嫩茎的生长点倒置或横插入盛有药剂的容器中。由于秋水仙素可能阻碍根系的发育，因此处理后需要用清水洗净。

（2）涂抹法：将秋水仙素按照一定的浓度配成乳剂，然后均匀地涂抹于幼苗或枝条的顶端。在涂抹过程中，可以适当地遮盖处理部位，以减少蒸发并避免雨水对处理的冲洗。

（3）滴渗法：处理较大植株的顶芽、腋芽时，通常使用质量分数为 0.1%～0.4%的秋水仙素溶液。处理过程中，可以每日滴一至数次或用小片脱脂棉包裹幼芽，然后滴药剂浸湿。

（4）套罩法：保留新梢的顶芽，将顶芽下面的几片叶去除，然后套上防水胶囊，内部装有一定浓度的药剂和 0.6%的琼脂。经过 24 h 后，可以将胶囊取下，完成处理过程。

（5）注射法：诱导禾谷类作物可采用注射法。使用注射器将秋水仙素溶液注射到分生组织部位，促使再生的分生组织成为多倍体。这种方法可以精确地将药剂引入植物的特定部位，有助于实现对分生组织的有针对性处理，从而达到诱导多倍体的目的。

（三）生物方式诱导多倍体

通过有性杂交、细胞融合、组织培养及体细胞无性系变异等方法获得染色体加倍植株的方式称为生物方式。

（1）有性杂交：在植物的大孢子和小孢子时期，如果减数分裂发生异常，就可能产生配子，其中一个亲本产生 $2n$ 配子，或者双亲均能产生 $2n$ 配子，这都有助于提高杂交后代的倍性水平。通过四倍体芥菜与二倍体芥菜的杂交获得了稳定可育的多倍体株系。由于 $2n$ 配子的产生，任何杂交组合都可能得到多倍体。成功进行不同倍性亲本间的杂交可能性与亲本的选择、正交或反交等因素有关，因此选择适宜的杂交组合非常重要。

（2）细胞融合：细胞融合又称为原生质体融合。通过将同一种植物或不同种、属的原生质体融合，形成新的细胞，诱导其分化并形成新的植株。细胞融合的方式主要包括化学融合、电融合和 PEG 融合法。核融合是其关键的一步，根据核融合情况，可分为：①亲和的细胞杂种，具有双亲全套染色体；②部分亲和的细胞杂种，两个亲本的染色体中有一个亲本的染色体在另一亲本的染色体组中发生少量重建或重组，并进入同步分裂；③胞质杂种，一亲本的染色体被全部排斥，但胞质包含双亲的成分。④异核质杂种，具有一个亲本的细胞核和另一亲本的细胞质。

（3）组织培养：组织培养成为多倍体诱导的一种广泛应用的方法。其中，最直接的应用之一是通过胚乳培养获得三倍体植株。被子植物的胚乳是双受精的产物之一，同时也是一种具有全能性的天然三倍体组织。胚乳培养已经成功地应用于猕猴桃、枸杞及枣类等作物的多倍体培养中，具有广阔的应用前景。

（4）体细胞无性系变异：指源自植物体细胞中自然发生的遗传物质变异。这种变异有时也涉及染色体数目的改变，导致多倍性芽变的产生。例如，四倍体葡萄'大粒玫瑰香'是由二倍体葡萄'玫瑰香'发生的芽变。除在自然条件下利用体细胞无性系变异，组织培养也是可行途径。在原生质体和胚乳培养中，再生植株可能呈现染色体数目的变异。通过分析这些再生植株的染色体数目，可以鉴定和筛选出多倍性变异。

三、多倍体的鉴定

（一）形态学鉴定法

形态学鉴定是识别植株是否为加倍株的主要方法之一。形态学鉴定法包括细胞形态学鉴定和植物形态学鉴定等。气孔鉴定法是一种简单易行的方法，其原理是通过观察植株叶片的气孔特征来判断其倍性。气孔保卫细胞中叶绿体的数量受染色体倍性的控制，因此气孔保卫细胞的长度是一对相对稳定的性状，可以反映植株的倍性。例如，采用气孔观察法研究四倍体姜百合花时，发现四倍体的气孔长度和宽度较二倍体显著增大。

（二）染色体计数法

染色体计数法是鉴定植物倍性最准确、最直接的方法之一，主要包括常规压片法和去壁低渗法两种。在常规压片法中，通常以愈伤组织、卷须、茎尖、根尖等为材料，使用苏木精或乙酸洋红等染色剂进行染色，然后观察细胞分裂中期的染色体并进行计数。结合 4′,6-二脒基-2-苯基吲哚（4′,6-diamidino-2-phenylindole，DAPI，一种常用的核酸染料）染色和荧光显微镜检测的去壁滴渗法，能够更清晰地观察染色体，适用于多种植物，是一种理想的直接鉴定染色体数目的方法。

（三）流式细胞术

流式细胞术（flow cytometry，FCM）是一种可靠且快速的方法，用于分析植物组织的倍性水平和基因组大小，其原理是通过测量单个细胞中 DNA 含量，利用 DNA 含量与染色体倍数的相关性来鉴定倍性。例如，使用 FCM 成功地分析了越橘、郁金香的倍性。

（四）分子标记法

分子标记法是一种在基因组层面进行倍性鉴定的快速而准确的方法。其利用多倍体植物基因组的倍增长特性及 DNA 的多态性来鉴别，主要技术包括 SSR（简单重复序列）、DArT（多样性阵列技术）、AFLP（扩增片段长度多态性）、SNP（单核苷酸多态性）等。

四、多倍体材料的加工和选育利用

（一）多倍体材料的加工和选育

通过人工加倍获得的同源或异源多倍体只是多倍体育种的初始材料，是育种过程的第一步。在进行多倍体育种时，必须建立大规模的多倍体群体，包括丰富的基因型，以便进行有效的选择。人工诱导产生的多倍体材料通常具有各自的优缺点，如异源多倍体小黑麦虽然具有穗子大、生长旺盛、抗病力强等优势，但也存在结实率低、种子不饱满、某些农艺性状不理想等缺陷，难以直接用于生产。因此，获得的多倍体类型未必是优良的新品种。在进行选择时要淘汰失去育种价值的劣变，选择经济性状优良的类型进行进一步的鉴定和培育。同时，可以有选择地进行不同多倍体品系的杂交，以促进优良基因的聚合和优缺点的互补。在众多后代群体中进行严格的选择，综合考虑优良性状，逐步克服存在的缺点，最终培育出具有生产效益的新品种或新作物。

（二）药用植物多倍体育种的应用

药用植物多倍体具有特殊性状。在已统计 563 种药用植物染色体核型中，存在多倍化及杂倍性基因组的物种达 51 种，如菘蓝、紫苏有二倍体、四倍体，郁金有三倍体、四倍体，北柴胡有四倍体、八倍体，栝楼属植物存在 $2n$ 为 22、44、66、88 倍性，滇黄精存在 $2n$ 为 26、30、64 倍性，多花黄精存在 $2n$ 为 18、20、22、24 倍性等。目前已有 200 余种多倍体药用植物实现了人工栽培。以下分别以用药部位对多倍体的应用情况进行介绍。

1. 根茎类　　对于根茎类入药的植物，多倍化常通过增加植物根系重量、提升植株抗性等影响中药品质，其中菘蓝（*Isatis indigotica*）的四倍体品系在 1994 年就已完成试种与推广。经人工诱变的四倍体具有更高的产量和药效成分，表现为多倍化的叶宽大而厚实、发育迟缓，茎秆粗壮，花器各部分、花粉粒、果实明显增大。叶中靛蓝含量可成倍增加，靛玉红含量也有显著提高，根中总氨基酸含量增加 4.8%。以根茎类入药的多倍化植物还有白术、丹参、黄芩等，如丹参存在二倍体、三倍体和四倍体，不同倍性丹参性状（根大小、叶片厚度、栅栏组织厚度等）存在差异；对比二倍体，丹参四倍体的根部具有更高的总丹参酮、丹酚酸及二氢丹参酮 I 含量，三倍体具有更强的光合作用和防止水分蒸腾的能力，抗旱性更强。

2. 全草类与叶类　　多倍化引起的叶片性状改变增强了植物代谢活性和蛋白质合成（资源 16-1），对药用植物产量及活性成分含量具有重要影响，特别是以全草类和叶类入药的植物。全草类药材是指可供药用的草本植物的全株或其地上部分，以全草入药的多倍体植株包括

资源 16-1

薄荷、青蒿、穿心莲、蒲公英等，通常以四倍化居多。多倍化的改变可以通过增加植物叶片的面积和厚度增加产量及活性成分含量，如薄荷染色体加倍虽在田间条件下生长延迟，但叶片较大、较厚、较深，根系更强（图16-4）；百里香的四倍体植株重量、高度、叶长、宽度和厚度增加，主要成分百里香酚、香芹酚含量分别提高18.01%和0.49%。

图16-4 野生型（WT）和多倍体（D1）生长45 d的幼苗（A）、叶形态（B和C）

3. 花类　以花入药的部位包括花朵（花蕾）、花序、花冠、花粉等。目前多倍体花类代表为金银花（植物名为忍冬）和菊花。二倍体试管苗正常绿色、叶面平坦、较光滑、叶缘无锯齿、叶柄细长、叶脉正常大小、茎淡绿色；而多倍体试管苗显示出巨型性特征，表现为植株高大、叶深绿色、叶表面粗糙增厚、叶缘有锯齿、叶柄叶脉粗大、茎粗壮等，并且叶具有较厚的表皮（上和下）和栅栏组织及更密集的短柔毛，且四倍体可提高植株的抗旱性和抗热胁迫。著名药用菊花'怀白'由于其长期无性繁殖，植株极易产生严重病害。且茎细长，植株容易倒伏，严重影响产量和药用品质。以五倍体'怀白'诱导的十倍体植株表现出株高较短、茎根较厚、花大等。此外其十倍体花中绿原酸、黄体苷和3,5-O-二甲基奎宁酸的含量均高于五倍体。

4. 果实和种子类　以植物果实入药的中药中，多倍化的有连翘、阿育魏实、银杏等。阿育魏实是伞形科糙果芹属植物阿育魏的成熟果实，是传统的维吾尔医药。秋水仙素诱导的四倍体阿育魏比二倍体的百里香酚含量提高19.53%。以植物种子类入药的中药，多倍化常见于车前草、罂粟、苦荞麦、孜然等。车前草四倍体植株比二倍体具有较大的穗和种子、较大的花粉粒和每穗较多的种子，并且种子具有更多的黏液。以秋水仙素诱导的四倍体罂粟植株，那可丁和蒂巴因的含量分别是二倍体植株的30.55倍和5.86倍。

小　结

倍性育种技术作为一种重要的遗传改良手段，为药用植物育种及产业化提供了技术支撑。药用植物的倍性育种，即根据育种目标人为地改变染色体倍性而选育新种质、新品种的技术性，最终达到优化药用植物性状、提高药用成分含量、增强抗逆性等目的。主要包括单倍体育种和多倍体育种。单倍体育种技术只需两个世代即可获得纯系，极大地缩短了育种周期和时效。人工诱导产生单倍体的方法主要包括射线处理的花粉或远缘花粉授粉、延迟授粉、花粉花药离体培养等，其中最成功的是花药培养、未受精子房培养及染色体消除等。多倍体是指体细胞染色体组在两个以上的生物个体。多倍体的生成可分为自然加倍和人工诱变两种方式。自然多倍体形成速度相对缓慢，突变率也较低。为了在短时间内获得多倍体，人们常采用人工诱变的方法。目前，实现人工多倍体的途径主要可归纳为物理方式、化学方式和生物方式三大类。

常用的化学诱导剂包括秋水仙素、生物碱等。

复习思考题

参考答案

1. 简述单倍体、多倍体的概念及其育种的应用。
2. 请列举单倍体、多倍体的特征。
3. 举例说明人工诱导单倍体、多倍体的方法。
4. 秋水仙素的处理方法包括哪些？
5. 多倍体在植物育种中的作用和意义是什么？
6. 多倍体育种的基本步骤包括哪些？
7. 请举例说出至少三个单倍体、多倍体育种的例子。
8. 举例说明植物倍性育种在药用植物育种中的应用。

主要参考文献

陈海强，刘会云，王轲，等. 2020. 植物单倍体诱导技术发展与创新[J]. 遗传，42（5）：466-482.

邓传华. 2019. 山豆根多倍体优良株系的田间筛选及其综合评价[D]. 南宁：广西大学硕士学位论文.

李镇刚，冉瑞法，刘淑娟，等. 2018. 桑树优良新品种云桑 5 号的选育初报[J]. 蚕业科学，44（2）：329-335.

刘美妍. 2021. 黄瓜多倍体诱导技术的优化与种质创新[D]. 秦皇岛：河北科技师范学院硕士学位论文.

刘思余. 2010. 四倍体菊花脑的离体诱导及其育种利用研究[D]. 南京：南京农业大学硕士学位论文.

吕世民，梁可钧，葛传吉，等. 1988. 怀牛膝多倍体育种的研究[J]. 中药通报，（7）：11-14.

孟凡娟，王秋玉，王建中，等. 2008. 四倍体刺槐的抗盐性[J]. 植物生态学报，（3）：654-663.

宋书润. 2019. 多倍体育种在园艺作物中的应用[J]. 南方农机，50（20）：13.

王利虎，卢彦琦，苏行，等. 2022. 果树多倍化育种研究进展[J]. 山西农业大学学报（自然科学版），42（3）：14-24.

王淑明. 2016. 柑橘纯合种质创制及早金甜橙 DH 系代谢与转录组分析[D]. 武汉：华中农业大学博士学位论文.

吴婷，贾瑞冬，杨树华，等. 2022. 蝴蝶兰多倍体育种研究进展与展望[J]. 园艺学报，49（2）：448-462.

邢丕一. 2022. 小麦异源双二倍体基因组组成变异及基因表达模式的研究[D]. 泰安：山东农业大学博士学位论文.

许陶瑜，田洪岭，郭淑红，等. 2021. 药用植物多倍体育种研究进展[J]. 山西农业科学，49（3）：392-394.

岳敏，杨树国，陈敬，等. 2020. 半枝莲多倍体抗性生理指标研究[J]. 现代园艺，43（19）：16-18.

张仕超. 2023. 南红梨和杜梨多倍体诱导及鉴定[D]. 杨凌：西北农林科技大学硕士学位论文.

钟文婷，巴文静，朱敏，等. 2022. 多倍体西瓜诱导育种技术[J]. 现代园艺，45（22）：25-27.

Marcussen T，Sandve SR，Heier L，et al. 2014. Ancient hybridizations among the ancestral genomes of bread wheat[J]. Science，45：1250092.

第十七章
植物分子标记及育种应用

学习目标

①学习分子标记的分类及其特点。②理解遗传连锁图谱构建原理,掌握作图群体类型及其特点、基因型分型方法、不同构图软件等重要构图环节。③学习农艺性状基因定位的原理、方法和程序。④理解分子标记辅助选择建立的原理和程序,掌握该技术应用进展,了解应用前景。

引 言

遗传标记是研究植物遗传规律的重要指标,是遗传学三大定律、纯系学说的重要支撑。自从有了分子标记,传统的遗传育种进入了快车道,随着测序技术的发展,分子标记种类层出不穷,标记数量数以万计,大量重要性状基因被挖掘和应用,给植物遗传育种带来了史无前例的育种效率。

本章思维导图

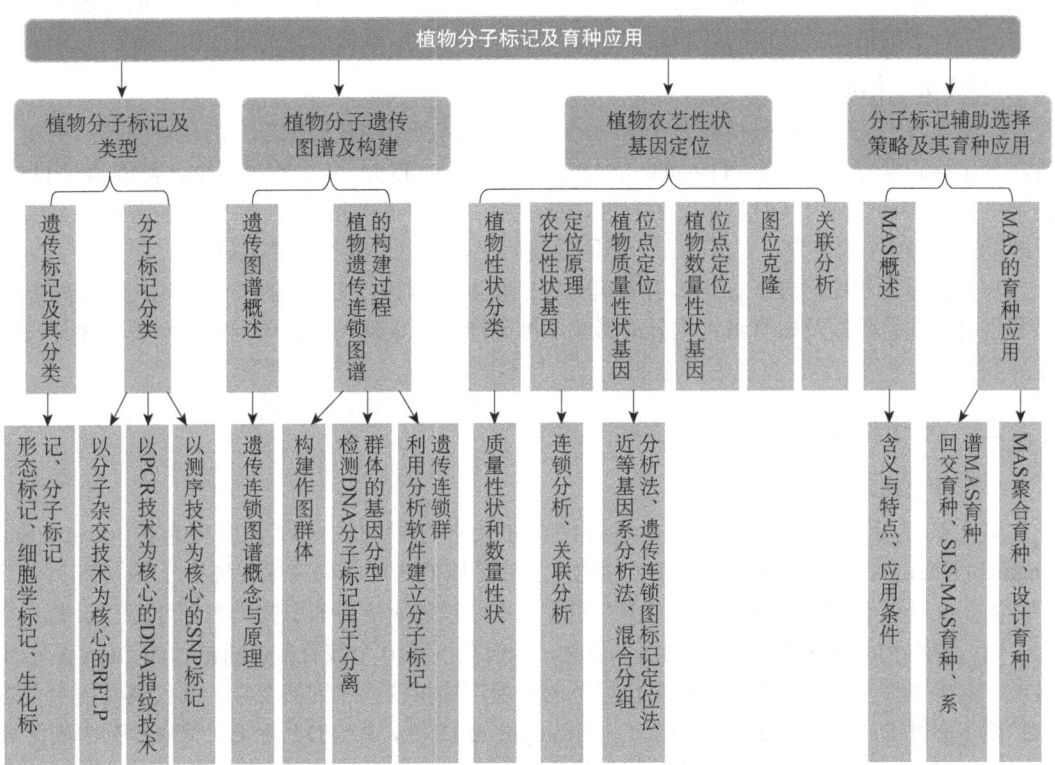

第一节 植物分子标记及类型

一、植物遗传标记及其分类

为鉴定和检测目的而设的标示物即标记,而遗传标记是指可以稳定遗传的、易于识别的特殊的遗传多态性形式。根据标示物可分为形态标记、细胞学标记、生化标记和分子标记。根据是否能区分纯合显性和杂合显性位点,将遗传标记分为显性标记和共显性标记。显性标记是指 F_1 的多态性片段与其亲本之一完全相同。共显性标记是指双亲的两个以上分子量不同的多态性片段均在 F_1 中表现,从而可以区分亲本和杂种。

(一)形态标记

形态标记是指那些能够明确观测到的一类外观特征性状。根据生物单位性状的相对差异进行标记,如植物株高、抗病性、叶色、花色等。形态标记简单易行,但这类标记的表现形式容易受到环境的影响,使得鉴定结果不够准确。

(二)细胞学标记

细胞学标记是指能明确显示遗传多态性的染色体标记,包括染色体的数量、核型和带型、原位杂交技术。该标记虽然可以克服形态标记的某些不足,但数量仍较少、技术要求高,一些染色体结构变异性状则难以用细胞学方法检测。

(三)生化标记

生化标记是以基因表达的蛋白质产物为主的一类遗传标记系统,主要包括贮藏蛋白、同工酶等标记。该类标记可以直接采集组织、器官等少量样品进行分析;蛋白质是基因表达的产物,且受环境影响较小。但可使用标记的数目有限;每一种同工酶标记都需特殊的显色方法和技术;某些酶的活性受环境的影响较大;且局限于反映基因组编码区的表达信息等。

(四)分子标记

广义上讲,分子标记是指在分子水平上可标识的基因组中任何位点上的相对差异;狭义上讲,分子标记是指可遗传、可检测的 DNA 序列多态性。DNA 多态性的产生,可能由于 DNA 的插入或缺失而造成了 DNA 长度多态性,或者由于点突变造成 DNA 序列的多态性,可直接反映基因组 DNA 的差异。它可存在于基因的编码区,也可以存在于非编码区。

与其他标记相比,分子标记具有无可比拟的优势:直接以 DNA 的形式出现,不受外界环境和生物体发育阶段及器官组织差异的影响,准确性高、重现性好;差异标记可表现序列长度差异和 DNA 序列差异,表现为多态性丰富;与不良性状无必然连锁关系。

二、分子标记分类

分子标记技术大致可分为三类。

第一类以分子杂交技术为核心,其代表性技术有限制性片段长度多态性(restriction fragment length polymorphism,RFLP)标记,主要是以低拷贝序列为探针进行分子杂交。

第二类是以 PCR 技术为核心的 DNA 指纹技术,按照所需要的引物类型划分为三亚类。

(1)单引物 PCR 所用的引物为随机引物,长度为 9~10 个核苷酸,所扩增的 DNA 是未知区段,其多态性来源于单个随机引物作用下的扩增产物长度或序列的变异,其代表性技术有随机扩增多态性 DNA(random amplified polymorphism DNA,RAPD)标记、简单序列中间区域(inter-simple sequence repeat,ISSR)标记等。

（2）双引物选择性扩增的 PCR 标记，主要通过引物 3'端碱基的变化获得多态性，其代表性技术有扩增片段长度多态性（amplified fragment length polymorphism，AFLP）等。

（3）以 DNA 序列分析为核心的分子标记，所用的引物是特异的，是针对已知序列的 DNA 区段而设计的，引物长度为 18～24 个核苷酸。其代表有序列标签位点（sequence-tagged site，STS）标记、简单重复序列（simple sequence repeat，SSR）标记、序列特征扩增区域（sequence-characterized amplified regions，SCAR）标记等。

第三类是以测序技术为核心而开发的单核苷酸多态性（single nucleotide polymorphism，SNP）标记，即同一位点的不同等位基因之间常常只有一个或几个核苷酸的差异。

目前较成熟且广泛应用的分子标记主要有 RFLP、RAPD、AFLP、SSR、ISSR、SCAR、STS、切割扩增多态性序列（cleaved amplified polymorphism sequence，CAPS）标记等。

三、主要分子标记及其特点

（一）RFLP 标记

RFLP 标记技术是最早应用的第一类分子标记技术。植物基因组 DNA 在限制性内切酶作用下，产生相当多的大小不等的片段，用放射性同位素标记的 DNA 作探针，把与被标记 DNA 相关的片段检测出来，从而构建出多态性图谱。

凡是可以引起酶切位点变异的突变如点突变和一段 DNA 的插入和缺失造成酶切位点间的长度发生变化等，均可导致 RFLP 产生，如图 17-1A 所示。可以利用每个 DNA 和限制性内切酶的组合产生特异性片段，作为个体 DNA 特有的指纹，如图 17-1B 所示。经电泳分离、印迹转移至硝酸纤维素滤膜或尼龙膜上；然后用放射性同位素（^{32}P）标记的特定 DNA 克隆探针杂交；放射自显影后，杂交带便能清晰地在 X 光胶片上显示出来，如图 17-1C 所示。该标记不受环境条件和发育阶段的影响，共显性，数量多。但也存在检测步骤多、周期长、对 DNA 质量要求高、需要量大；使用放射性同位素，易造成环境污染等缺点。

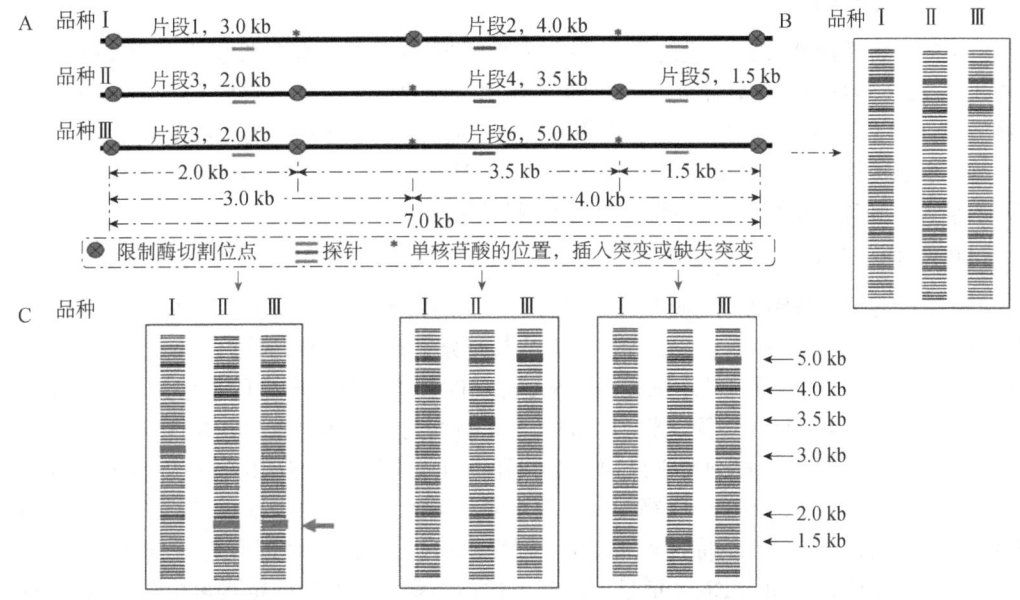

图 17-1　RFLP 产生原理及应用示例模式图（Samuel，2021）

使用限制性内切酶和三种探针（绿色、红色和蓝色短线）分析三个品种，一段 DNA（长粗黑线），突变的位置为红色星号。图 A 显示限制性内切酶将 DNA 消化成片段；图 B 显示三个品种的 DNA 样品经限制性内切酶消化后的凝胶泳道；图 C 显示使用三个探针进行杂交，检测三个品种之间的变异

（二）RAPD 标记

RAPD 标记是利用一系列单链随机引物（8～10 个碱基），通过 PCR 反应对基因组的 DNA 进行非定点扩增，因基因突变造成引物结合位点缺失，使目的片段缺失（图 17-2A），或因片段插入或缺失造成片段长度差异（图 17-2B，C），凝胶电泳分离扩增来检测 DNA 多态性，该多态性可应用于品系间的基因型差异分析（图 17-2）。该标记技术简便，DNA 样品需要量少，引物价格便宜。但 RAPD 标记一般是显性标记、重复性不高、准确性较差。为解决以上问题，目前大量 RAPD 标记转化为特异序列扩增的 SCAR 标记。

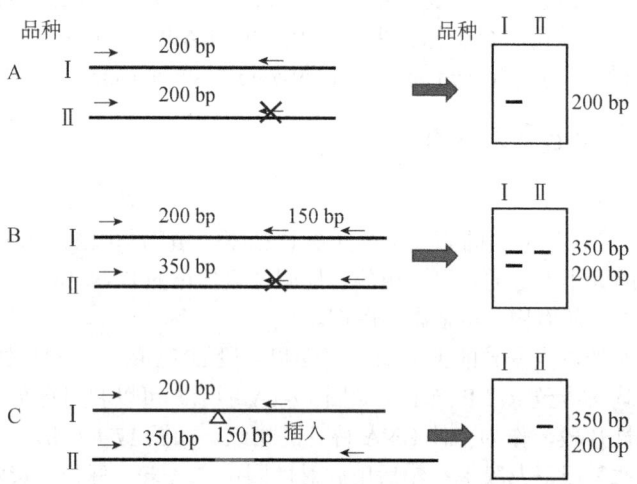

彩图

图 17-2　RAPD 标记在植物品种 Ⅰ 和 Ⅱ 中的应用模式图

图 A 显示品种 Ⅱ 中位点突变或缺失造成扩增片段缺失；图 B 显示位点突变导致引物结合位点缺失形成品种 Ⅱ 中的长片段，而品种 Ⅰ 中保留两个片段；图 C 显示品种 Ⅱ 中有一段 150 bp 的插入，使其扩增片段变长

（三）SCAR 标记

SCAR 是将目标 RAPD 片段进行克隆并对其末端测序，设计特异性引物，对基因 DNA 片段再进行 PCR 特异性扩增，把与原 RAPD 片段相对应的单一位点鉴别出来。SCAR 标记所用引物较长（通常为 24 个碱基），且引物序列与模板 DNA 完全互补，因此结果稳定性好、可重复性强。SCAR 标记一般表现为扩增片段的有无，是一种显性标记，当扩增区域内部发生少数碱基的插入、缺失、重复等变异时，表现为共显性遗传的特点。

（四）AFLP 标记

AFLP 标记是对基因组的 DNA 进行双酶切，用酶切频率较高的限制性内切酶消化基因组 DNA 是为了产生易于扩增的且可在测序胶上能较好分离出大小合适的短 DNA 片段；用酶切频率较低的酶是为了限制用于扩增的模板 DNA 片段的数量。具体产生的扩增片段如图 17-3 所示，将纯化的基因组 DNA 经限制性内切酶切割，将酶切片段和含有与其黏性末端相同的人工接头连接，连接后的接头序列及邻近内切酶识别位点就作为以后 PCR 反应的引物结合位点，通过在末端上分别添加 1～3 个选择性碱基的不同引物，选择性地识别具有特异配对顺序的酶切片段与之结合，从而实现特异性扩增，最后用变性聚丙烯酰胺凝胶电泳分离扩增产物。AFLP 标记不需要预先知道 DNA 信息，其多态性高，利用放射性同位素可检测到 50～100 条 AFLP 扩增产物。但分析成本高，对 DNA 纯度及内切酶质量要求较高。

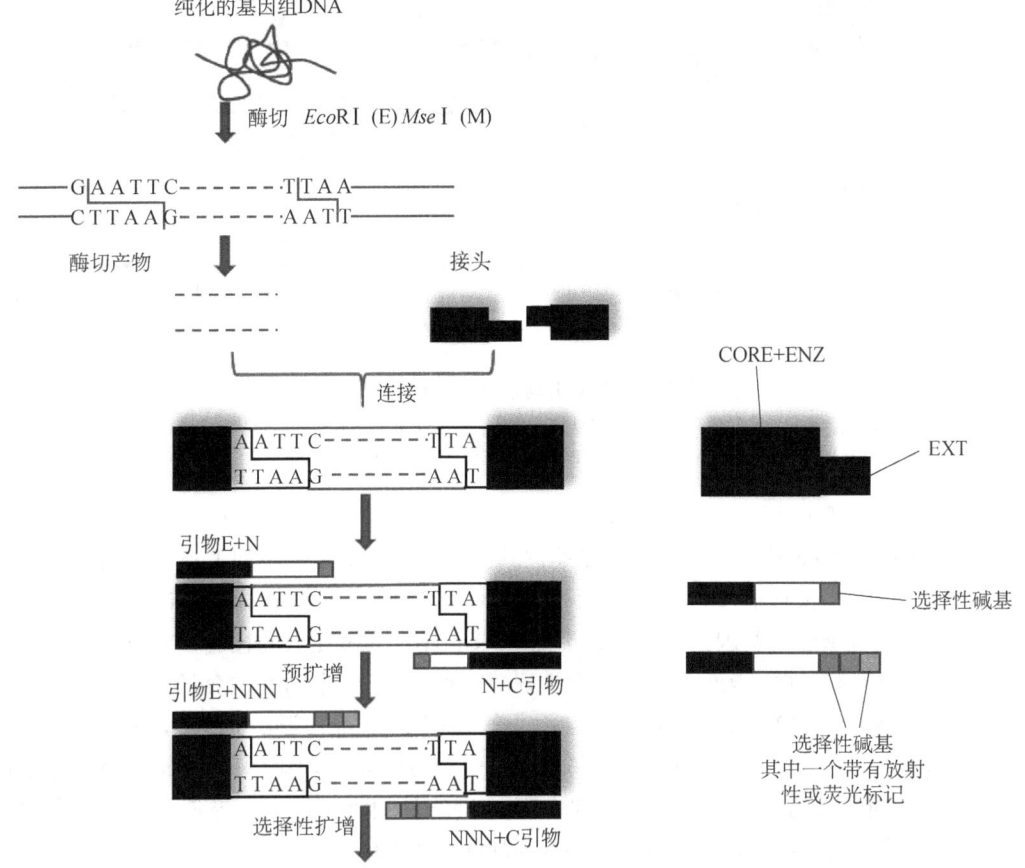

图 17-3　AFLP 设计原理

接头序列包括：①CORE，5′端与人工接头序列互补的核心序列；②ENZ，限制性内切酶特定序列；③EXT，3′端带有选择性碱基的黏性末端

彩图

（五）SSR 标记

生物基因组内存在一类由 1~6 个碱基组成的基序串联重复而成的 DNA 序列称为微卫星 DNA，两端序列多为相对保守的单拷贝序列，利用这一特点，设计特异性引物，利用 PCR 技术，扩增每个位点的微卫星 DNA 序列，通过电泳分析核心序列的长度多态性。同一类微卫星 DNA 可分布于整个基因组的不同位置上，通过其重复次数和重叠程度的不同显示每个样品的多态性（图 17-4）。

SSR 具有丰度高、多态性高、共显性、重复性好等优点，广泛应用于品种鉴定等领域。目前众多物种基因组的成功测序，为开发物种特异性 SSR 标记奠定了重要基础。SSR 标记技术被认为是取代 RFLP 之后的第二代分子标记。

（六）SNP 标记

SNP 即单核苷酸多态性，是基因组水平上某一特定核苷酸位置上发生单个核苷酸变异所导致的 DNA 碱基序列的改变，比微卫星标记密度更高，属于第三代分子标记。SNP 的主要来源是 DNA 复制过程中的错误匹配、遗传物质的化学损伤和腺嘌呤、鸟嘌呤的自发脱氨基，主要呈现为碱基的转换、颠换、插入和缺失 4 种形式。根据标记在基因组的位置，将其分为基因编码区 SNP（cSNP）、基因间区 SNP（iSNP）和基因周边区 SNP（pSNP）三类。SNP 作为核苷

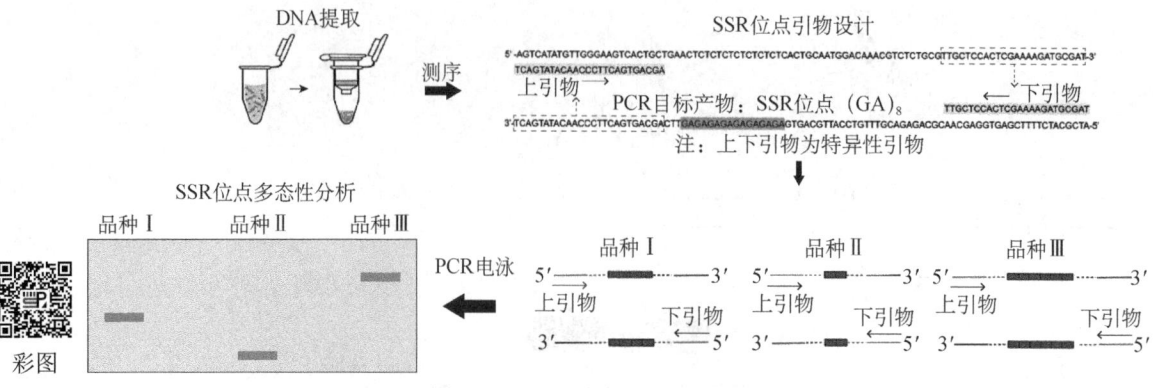

图 17-4 SSR 引物设计及应用模式图

通过测序获得 DNA 序列,根据微卫星序列如 GA 的重复频率及其前后 100 bp 的特异序列,开发上下游引物,使扩增产物长度在 100~500 bp;对包含 (GA)$_n$ 的 DNA 区段进行 PCR 扩增和电泳检测,利用其长度差异检测品种 I、II 和 III 的变异

酸水平变异造成的遗传标记,编码区非同义 SNP 成为广泛关注的研究对象。

InDel(insertion-deletion)标记是指在等位基因位点序列上发生不同大小片段的核苷酸插入或缺失,其开发需根据插入/缺失位点两侧的基因序列设计相应的特异性引物,可通过 PCR 扩增和电泳检测等来达到基因分型。该标记的 PCR 扩增条带稳定且易检测,对仪器设备和技术要求较低,具有共显性、操作简便、稳定性好等特点,是一种较理想的分子标记。

作为分子标记,SNP 标记具有以下优点:①在基因组中分布广泛,数量多,通量大;②具有二等位基因性,是一种共显性标记,容易进行分型和估算等位基因频率;③SNP 标记稳定性高,尤其是基因内部的 SNP;④一些基因内部的 SNP 标记有可能直接导致基因表达发生变化,改变蛋白质产物的结构,其本身就是该基因的候选改变位点。

目前开发新的 SNP 标记的检测手段灵活多样,可用的方法已有 20 余种。根据原理的不同可分为 5 种类型:一是直接进行测序;二是基于 PCR 及酶切方法;三是 DNA 构象的不同;四是杂交方法;五是根据熔解曲线形状不同检测 SNP 位点。

◆ 第二节 植物分子遗传图谱及构建

分子标记用于遗传图谱构建是遗传学领域的重要方向,随着测序技术的发展,高密度分子遗传图谱的绘制取得了重大进展,并对作物育种产生了巨大的推动作用。

一、植物遗传连锁图谱概念与原理

遗传连锁图谱是遗传标记间相对位置的线性排列图,以遗传标记间的重组频率作为遗传距离,重组频率越高,标记间的距离越大。

构建遗传连锁图谱基于基因的交换与重组。在细胞减数分裂时,非同源染色体上的基因相互独立、自由组合,同源染色体上的基因产生交换与重组,其频率随基因间距离的增加而增大。重组型配子占总配子的比例称为重组率,用 r 表示。重组率的高低取决于交换的频率,而基因间的交换频率取决于它们之间的直线距离。因此重组率可以用来表示基因间的遗传图距,图距单位用厘摩(centi-Morgan,cM)表示,1 cM 的大小大致符合 1% 的重组率。

二、植物遗传连锁图谱的构建过程

(一) 构建作图群体

作图群体的选择是遗传作图的基础，主要表现在以下三个方面。

1. 作图群体杂交亲本的选配　　理想的作图群体，要求亲本的多态性高，规模比较大，表型、抗性和分子水平上均能发生最大的分离。杂交亲本理论上应选择亲缘关系远、遗传差异性大和 DNA 多态性高的材料，但也不宜过大，否则将会导致连锁位点间的重组率偏低，产生严重的偏分离，从而影响图谱的可信度和适用范围。

2. 分离群体类型选择　　目前常用的群体类型主要有初级群体和次级群体两种。

1）初级群体　　初级群体是通过两个遗传差异很大的原始亲本经杂交而构建的，包括 F_2 群体、回交群体、重组近交系 (recombinant inbred line, RIL) 群体和双单倍体 (DH) 群体等，特点是全基因组均发生分离。各群体构建和分类见图 17-5。根据作图群体的时效性，可将初级群体分为临时性群体和永久性群体。

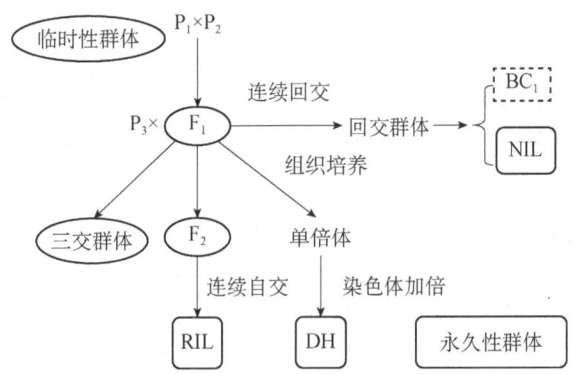

图 17-5　遗传分离群体的构建和类型
BC_1. 回交子一代；NIL. 近等基因系 (nearly isogenic line)

(1) 临时性群体：利用单交组合产生的 F_2 代及其 F_3、F_4 家系，利用回交得到 BC_1 (回交第一代) 群体或复交产生的后代群体，形成构图群体。这类群体构建方式简单，耗时短，遗传信息丰富。但由于基因型杂合，群体内个体植株一经自交或近交，其遗传结构会发生改变，无法长期保存使用，无法进行连续性研究。

F_2 群体：F_2 群体构建时间短，包含亲本所有的基因型，在群体内同时存在杂合与纯合基因型，可获得大量的遗传信息，有利于分析基因的显性效应、加性效应和上位性效应，可用于研究杂种优势。

BC 群体：通过将杂交后代株系与其中一亲本进行回交获得的群体。构建群体所需时间短，但由于其基因型杂合，后代会出现分离，不能长期重复利用。对于果树、药用植物等异花授粉习性导致遗传背景复杂，难以获得高世代纯系群体，"拟测交"理论即将 F_1 杂交群体视为与隐性亲本测交得到的回交一代 (BC_1) 群体解决了这一问题，详见图 17-6。

(2) 永久性群体：这类群体是通过选择 F_2 不同单株进行多代自交、一粒传代或单倍体加倍技术等获得的基因型相对纯合的群体。包括重组近交系 (RIL)、双单倍体 (DH) 群体等。这类群体不同株系间基因型存在差异，但株系内个体的基因型相同且纯合，群体结构稳定，遗传信息丰富，可通过种子繁殖代代相传，可应用于多年、多点、多环境试验的重复鉴定，减小了试验误差，使定位的准确性提高，还能有效估计与环境间的互作，但存在构建方法复杂，构

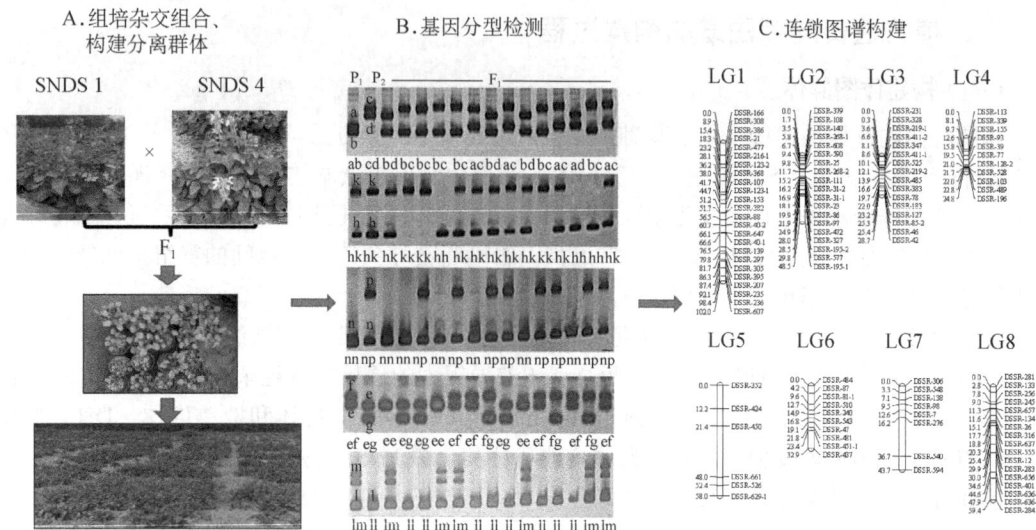

图 17-6 丹参遗传连锁图谱构建过程图（宗成堃等，2015）

A. 利用"拟测交"原理，以丹参 SNDS 1 为母本（P₁）、SNDS 4 为父本（P₂）杂交产生 206 个 F₁ 代株系作为分离群体；
B. 利用多态性 SSR 标记，对双亲及其 F₁ 群体进行了基因型检测，以上 5 种分离类型在 F₁ 代的分离比经卡方检验符合的标记将应用于连锁图谱构建；C. 利用 JoinMap 构建了包含 8 个连锁群的丹参遗传连锁图谱

建时间长且不能估计显性效应等缺点。

RIL 是用两个品种杂交产生 F₁，F₁ 自交得到 F₂，从 F₂ 分离群体中随机选择单株，然后通过连续多代自交，一般在 F₆～F₈，直至高世代自交不再发生遗传分离，形成数百到上千个重组自交系构成的群体（图 17-7）。该群体是研究数量性状基因座（QTL）作图和定位、基因与环境互作的主要遗传群体。缺点是由于存在自交衰退和不结实现象，异花授粉植物建立 RIL 群体比较困难；即使是自花授粉植物，至少自交 6 代，才能接近纯合，费时费力。

DH 群体主要通过对未受精的子房和花药进行离体培养，并诱导染色体加倍，构建基因型纯合群体，建立过程如图 17-8 所示。DH 群体直接反映了 F₁ 配子中基因的分离和重组，作图效率高；可用于基因型与环境互作研究，长期使用。但大多物种的花药培养难以建立 DH 群体；目前我国仅有小麦、玉米、水稻等主要农作物 DH 群体建立及应用的报道，大多数作物还未建立该类群体。

将初级群体用于 QTL 定位，很难得到理想的精度，而且其定位结果会受性状的遗传力高低、群体大小的限制，具体的构图过程见图 17-6。

2）次级群体　　次级群体具有分离群体与受体品种的差别只存在少数几个染色体区段，表型性状的差异只与这几个染色体片段有关，基因分离只发生在亲本间有差异的染色体区段内，利用这些群体进行 QTL 定位能有效地消除遗传背景的干扰，检测出较多的 QTL，是精细定位的良好材料。常用的次级群体有近等基因系（NIL）、单片段代换系（SSSL）、染色体片段代换系（CSSL）等。

NIL 是以带有目标性状的轮回亲本与拟导入这一目标性状的非轮回亲本进行杂交，再用轮回亲本继续多次回交，回交至一定世代后自交分离，获得遗传背景与轮回亲本相近却带有目标性状的品系，这一品系与轮回亲本构成一对近等基因系，如图 17-9 所示。这类群体遗传背景一致且永久性稳定，可以较为准确地快速获得分子标记；并可估计基因间的上位性效应，作图效率高；缺点是构建群体需要选育的时间较长，工作量较大。

SSSL 即单片段代换系，通过多代回交获得，除了目标 QTL 所在的染色体片段完整地来自

非轮回亲本以外，基因组的其他部分与轮回亲本完全相同。这类群体的优点是具有一致的遗传背景，可以检测基因间的上位性效应，特别适合创造改良品种。

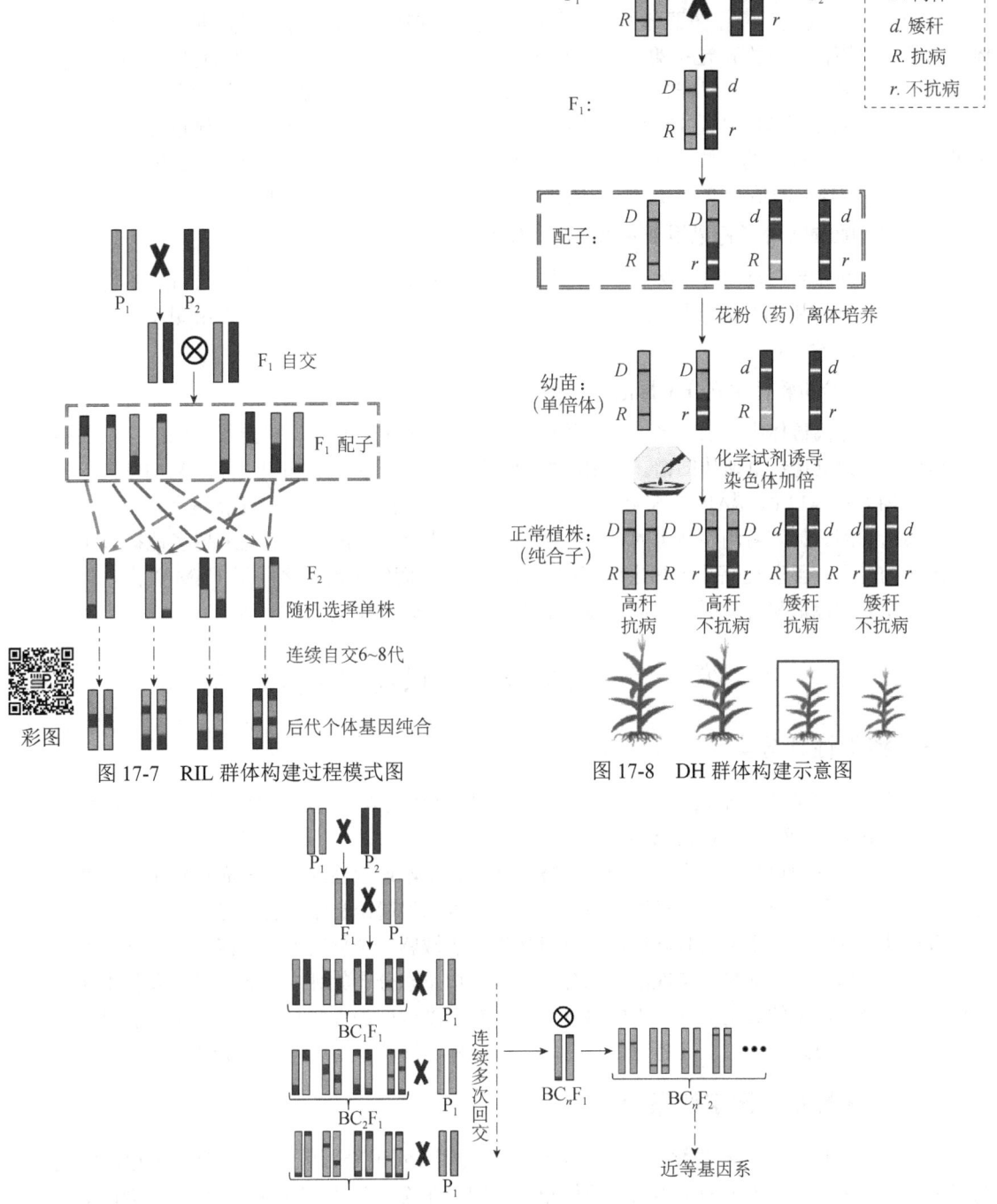

图 17-7 RIL 群体构建过程模式图

图 17-8 DH 群体构建示意图

图 17-9 NIL 群体构建模式图

CSSL 是指在相同遗传背景（轮回亲本）下携带供体亲本的不同染色体片段，这些片段覆盖整个供体亲本基因组，由这样的一系列株系组成的永久性稳定群体。

不同的作图群体具有各自的优缺点，应综合考虑研究对象及目的、群体构建所需时间和难易程度等因素选择最适合的作图群体。如果作图的对象可以自交，能够获得纯系，那么可以选择 RIL、BC 或者 DH 来构建作图群体；如果作图对象本身自交不亲和或者近交衰退，则可选择 F_1 代和 BC_1 群体等。

3. 群体大小确定　　作图群体的大小影响着遗传连锁图谱的精确度和分辨率。通常，群体的选择由以下两个方面决定：第一是所研究的目标，连锁图谱的构建所需的群体比 QTL 精细定位所需的群体要小，若只需构建高密度的连锁图谱，需要包含 200 个单株的群体，而想要通过精细定位克隆到基因则需 1000 以上的群体。第二是作图群体类型，F_2 群体包含的基因型更多，如果要保证每个基因型都被检测到，F_2 群体比 BC 或者 DH 群体需要更多的单株，F_2 群体应该为 BC 群体的两倍；重组自交系所需群体介于 F_2 和 BC 或 DH 群体之间。

（二）检测 DNA 分子标记用于分离群体的基因分型

挑选亲本间差异明显的分子标记，然后用于检测分离群体各家系基因型，进行分离群体的基因分型。目前常用的基因分型除了常规的 PCR 和电泳检测方法外，逐渐采用测序平台和基因芯片技术检测 SNP。

（三）利用分析软件建立分子标记遗传连锁群

通过分析分离群体内双亲间多态性遗传标记间的连锁和分离程度，确定标记间的连锁关系和遗传距离，建立连锁群遗传图谱。常用的构图软件有 JoinMap、Mapmaker 和 TMAP 等。

使用 RFLP、AFLP、RAPD、SSR 等第一代和第二代标记构建的图谱标记密度较低，无法有效定位候选基因。伴随着测序技术的发展，单核苷酸多态性（SNP）标记越来越多地被应用在遗传图谱构建上，显著提高了精细定位程度，使得标记之间的平均距离降至 1 cM 以内。将来应考虑构建多种标记整合的图谱，提高图谱的饱和性与 SNP 标记通用性。

第三节　植物农艺性状基因定位

一、植物性状分类

在植物遗传研究中，根据性状在分离群体中不同个体的表型差异，把性状分为质量性状（qualitative trait）和数量性状（quantitative trait）。

质量性状通常由单基因决定，在一个分离群体中，呈不连续性的多峰分布，每个基因型都会对应到相应性状的峰中，因而对质量性状可以运用孟德尔遗传定律开展研究。

数量性状通常由多个基因共同决定，且对环境影响敏感，个体间差异只能用数量来区别。在一个分离群体中，变异呈连续性的正态分布或者类似正态分布的钟形分布，导致我们不能将个体归于某个基因型的表型类别，不能将每个基因对表型效应加以解释。对数量性状的研究比质量性状研究要复杂得多，尤其是对于复杂基因组物种，只能运用统计学方法进行研究。

二、农艺性状基因定位原理

连锁分析是通过分析表型数据与分子标记间的关联性实现 QTL 定位，若分子标记基因型与表型显著相关，控制表型的基因与分子标记之间则存在连锁关系。因为分子标记在染色体上的位置是已知的，所以可以对目标性状基因进行定位，二者连锁关系越紧密，QTL 定位精确度越好。一张较为饱和的遗传图谱有利于快速将质量性状基因定位，从而可以在该基因两侧获得与其连锁的分子标记。遗传图谱构建的另一个重要方面就是将数量性状分解成多个 QTL，将这些 QTL 定位到染色体的精确位点，并计算每一 QTL 对表型的贡献率与各个相对 QTL 间的相互作用及不同 QTL 之间的互作关系。

利用关联分析也可以定位植物性状。关联分析是一种以群体演化过程中的遗传变异在大量重组事件后保留下来的基因间的连锁不平衡为基础，通过获得群体的表型和基因型，采用统计分析方法鉴定出与表型变异相关联的多态性位点。

三、植物质量性状基因位点定位

利用近等基因系分析法、混合分组分析法及遗传连锁图标记定位法，是快速有效地寻找与质量性状基因紧密连锁的分子标记的主要途径。

（一）近等基因系分析法

如果一对 NIL 在目标性状上表现出差异，那么凡是能在这对 NIL 之间展示出多态性的分子标记，就可能位于目的基因附近。大量研究报道表明，NIL 是对基因进行精细定位和图位克隆的有效方法。由于 NIL 获得的过程十分繁杂且漫长，而且一对 NIL 一般只能研究一对性状的基因，相对而言成本较高。

（二）混合分组分析法

混合分组分析法（bulked segregant analysis，BSA）是通过选用具有相对性状的一对亲本杂交后获得的后代分离群体，在群体中挑选具有极端或代表性性状的单株 DNA 构建混池，达到将与某性状相关的位点在基因组上定位，以及得到所在染色体区段的目的。BSA 一般被用于质量性状基因或者由主效 QTL 控制的数量性状位点的定位，如通过 BSA 法构建甜椒不育和可育基因池，用重测序 InDel 位点开发隐性核不育分子标记。

根据测序技术的不同，BSA-seq 又可以分为基于重测序的 BSA、基于转录组测序的 BSA（bulked segregant RNA-seq，BSR-seq）和基于简化基因组测序的 BSA（GBS-seq）。BSR-seq 是选择群体中极端性状的个体构建两个混合池，提取总 RNA 进行 RNA-seq，分析原始数据，找到差异表达基因，预测目的基因。BSR 作为快速定位基因或 QTL 的手段，目前广泛应用在植物领域。

近等基因系分析法和混合分组分析法只能对目的基因进行分子标记，还不能确定目的基因与分子标记之间连锁的紧密程度及其在遗传连锁图上的位置。因此，在获得与目的基因连锁的分子标记后，还必须进一步利用作图群体将目的基因定位在分子标记连锁图上。

（三）遗传连锁图标记定位法

遗传连锁图标记定位法是利用构建的连锁图将目标基因定位在连锁图特定位点的方法。20 世纪 80 年代，分子标记的迅速发展大大促进了遗传连锁图的构建，目前各主要作物都已经构建遗传连锁图，并对重要农艺性状进行了标记定位。

四、植物数量性状基因位点定位

植物的产量、成熟期、品质、抗旱性等大多数重要的农艺性状均为数量性状，影响这类性状的表现型差异是由多个基因位点和环境共同决定的。

（一）QTL 作图的原理

利用遗传群体中个体的基因型构建遗传图谱，然后通过统计分析将影响某个表型差异 QTL 定位在遗传图谱的标记区间内，同时计算出 QTL 可以解释的表型变异率和遗传效应。

(二) QTL 作图一般步骤

(1) 构建遗传分离群体，可利用临时性分离群体如 F_2、回交群体等，但用于 QTL 分析的群体最好是永久性群体，如 RIL 和 DH。永久性群体中各品系基因型纯合，排除了基因间的显性效应，不仅是研究控制数量性状基因的加性效应、上位性效应及连锁关系的理论材料，同时也可用于在多个环境和季节中研究数量性状的基因型与互作关系。

(2) 利用覆盖全基因组的分子标记或者 SNP 芯片对遗传分离群体的基因型进行分型检测，获得分离群体的基因型并构建连锁图谱。

(3) 调查分离群体的农艺性状并建立表型数据。

(4) QTL 检测，利用统计学方法检测遗传分离群体中影响表型的 QTL 并计算其遗传效应和解释的表型变异率。

(三) QTL 的定位分析方法

QTL 的定位分析方法可以采用单标记分析法和区间作图法。单标记分析法是通过方差分析、回归分析或似然比检验，比较单个基因标记基因型数量性状平均值的差异。根据是否存在显著差异，推断控制该数量性状的 QTL 与标记基因连锁的有无。

区间作图法是以连锁图谱上两个相邻的遗传标记为基础。利用完整的分子标记遗传图谱计算两个连锁标记在基因组任意位置的对数似然比（LOD 值），提前判断一个值作为阈值，根据整个染色体上各处的 LOD 值，识别出数量性状所有可能的 QTL 位点。当 LOD 值超过阈值时，表示存在 QTL，QTL 的可能位置以 LOD 支持区间表示。与单标记分析法相比，区间作图法所需群体较小，提高了检测效率。但区间作图法的不足之处在于该方法 1 次只考虑 1 个 QTL，若检测区间有多个 QTL 连锁，则可能会对 QTL 位置和效应的检测结果产生影响。区间作图法一直是应用最广泛的一种方法，特别是它应用于自交衍生的群体。

区间作图法又细分为四种模型：复合区间作图法（CIM）、完备复合区间作图法（ICIM）、多重区间作图法（MIM）、基于混合线性模型的复合区间作图法（MCIM）。其中 MCIM 同时集合了几个作图法的优点，可综合考虑多种遗传主效效应、多环境效应及二者间互作效应，使 QTL 定位的精度和效率得到了提高。

(四) QTL 定位分析软件

常用的 QTL 定位分析软件有 WinQTLCart、QTLIciMapping、MapQTL。WinQTLCart 是一款在 Windows 下运行的 QTL 软件，可适用于 F_2、RIL、BC、DH 等多种遗传群体，每条染色体上标记限制数量为 1000。QTLIciMapping 是一款在 Windows 下运行的既可以排图又可以定位的软件。MapQTL 是适用于 F_2、RIL、BC、DH、CP 等多种遗传群体的 QTL 定位软件，每条染色体上标记数目的容纳数量为 700。通常，使用多个 QTL 定位软件、不同作图方法对表型数据进行联合分析。

(五) QTL 精细定位

QTL 作图在小麦、水稻和玉米等作物中的应用较多，为了更精确地了解数量性状的遗传基础，在初级定位的基础上，还必须对 QTL 进行高分辨率的精细定位。构建近等基因系和染色体片段的替代系，将对 QTL 精细定位提供非常便利的条件。目前，一些模式植物如水稻、番茄等中已建立起这样的遗传群体材料，成功对重要农艺性状 QTL 进行了精细定位。

五、图位克隆

图位克隆又称为定位克隆，是根据功能基因在基因组中都有相对较稳定的基因座，通过构建高密度的分子连锁图,找到与目的基因紧密连锁的分子标记,不断缩小候选区域进而克隆该基因,并鉴定其功能。图位克隆不需要事先知道基因的序列,也不必了解基因的表达产物,就可以直接克隆基因。当前大量植物基因组测序的完成和不断完善,基因的物理位置信息已知,省去了筛选基因组文库和构建候选区段物理图谱的过程,因此直接结合参考基因组数据对精细定位区域进行基因预测和挖掘,如小麦抗赤霉病主效基因 *Fhb7* 的图位克隆过程。

六、关联分析

关联分析也称连锁不平衡(LD)作图,是以群体演化过程中遗传变异在大量重组事件后保留下来的基因间连锁不平衡为基础,通过获得群体表型和基因型,采用统计分析方法鉴定出与表型变异相关联的多态性位点。全基因组关联分析(GWAS)基于覆盖全基因组的高密度分子标记,通过统计学方法鉴定和目标性状显著关联的分子标记来确定QTL,主要步骤如下。

1. 关联群体的构建　一般选择自然群体进行全基因组关联分析,自然群体的表型变异和遗传变异丰富,关联分析群体可以分5类:①理想群体,群体内部个体之间几乎不存在亲缘关系和群体结构;②多家系群体,群体内个体间存在亲缘关系但不存在群体结构;③个体间具有群体结构,但个体之间不存在亲缘关系的群体;④群体内个体间既有群体结构也有亲缘关系的群体;⑤兼具分化、杂合亲缘关系的群体。

2. 群体基因分型　主要利用的是SNP标记,GBS技术和SNP芯片技术是目前最为经济高效的SNP检测技术,可获得高通量的SNP标记信息。

3. 群体结构分析　使用分析软件对群体结构和亲缘关系进行评估。常用的群体结构分析软件有PopLDdecay、GEMMA、Structure2.3.4和Admixture。

4. 目标性状表型鉴定　目标性状的表型鉴定是重要一步,一般选取多年多点的可重复表型进行关联分析,对于遗传力不高的表型,可以通过主成分分析等对性状进行分解转化,提高关联分析的准确性。

5. 基因型和表型的全基因组关联分析　利用TASSEL软件对群体材料在不同环境下的农艺性状表型值、均值和BLUE值进行性状与标记之间的全基因组关联分析,以 $P=1.0\times10^{-3}$ 为阈值,判定SNP标记与目标性状关联的显著性,将在2个及以上的环境中发现的位点视为稳定的位点。GWAS技术在主要粮食作物中得到了广泛应用,如图17-10所示,以186份小麦自然群体为材料,对小麦胚芽鞘长度表型数据进行QTL鉴定,利用GWAS分析,采用MLM模型,鉴定到36个稳定的数量性状位点。

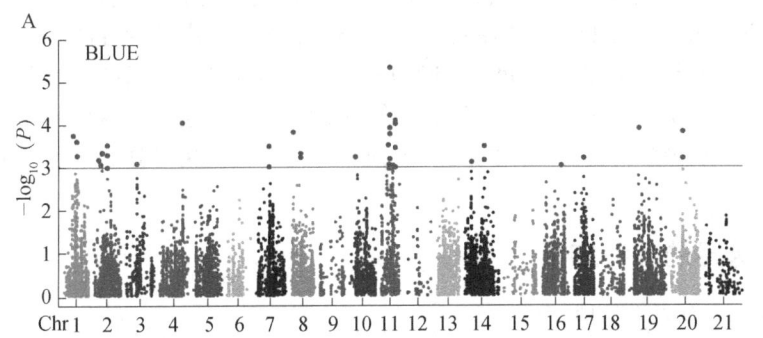
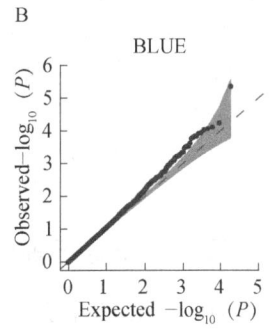

图17-10　186份自然群体材料胚芽鞘长度全基因组关联分析(郝倩琳等,2024)

A. 基于混合线性模型下胚芽鞘长度BLUE值曼哈顿图,X轴代表小麦21条染色体上的SNP标记,Y轴代表$-\log_{10}(P)$值;
B. 基于混合线性模型下胚芽鞘长度BLUE值Q-Q图,X轴代表经过负常数对数转换的期望P值[Expected$-\log_{10}(P)$],Y轴代表经过负常数对数转换观察到的P值[Observed$-\log_{10}(P)$]

彩图

关联分析和 QTL 作图相比有以下优点：①利用自然群体进行分析，不需要大量的时间和精力去构建群体；②变异多，在全基因组上可以鉴定到大量 SNP，也存在较多的等位基因；③精度高，基于历史重组事件，关联分析的检测精度一般要高于 QTL 作图。但是关联分析也存在一定的局限性，如对微效位点的检测效率不如 QTL 作图，容易出现假阳性和假阴性等。

第四节　分子标记辅助选择策略及其育种应用

一、分子标记辅助选择定义

分子标记辅助选择（MAS）是指通过基因定位找到与目的基因紧密连锁的分子标记或功能标记后，通过该分子标记对目的基因进行选择，即使在不进行复杂表型收集的条件下也可辅助选育出含有目标性状基因型的遗传材料，主要包括对目标性状的前景选择和对遗传背景的背景选择。前景选择是对供体基因的选择，选择携带有供体基因个体进行回交，从而使目的基因在回交过程中不会丢失，并能尽快固定；背景选择是对受体遗传背景的选择，选择那些含有受体基因组比例较高的个体参加回交，从而加快恢复受体遗传背景的速度。

二、MAS 特点

MAS 比以表现型为基础的选择更有效率，MAS 可以在植物发育的任何阶段进行选择，不受基因表达和环境的影响，加速育种进程，提高育种效率，节省人力、物力和财力。若利用共显性标记可有效区分纯合体和杂合体，在分离世代能快速、准确地鉴定植株的基因型，尤其是对隐性农艺性状的选择十分便利。例如，抗病虫性、抗旱性或耐盐性等只有在特殊环境条件下才能表现出来（诱导型基因），利用分子标记技术则可快速锁定基因型。在回交育种时，利用分子标记可有效识别并打破有利基因和不利基因的连锁，快速恢复轮回亲本的基因型。当然，分子标记辅助选择育种也有局限性，如它对分子标记与基因的遗传距离有较高要求、多基因聚合也可能导致产量损失等不良影响、分子标记辅助选择回交连锁累赘的产生等。

三、作物 MAS 育种须具备的条件

进行 MAS 育种须找到和表型连锁的分子标记或功能标记，同时该标记的检测手段要简便快捷、重复性好，且成本较低，便于在不同育种机构使用。常用的功能标记主要为普通琼脂糖凝胶检测标记、CAPS 标记、衍生 CAPS（dCAPS）及竞争性等位基因特异性 PCR 标记（KASP）等。其中，琼脂糖凝胶检测标记、CAPS 和 dCAPS 标记都需要借助琼脂糖凝胶电泳技术，根据扩增产物的长度进行分型，流程复杂，耗时较长。KASP 标记是基于末端荧光读取的基因分型技术，通过引物末端携带的特异位点匹配 SNP 进行双等位基因精准分型，利用常规的定量 PCR 仪器读取。

四、分子标记辅助选择的育种应用

当前 MAS 应用于育种主要有以下几种。

（一）回交育种

利用 MAS 育种可对目标性状（显性基因和隐性基因）进行直接选择，具体过程参见图 17-11 所示，无须每隔 1~2 代通过测交确认目的基因是否存在。因此，回交育种中应用

MAS，既可大大加快育种进程，也可提高育种效率。例如，车凡昊等（2023）连续多年开展了 MAS 回交育种，最终获得了稻瘟病抗病不育系金 23A-*Pi9* 及其保持系金 23B-*Pi9*，为三系法杂交水稻育种提供了新的亲本资源。

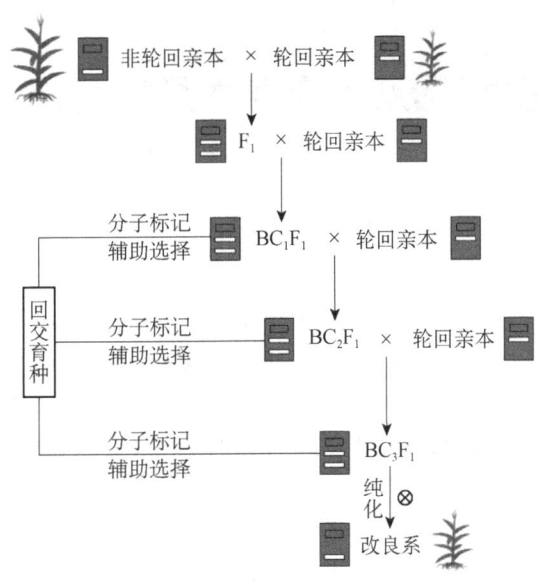

图 17-11　MAS 辅助回交育种应用模式图

（二）SLS–MAS 育种

单次分子标记辅助选择（single large-scale-MAS，SLS-MAS）的基本原理是在一个随机杂交的混合大群体中，利用分子标记辅助选择目标性状，尽可能保证选择群体足够大，保证中选植株目标位点纯合，而在目标位点以外的其他基因位点上保持较丰富的遗传多样性。这样采用分子标记筛选后，仍有丰富的遗传多样性供选择产生新的品种和杂交种。该方案的一个目标是仅进行一次标记辅助选择，并且选择最少数量的植物以在未选择的位点维持足够的等位基因变异性。这种方法对于由单基因控制的质量性状或多基因控制的数量性状的 MAS 育种均适用。

（三）系谱 MAS 育种

系谱 MAS 育种是指 2 个或 2 个以上亲本通过杂交或复交等产生分离群体，从杂种第一次分离世代开始选株，分别种成株行即系统，以后各世代均在优良的系统中选优良单株，直到选出优良一致的系统，最后在大田进行大规模试验以确定优良品系。系谱 MAS 育种就是利用分子标记鉴定带有目标性状的等位基因（图 17-12）。一旦目的等位基因被确定下来，在从新一代到下一代优良品系的选择中，与目的基因紧密连接的分子标记就能被用于快速定位目的基因。

（四）MAS 聚合育种

MAS 聚合育种是通过传统杂交、回交、复交技术将有利基因聚合到同一个基因组，在分离世代中通过分子标记辅助选择含有多个目的基因的个体，从中再筛选出带有优良目标性状的单株，实现有利基因的聚合。MAS 应用于基因聚合育种的两个重要步骤：一是将多个供体亲本中与目标性状紧密连锁的基因导入受体亲本；二是从亲本杂交后产生的分离世代中采用分子标记筛选出含有目的基因的纯系。研究表明，MAS 聚合育种有利于拓宽抗性谱，提高作物的抗性，达到持久抗性的目的。

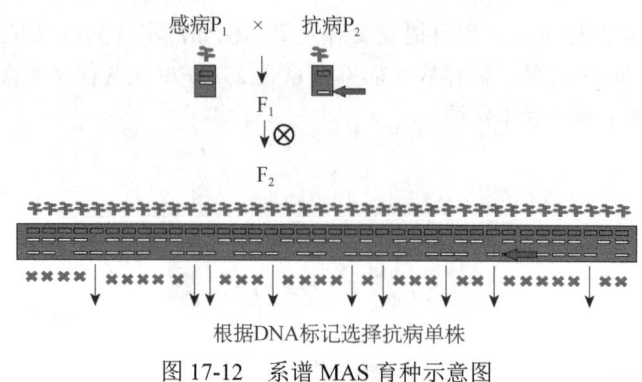

图 17-12 系谱 MAS 育种示意图

（五）设计育种

设计育种的核心是在育种家进行田间试验之前，对育种程序中的各种因素进行模拟、筛选和优化，确立满足不同育种目标的基因型，根据具体育种目标设计品种蓝图，提出最佳的亲本选配和后代选择策略，结合育种实践培育出符合设计要求的农作物新品种，最终大幅度提高育种效率，实现从传统的"经验育种"到定向、高效的"精确育种"的转变。

小 结

本章主要介绍了四类遗传标记，以 PCR 为核心的分子标记和 SNP 成为当前常用标记。遗传连锁图谱构建包括作图群体类型特点和建群过程、利用分子标记进行基因分型、利用构图软件建立连锁图谱等重要环节。农艺性状分质量性状和数量性状，利用分子标记与农艺性状结合筛选建立农艺性状相关标记或 QTL，主要包括连锁分析、BSA、关联分析等方法。若精细定位目的基因，缩小定位区间，继而借助参考基因组数据进行区间内基因预测，或者直接对该区域进行 DNA 测序，开展基因预测和克隆，挖掘目的基因。开发功能标记开展分子标记辅助选择（MAS），MAS 可应用于回交育种、系谱育种、聚合育种等多育种环节。

复习思考题

1. 什么是 SSR？简述 SSR 标记设计的原理。
2. 简述 SNP 作为分子标记的优势。
3. 简述植物分子遗传连锁图谱构建的基本过程。
4. 作图群体分为哪些类型？简述这些类型的遗传特点。
5. 简述 RIL 群体构建过程及其该群体遗传特点。
6. 简述 QTL 定位的一般步骤。
7. 简述 MAS 的含义与意义。
8. MAS 应用于作物育种的主要方法有哪些？

主要参考文献

车凡昊, 黄俊, 邹玉莹, 等. 2023. Pi9 基因标记辅助选择改良水稻不育系金 23A 稻瘟病抗性[J]. 湖南农业大学学报（自然科学版）, 49（5）：503-508, 515.

郝倩琳, 杨廷志, 吕新茹, 等. 2024. 小麦胚芽鞘长度 QTL 定位和 GWAS 分析[J]. 作物学报, 50（3）：

590-602.

王萱, 马茜茜, 杨金莲, 等. 2024. 水稻抗褐飞虱基因 Bph3 和 Bph24（t）的聚合育种利用[J]. 基因组学与应用生物学, 43（1）: 31-44.

张玉梅, 丁文涛, 蓝新隆, 等. 2024. 大豆地方种质资源鲜籽粒可溶性糖含量的全基因组关联分析[J]. 中国农业科学, 57（11）: 2079-2091.

郑文燕, 常源升, 何平, 等. 2023. '鲁丽'בPEPPERב'红 1#'苹果杂交群体全基因组 KASP 标记开发及验证[J]. 中国农业科学, 56（5）: 935-950.

宗成堃, 宋振巧, 陈海梅, 等. 2015. 利用 SSR、SRAP 和 ISSR 分子标记构建首张丹参遗传连锁图谱[J]. 药学学报, 50（3）: 360-366.

Li L, Liu J, Xue X, et al. 2018. CAPS/dCAPS Designer: a web-based high-throughput dCAPS marker design tool[J]. Sci China Life Sci, 61: 992-995.

Liu N, Du Y, Yan S, et al. 2024. The light and hypoxia induced gene *ZmPORB1* determines tocopherol content in the maize kernel[J]. Sci China Life Sci, 67: 435-448.

Liu T, Guo L, Pan Y, et al. 2016. Construction of the first high-density genetic linkage map of *Salvia miltiorrhiza* using specific length amplified fragment (SLAF) sequencing[J]. Sci Rep, 6: 24070.

Ni F, Qi J, Hao Q, et al. 2017. Wheat Ms2 encodes for an orphan protein that confers male sterility in grass species[J]. Nat Commun, 8: 15121.

Pang Y, Liu C, Wang D, et al. 2020. High-resolution genome-wide association study identifies genomic regions and candidate genes for important agronomic traits in wheat[J]. Mol Plant, 13（9）: 1311-1327.

Samuel A. 2021. Basic concepts and methodologies of DNA marker systems in plant molecular breeding[J]. Heliyon, 7（10）: e08093.

Wang H, Sun S, Ge W, et al. 2020. Horizontal gene transfer of *Fhb7* from fungus underlies *Fusarium* head blight resistance in wheat[J]. Science, 368: 844.

Yano K, Yamamoto E, Aya K, et al. 2016. Genome-wide association study using whole-genome sequencing rapidly identifies new genes influencing agronomic traits in rice[J]. Nat Genet, 48（8）: 927-934.